普通高等教育"十二五"规划教材

土木工程材料

贾生海　张凝　李刚　编著

中国水利水电出版社
www.waterpub.com.cn

内 容 提 要

本书主要讲述了土木工程中常用的各种主要建设材料的成分、种类、基本性能、生产工艺、技术性能、技术标准、使用范围、质量要求及材料试验等基本理论及应用技术。全书共分为13章，内容包括绪论、工程材料的基本性质、天然石材、无机胶凝材料、混凝土、建筑砂浆、金属材料、木材、温室建筑材料、烧土制品、防水材料、沥青及沥青混合料、建筑装饰材料、土木工程材料试验。

本书采用了最新技术标准，有代表性地阐述了各种土木工程材料的发展趋势，有重点地介绍了一些新型土木工程材料如温室建设材料等。应用性强、适用面宽，可作为普通高等院校土木工程类各专业的教学用书，也可供农业院校设施园艺、高职类院校土木工程类各专业以及土木工程设计、施工、工程管理和监理人员学习参考。

图书在版编目（CIP）数据

土木工程材料 / 贾生海，张凝，李刚编著. -- 北京：
中国水利水电出版社，2015.12
普通高等教育"十二五"规划教材
ISBN 978-7-5170-3810-8

Ⅰ. ①土… Ⅱ. ①贾… ②张… ③李… Ⅲ. ①土木工
程－建筑材料－高等学校－教材 Ⅳ. ①TU5

中国版本图书馆CIP数据核字(2015)第297708号

书　　名	普通高等教育"十二五"规划教材 **土木工程材料**
作　　者	贾生海　张凝　李刚　编著
出版发行	中国水利水电出版社 （北京市海淀区玉渊潭南路1号D座　100038） 网址：www. waterpub. com. cn E－mail：sales@waterpub. com. cn 电话：(010) 68367658（发行部）
经　　售	北京科水图书销售中心（零售） 电话：(010) 88383994、63202643、68545874 全国各地新华书店和相关出版物销售网点
排　　版	中国水利水电出版社微机排版中心
印　　刷	北京瑞斯通印务发展有限公司
规　　格	184mm×260mm　16开本　18.75印张　445千字
版　　次	2015年12月第1版　2015年12月第1次印刷
印　　数	0001—3000册
定　　价	**39.00**元

凡购买我社图书，如有缺页、倒页、脱页的，本社发行部负责调换

前言

本书以高等学校土木工程专业指导委员会编写的《土木工程材料教学大纲》为依据编写，主要讲述了土木工程中常用的各种主要材料的成分、种类、基本性能、生产工艺、技术性能、技术标准、使用范围、质量要求及材料试验等基本理论及应用技术。

本书内容较全面，采用了最新技术标准，有代表性地阐述了各种土木工程材料的发展趋势，有重点地介绍了一些新型土木工程材料如温室建设材料等，尽可能满足土木工程类、水利类和农业院校设施园艺类相关专业的教学要求，可作为高等学校土木工程、水利水电工程及相关专业的教学用书，也可供从事土木工程及相关专业工程设计、施工和管理等方面技术人员学习参考。

本书由甘肃农业大学贾生海教授、张凝高级工程师，石河子大学李刚副教授编写。甘肃农业大学汪精海、吴彦霖、时晨，石河子大学吕廷波，河西学院程建萍、梁谦等参加编写。

本书编写分工为：贾生海负责编写绪论、第 1 章、第 8 章、第 13 章及全书统稿工作；张凝负责编写第 6 章及第 10 章；李刚负责编写第 7 章及第 11 章；汪精海负责编写第 2 章；吕廷波负责编写第 9 章；程建萍负责编写第 5 章；梁谦负责编写第 4 章；吴彦霖负责编写第 3 章；时晨负责编写第 12 章。

本书的编写和出版，得到中国水利水电出版社的大力支持与帮助，也得到了甘肃农业大学专业综合改革项目的支持和资助，谨在此致以衷心的感谢。同时，也感谢甘肃农业大学的白有帅、刘星华、谭艳红等几位研究生对本书的图文绘制及修改完善付出的辛勤劳动。

由于土木工程材料发展很快，新材料、新工艺层出不穷，各行业的技术标准不统一，加之我们的水平所限，编写时间仓促，书中难免有不当、甚至错误之处，敬请广大师生和读者批评指正。

编著者

2015 年 7 月

目录

绪　　论

1. 土木工程材料的定义及学习本门课程的意义

土木工程材料是指用于建筑物或构筑物所有材料的总称，是各项建筑工程（房屋、道路、水利等）中所应用的材料。例如水泥、钢筋、木材、混凝土、砌墙砖、石灰、沥青、瓷砖等。实际上土木工程材料远不止这些，其品种达数千种之多。在土木建筑工程中，应用较多的是水泥、混凝土、钢材、木材、天然材料及沥青等。

建筑物或构筑物都是用土木工程材料按某种方式组合而成的，没有土木工程材料，就没有土木工程，因此土木工程材料是一切土木工程的物质基础。在任何一项建筑工程中，材料的费用占有相当大的比重。同时，建筑材料的品种、质量及规格，直接影响着工程的坚固性、耐久性、适用性和经济性，并在一定程度上影响着结构型式与施工方法。土木工程中许多技术问题的突破，往往依赖于材料问题的解决，而新材料的出现，又将促使结构设计及施工技术的革新。因此，土木工程材料生产及其科学技术的迅速发展，必然促使土木工程材料的理论研究、试验技术、测试方法的更新以及新型材料不断出现，必将逐步实现按指定性能设计新的材料，使土木与工程材料的发展达到新的阶段。

同时，我国基础设施建设的规模越来越大，土木工程材料的需求量越来越多，而且对其质量及品种、规格的要求也越来越高。为了我国各项建设事业的可持续健康发展，必须在保证工程质量的前提下，尽量节约材料，尤其应该大力节约木材、钢材及水泥。这就要求做到因地制宜，就地取材，合理选用材料；大力进行技术革命和技术革新，提高材料效能，以尽量减少材料用量；加强管理，减少材料损耗等。如何从品种门类繁多的材料中，选择物优价廉的材料，对降低工程造价，节约国家资金，保证建设事业的顺利进行，具有重大的意义。

2. 土木工程材料的分类

为了方便使用和研究，常按一定的原则对土木工程材料进行分类。根据材料来源，可分为天然材料和人工材料；根据材料在土木工程中的功能，可分为结构材料和非结构材料、保温和隔热材料、吸声和隔声材料、装饰材料、防水材料等；根据材料在土木工程中的使用部位，可分为墙体材料、屋面材料、地面材料、饰面材料等。

最常见的分类原则是按照材料的化学成分来分类，分为无机材料、有机材料和复合材料三大类，各大类中又可细分。无机材料有金属材料（铜、铁、铝、钢、各类合金等）、非金属材料（天然石材、水泥、混凝土、玻璃、烧土制品等）、金属-非金属复合材料（钢筋混凝土等）；有机材料有木材、塑料、合成橡胶、石油沥青等；复合材料有无机非金属-有机复合材料（聚合物混凝土、玻璃纤维增强塑料等）、金属-有机复合材料（轻质金属夹芯板等）。

按材料的使用功能分类可分为结构材料和功能材料两大类，结构材料是指用作承重构件的材料，如梁、板、柱所用材料；功能材料是指所用材料在建筑上具有某些特殊功能，如防水、装饰、隔热等功能。

3. 土木工程材料的特点

新材料推动着建筑设计、结构设计和施工技术的变革。土木工程中许多技术问题的突破，往往依赖于土木工程材料问题的解决，新材料的出现，将促使建筑设计、结构设计和施工技术革命性的变化。例如黏土砖的出现，产生了砖木结构；水泥和钢筋的出现，产生了钢筋混凝土结构；轻质高强材料的出现，推动了现代建筑向高层和大跨度方向发展；轻质材料和保温材料的出现对减轻建筑物的自重、提高建筑物的抗震能力、改善工作与居住环境条件等起到了十分有益的作用，并推动了节能建筑的发展；总之，土木工程归根到底是围绕着土木工程材料来开展的生产活动，土木工程材料是土木工程的基础和核心。

工程材料的质量直接影响着建筑工程的质量。为了使建筑物能经久耐用、安全牢固，在选择与使用的过程中，必须重视材料的质量。为此，必须严格执行材料的检验制度，杜绝使用不合格的材料；对于代用材料的使用，必须经过严格的检验和论证；对于新材料的推广，必须经过必要的技术论证，以免造成浪费和影响人民群众生命财产的安全。

工程材料在工程中的使用有以下特点：具有工程要求的使用功能；具有与使用环境条件相适应的耐久性；具有丰富的资源，满足建筑工程对材料量的需求；物美价廉。建筑环境中，理想的建筑材料应具有轻质、高强、美观、保温、吸声、防水、防震、防火、无毒和高效节能等特点。

随着社会的进步、环境保护和节能降耗的需要，对土木工程材料提出了更高、更多的要求。今后一段时间内，土木工程材料将向轻质高强、节约能源、智能化、多功能化、绿色化方向发展。

4. 土木工程材料的发展

土木工程材料是随着社会生产力和科学技术水平的发展而发展的，原始社会时期，人们为了抵御雨雪风寒和防止野兽的侵袭，居于天然山洞或树巢中。进入石器、铁器时代，人们开始利用简单的工具砍伐树木和苇草，搭建简单的房屋。青铜器时代，出现了木结构建筑，建造出了舒适性较好的建筑物。到了人类能够用黏土烧制砖、瓦，用石灰岩烧制石灰之后，土木工程材料才由天然材料进入了人工生产阶段。18世纪、19世纪，相继出现了钢材、水泥、混凝土、钢筋混凝土和预应力钢筋混凝土及其他材料，大跨度厂房、高层建筑和桥梁等在土木科学技术的配合下，进入了一个新的发展阶段。近几十年来，随着科学技术的进步和土木工程发展的需要，一大批新型土木工程材料应运而生，出现了塑料、涂料、新型建筑陶瓷与玻璃、新型复合材料等，为土木工程的发展奠定了坚实的基础。

5. 土木工程材料的标准化

目前我国绝大多数土木工程材料都有相应的技术标准，这些技术标准涉及到产品规格、分类、技术要求、验收规则、代号与标志、运输与贮存及抽样方法等内容。土木工程材料的技术标准是产品质量的技术依据。对于生产企业，必须按照标准生产，控制其质量，同时它可促进企业改善管理，提高生产技术和生产效率。对于使用部门，则按照标准选用、设计、施工，并按标准验收产品。我国常用的标准有三大类，分别是国家标准，国家标准有强制性标准（代号 GB）和推荐性标准（代号 GB/T）；行业标准如建筑工程行业标准（代号 JGJ）、建筑材料行业标准（代号 JC）等；地方标准（代号 DBJ）和企业标准（代号 QB）。标准的表示方法为：标准名称、部门代号、编号和批准年份。

6. 本课程的学习目的、特点和学习方法

本课程是一门技术基础课，着重讲述土木工程中常用的各种主要建筑材料。一方面为学习钢筋混凝土结构、钢结构、工程施工等课程提供必要的基础知识；另一方面，为在工程实际中解决工程材料问题提供一定的基础知识和基本的试验技能。在工程实际中，不论进行勘测、设计、施工还是实验研究等工作，都随时会接触到有关工程材料的问题，例如材料的调查和勘探、材料的选择、合理使用、性能改进以及新型材料的研究与实验等，都需要具有一定的工程材料知识才能担任这些任务。

本课程包括理论课和实验课两个部分。学习目的在于使学生掌握主要土木工程材料的性质、用途、制备和使用方法以及检测和质量控制方法，并了解工程材料性质与材料结构的关系，以及性能改善的途径。通过本课程的学习，应能针对不同工程合理选用材料，并能与后续课程密切配合，了解材料与设计参数及施工措施选择的相互关系。

本课程以叙述为主，与工程实际联系紧密。材料的组成、结构、性质和应用之间有内在的联系，在课程的学习过程中，要及时总结，通过分析对比，找出规律，掌握它们的共性。应以材料的技术性质、质量检验及其在土木工程中的应用为重点，注意理论联系实际，及时理解课堂讲授的知识。土木工程材料是一门实践性很强的课程，试验课是本课程的重要教学环节，通过试验操作可验证所学的基本理论，学会检验常用建筑材料的实验方法，掌握一定的试验技能，并能对试验结果进行正确的分析和判断，一方面可以丰富感性知识，另一方面对于培养科学试验的技能以及提高分析问题的能力，具有重要作用，这对培养学习与工作能力及严谨的科学态度十分有利。

第1章 工程材料的基本性质

工程材料在建筑物中承受各种不同的受力。如承重构件的材料应具有一定的强度；防水材料应具有不透水的性质；隔热保温材料应具有不易传热的性质等。此外，工程材料还受到各种外界因素的影响。例如，水流和泥沙的冲刷，温度湿度的变化，冻融循环及化学侵蚀等。因此，材料具有抵抗这些破坏作用的性质，以保证在所使用的环境中经久耐用。

材料的性质除决定于本身的组成成分外，还与其结构和构造有关。

建筑材料一般为固体或胶体，或由两者共同组成。组成固体材料的物质有两种形态，即结晶体和非结晶体。固体材料可按其颗粒的大小、形状与结晶程度，分为等粒结构、斑状结构与玻璃质结构等。胶体是一种分散度很高的分散体系。如果固体以极细微的颗粒分散在液体中，这种体系叫溶胶；如果溶胶发生凝聚作用，则称为凝胶，凝胶成网状结构。

固体材料中颗粒的分布排列情况分为多种，有层状构造、纤维状构造、致密状构造与多孔状构造。完全致密的材料很少，绝大多数材料都是带有孔隙的。

建筑材料的性质是多种多样的，而各种材料又往往有特殊的性质。本章主要介绍一些共同性质和比较重要的基本性质，分为以下几种：①材料的物理性质；②材料的力学性质；③材料与水有关的力学性质；④材料的耐久性；⑤材料与热有关的性质。至于有关的工艺性质及各类材料的一些特殊性质，将在有关章节中叙述。

1.1 材料的物理性质

1.1.1 材料的真实密度、表观密度和堆积密度

密度是指物质单位体积的质量，单位为 g/cm^3 或 kg/m^3。由于材料所处的体积状况不同，故有真实密度、表观密度和堆积密度之分。

1. 真实密度

真实密度是指材料在规定条件（105℃±5℃烘干至恒重，温度20℃）绝对密实状态下（绝对密实状态是指不包括任何孔隙在内的体积）单位体积所具有的质量，按下式计算：

$$\rho = \frac{m_s}{V_s} \tag{1.1}$$

式中　ρ——真实密度，g/cm^3 或 kg/m^3；

m_s——材料矿质实体的质量，g 或 kg；

V_s——材料矿质实体的体积，cm^3 或 m^3。

除了钢材、玻璃等少数近于真实密度的材料外，绝大多数材料都有孔隙。在测定有孔隙材料的密度时，应把材料磨成细粉（粒径小于0.20mm），经干燥后用李氏密度瓶测定

其实体体积。材料磨得愈细，测定的密度值愈精确。

2. 表观密度

表观密度是单位体积（含材料的实体矿物及不吸水的闭口孔隙，但不包括能吸水的开口空隙在内的体积）所具有的质量，按下式计算：

$$\rho_a = \frac{m_s}{V_s + V_n} \tag{1.2}$$

式中　ρ_a——表观密度，g/cm³ 或 kg/m³；

m_s、V_s——意义同式（1.1）；

V_n——材料不吸水的闭口孔隙的体积，cm³ 或 m³。

3. 堆积密度

堆积密度（旧称松散容重）是指粉状、粒状或纤维状态下，单位体积（包含了颗粒的孔隙及颗粒之间的空隙）所具有的质量，按下式计算：

$$\rho_o' = \frac{m}{V_o} \tag{1.3}$$

式中　ρ_o'——堆积密度，g/cm³ 或 kg/m³；

m——材料的质量，g 或 kg；

V_o——材料的堆积体积，cm³ 或 m³。

1.1.2 材料的密实度和孔隙率

1. 密实度

密实度是指材料体积内被固体物质所充实的程度，也就是固体物质的体积占总体积的比例。密实度反映了材料的致密程度，以 D 表示：

$$D = \frac{V_s}{V} \times 100\% \tag{1.4}$$

含有孔隙的固体材料的密实度均小于 1。材料的很多性能，如强度、吸水性、耐久性、导热性等均与其密实度有关。

2. 孔隙率

孔隙率是指材料孔隙体积（包括不吸水的闭口孔隙，能吸水的开口空隙）与总体积之比，以 P 表示，可用下式计算：

$$P = \frac{V - V_s}{V} \times 100\% \tag{1.5}$$

孔隙率与密实度的关系为

$$P + D = 1 \tag{1.6}$$

孔隙率的大小直接反映了材料的致密程度。材料内部的孔隙又可分为连通的孔隙和封闭的孔隙，连通孔隙不仅彼此贯通且与外界相通，而封闭孔隙彼此不连通且与外界隔绝。孔隙率的大小及孔隙本身的特征与材料的许多重要性质，如强度、吸水性、抗渗性、抗冻性和导热性等都有密切关系。一般而言，孔隙率小，且连通孔较少的材料，其吸水性较小，强度较高，抗渗性和抗冻性较好。

在土木工程中，计算材料用量、构件自重、配料计算及确定堆放空间时经常用到材料的密度、表观密度和堆积密度等数据。常用土木工程材料的有关数据见表1.1。

表 1.1	常用土木工程材料的密度、表观密度和孔隙率		
材　　料	密度 $\rho/(\text{g/cm}^3)$	表观密度 $\rho/(\text{g/cm}^3)$	孔隙率 $P/\%$
石灰岩	2.60	1.8～2.6	—
花岗岩	2.80	2.5～2.7	0.5～3.0
碎石（石灰岩）	2.60	—	—
砂	2.60	—	—
黏土	2.60	—	—
普通黏土砖	2.50	1.6～1.8	20～40
黏土空心砖	2.50	1～1.4	—
水泥	2.50	—	—
普通混凝土	3.10	2.1～2.6	5～20
轻骨料混凝土	—	0.8～1.9	—
木材	1.55	0.4～0.8	55～75
钢材	7.85	7.85	0
泡沫塑料	—	0.02～0.05	—
玻璃	2.55	—	—

1.2　材料的力学性质

材料的力学性质，是指材料在外力作用下的有关变形性质和抵抗破坏的能力。

1.2.1　变形性质

变形性质是指材料在荷载作用下发生形态、体积变化的有关性质。变形的过程，实质上是由于外力的作用而改变或破坏了材料质点间的平衡位置，使其产生相对位移的结果。

1. **材料的弹性与塑性**

材料在外力作用下产生的变形，当外力除去后可以完全恢复的变形，称为弹性变形。材料在外力除去后，能恢复其原有形状的性能，称为弹性。产生弹性变形是因为作用于材料的外力改变了材料质点间的平衡位置，但此时外力未超过质点间的相互作用力，外力所做的功，转变为材料的内能（弹性能），当外力除去时，内能做功，质点恢复到原有的平衡位置，变形消失。

材料的变形在外力除去后，不能恢复到原有形状的，称为塑性变形。材料的这种性质称为塑性。产生塑性变形的原因，是作用于材料的外力，超过了材料质点间的相互作用力，造成材料部分结构或构造的破坏，即外力所做的功，未转变为内能而消耗于部分结构或构造的破坏，因而变形不再消失。

2. **材料的脆性和韧性**

材料在外力作用下，无明显塑性变形而突然破坏的性质，称为脆性。具有这种性质的材料称为脆性材料。脆性材料的抗压强度远大于其抗拉强度，可高达数倍甚至数十倍，但脆性材料承受冲击或震动荷载的能力很差。如花岗岩、陶瓷、黏土砖、大理石、玻璃、普通混凝土、铸铁等。可见，仅用强度指标不能反映材料承受动荷载作用的能力，还必须对材料提出韧性的要求。

材料在冲击或震动荷载作用下，能吸收较大的能量，产生一定的变形而不破坏的性质，称为韧性或冲击韧性。它可以用材料受荷载达到破坏时所吸收的能量来表示。韧性材料的特点是变形大，特别是塑性变形大，抗拉强度接近或高于抗压强度。橡胶、木材、建筑钢材等属于韧性材料。在土木工程中，对于要求承受冲击荷载和有抗震要求的结构，如桥梁、路面、吊车梁等所用材料，均具有较高韧性。

材料的塑性或脆性，并不是固定不变的，可随着温度、含水率、加荷速度及受力状态等因素而改变，如沥青材料在迅速加荷或低温条件下是脆性的，而在缓慢加荷或温度稍高的条件下则是塑性的。又如低碳钢在常温下是塑性的，而在低温下则可表现为脆性的。

3. 材料的徐变与松弛

固体材料在恒定外力长期作用下，变形随着时间的延长而逐渐增长的现象，称为徐变（或蠕变）。产生徐变的原因，是由于固体材料中某些非晶体物质产生类似于液体的黏性流动和晶体结构中有局部缺陷存在，它们在外力的长期作用下，使变形逐渐增长。材料的徐变现象与材料本身性质有关外，还于温度有关，特别是金属材料在高温作用下，将发生较显著的徐变。

当材料在外力作用下的变形不变时，弹性应力随着时间的延长而逐渐缩小的现象，称为松弛。产生松弛的原因，是由于材料的部分弹性变形逐渐转变为部分塑性变形，材料在变形中储存的弹性能转变为热而逐渐消失，故弹性应力逐渐降低。

1.2.2 强度

材料的强度，是材料在荷载或其他因素（如温度变化、变形等）所产生的内应力作用下，抵抗破坏的性能。

材料的强度以材料试件在破坏时的极限应力来表示。随着受力情况的不同，材料的强度分为抗压强度、抗拉强度、抗弯（抗折）强度、抗剪强度四种。

材料的强度常用破坏性实验来测定。将试件放在试验机上，加荷使其破坏，根据破坏时的荷载便可求出材料的强度。

对于抗压强度、抗拉强度、抗剪强度（均以 f 表示），均可按式（1.7）计算：

$$f = \frac{P}{A} \tag{1.7}$$

式中　f——材料的强度，包括抗压强度 f_c、抗拉强度 f_t 和抗剪强度 f_v，N/mm²，
　　　　即 MPa；

　　　P——材料受压、受拉、受剪破坏时的荷载，N；

　　　A——材料的受力面积，mm²。

测定抗弯强度时，可将试件做成矩形截面的小梁，搁置在两支点上，中间加一个或两个集中荷载直到破坏为止，即可利用材料力学公式计算抗弯强度（或抗折强度）。

当中间加一集中荷载时，为

$$f_f = \frac{3PL}{2bh^2} \tag{1.8}$$

当加两个与梁中心线对称的相等荷载时，为

$$f_f = \frac{3P(1-a)}{bh^2} \tag{1.9}$$

式中　　f_f——材料的抗折强度，N/mm² 或 MPa；

　　　　P——受弯破坏时的荷载，N；

　　　　L——梁的跨度，即两支点间的距离，mm；

　　　　b——矩形梁截面的宽度，mm；

　　　　h——矩形梁截面的高度，mm；

　　　　a——两个荷载间的距离，mm。

　　一般脆性材料，具有较高的抗压强度，抗弯强度很低，而抗拉强度更低，仅为抗压强度的 1/50～1/5，所以脆性材料主要用于承受压力。塑性材料的抗压、抗拉及抗弯强度彼此接近，它们既可用于承受压力，也可用于承受拉力及弯曲。

　　根据材料强度的高低，可将材料划分为若干等级。在划分等级时，对于砖、石、水泥、混凝土等矿物材料主要根据抗压强度来划分；建筑钢则按抗拉强度来划分。

　　几种常用材料的强度约值见表 1.2。

表 1.2　　　　　　　　　　　几种常用材料的极限强度

材　料	极　限　强　度/MPa		
	抗　压	抗　拉	抗　弯
花岗岩	100～250	5～8	10～14
普通黏土砖	7.5～30	—	2～5
普通混凝土	7.5～60	0.7～4	0.7～4
松木（顺纹）	30～60	80～120	60～110
建筑钢	230～600	300～1500	—

　　材料的强度主要决定于材料的成分、结构及构造。不同种类的材料，其强度不同；即使是同类材料，由于结构或构造不同，其强度也会有很大的差异。疏松及孔隙率较大的材料，因其质点间的联结较弱、受力的有效面积减小及孔隙附近的应力集中，故强度较低。某些具有层状或纤维状构造的材料，其组成成分按一定方向排列，这种材料在不同方向受力时所表现的强度也不同，即所谓各向异性。对于结晶材料，一般说来，细晶结构较粗晶结构的强度高。

　　通常所研究材料的强度，是材料在短期荷载作用下抵抗破坏的能力，或称暂时强度。材料在持久荷载作用下的强度，称为持久强度。持久强度以材料在长期荷载作用下，而不致发生破坏的最大应力值表示。结构物中材料所承受的荷载，一般都是持久荷载。因为材料在持久荷载下发生徐变，致使塑性变形增大，所以持久强度都低于暂时强度，如木材的持久强度仅为其暂时强度的 50%～60%。

1.2.3　硬度、耐磨性及磨耗

　　材料抵抗外物压入或刻画的性质称为硬度。一般说来，硬度大的材料耐磨性较强，但不易加工。所以，材料的硬度在一定程度上可以表明材料的耐磨性和加工难易程度。

材料抵抗外物磨损的性质称为耐磨性。材料同时受到摩擦和冲击两种作用时称为磨耗。在水利工程中，例如滚水坝的溢流面、闸墩和闸底板等部位经常受到挟砂的高速水流的冲刷作用，或者水底挟带的石子的冲击作用，使建筑物遭受破坏。这些部位都需要考虑材料抵抗磨损及磨耗的性能。

当材料的硬度较大、韧性较高、构造较密实时，其抗磨损及磨耗的性能较强。

1.3 材料与水有关的性质

1.3.1 亲水性与憎水性

材料与水接触时，根据材料表面对水的吸附程度，可分为亲水性材料和憎水性材料两类。

润湿就是水被材料表面吸附的过程，它和材料本身的性质有关。当材料在空气中与水相接触时，如材料分子与水分子间的相互作用大于水本身分子间的作用力，则材料表面能被润湿。此时，在材料、水和空气三相的交点处，沿水滴表面所引切线与材料表面所成的夹角（称为润湿角）$\theta \leqslant 90°$，如图 1.1（a）所示，这种材料称为亲水性材料。反之，如材料分子与水分子间的相互作用力小于水本身分子间的作用力，则表示材料不能被水润湿。此时，润湿角 $\theta > 90°$，如图 1.1（b）所示。这种材料称为憎水性材料。

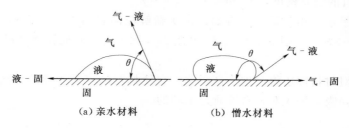

（a）亲水材料　　　　（b）憎水材料

图 1.1　材料润湿示意图

水在亲水性材料的毛细管中形成凹形弯液面。在憎水性材料的毛细管中，一般水不易渗入毛细管中，当有水渗入时，则成凸形弯液面，并将保持在周围水面以下。

大多数建筑物材料，如石料、砖、混凝土、木材等都属于亲水性材料，表面能被水润湿，并且能通过毛细管作用，将水分吸入材料内部。憎水性材料有沥青、石蜡等，其表面不能被水润湿。当材料的毛细管管壁有憎水性材料存在时，将阻止水分进入毛细管中，降低材料的吸水作用。憎水性材料不仅可用作防水材料，而且还可用于处理亲水性材料的表面以降低其吸水性。

1.3.2 吸水性

材料在水中吸水的性质称为吸水性。

由于材料的亲水性及开口孔隙的存在，大多数材料具有吸水性，故材料中常含有水分。材料中所含水分的多少常以含水率表示。含水率为材料中所含水重与材料干重的百分比。

当材料吸水达到饱和状态时的含水率，称为材料的吸水率，吸水率有质量吸水率和体积吸水率两种表示方法。

材料的质量吸水率是材料吸收水分的质量与材料在干燥状态下的质量之比，按下式计算：

$$W = \frac{m_1 - m_2}{m_2} \times 100\%$$ （1.10）

式中　W——材料的质量吸水率，%；

　　　m_2——材料在干燥状态下的质量，g；

　　　m_1——材料在浸水饱和状态下的质量，g。

材料的体积吸水率是材料吸收的水分的体积与材料在自然状态下的体积之比，按下式计算：

$$W_0 = \frac{m_1 - m_2}{V_0} \frac{1}{\rho_w} \times 100\%$$ （1.11）

式中　W_0——材料的体积吸水率，%；

　　　V_0——材料在自然状态下的体积，cm^3；

　　　ρ_w——水在常温下的密度，$\rho_w = 1g/cm^3$。

因此，材料的质量吸水率与体积吸水率存在如下关系：

$$W_0 = W\rho_0$$ （1.12）

式中　ρ_0——材料的表观密度，g/cm^3。

各种材料的吸水率相差很大。例如，密实新鲜花岗岩的吸水率为 $0.2\% \sim 0.7\%$；普通混凝土为 $2\% \sim 3\%$；普通黏土砖为 $8\% \sim 20\%$；而木材及其他轻质材料的吸水率则常大于 100%。

水在材料中对材料性质将产生不良影响。它使材料的容重和导热性增大，强度降低，体积膨胀。因此，吸水率大对材料性质是不利的。

1.3.3　吸湿性

材料在潮湿的空气中吸收水分的性质称为吸湿性。吸湿性的大小用含水率表示。

材料所含水的质量与材料质量的比值的百分率，称为材料的含水率，可按下式计算：

$$W_h = \frac{m_0 - m_2}{m_2} \times 100\%$$ （1.13）

式中　W_h——材料的含水率，%；

　　　m_2——材料在干燥状态下的质量，g；

　　　m_0——材料在吸湿状态下的质量，g。

材料的含水率大小，除与材料本身的特性有关外，还与周围环境的温度、湿度有关。气温越低、相对湿度越大，材料的含水率也就越大。

材料随着空气湿度的变化，既能在空气中吸收水分，又可向外界扩散水分，最终将使材料中的水分与周围空气的湿度达到平衡，这时材料的含水率，称为平衡含水率。平衡含水率并不是固定不变的，它随环境中的温度和湿度的变化而改变。当材料吸水达到饱和状态时的含水率即为吸水率。

1.3.4　耐水性

材料在水的作用下不会损坏，其强度也不显著降低的性质称为耐水性。一般材料在含有水分时，其强度均有所降低，这是因为材料微粒间的结合力被渗入的水膜所削弱的缘故。如果材料中含有某些易于被水软化的物质（如黏土、石膏等），则强度降低更为严重。材料的耐水性以软化系数 K_R 表示：

$$K_R = \frac{f_b}{f_g}$$
(1.14)

式中　K_R——材料的软化系数；

　　　f_b——材料在饱和吸水状态下的抗压强度，MPa 或 N/mm^2；

　　　f_g——材料在干燥状态下的抗压强度，MPa 或 N/mm^2。

由上式可知，K_R 值的大小表明材料浸水后强度降低的程度。

软化系数的大小，有时成为选择材料的重要依据。经常位于水中或受潮严重的结构物的材料，其软化系数不宜低于 0.85～0.90；受潮较轻的或次要的结构物的材料，其软化系数不宜小于 0.70～0.85。

1.3.5 抗渗性

材料的抗渗性是指材料抵抗水渗透的性能。材料抗渗性的高低，与其孔隙率及孔隙特征有关。绝对密实的材料或具有封闭孔隙的材料，实际上是不透水的。另外，材料毛细管管壁的亲水性或憎水性也对抗渗性有一定影响。

材料的抗渗性常用渗透系数来表示。根据达西定律，在一定时间 t 内，透过材料的水量 Q，与材料的断面积 A 及水头差 H 成正比，与材料的厚度 D 成反比，即

$$Q = \frac{K_s HAt}{D}$$
(1.15)

式中　K_s——材料的渗透系数，cm/h；

　　　Q——时间 t 内渗水总量，cm^3；

　　　A——材料垂直于渗水方向的渗水面积，cm^2；

　　　D——材料的厚度，cm；

　　　H——材料两侧的水压差，cm；

　　　t——渗水时间，h。

材料的抗渗性也可用抗渗等级来表示。

地下建筑物及水工建筑物，因常受到水压力或水头差的作用，所用材料应具有一定的抗渗性。用于防水层的防水材料，一般要求具有较高的不透水的性质。

1.3.6 抗冻性

材料的抗冻性，是指材料在水饱和状态下，经受多次冻融循环作用，能保持强度和外观完整性的能力。材料的抗冻性用抗冻等级表示，是指在规定的试验条件下，测得其强度降低不超过规定值，并无明显损坏和剥落时所能承受的冻融循环次数。显然冻融循环次数越多，抗冻等级越高，抗冻性越好，如 F50、F100、F150、F200、F500 表示材料的冻融循环次数为 50 次、100 次、150 次、200 次和 500 次。

材料受冻破坏主要是因其孔隙中的水结冰所致。若材料孔隙中充满水，水结冰时体积膨胀（体积增大约 9%）对孔壁产生巨大压力，当应力超过材料的抗拉强度时，材料遭受破坏。材料的抗冻性大小与材料的结构特征（孔隙率、孔隙构造）、强度、含水状态等因

素有关。一般而言，密实材料以及具有封闭孔的材料有较好的抗冻性；具有一定强度的材料对冰冻有一定抵抗能力；材料孔隙中充水程度越接近饱和，冰冻破坏作用越大。毛细管孔隙易充满水，又能结冰，故其对材料的冰冻破坏作用影响最大。极细的孔，虽可充满水，但水的冰点很低，在一般负温下不会结冰；粗大孔一般不易被水充满，对冰冻破坏还可起缓冲作用。

材料抗冻性的好坏取决于材料的强度、孔隙率和孔隙特征。增大材料的密实性或使材料内部形成一定数量的封闭孔隙，均能提高材料的抗冻性。

1.4 材料的耐久性

材料在使用过程中，除受到各种外力的作用外，还长期受到各种自然因素的破坏作用。这些破坏作用一般可分为物理作用、化学作用及生物作用等。

物理作用包括材料的干湿变化、温度变化及冻融变化等。干湿变化和温度变化引起材料发生收缩和膨胀，时间长了会使材料逐渐破坏。在寒冷地区，冻融变化对材料的破坏作用更为显著。

化学作用包括酸、碱、盐等物质的水溶液及气体对材料产生的侵蚀作用，使材料产生质的变化而破坏。

生物作用是昆虫、菌类等对材料所起的蛀蚀、腐朽等破坏作用。

一般矿物质材料，如石料、砖、混凝土及砂浆等当暴露在大气中时，主要是受到物理破坏作用；当处于水位变化区或水中时，除物理作用外，还可能受到水的化学侵蚀作用。

对于各种金属材料来说，引起破坏的原因主要是化学侵蚀作用，即金属的腐蚀。

由木材及其他植物纤维组成的有机质材料，常由于虫、菌等生物的蛀蚀和腐朽而破坏。沥青质的有机胶结材料及高分子合成材料，在阳光、空气及热的在作用下，会逐渐老化而破坏。

综上所述，所谓材料的耐久性，就是指材料在上述各种因素作用下，经久不易破坏也不易失去其原有性能的性质。耐久性是材料的一种综合性质，诸如抗冻性、抗风化性、抗化学侵蚀性等均属于耐久性的范围。

1.5 材料与热有关的性质

土木工程材料除了须满足必要的强度及其他性能的要求外，为了节约土建结构物的使用能耗以及为生产和生活创造适宜的条件，常要求土木工程材料具有一定的热工性质，以维持室内温度。常用材料的热工性质有导热性、热容量、比热容等。

1.5.1 导热性

材料传导热量的能力称为导热性。材料导热能力的大小可用热导率（λ）表示。热导率在数值上等于厚度为 1m 的材料，当其相对表面的温度差为 1K 时，其单位面积（$1m^2$）单位时间（1s）所通过的热量，可用下式表示：

$$\lambda = \frac{Q\delta}{At(T_2 - T_1)} \tag{1.16}$$

式中　λ——热导率，W/(m·K)；

　　　Q——传导的热量，J；

　　　A——热传导面积，m^2；

　　　δ——材料厚度，m；

　　　t——热传导时间，s；

　$T_2 - T_1$——材料两侧温差，K。

　　材料的热导率越小，绝热性能越好。各种土木工程材料的热导率差别很大，大致在 $0.035 \sim 3.5$ W/(m·K) 之间，如泡沫塑料 $\lambda = 0.035$ W/(m·K)，而大理石 $\lambda = 0.35$ W/(m·K)。热导率与材料孔隙构造有密切关系。由于密闭空气的热导率很小 [$\lambda = 0.023$ W/(m·K)]，所以，材料的孔隙率较大者其热导较小，但如孔隙粗大或贯通，由于对流作用的影响，材料的热导率反而增高。材料受潮或受冻后，其热导率会大大提高。这是由于水和冰的热导率比空气的热导率高很多 [分别为 0.58 W/(m·K) 和 2.20 W/(m·K)]。因此，绝热材料应经常处于干燥状态，以利于发挥材料的绝热效能。

1.5.2　比热容和热容量

　　材料加热时吸收热量，冷却时放出热量的性质称为热容量。热容量的大小用比热容（也称热容量系数，简称比热）表示。比热容表示 1g 材料温度升高 1K 时所吸收的热量，或降低 1K 时放出的热量。材料吸收或放出的热量可由下式计算：

$$Q = cm(T_2 - T_1) \tag{1.17}$$

$$c = \frac{Q}{m(T_2 - T_1)} \tag{1.18}$$

式中　Q——材料吸收或放出的热量，J；

　　　c——材料的比热，J/(g·K)；

　　　m——材料的质量，g；

　$T_2 - T_1$——材料受热或冷却前后的温差，K。

　　比热是反映材料的吸热或放热能力大小的物理量。不同材料的比热不同，即使是同一种材料，由于所处物态不同，比热也不同，例如，水的比热为 4.186J/(g·K)，而结冰后比热则是 2.093J/(g·K)。

　　材料的比热对保持土建结构物内部温度稳定有很大意义。比热大的材料，能在热流变动或采暖设备供热不均匀时，缓和室内的温度波动。常见土木工程材料的比热见表1.3。

表1.3　　　　　　　　　常见土木工程材料的比热及热导率

材料名称	钢材	混凝土	松木	烧结普通砖	花岗岩	密闭空气	水
比热/[J/(g·K)]	0.48	0.84	2.72	0.88	0.92	1.00	4.18
热导率/[W/(m·K)]	58	1.51	1.17~0.35	0.80	3.49	0.023	0.58

1.5.3　材料的保温隔热性能

　　在建筑热工中常把 $1/\lambda$ 称为材料的热阻，用 R 表示，单位为 (m·K)/W。热导率

（λ）和热阻（R）都是评定土木工程材料保温隔热性能的重要指标。人们习惯把防止室内热量的散失称为保温，把防止外部热量的进入称为隔热，将保温隔热统称为绝热。

材料的热导率愈小、热阻值就愈大，则材料的导热性能愈差，其保温隔热的性能就愈好，常将 $\lambda \leqslant 0.175 W/(m \cdot K)$ 的材料称为绝热材料。

1.6　材料与环境

材料是国民经济和社会发展的基础和先导，与能源、信息并列为现代高科技的三大支柱。在历史上，材料曾被作为社会文明进化的标志，如将历史时期划分为石器时代、陶器时代、青铜器时代、铁器时代，直至现代的高分子时代，等等。其中，材料既是一个独立的领域，又与几乎所有的其他新兴产业密切相关。在大量消耗有限矿产资源的同时，材料的生产和使用也给人类赖以生存的生态环境带来严重的负担。

从资源和环境的角度分析，材料的提取、制备、生产、使用和废弃过程是一个典型的资源消耗和环境污染过程。也就是说，材料一方面推动着人类社会的物质文明，而一方面又消耗大量的资源和能源，同时在生产、使用和废弃过程中向环境排出大量污染物，恶化人类赖以生从的空间。21 世纪是可持续发展的世纪，社会、经济的可持续发展要求以自然资源为基础，与环境承载能力相协调。研究材料与环境的关系，实现材料的可持续发展，是历史发展的必然，也是材料科学的一种进步。材料产业可持续发展的方向主要是将传统的高投入、高消耗、高污染通过技术革新和改造，转变成为低投入、低消耗、低污染的材料生产和使用过程，最终走向可持续发展。具体说是用资源节约型产品代替资源消耗型产品；用环境协调型工艺替换环境损害型工艺；采用技术先进的生产过程，淘汰技术落后的生产过程；采用现代的科学管理和经营方式代替粗放的经验管理方式等。

工程材料造成的污染是多方面的，材料的使用不当，设计建筑物时缺乏对生态环境的考虑，这些均可能对人类居住环境产生不良影响。例如，目前使用的装饰装修材料中有许多散发出甲醛以及烷烃、芳烃、卤代烃等有机物，对人体健康有害；有的建筑材料会放出天然放射物质——氡，它有致癌作用；在城市内大量混凝土建筑群集中的地方因空调装置排放出来的热量而产生热岛效应。

工程材料和建筑工程造成的环境问题主要有以下几个方面：

（1）大气污染。建筑工业是仅次于电力工业的全国第二位大量燃烧煤、油、燃气排放出 CO_2、SO_2、SO_3、H_2S、NO_2、CO 等气体的工业。在水泥、石棉等建筑材料生产和运输过程中产生大量粉尘。化学建材中塑料的添加剂、助剂的挥发，涂料中溶剂的挥发，黏结剂中有毒物质的挥发等都给大气带来各种污染。

（2）建筑垃圾。根据北京市有关统计，施工中的"剩余混凝土"为总混凝土量的 0.8%。北京市每年要用约 200 万 m^3 的混凝土，就有 1.6 万 m^3 浪费，相伴的废水也对环境造成污染。还有废建筑玻璃纤维、陶瓷废渣、金属、石棉、石膏、装饰装修中的塑料、化纤边料等，都需要再生利用。

（3）废水污染。建筑工地废水（混凝土搅拌地）碱性偏高，pH＝12～13，还夹杂有害的可溶性混凝土外加剂。水泥厂及有关化学建材生产企业，超标废水大量排放，还有窑灰和废渣乱堆或倒入江河，造成水体污染。

（4）可耕土地大量减少。每生产 1 亿块黏土砖，就要用去 1.3 万 m³ 土壤，对像我国这样的人口众多、人均土地偏少的国家是很严重的资源浪费。

此外，建材及建筑工业还会带来噪声污染、光污染及光化学污染、放射性污染等。

在充分关注地球环境问题的今天，上述的环境影响将对建材和建筑工程提出新的要求。随着我国经济建设的发展，对建材的要求还在增加。重视建材对环境的影响，充分考虑建筑材料与地球环境的协调性，发展生态建材，倡导绿色建筑，是今后建材和建筑工业的主要方向。

习　题

1. 什么是材料的真实密度、表观密度和堆积密度？分别如何测定？

2. 某岩石的真实密度为 2.66g/cm³，表观密度为 2.59g/cm³，堆积密度为 1.72 g/cm³，试计算该岩石的密实度和孔隙率。

3. 500g 河砂烘干至恒重时的质量为 486g，求此河砂的含水率。

4. 如何区分亲水材料和憎水材料？材料的亲水性和憎水性有何工程意义？

5. 当材料的孔隙率增大且连通孔增多时，该材料的真实密度、表观密度、强度、吸水率、抗冻性、导热性如何变化？

第2章 天 然 石 材

2.1 天然石材的分类及常用石材

岩石通过机械方法或人工方法进行加工，或不经加工而获得的各种块状或散粒状材料，统称为天然石材。天然石材是人类使用的最古老的建筑材料之一，世界上许多著名的石材建筑物，如古埃及金字塔，古罗马的大角斗兽场，意大利的比萨斜塔，还有我国的赵州桥、万里长城等。天然石材在水利水电、土木、道路、桥梁等工程中具有广泛的应用。

天然石材的特点主要是：抗压强度高、耐久性良好、耐磨、美观，分布广泛便于就地取材。天然石材其缺点主要是：脆性较大，自身质量大，开采加工比较困难，其结构抗震性能较差。

岩石由于形成的地质条件不同，分为岩浆岩、沉积岩、变质岩三大类。它们分别具有不同的矿物成分、不同的结构及构造特征，其建筑性能和使用范围，主要就是由于这些特征所决定的。

2.1.1 常用的岩浆岩石材

岩浆岩是由于地壳深处熔融岩浆上升，在地下或喷出地面后冷凝而成的。根据形成条件不同，岩浆岩可分为以下三类：

（1）深成岩。深成岩是岩浆在地壳深处，在上部覆盖层较大压力作用下，缓慢且比较均匀地冷却而形成的岩石。其特点是矿物结晶完整且颗粒较粗，呈块状构造，具有较高的抗压强度，吸水率和孔隙率小，抗冻性好及表观密度大等优点。工程中常见的深成岩有花岗岩、闪石岩、正长岩和橄榄岩等。

（2）喷出岩。喷出岩是岩浆喷出地表后，在压力急剧降低和迅速冷却的条件下所形成的岩石。其特点是岩浆不能全部结晶，或结晶成细小颗粒，所以常呈非结晶的玻璃质结构、细小结晶的隐晶质结构及个别较大晶体嵌在上述结构中的斑状结构。当喷出岩形成很厚的岩层时，其结构、构造和性能接近深成岩；当形成较薄的岩层时，由于气压及冷却速度快的作用呈现多孔状构造，性能低于深成岩。工程中常见的喷出岩有玄武岩、辉绿岩、安山岩等。

（3）火山岩。火山岩是火山爆发时，喷到空气中的岩浆，经急速冷却后而形成的。常见的火山岩有火山灰、火山砂、浮石及火山凝灰岩等。火山岩呈非结晶的玻璃质结构，内部含大量气孔，具有化学活性，磨细加工后可作水泥的混合材料及混凝土骨料。

工程上常见的岩浆岩有以下几种。

1. 花岗岩

花岗岩是岩浆岩中分布最广的一种岩石，呈等粒结晶质结构，十分致密。由于有立方体节理的存在，故可开采成整齐大块的石材。

花岗岩主要由石英、长石和少量云母所组成，有时还含有少量的暗色矿物质如角闪石、辉石等。优质的花岗岩其石英含量较多，而云母含量较少，且不含黄铁矿（FeS_2）等杂质。黄铁矿与水作用，易氧化成硫酸等，能腐蚀周围矿物，加速岩石的分化。

花岗岩按结晶颗粒大小不同，可分为细粒、粗粒、斑状等不同种类。结晶颗粒细而均匀的花岗岩比粗粒、斑状的花岗岩强度高耐久性也好。

新鲜密实的花岗岩的表观密度为 $2600\sim2700kg/m^3$，抗压强度为 $120\sim250MPa$，吸水率一般小于 1%，有相当好的耐久性和良好的耐磨性。所以是十分优良的建筑石材，广泛应用于各种建筑物中，如修筑桥梁、大型建筑物的基础、闸、坝、防坡堤和码头等。

当花岗岩中所含的长石已开始风化时，花岗岩的强度和耐久性将逐渐降低。因此建造水工建筑物时，应注意选用新鲜的花岗岩。

2. 闪长岩

闪长岩是由斜长石、角闪石及少量黑云母与辉石等矿物成分所组成。具有均匀颗粒的结晶结构。它的表观密度为 $2800\sim3000kg/m^3$，抗压强度为 $150\sim280MPa$，吸水性低，韧性大，耐久性胜过花岗岩。

3. 辉长岩

辉长岩主要由斜长石、辉石及少量橄榄石所组成，为等粒结晶质结构和块状。表观密度为 $2900\sim3300kg/m^3$，抗压强度为 $300\sim400MPa$。具有很高的韧性及抗风化性，是良好的水工建筑材料。

4. 辉绿石

辉绿石主要由长石、辉石或橄榄石等矿物成分所组成，为全晶质中粒或细粒结构，呈块状结构。它的表观密度较大，抗压强度达 $300\sim400MPa$，韧性高，不易磨耗。

5. 玄武岩

玄武岩主要是由斜长石、辉石及橄榄石所组成。它的结构大多是玻璃质或隐晶质的。它的构造多为气孔状，也有块状及杏仁状的。致密的玄武岩，其表观密度可达 $2900\sim3300kg/m^3$，抗压强度由于构造不同而波动较大，约为 $100\sim500MPa$。玄武岩的强度和耐久性都很好，但因硬度高，脆性大，加工困难，主要用作筑路材料、堤岸的护坡等。

2.1.2　常用的沉积岩石材

位于地表面的岩石，经物理、化学和生物等一系列复杂的风化作用下，逐渐被破坏成不同的碎小颗粒和一些溶解物质，这些风化产物经沉积而成的岩石，称为沉积岩。沉积岩的形成是一个缓慢的过程，决定了其特征为层状构造，外观多层里，孔隙率和吸水率较大，表观密度较小，强度较低和耐久性差。常见的沉积岩有石灰岩、砂岩、页岩、石膏、硅藻土、硅藻石及蛋白石等。构成硅藻土、硅藻石及蛋白石的化学成分是非结晶的二氧化碳，具有化学活性，磨细后可做水泥的混合材料。

工程上常用的沉积岩如下。

1. 石灰岩

石灰岩简称灰岩，其矿物成分主要是方解石，化学成分主要为碳酸钙（$CaCO_3$），此外尚有氧化硅、白云石及黏土矿物等。石灰岩的结构与构造具有多样性，各种致密的石灰岩，在强度、耐久性等方面均不如花岗岩，表观密度一般在 $2000\sim2600kg/m^3$ 之间，抗压强度相应地在 20～120MPa 之间。由于石灰岩分布广，硬度小，易劈裂，开采加工容易，具有一定的强度和耐久性，所以广泛应用于土木工程及一般水利工程中。

硅质石灰岩就是石灰岩中含有较多的氧化硅，强度较高。如含黏土杂质超过 3％～4％时，则石灰岩的强度及耐久性将显著降低。石灰岩不能用于含游离 CO_2 较多或酸性较高的水中，因为方解石会被侵蚀，使建筑物破坏。

2. 砂岩

砂岩是源区岩石经风化、剥蚀、搬运到盆地中，由石英砂天然胶结物胶结形成的岩石，有时在其中也有长石、云母和其他矿物颗粒。

根据胶结物的不同，砂岩有与其胶结物相对应的名称，如以氧化硅胶结的称硅质砂岩，以碳酸钙胶结的称灰质砂岩，以氧化铁胶结的称铁质砂岩，以黏土胶结的称黏土质砂岩等。

砂岩的性能与胶结物的种类以及胶结的密实程度有关。致密的硅质砂岩坚硬耐久，强度高，性能接近花岗岩，表观密度达 2700kg/m³，抗压强度可达 250MPa，但较难加工；灰质砂岩加工较易，其强度可达 60～80MPa 以上，是砂岩中最常用的一种。铁质砂岩次于灰质砂岩，但仍能用于比较次要的工程。黏土质砂岩遇水即行软化，强度显著降低，不能用于水工建筑物。

3. 页岩

页岩，顾名思义，是因其具有薄页状或薄片状的节理而得名，主要是由黏土沉积后经压力和温度形成的岩石，其中混杂有长石、石英的碎屑及其他化学物质。工程中用页岩作为烧结砖的原料，或是利用页岩陶粒作为轻集骨架料制备墙体材料。

2.1.3 常用的变质岩石材

变质岩是岩浆岩或沉积岩在地壳变动、岩浆活动或地壳内热流变化等内营力作用下，使其矿物成分、结构构造发生不同程度的变化而形成的岩石。常见的变质岩有片麻岩、大理岩、石英岩及板岩等。

一般由沉积岩形成的变质岩，常较原来的岩石更为紧密，其建筑性能有所提高。由岩浆岩形成的变质岩，往往因为产生了片状构造，其性能较原来的岩石有所降低。

工程常用的变质岩如下。

1. 花岗片麻岩

花岗片麻岩由花岗岩变质而成，矿物成分与花岗岩类似，结晶大多是等粒或斑状的呈片麻状构造及条带状构造，主要由石英、云母、长石等组成。其抗压强度（垂直于节理面）为 250～400MPa，沿片理较易开采加工，但在冻融循环作用下易成层剥落，易风化，常呈灰白、深灰、灰绿色。优质的花岗片麻岩在用途上与花岗岩基本相同。

2. 大理岩

大理岩又称大理石，由石灰岩或白云岩在高温高压下，重新结晶变质而成，主要矿物成分仍是方解石和白云石。经变质后，结晶颗粒直接结合，构造致密，其抗压强度为 100～310MPa。大理岩硬度不大，易于加工及磨光，其构造多为块状，部分大理岩还带有特殊图案，如条纹、条带、斑点、斑块等构造。当含杂质时还带有美丽的色彩，如白、灰、黄、绿、浅红等颜色，因此常锯成薄板，用做建筑物内部装饰材料。但是大理岩对二氧化碳和酸的耐久性较差，经常接触就会风化，逐渐失去其美丽的光彩。

3. 石英岩

石英岩由砂岩变质而来。经变质后，原来砂岩中的石英颗粒和天然胶结物都重新结晶，因此，石英岩均匀致密，抗压强度较高，为 $250\sim400MPa$，耐久性很高，但硬度大，故开采加工很困难，一般呈现白、浅灰及淡红色。常以不规则的形状及大块作为地基及边坡处理等的骨料应用于岩土工程中。

2.2 天然石材的技术性质及应用

天然石材在土木及水利工程中，除广泛的用作混凝土的骨料外，主要是以规则或不规则的大块石材砌筑或堆筑成整体的建筑物。常见的堆石工程有堆石坝、防波堤等。常见的砌石工程有砌石坝、护岸、挡土墙、码头、渠道等。

2.2.1 天然石材的主要技术性质

用于砌石或堆石工程的天然石材，其性质主要取决于他们的矿物组成、结晶程度、结构与构造特征，还受一系列外界条件的影响，如风化、日晒、浸水、冻融、负重作用及开采加工所造成的缺陷等。物理性质主要包括表观密度、抗冻性、软化系数、吸水性和抗风化性。力学性质主要指抗压强度。在某些情况下还应考虑溶解度、抗剪强度、摩擦系数、磨损与磨耗以及撞击韧性等。

1. 物理性质

（1）表观密度。石材的表观密度主要取决于其矿物成分、结构特征及孔隙率。一般表观密度大的石材，都比较密实，故其强度较高，吸水率较小，抗冻性也较好。因此，可以把表观密度的大小作为石材质量的粗略估价。

一般致密性较好的石材其表观密度接近于真实密度，在 $2500\sim3100kg/m^3$ 之间；孔隙率较大的石材，其表观密度仅为 $500\sim1700kg/m^3$。表观密度大于 $1800kg/m^3$ 的石材称为重质石材，通常作为承重材料、耐磨擦材料及装饰材料，如大理石、花岗岩等。表观密度小于 $1800kg/m^3$ 的石材称为轻质石材，可作为轻质保温材料，如浮石。

（2）抗冻性。天然石材的抗冻性也取决于其矿物成分、结构及其构造。当石材中含有较多的黑云母、黄铁矿、黏土等物质时，易于风化，抗冻性较差。具有等粒结晶结构的石材，其抗冻性比玻璃质或斑状结构的石材较好。

疏松多孔或具有层理构造的石材，其孔隙率、吸水率较大，抗冻性远较均匀致密的石材为差。

按石材在水饱和状态下所能经受的冻融循环次数，其抗冻等级可分为 5、10、15、25、50、100 及 200 七个等级。一般认为吸水率小于 0.5% 的石材，冰冻破坏的可能性很小，可以考虑不做抗冻性实验。

（3）软化系数。软化系数是评价石材耐水性的重要指标，依据其大小，将石材的耐水性分为高、中、低三个等级。软化系数介于 $0.60\sim0.75$ 之间的石材称为低耐水性；软化系数介于 $0.75\sim0.90$ 之间的石材称为中耐水性；软化系数大于 0.90 的石材称为高耐水性；当岩石中含有较多的黏土或易溶于水的物质时，岩石在遇水后，或软化，或导致其强度下降。因此，用于水工建筑物中的石材，应考虑石材的软化系数。一般在水利水电工程中经常与水接触的建筑物，石材的软化系数不应小于 0.75。

（4）吸水性。天然石材的吸水性，即吸水能力，主要取决于矿物组成、孔隙结构特征和孔隙率。主要以吸水率来衡量：吸水率小于 1.5% 时，称为低吸水性岩石；吸水率介于1.5%～3.0% 时，称为中吸水性岩石；吸水率大于 3.0% 时，称为高吸水性岩石。不同的岩石其吸水性差异很大，致密的石材如石灰岩其吸水率低于 1%，花岗岩其吸水率不足0.5%；而多孔的贝壳石灰岩其吸水率高于 15%，浮石其吸水率高达 30% 以上。石材吸水后降低了颗粒之间的黏结力，故其强度有所下降，耐水性及抗冻性变差，导热性变大。

（5）抗风化性。地壳表层的岩石在日晒、风、气温变化、水冰和空气等作用下及生物活动等因素的影响下，导致岩石矿物成分、化学成分以及结构构造特征发生变化，使岩石逐渐发生剥落、开裂及破坏的过程称为岩石的风化。

岩石的抗风化性与其矿物组成、结构和构造特征有关。岩石风化后其强度会降低，因此可用风化后的岩石与新鲜岩石的单轴抗压强度的比值 k_w 来衡量岩石的风化程度，见表 2.1。

表 2.1　　　　　　　　　　　　岩　石　风　化　程　度

风 化 程 度	k_w　值	风 化 程 度	k_w　值
新鲜（包括微风化）	0.9～1.0	半风化	0.40～0.75
		强风化	0.2～0.4
微风化	0.75～0.9	全风化	<0.2

2. 力学性质

岩石的力学性能主要考虑其抗压强度，取决于岩石的矿物组成、结晶程度、孔隙结构特征和风化程度等。依据《砌体结构设计规范》（GB 50003—2011）规定：砌筑石材的强度等级以三块 70mm×70mm×70mm 立方体试件，在干燥状态下，用标准方法所测得的极限抗压强度平均值（MPa）来表示，根据抗压强度值的大小，将天然石材划分为 7 个强度等级：MU100、MU80、MU60、MU50、MU40、MU30 及 MU20。

在水利水电工程中，试验时也可采用非标准尺寸的立方体或圆柱体试件，可按50mm×50mm×50mm 柱体或 ϕ50mm×100mm 圆柱体试件，在浸水饱和状态下测得的极限抗压强度，可划分为 100、80、70、80、50、30 等 6 个等级，但需采用适当系数进行换算。对有层理、片理构造的天然石材，在测抗压强度时，其受力方向，应与石材在砌体中的实际受力方向相同。在水利水电工程中所用石材强度等级一般均应大于 30MPa。

2.2.2　天然砌筑石材

1. 石材的选用原则

选用石材，一般主要考虑使用性和经济性两个原则，有些还需考虑美观、环保等性能。

（1）使用性。石材选用的关键是看其使用的环境条件、使用的部位、受力程度、设计年限等。在处于高温、高湿、严寒、浸水及有腐蚀介质等环境中的石材，应考虑其耐热性、耐水性、抗冻性、耐化学侵蚀性等性能；用作地面、踏步、台阶等的石材，要考虑其耐磨、坚韧性等性能；用作承重构件的石材要考虑其抗压、抗剪强度等性能；用作装饰的石材，应考虑其外观、花纹及色彩，可雕琢、可打磨性等性能。

（2）经济可行性。工程所用的石材，依据其使用性来确定其可行性。石材若密度大、强度高，不便于开采和加工利用。应尽可能就地取材，减少运输、加工的程序，合理利用石材资源。

2. 工程上常用的天然石材

（1）毛石。毛石是由爆破直接得到的、形状不规则的块状石或片状石，又称片石或块石。依其表面的平整程度分为乱毛石和平毛石两种。毛石在工程中用途广泛，常用于砌筑基础、墙身、勒脚、挡土墙、堤坝等。

1）乱毛石：各个面的形状均不规则的毛石称为乱毛石。一般在同一个方向上的尺寸为 $300\sim400mm$，强度不低于 10MPa，质量为 $20\sim30kg$，软化系数不应低于 0.75。

2）平毛石：将乱毛石稍做加工后，形状较整齐规则，但表面略粗糙的毛石称为平毛石。其中部厚度不应低于 200mm。

（2）料石。料石指由机械或人工开采的、并略加凿琢而成的，具有较规则平整的加工面。按石材表面加工的平整程度分为 4 种。

1）毛料石：毛料石为大致方正的块石，并具有两个大致平行的面，一般不做加工或加工较少。其厚度与高度不小于 20cm 的块料，抗压强度不低于 30MPa。多用于砌筑一般建筑物的主要部位。

2）粗料石：粗料石规格尺寸同细料石，但表面凹凸深度不大于 2cm。用于拱、墩墙等部位。

3）半细料石：规格尺寸同粗料石，但叠切面凹凸深度不大于 1.5cm。

4）细料石：表面经过细加工，外形规则，表面凹凸深度不大于 0.20cm，截面的宽度、高度不少于 20cm，且不小于长度的 1/3，多用于涵闸的门槽部位。

（3）石板。指对采石场所开采的石材经人工开凿或锯成的板材，长度和宽度一般为 $30\sim120cm$，厚度为 $3\sim12cm$。

1）粗面板材：粗面板材是断开表面规则，但较粗糙的板材。

2）细面板材：细面板材为表面平整、光滑的板材。

3）镜面板材：镜面板材指表面平整、光滑，具有镜面光泽的板材，如大理石。

（4）道砟材料。主要指碎石、砾石及砂。

1）碎石道砟：开采或加工坚韧的岩浆岩或沉积岩时的小粒径石材及大粒径石材经过破碎而得到的石材称为碎石道砟。按其粒径可分为标准道砟（$20\sim70mm$）和中道砟（$15\sim40mm$）。前者一般应用于新建、大修与维修铁道线路上，后者主要应用于垫砂铺道。

2）砾石道砟：分天然级配砾石道砟和筛选砾石道砟两种。天然级配砾石道砟是砾石和砂子的混合物，但含有一定的比例，$3\sim60mm$ 粒径的砾石占总混合量的 $50\%\sim80\%$，砂子（粒径小于 3mm）约占总混合量的 $20\%\sim50\%$。筛选砾石道砟是由天然级配砾石（粒径为 $5\sim40mm$）与规定数量的碎石材（粒径为 $5\sim40mm$）组成的。

3）砂子道砟：基本组成为坚韧的石英砂，大于 0.5mm 的颗粒应超过总质量的 50%，尘末和黏土的含量必须在规定的范围之内。

2.3 人造石材

2.3.1 人造石材的分类

人造石材就是以天然的大理石、方解石、白云石、及硅砂等为原材料，再加入水泥、不饱和聚酯树脂等黏结剂，再添加适量的阻燃剂、颜料等，经混合、瓷铸、振捣、压缩等方法成型固化而得到的。人造石材根据其制作工艺、产品配料及成分、产品用途或表现手法等，分类方法比较多。综合国内外的惯例和共识，大致可根据生产工艺不同分为烧结浇铸型、非烧结浇铸型及石材复合板型。

1. 烧结浇铸型人造石材

烧结浇铸型人造石材一般就指微晶玻璃，也叫微晶石。微晶石是用普通玻璃原料或者废玻璃或者金矿尾砂或者锑矿尾砂或者河道淤砂以及他一些尾矿尾渣等含硅、铝、钙的原料做主要原料，按基础玻璃组成的配比精确配制原料，再添加能形成晶核的成核剂。这种配合料在高温（约 1500℃）池炉内熔化，在尚未形成结晶的情况下，将熔化好的玻璃液投入冷水中骤冷淬碎成 3～10mm 的玻璃颗粒，然后按设计花色要求配方铺装不同颜色的玻璃颗粒，进行再熔化和结晶而成。

根据产品颜色和外观来分类，可分为以下 5 种。

（1）单色人造石。是把同一颜色的硅质或石灰质石材砂粒混合料用同样颜色的染料浆黏合在一起。

（2）杂色人造石。是由各种不同颜色的砂粒混合料随意掺和一起制成。

（3）素色人造石。是由粉碎的特定颜色的石灰石质石材的骨料制成。

（4）角砾岩人造石。是由使用了大颗粒级配的骨料合成的混合物形成的。一般粒径为 40～70mm，有的粒径甚至可达到 90～100mm。

（5）石英岗石。是一种以石英砂为主（石英占 92% 以上）的合成材料，具有特殊的物理机械性能。

若根据产品用途或表现手法划分，还可分为仿石玻化板、金钻玉岗板、仿羊皮板、赖特利海底化石地板、微晶玻璃花岗岩装饰板、免烧仿石板、文化石板、软石地板、火山岩板材等。

2. 非烧结浇铸型人造石材

非烧结浇铸型人造石材一般指人造石。根据黏结剂不同可分为 2 种。

（1）水泥型人造石材。水泥型人造石材俗称水磨石，以白色水泥、彩色水泥、铝酸盐水泥及硅酸盐水泥等为胶结材料，砂、碎石为骨料，经配制、搅拌、加压蒸养、磨光抛光等工艺而成型的石材。在配置过程中，混入不同的色料，可制作出彩色的水泥石。

（2）聚酯型人造石材。聚酯型人造石材是以天然大理碎石、石英砂、花岗石、方解石粉或其他无机填料按一定比例与不饱和聚酯树脂为胶结剂，再加入一定的催化剂、固化剂、染料或颜料等，混合搅拌，成型固化，脱模烘干并进行表面抛光而成的石材。

聚酯型人造石材又可分为以下 6 种：

1）实体面材：主要是由无机细粉料为填料，以树脂为胶粘剂的浇筑体。高级产品采用甲基丙烯酸树脂和氢氧化铝粉末，低档产品采用不饱和聚酯和碳酸钙石粉。

2）岗石：又称人造花岗石，以花岗石为主的废石材颗粒为填料，常在真空下压缩成型。

3）石英石：又称人造石英石，以石英砂为主要填料，在岗石基础上为提高表面硬度和耐磨性能而延伸发展的新型人造石。其表面硬度和耐磨性能得到很大提高。

4）复合石：是介于实体面材、岗石、石英石之间的一种使用新型电磁振荡工艺成型的复合型石材。

5）透光石：主要由两层或多层不饱和聚酯树脂和少量的氢氧化铝真空混合浇筑而成。它是在实体面材的基础上延伸发展而来的，常用作采光灯柱、吊顶、灯箱等。

6）水晶石：分单纯以不饱和聚酯树脂及天然石材制成和用大量的不饱和聚酯树脂、极少量氢氧化铝与植物标本等制成的两类。

（3）复合型人造石材。复合型人造石材是指该种石材的胶结料中，既有无机胶凝材料（如水泥），又采用了有机高分子材料（树脂）。它是先用无机胶凝材料将碎石、石粉等骨料胶结成型并硬化后，再将硬化体浸渍于有机单体中，使其在一定条件下聚合而成的。若为板材，其底层就用价廉而性能稳定的无机材料制成，面层则采用聚酯和大理石粉制作。

3. 石材复合板

（1）按面材岩石种类石材复合板可分为花岗岩复合板、砂岩复合板、大理石复合板、人造石复合板等。

（2）按基材性质石材复合板可分为硬质基材复合板、柔质基材复合板、保温材料复合板等。

（3）按基材种类石材复合板可分为石材-石材复合板、石材-瓷砖复合板、石材-硅酸盐复合板、石材-铝塑复合板、石材-铝蜂窝复合板、石材-玻璃复合板、石材-木材复合板、石材-金属复合板、石材-塑料复合板、石材-保温材料复合板等。

（4）按装饰区域石材复合板可分为室内装饰用石材复合板和室外装饰用石材复合板。

2.3.2 人造石材的性能

1. 装饰性

人造石材色彩花纹依据天然大理石、花岗岩纹理特点进行仿真，既保留了天然石材的高贵、典雅的特性，又具有色泽艳丽、颜色均匀、光洁度高等特点，避免了天然石材存在色差、纹路不规则的缺陷，故人造石材是良好的装饰材料。

2. 力学性能

由于人造石材的原料、胶结剂及掺和料的不同，其抗压、抗磨与耐老化性能有差异，但整体力学性能较好。部分人造石材出厂前在产品表面施加防护剂，使用后定期维护，能大大延缓其老化过程。有些人造石材还添加了抗老化成分，具有较好的抗老化性能。如以水泥作胶粘剂的人造石材，其使用效果上可与混凝土相媲美。另外，人造石产品由于其生产加工的特殊工艺避免了天然石材本身所带来的裂隙、暗裂等缺陷，故人工石材具有一定的强度。

3. 可加工性

人造石材具有良好的可加工性，可用常规的加工手段如切、锯、打孔等。另外人造石材还可以很好地重复利用，可多次进行翻新处理。长时间使用后，在表面出现划痕、色泽减退等情况下，可进行二次打磨抛光处理，翻新加工后的效果与新石材的效果基本相同。

习　题

1. 岩石按其形成的地质条件可分为哪几类？
2. 天然石材的主要技术性质有哪些？
3. 石材的选用原则是什么？
4. 建筑工程中，常用的天然石材有哪些？
5. 常见的人造砌筑石材有哪些？各有什么特性？
6. 简述岩浆岩、沉积岩、变质岩的形成及主要特征。
7. 常用的石材有哪些品种？用于何处？
8. 一般情况下表观密度大的石材，其密实度、强度、吸水率、抗冻性如何？
9. 为什么大理石饰面板不宜用于室外装饰？

第3章 无机胶凝材料

建筑上把通过自身的物理化学作用后，能够由浆体变成坚硬的石状体，并在变化过程中一些把散粒材料（如砂和碎石）或块状材料（如砖和石块）胶结成为具有一定强度的整体的材料，统称为胶凝材料。

胶凝材料可分为无机胶凝材料和有机胶凝材料两类。有机胶凝材料以天然或人工合成的高分子化合物为基本组分，如沥青、树脂等；无机胶凝材料是以无机矿物为主要成分的一类胶凝材料。

无机胶凝材料又可分为气硬性的与水硬性的两类。气硬性胶凝材料，只能在空气中硬化，并保持或继续提高其强度，属于这类材料的有石灰、石膏与水玻璃等。水硬性胶凝材料，不仅能在空气中而且能更好地在水中硬化，保持并继续提高其强度，属于这类材料的有硅酸盐水泥及其他品种的水泥等。气硬性胶凝材料，只能用于地面上干燥环境的建筑物；水硬性胶凝材料既可用于地上也可用于地下或水中的建筑物。

3.1 气硬性胶凝材料

3.1.1 石灰

石灰是人类使用较早的无机胶凝材料之一。由于其原料分布广泛，生产工艺简单，成本低廉，在土木工程中应用广泛。

3.1.1.1 石灰的原料及生产

用石灰岩、白云质石灰岩或其他含碳酸钙为主的天然原料，经过 $900\sim1100℃$ 的温度煅烧而得的块状产品，称为生石灰，其主要成分是 CaO，其次是 MgO。煅烧良好的石灰块，质轻色均。在煅烧时如温度太低，则产生欠火石灰；若温度过高则产生过火石灰。

$$CaCO_3 = CaO + CO_2（900\sim1100℃）$$

3.1.1.2 石灰的熟化（消解）与硬化

石灰在使用前，都要加水进行熟化。熟化的石灰称为熟石灰或消石灰，其主要成分是 $Ca(HO)_2$。石灰熟化的反应式为

$$CaO + H_2O = Ca(OH)_2 + 64.9kJ$$

在熟化过程中，放出大量的热，体积膨胀约 $1.5\sim3.5$ 倍。根据熟化时加水量的不同，块状石灰可变为粉状或浆状。过火石灰的表面有一层深褐色的玻璃状硬壳，所以熟化很慢，当用于建筑物上以后，可能继续熟化发生膨胀，常引起裂缝或局部脱落现象。而欠火石灰的中心部分仍是碳酸钙硬块，不能熟化，成为渣子。为了消除过火石灰的这种危害，石灰在熟化后，还应"陈伏"2周左右。

石灰的硬化包括两个同时进行的过程：

（1）石灰浆中水分逐渐蒸发，或被周围砌体所吸收，氢氧化钙从饱和溶液中析出结晶，并逐渐紧密起来。

（2）氢氧化钙吸收空气中二氧化碳，发生碳化作用，生成碳酸钙并放出水分。其反应式为

$$Ca(OH)_2 + CO_2 + nH_2O = CaCO_3 + (n+1)H_2O$$

碳化作用主要发生在与空气接触的表面，当表层生成致密的碳酸钙薄膜后，不但阻碍二氧化碳继续往深处透入，同时也影响水分的蒸发，因此，在砌体的深处 $Ca(OH)_2$ 就不能充分碳化而是进行结晶。

石灰浆的硬化既然是由于碳化作用及水分的蒸发，故必须在空气中进行。又由于氢氧化钙能溶于水，因而不能使用于与水接触或潮湿环境下的建筑物。

纯石灰浆在硬化时会发生收缩裂缝，所以在工程上常配制成石灰砂浆使用。掺入砂子除能构成坚强的骨架，以减少收缩并节约石灰外，还能形成孔隙，使内部水分易于蒸发，二氧化碳易于透入，有利于硬化过程的进行。

3.1.1.3　石灰的技术性质、质量要求及应用

1. 石灰的技术性质

石灰熟化后形成的石灰浆中，石灰粒子形成氢氧化钙胶体结构，颗粒极细（粒径约为 $1\mu m$），比表面积很大（达 $10\sim30m^2/g$），其表面吸附一层较厚的水膜，可吸附大量的水，因而有较强保持水分的能力，即保水性好。将它掺入水泥砂浆中，配成混合砂浆，可显著提高砂浆的和易性。

石灰依靠干燥结晶以及碳化作用而硬化，由于空气中的二氧化碳含量低，且碳化后形成的碳酸钙硬壳阻止二氧化碳向内部渗透，也妨碍水分向外蒸发，因而硬化缓慢，硬化后的强度也不高，1：3 的石灰砂浆 28d 的抗压强度只有 $0.2\sim0.5MPa$。在处于潮湿环境时，石灰中的水分不蒸发，二氧化碳也无法渗入，硬化将停止；加上氢氧化钙易溶于水，已硬化的石灰遇水还会溶解溃散。因此，石灰不宜在长期潮湿和受水浸泡的环境中使用。

石灰在硬化过程中，要蒸发掉大量的水分，引起体积显著收缩，易出现干缩裂缝。所以，石灰不宜单独使用，一般要掺入砂、纸筋、麻刀等材料，以减少收缩，增加抗拉强度，并能节约石灰。

石灰具有较强的碱性，在常温下，能与玻璃态的活性氧化硅或活性氧化铝反应，生成有水硬性的产物，产生胶结。因此，石灰还是建筑材料工业中重要的原材料。

2. 石灰的质量要求

石灰中产生胶结性的成分是有效氧化钙和氧化镁，它们的含量是评价石灰质量的主要指标。石灰中的有效氧化钙和氧化镁的含量可以直接测定，也可以通过氧化钙与氧化镁的总量和二氧化碳的含量反映。除了有效氧化钙和氧化镁这一主要指标外，生石灰还有未消化残渣含量的要求；生石灰粉有细度的要求；消石灰粉则还有体积安定性、细度和游离水含量的要求。

国家建材行业标准根据有关指标，将建筑生石灰、建筑消石灰粉分为优等品、一等品和合格品三个等级（表 3.1、表 3.2）。

表 3.1   **建筑生石灰质量标准（JC/T 480—1992）**

项　目	钙质生石灰			镁质生石灰		
	优等品	一等品	合格品	优等品	一等品	合格品
$CaO+MgO$ 含量/%，≥	90	85	80	85	80	75
未消化残渣含量 （5mm 圆孔筛筛余)/%，≤	5	10	15	5	10	15
CO_2/%，≤	5	7	9	6	8	10
产浆量/(L/kg)，≥	2.8	2.3	2.0	2.8	2.3	2.0

表 3.2   **建筑消石灰粉质量标准（JC/T 481—1992）**

项　目		钙质消石灰			镁质消石灰			白云石消石灰		
		优等	一等	合格	优等	一等	合格	优等	一等	合格
$(CaO+MgO)$ 含量/%，≥		70	65	60	65	60	55	65	60	55
游离水/%		0.4~2	0.4~2	0.4~2	0.4~2	0.4~2	0.4~2	0.4~2	0.4~2	0.4~2
体积安定性		合格	合格		合格	合格		合格	合格	
细度	0.9mm 筛筛余/%，≤	0	0	0.5	0	0	0.5	0	0	0.5
	0.125mm 筛筛余/%，≤	3	10	15	3	10	15	3	10	15

3. 石灰的应用

石灰在土木工程中应用范围很广，主要用途如下：

（1）石灰乳和石灰砂浆。消石灰粉或石灰膏掺加大量水搅拌稀释成为石灰乳，是传统的涂料，可用于室内粉刷。用石灰膏或消石灰粉可配制石灰砂浆或水泥石灰混合砂浆，用于砌筑或抹灰工程。

（2）石灰稳定土。将消石灰粉或生石灰粉掺入各种粉碎或原来松散的土中，经拌和、压实及养护后得到的混合料，称为石灰稳定土。它包括石灰土、石灰稳定砂砾土、石灰碎石土等。石灰稳定土具有一定的强度和耐水性。石灰、黏土、砂子加水拌和夯实叫三合土，石灰稳定土、三合土等可广泛用作建筑物的基础、地面的垫层及道路的路面基层。

（3）硅酸盐制品。以石灰（消石灰粉或生石灰粉）与硅质材料（砂、粉煤灰、火山灰、矿渣等）为主要原料，经过配料、拌和、成型和养护后可制得砖、砌块等各种制品。因内部的胶凝物质主要是水化硅酸钙，所以称为硅酸盐制品，常用的有灰砂砖、粉煤灰砖等。

（4）制备生石灰粉。土木工程中大量采用块状生石灰磨细制成的磨细生石灰粉，可不经熟化和"陈伏"直接应用于工程或硅酸盐制品中。其细度高，表面积大，水化速度快，体积膨胀均匀，过火和欠烧石灰均被磨细，提高了石灰利用率和工程质量。

3.1.2 石膏

3.1.2.1 石膏的原料、生产及品种

石膏是以硫酸钙为主要成分的气硬性胶凝材料。石膏是一种传统的胶凝材料，由于它的资源丰富，其制品具有一系列的优良性质，所以得到很快的发展，其中发展最快的是纸面石膏板、纤维石膏板、建筑饰面板及隔音板等新型建筑材料。

生产石膏的主要原料为天然石膏、或称生石膏，属于沉积岩，其化学式为 $CaSO_4 \cdot 2H_2O$，也称二水石膏。化学工业副产物的石膏废渣（如磷石膏、氟石膏、硼石膏）其成分也是二水石膏，也可作为生产石膏的原料。采用化工石膏时应注意，如废渣（液）中含有酸性成分时，须预先用水洗涤或用石灰中和后才能使用。

石膏按其生产时煅烧的温度不同，分为低温煅烧石膏与高温煅烧石膏。

1. 低温煅烧石膏

低温煅烧石膏是在低温下（110～160℃）煅烧天然石膏所获得的产品，其主要成分为半水石膏（$CaSO_4 \cdot 0.5H_2O$）。因为在此温度下，二水石膏脱水，转变为半水石膏：

$$CaSO_4 \cdot 2H_2O = CaSO_4 \cdot 0.5H_2O + 1.5H_2O$$

属于低温煅烧石膏的产品有建筑石膏、模型石膏和高强度石膏。

2. 高温煅烧石膏

高温煅烧石膏是天然石膏在 600～900℃ 下煅烧后经磨细而得到的产品。高温下二水石膏不但完全脱水成为无水硫酸钙（$CaSO_4$），并且部分硫酸钙分解成氧化钙，少量的氧化钙是无水石膏与水进行反应的激发剂。

高温煅烧石膏与建筑石膏比较，凝结硬化慢，但耐水性和强度高，耐磨性好，用它可调制抹灰、砌筑及制造人造大理石的砂浆，可用于铺设地面，也称地板石膏。

3.1.2.2 建筑石膏的凝结与硬化

建筑石膏与水拌和后，最初是具有可塑性的石膏浆体，随后逐渐变稠失去可塑性，但尚无强度，这一过程称为凝结，以后浆体逐渐变成具有一定强度的固体，这一过程称为硬化。

建筑石膏在凝结硬化过程中，与水进行水化反应：

$$CaSO_4 \cdot 0.5H_2O + 1.5H_2O = CaSO_4 \cdot 2H_2O$$

半水石膏加水后首先进行的是溶解。然后产生上述的水化反应，生成二水石膏。由于二水石膏在水中的溶解度（20℃为 2.05g/L）较半水石膏在水中的溶解度（20℃为 8.16g/L）小得多，所以二水石膏不断从过饱和溶液中沉淀而析出胶体微粒。二水石膏析出，破坏了原有半水石膏的平衡浓度，这时半水石膏会进一步溶解来补充溶液浓度。如此不断循环进行半水石膏的溶解和二水石膏的析出，直到半水石膏完全转化为二水石膏为止。这一过程进行的较快，大约为 7～12min。

随着水化的进行，二水石膏胶体微粒的数量不断增多，它比原来的半水石膏颗粒细得多，即总表面积增大，因而可吸附更多的水分；同时因水分的蒸发和部分水分参与水化反应而成为化合水，致使自由水减少。由于上述原因使得浆体变稠而失去可塑性，这就是初凝过程。

在浆体变稠的同时，二水石膏胶体微粒逐渐变为晶体，晶体逐渐长大，共生和相互交错，使凝结的浆体逐渐产生强度，表现为终凝。随着干燥，内部自由水排出，晶体之间的摩擦力、黏结力逐渐增大，浆体强度也随之增加，一直发展到最大值，这就是硬化过程（图 3.1 为石膏凝结硬化示意图）。直至剩余水分完全蒸发后，强度才停止发展。

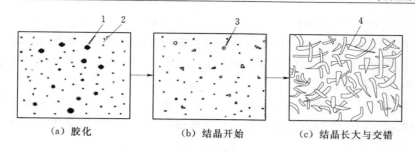

| (a) 胶化 | (b) 结晶开始 | (c) 结晶长大与交错 |

图 3.1　建筑石膏凝结硬化示意图

1—半水石膏；2—二水石膏胶体微粒；3—二水石膏晶体；4—交错的晶体

3.1.2.3　建筑石膏的特性、质量要求及应用

1. 建筑石膏的特性

建筑石膏与其他无机胶凝材料比较在性质上有如下的特点：

（1）凝结硬化快。建筑石膏加水拌和后的浆体初凝时间不小于 6min，终凝时间不早于 30min，一星期左右完全硬化。初凝时间较短使施工成型困难，为延缓其凝结时间，可以掺入缓凝剂，使半水石膏溶解度降低或者降低其溶解速度，使水化速度减慢。常用的缓凝剂为 0.1%～0.2% 动物胶，1% 的亚硫酸盐酒精废液，也可以用硼砂、柠檬酸等。建筑石膏硬化较快，如一等石膏 1d 强度约为 5～8MPa，7d 可达最大强度约为 8～12MPa。

（2）硬化初期有微膨胀性。其他胶凝材料硬化过程中往往产生收缩，而石膏却略有膨胀，而且不开裂，膨胀率 0.05%～0.15%。这一性质使得石膏可以单独使用，尤其在装饰材料中，利用其微膨胀性塑造的各种建筑装饰制品，形体饱满密实，表面光滑细腻，干燥时不开裂。

（3）孔隙率高。石膏水化的理论需水约 18.61%，为使石膏浆体具有可塑性，常要加入 50%～70% 的水，这些多余的自由水蒸发后留下许多孔隙，使石膏制品具有多孔性，其孔隙达 40%～60%，因此石膏制品容重小、隔热保温性能好、吸音性强。但因吸水率大，耐水性、抗渗性和抗冻性差。

（4）防火性较好。石膏硬化后主要成分是 $CaSO_4 \cdot 2H_2O$，当遇到 100℃ 以上温度作用时，结晶水蒸发。蒸发的水蒸气吸收热量降低表面温度，脱水后的无水石膏又是良好的绝热体，因而可阻止火势蔓延，起到防火作用。

2. 建筑石膏的质量要求

建筑石膏根据《建筑石膏标准》（GB/T 9776—2008），按细度、凝结时间和 2h 强度将建筑石膏分为 3.0，2.0 和 1.6 三个等级（表 3.3）。

表 3.3　　　　　　建筑石膏质量标准（GB/T 9776—2008）

技 术 要 求	等　级		
	3.0	2.0	1.6
抗折强度/MPa	3.0	2.0	1.6
抗压强度/MPa	5.0	4.0	3.0
细度，0.2mm 方孔筛筛余/%，≤	5.0	10.0	15.0

3. 建筑石膏的应用

由于石膏的优良特性，常被用于室内高级抹灰和粉刷。建筑石膏加水、砂及缓凝剂拌和成石膏砂浆粉刷墙体，粉刷层表面光滑、坚硬，便于再装饰。建筑石膏也可制作各种建筑装饰制件和石膏板等。

石膏板具有轻质、隔热保温、吸音、不燃以及施工方便等性能，是一种有发展前途的新型材料，我国目前生产的石膏板，主要有纸面石膏板、石膏空心条板、石膏装饰板、纤维石膏板。

（1）纸面石膏板。以建筑石膏为主要原料，加入少量外加材料如填充料、发泡剂、缓凝剂等加搅拌、浇筑、辊压，以石膏做芯、两面用纸做护面，经切断、烘干制成纸面石膏板。主要用于内墙、隔墙、天花板等处。

（2）石膏装饰板。以建筑石膏为主要原料，加入少量纤维增强材料及外加剂，加水搅拌成均匀料浆，浇筑成型、脱模修边、干燥制成。有平板，多孔板，花纹板及浮雕板等。造型美观，品种多样，主要用于公共建筑的内墙及天花板。

（3）纤维石膏板。纤维石膏板是以建筑石膏为主要原料，掺加适量纤维增强材料而制成。这种板的抗弯强度和弹性模量高，可用于内墙和隔墙，也可用来代替木材制作家具。

（4）石膏空心条板。是以建筑石膏为主要原料，掺加适量轻质填充料或少量纤维材料，以提高板的抗折强度和减轻自重，加水搅拌、振动、成型、抽芯、脱模、烘干而成。这种石膏板不用纸，工艺简单，施工方便，不用龙骨，强度较高，可用作内墙或隔墙。

此外还有石膏蜂窝板、石膏矿棉复合板、防潮石膏板等，分别用作绝热板、吸声板、内墙和隔墙板、天花板等。

建筑石膏在储存中，需要防雨防潮，储存期一般不超过三个月，过期或受潮都会使石膏制品强度显著降低。

3.1.3　水玻璃

水玻璃又称泡花碱，是一种金属硅酸盐。根据其碱金属氧化物种类不同，又分为硅酸钠水玻璃（$Na_2O \cdot nSiO_2$）和硅酸钾水玻璃（$K_2O \cdot nSiO_2$）等，最常用的是硅酸钠水玻璃。其中，二氧化硅与金属氧化物的摩尔比 n 称为水玻璃的模数。常用水玻璃的模数为 2.6～2.8。

1. 水玻璃的生产

水玻璃可采用湿法或干法生产。

湿法是将石英砂和氢氧化钠水溶液在高压釜内用蒸汽加热，并搅拌，直接生成液体水玻璃。

干法是将石英砂和碳酸钠磨细拌匀，在 1300～1400℃ 的熔炉中熔融，经冷却后生成固体水玻璃；然后，在水中加热溶解生成液体水玻璃。

纯净的液体水玻璃溶液为无色透明液体，因含杂质的不同，而成青灰色或黄绿色。

2. 水玻璃的硬化

水玻璃在空气中二氧化碳等作用下，由于干燥和析出无定形二氧化硅而硬化，其反应式如下：

$$Na_2O \cdot nSiO_2 + CO_2 + mH_2O = Na_2CO_3 + nSiO_2 \cdot mH_2O$$

为促进其风解硬化，常掺入适量的氯化钙或硅氟酸钠（Na_2SiF_6），其反应式如下：

$$2(Na_2O \cdot nSiO_2) + Na_2SiF_6 + mH_2O = 6Na_2F + (2n+1)SiO_2 \cdot mH_2O$$

硅氟酸钠（Na_2SiF_6）有毒，操作时应注意安全。硅氟酸钠的掺量一般为水玻璃质量的 $12\% \sim 15\%$。若掺量太少，凝结硬化速度低，强度低，且未反应的水玻璃易溶于水，导致耐水性差；若掺量太多，则凝结硬化速度过快，造成施工困难，而且硬化后期强度明显降低。因此，使用时应严格控制硅氟酸钠的掺量，气温高、模数大、密度小时选掺量下限，反之亦然。

3. 水玻璃的性质

（1）良好的黏结能力。水玻璃硬化后主要成分为无定型硅胶（$nSiO_2 \cdot mH_2O$），具有较高的黏结力。此外硅酸凝胶还能起到堵塞毛细孔隙、防水渗透的作用。

（2）良好的耐酸性。水玻璃可以抵抗大多数无机酸和有机酸（氢氟酸、热磷酸和高级脂肪酸除外）。

（3）耐热性好。水玻璃耐热温度可达 1200℃，高温下不燃烧、不分解，强度不下降。

（4）耐碱性与耐水性差。因 SiO_2 和 $Na_2O \cdot nSiO_2$ 均为酸性物质，易溶于碱，且硬化产物 Na_2F、Na_2CO_3 等均溶于水，所以水玻璃耐碱性和耐水性差。

4. 水玻璃在工程中的应用

（1）作为灌浆材料以加固地基。使用时系将水玻璃溶液与氯化钙溶液交替的灌于地基中，反应如下：

$$Na_2O \cdot nSiO_2 + CaCl_2 + mH_2O = nSiO_2 \cdot (m-1)H_2O + Ca(OH)_2 + 2NaCl$$

反应生成的硅胶起胶结作用，能包裹土粒并充于孔隙中。而 $Ca(OH)_2$ 又与加入的 $CaCl_2$ 起反应生成氧氯化钙，也起胶结和填充的作用。这不仅可以提高基础的承载能力，而且也可以增加不透水性。

（2）将水玻璃溶液涂刷于混凝土结构的表面，使其渗入混凝土的缝隙中，以提高混凝土的不透水性和抗风化性。

（3）将水玻璃溶液渗入砂浆或混凝土中使其急速凝结硬化，用于堵塞漏水很有效。此外，由于水玻璃能抵抗大多数无机酸（氢氟酸除外）的作用，所以常用于调制耐酸水泥和耐酸混凝土。

不同的应用条件需要具有不同 n 值的水玻璃。用于地基灌浆时，采用 $n=2.7 \sim 3.0$ 的水玻璃较好；涂刷混凝土表面时，$n=3.3 \sim 3.5$ 为宜；作为水泥的促凝剂时，$n=2.7 \sim 2.8$ 为宜。

水玻璃 n 值的大小可根据要求予以配制，在水玻璃溶液加入 Na_2O 可以降低 n 值，溶入硅胶（SiO_2）可以提高 n 值，或购置 n 值较大及较小的两种水玻璃掺配使用。施工时使用水玻璃溶液的浓度，可通过实验进行调整。

3.2 硅酸盐水泥

水泥是水硬性的胶凝材料，在土木工程中应用极广，常用来拌制混凝土及砂浆，也常用作水利水电工程的灌浆材料。随着工程建设发展的需要，水泥品种越来越多，目前我国生产的水泥已达 70 种以上。其中一般常用的品种有硅酸盐水泥、普通硅酸盐水泥、矿渣硅酸盐水泥、火山灰质硅酸盐水泥及粉煤灰硅酸盐水泥。此外，还有一些具有特殊性能的水泥，以满足不同工程的特殊要求，如大坝水泥、快硬硅酸盐水泥、抗硫酸盐硅酸盐水泥等。在每一品种的水泥中，又根据其胶结强度的大小，分为若干等级。当水泥的品种及等级不同时，其性能也有差异，如凝结硬化速度的快慢、水化时发热量的大小、抗冻性的高低、抗化学侵蚀的强弱等，这些性质都直接影响着混凝土的性质。因此，在使用水泥时，必须注意水泥的品种及等级，掌握其性能特点及使用方法，从而能够根据工程的具体情况合理地选择与使用水泥，这样，既提高工程质量又可节约水泥。

　　本节主要讲述硅酸盐水泥的成分及其主要性能。以后各节中则在硅酸盐水泥的基础上，介绍其他品种水泥的特点。

　　根据国家标准（GB 175—2007/XG1—2009），硅酸盐水泥的定义是：凡以适当成分的生料，烧至部分熔融，得到以硅酸钙为主要成分的硅酸盐水泥熟料，加入适量的石膏，磨细制成水硬性胶凝材料，称为硅酸盐水泥。

　　硅酸盐水泥是硅酸盐类水泥的一个基本品种，其他品种的硅酸盐水泥，都是在此基础上或者加入一定量的混合材料，或者适当改变水泥熟料的矿物成分而成的。

3.2.1　硅酸盐水泥的主要化学成分及矿物成分

　　硅酸盐水泥熟料的化学成分，主要有下述四种氧化物，它们在熟料中的含量一般控制在下列范围内：

　　　　氧化钙（CaO）：62%～67%；

　　　　氧化硅（SiO_2）：19%～24%；

　　　　氧化铝（Al_2O_3）：4%～7%；

　　　　氧化铁（Fe_2O_3）：2%～5%。

　　上述四种氧化物在高温（达 1450℃）煅烧下结合成为四种主要的矿物。这四种矿物成分的主要特性及其在熟料中的大致含量列于表 3.4 中。

表 3.4　　　　　　　　　　硅酸盐水泥熟料的矿物成分

矿物名称	化 学 式	代号	含量/%		主 要 特 性
硅酸三钙	3CaO·SiO_2	C_3S	37～60	72～82	水化速度较快，水化热较高，强度最高，是决定水泥等级高低的主要矿物
硅酸二钙	2CaO·SiO_2	C_2S	15～37		水化速度最慢，水化热最低，早期强度低，后期强度增长率较高
铝酸三钙	3CaO·Al_2O_3	C_3A	7～15	18～25	水化速度最快，水化热最高，强度发展很快但不高，体积收缩大，抗硫酸盐侵蚀性差
铁铝酸四钙	4CaO·Al_2O_3·Fe_2O_3	C_4FA	10～18		水化速度也较快，仅次于 C_3A，水化热及强度均中等，含量多时对提高抗拉强度有利

　　由表 3.4 可知，几种矿物成分的性能是不同的，它们在熟料中的相对含量改变时，水泥的技术性质也就随之改变。例如，要使水泥具有快硬高强的性能，就必须适当提高熟料中 C_3S 及 C_3A 的含量；若要求发热量较低的水泥，就必须适当提高 C_2S 及 C_4AF 的含量而控制 C_3S 及 C_3A 的含量等。

因此，掌握各种矿物成分的特性很重要。若知道硅酸盐水泥熟料中各矿物成分的含量，就可以大致了解水泥的性能特点。

除以上几种主要成分外，水泥中尚含有其他少量成分，如：

氧化镁（MgO），是一种有害成分，含量多时会使水泥安全性不良。国家标准规定，硅酸盐水泥熟料中 MgO 的含量一般不超过 5%；若经过实验论证，其含量允许放宽到 6%。

三氧化硫（SO_3），主要是在粉磨熟料时掺入的石膏带来的。当石膏掺量合适时，可以调节水泥的凝结时间，而且可提高水泥的性能；但当石膏掺入量超过一定值后，会使水泥性能变差。国家标准规定：硅酸盐水泥 SO_3 的含量不得超过 3.5%。

游离 CaO，是在煅烧过程中 CaO 未能全部化合而残留下的呈游离状态的 CaO。它在水泥中会产生很大的危害作用，当含量超过 1%~2% 时，就可能使水泥安定性不良。

此外，碱分（K_2O、Na_2O）也是有害成分，亦应加以限制。

3.2.2 硅酸盐水泥的原料及生产过程

生产硅酸盐水泥的原料，是由石灰质的与黏土质的原料混合而成。为了保证熟料化学成分的要求，生料内应含有 75%~78% 的 $CaCO_3$ 和 22%~25% 的 SiO_2、Al_2O_3 及 Fe_2O_3。在大多数水泥厂中，常采用两、三种或更多种的原料配合使用。石灰质原料可采用含有大量碳酸钙的石灰石、白垩、贝壳岩等。黏土质原料可采用黏土、页岩等。此外，为调节某些氧化物的不足，常需配入辅助原料，如铁矿石、高岭石、硅藻土等。在选择原料时，应注意原料中的碳酸镁及碱分等有害成分含量不能过多，否则将影响水泥的质量。

硅酸盐水泥的生产过程主要为：生料的制备、将生料煅烧成熟料及磨细熟料等。

1. 生料的制备

把几种原材料按适当的比例配合后在磨机中磨成生料。

生料的制备过程，对水泥质量影响很大，除配料必须准确外，粉末细度必须符合要求，混合也必须均匀，以便在煅烧时各成分间的化学反应得以充分进行。

2. 煅烧

在一定温度下，于空气或惰性气流中进行热处理，称为煅烧。煅烧用窑有回转窑及立窑两种。回转窑的产量较高，产品质量较好，所以在大型水泥厂中，多是采用回转窑。立窑设备较简单，投资少，收效快，技术容易掌握，很适宜于地方性的小水泥厂采用。但立窑煅烧不易均匀，产品质量较差。

煅烧完成后，经迅速冷却，即为熟料。

3. 磨细熟料

在磨细前应将熟料在仓库中存放 1~2 周，使熟料冷却，并使其中的游离 CaO 吸收空气中的水分进行熟化，以减少或消除水泥安定性不良的现象。同时也能使熟料变松和硬度降低，易于磨细。

在磨细熟料时，应加入 2%~5% 的天然石膏（$CaSO_4 \cdot 2H_2O$），以调节水泥的凝结时间，使不致发生急凝现象。

水泥经磨成要求的细度后，应放入仓库中储存一定时间，以便水泥冷却，并使残留的游离 CaO 尽量熟化，然后经检验合格后，包装出厂。

3.2.3 硅酸盐水泥的凝结与硬化

水泥加水拌和后，最初形成具有可塑性的浆体，然后逐渐变稠并失去塑性，但尚无强度，这一过程称为凝结。此后，强度逐渐提高，并变成坚固的石状物体——水泥石，这一过程称为硬化。水泥的凝结与硬化是一系列复杂的化学反应及物理化学过程。硅酸盐水泥遇水后，各矿物成分将发生化学反应，生成新的化合物，其反应式如下：

$$2(3CaO \cdot SiO_2) + 6H_2O = 3CaO \cdot 2SiO_2 \cdot 3H_2O + 3Ca(OH)_2$$

硅酸三钙与水作用时，反应较快，生成水化硅酸钙及氢氧化钙，由于 $Ca(OH)_2$ 的析出，使溶液的石灰浓度很快达到饱和状态。因此，各矿物成分的水化作用，主要是在石灰饱和溶液中进行的。

硅酸二钙与水作用时，反应较慢，生成水化硅酸钙，也有 $Ca(OH)_2$ 析出：

$$2(CaO \cdot SiO_2) + 4H_2O = 3CaO \cdot 2SiO_2 \cdot 3H_2O + Ca(OH)_2$$

铝酸三钙与水作用时，反应较快，生成水化铝酸钙：

$$3CaO \cdot Al_2O_3 + 6H_2O = 3CaO \cdot Al_2O_3 \cdot 6H_2O$$

铁铝酸四钙与水及 $Ca(OH)_2$ 作用时，反应也较快，生成水化铝酸钙及水化铁酸钙：

$$4CaO \cdot Al_2O_3 \cdot Fe_2O_3 + 2Ca(OH)_2 + 10H_2O = 3$$
$$CaO \cdot Al_2O_3 \cdot 6H_2O + 3CaO \cdot Fe_2O_3 \cdot 6H_2O$$

此外，由于水泥中尚加有少量石膏，则部分水化铝酸钙与石膏作用而生成难溶的水化硫铝三钙结晶（$3CaO \cdot Al_2O_3 \cdot 3CaSO_3 \cdot 31H_2O$ 或 $3CaO \cdot Al_2O_3 \cdot CaSO_3 \cdot 12H_2O$）。

综上所述，如果不考虑其他少量成分，硅酸盐水泥经水化作用后，生成新的化合物：氢氧化钙、水化硅酸钙、水化铁酸钙、水化铝酸钙及水化硫铝酸钙。这几种水化产物就决定了水泥石的一些特性。

以上所列举的是水泥水化时所发生的主要化学反应。在发生化学反应的同时，却又发生着一系列的物理化学变化，使水泥能够凝结与硬化。这个过程大致如下：

当水泥和水后，在水泥颗粒表面即发生水化反应，水化产物立即溶于水中。这时，水泥颗粒又暴露出一层新的表面，再继续与水反应。这种作用持续下去，使水泥颗粒周围的溶液很快成为水化产物的饱和溶液。这时所消耗的水泥仅是表面层很少的一部分。

在溶液已达饱和后，水泥继续水化所生成的产物就不能再溶解，而是以细分散状态的颗粒析出，形成胶凝体。随着水化作用继续进行，新生胶粒不断增加，游离的水分不断减少，使胶凝体逐渐变浓，水泥浆逐渐失去塑性，即出现凝结现象。但这时还不具有强度。

此后，胶凝体中的氢氧化钙和水化铝酸钙将逐渐转变为结晶，它们贯穿于胶凝体中，紧密结合起来，形成具有一定强度的水泥石。水化硅酸钙和水化铁铝酸钙将在较长时间内保持着胶凝状态，但随着水分的不断减少，胶体逐渐紧密，对水泥石强度的增长，也起重要作用。随着硬化时间的延长，水泥颗粒内部未水化部分将继续水化，使晶体逐渐增多，胶体逐渐密实。这样，水泥石就具有愈来愈高的强度和胶结能力。

如图 3.2 所示为水泥的凝结硬化过程。

此外，当水泥在空气中凝结硬化时，其表层的氢氧化钙将与碳酸气作用生成碳酸钙（$CaCO_3$）薄壳，称为碳化作用。

由上述过程可知，水泥的水化作用应是由颗粒表面逐渐深入到内层。这种作用起初

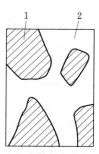 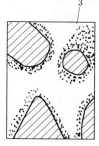 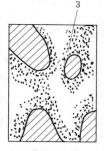 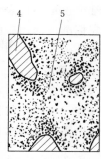

（a）分散在水中未　　　（b）在水泥颗粒表　　（c）膜层长大并互　　（d）水化物进一步发
水化的水泥颗粒　　　　面形成水化物膜层　　相连接（凝结）　　展，填充毛细孔（硬化）

图 3.2　水泥凝结硬化过程示意图
1—水泥颗粒；2—水分；3—凝胶；4—水泥颗粒的未水化内核；5—毛细孔

进行较快，以后由于水泥颗粒周围形成凝胶膜，水分透入越来越困难，因而，水化作用也就越来越慢。实际上，较粗的水泥颗粒，其内部将长期不能完成水化。因此，硬化后的水泥石是由晶体、胶体、未完全水化的颗粒、游离水分及气孔等组成的不均质的结构体。而在硬化过程的各不同龄期，水泥石中晶体、胶体、未完全水化的颗粒等所占的比率，将直接影响水泥石的强度及其他性质。

　　因而，水泥石强度的增长是随着龄期而发展的，一般在 28d 以内较快，以后渐慢，三个月以后则更为缓慢。但此种强度的增长，只有在温暖与潮湿的环境中才能继续。若水泥石处于干燥的环境中，当水分蒸发完毕后，水化作用将无法继续，硬化即行停止，强度也不在增长。混凝土工程在浇筑 2～3 周的时间内必须加强洒水养护，其原因就在这里。

　　温度对水泥凝结硬化的影响很大。温度愈高，其凝结硬化的速度愈快，故采用蒸汽养护是加速凝结硬化的方法之一。当温度低时，凝结硬化的速度比较缓慢，当温度低至 0℃以下时，硬化完全停止。因此，冬季施工时，需要采取保温措施，以保证凝结硬化的不断发展。

3.2.4　硅酸盐水泥的主要技术性质

　1. 密度与表观密度

　硅酸盐水泥的密度一般在 $3100\sim3200 kg/m^3$ 之间，储存过久的水泥稍有降低。

　水泥的表观密度一般在 $900\sim1300 kg/m^3$ 之间，紧密状态时可达 $1400\sim1700 kg/m^3$。

　2. 细度

　细度是指水泥颗粒的粗细程度，是检定水泥品质的主要项目之一。

　水泥颗粒的粗细直接影响水泥的凝结硬化及强度，这是因为水泥和水后，开始仅在水泥颗粒的表层进行水化作用，而后逐步向颗粒内部发展，而且是个长期的过程。显然，水泥颗粒越细，水化作用的发展就越充分，凝结硬化的速度加快，早期强度也就越高。但磨成特细的水泥，将消耗较多的粉磨能量，成本较高；而且易与空气中的水分及二氧化碳起作用，因此不宜久置；硬化时收缩也较大。

　测定水泥细度的方法，通常采用筛分法，有水筛法及干筛法两种。国家标准规定：硅酸盐水泥的细度，在 0.080mm 方孔筛上的筛余量，不得超过 15％。

水泥的细度也可用比表面积来表示，即单位质量的粉末所具有的总表面积，以 m²/kg 为单位。国家标准《通用硅酸盐水泥》（GB 175—2007）规定，硅酸盐水泥的比表面积应不小于 300m²/kg。

3. 标准稠度用水量

由于加水量的多少，对水泥的一些技术性质（如凝结时间等）影响很大，故测定这些性质时，必须在一个规定的稠度下进行。这个规定的稠度，称为标准稠度。水泥净浆达到标准稠度时，所需拌和的水量（以占水泥重量的百分率表示），称为标准稠度用水量（亦称需水量）。

硅酸盐水泥的标准稠度用水量，一般在 24%～30% 之间。水泥熟料矿物成分不同时，其标准稠度用水量亦有差别。磨的越细的水泥，标准稠度用水量越大。

水泥标准中，对标准稠度用水量没有提出具体要求。但标准稠度用水量的大小，能在一定程度上影响混凝土的性质。标准稠度用水量较大的水泥，拌制同样稠度的混凝土，加水量也较多，故硬化时收缩较大，硬化后的强度及密实性也较差。因此，当其他条件相同时，标准稠度用水量越少越好。

4. 凝结时间

水泥的凝结时间有初凝与终凝之分。自加水时起至水泥浆的塑性开始降低所需的时间，称为初凝时间。自加水时起至水泥浆完全失去塑性所需的时间，称为终凝时间。

水泥凝结时间用凝结时间测定仪测定。以标准稠度水泥净浆，在标准的温度、湿度下测定。国家标准规定，从水泥加入拌和水中起，至试针沉入净浆中，并距底板 4mm ±1mm 时所经历的时间称为"初凝时间"；从水泥加入拌和水中起至试针沉入水泥净浆 0.5mm 时所经历的时间为"终凝时间"，如图 3.3 所示。

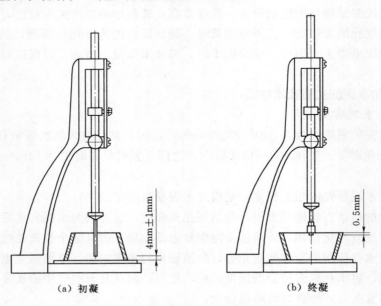

（a）初凝　　　　　　　　　（b）终凝

图 3.3　用标准稠度测定仪测定凝结时间示意图

水泥的凝结时间在施工中具有重要的意义。初凝不宜过快，以便有足够的时间在初凝之前完成混凝土各工序的施工操作；但终凝又不宜过迟，使混凝土在浇捣完毕后，尽早完成凝结并开始硬化，具有一定的强度，以利于下一步施工工作的进行。

我国水泥标准中规定，硅酸盐水泥的初凝时间不得早于 45min，终凝时间不迟于6.5h。其他水泥的终凝时间不得迟于 10h。

5. 体积安定性

水泥的体积安定性，是指水泥在凝结硬化过程中，体积变化的均匀性。

水泥熟料中如果含有较多的游离石灰，就会在凝结硬化时发生不均匀的体积变化。这是因为过火的游离石灰熟化很慢，当水泥已经凝结硬化后，它才进行熟化作用，产生体积膨胀，破坏已硬化的水泥石的结构，使出现龟裂、弯曲、松脆或崩溃等不安定的现象。检验水泥安定性的方法，是用标准稠度的水泥净浆，做成圆饼，通过沸煮法加速熟化，然后检查圆饼是否有不安定现象。国家标准规定，水泥安定性必须合格。

此外，水泥中如果氧化镁及三氧化硫过多时，也会产生不均匀的体积变化，导致安定性不良。氧化镁产生危害的原因与游离石灰相似，但由于氧化镁的水化作用比游离态石灰更为缓慢，所以必须采用压蒸法才能检验出它的危害作用。过多的三氧化硫能在已硬化的水泥石中生成硫铝酸钙结晶，体积膨胀，破坏水泥石的结构。检验三氧化硫的危害作用须用浸水法。由于国家标准中氧化镁及三氧化硫的含量已有限定，所以一般可不作这两项实验。

6. 强度及等级

水泥的强度是指水泥胶砂硬化一定龄期后，其胶结能力的大小。水泥的等级就是根据水泥强度的高低来划分的。根据测定结果，将硅酸盐水泥的强度等级分为 42.5、42.5R、52.5、52.5R、62.5、62.5R 六个等级。普通酸盐水泥的强度等级分为 42.5、42.5R、52.5、52.5R 四个等级。矿渣硅酸盐水泥、火山灰质硅酸盐水泥、粉煤灰硅酸盐水泥、复合硅酸盐水泥的强度等级分为 32.5、32.5R、42.5、42.5R、52.5、52.5R六个等级。

测定水泥强度的方法有硬练法和软练法两种。

硬练法是将水泥、标准砂（粒径 0.5～0.85mm）及水按规定比例拌制成水泥硬练胶砂，并按规定方法制成抗压及抗拉试件（抗压试件为边长 7.07cm 的立方体，抗拉试件为8 字形），再在标准条件下进行养护后，测其 3d、7d、及 28d 的抗压与抗拉强度。根据28d 的抗压强度值，确定水泥的等级。但 3d 及 7d 的抗压强度及各龄期的抗拉强度值，均不得低于规定的强度指标。

软练法是将水泥、标准砂（粒径 2.5～6.5mm）及水按规定比例拌制成塑性水泥胶砂，并按规定方法制成 40mm×40mm×160mm 的试件，在标准条件下养护后，测其 3d、7d 及 28d 的抗折强度及抗压强度。根据 28d 的抗压强度值，确定水泥的等级。但 3d 及 7d 的抗压强度及各龄期的抗折强度值，均不得低于规定的强度指标。

国家标准《通用硅酸盐水泥》（GB 175—2007/XG1—2009）规定了不同品种、不同强度等级的通用硅酸盐水泥在不同龄期的强度见表 3.5。

表 3.5　　　　　　　　　　通用硅酸盐水泥各龄期的强度要求

品　　种	强度等级	抗压强度/MPa		抗拉强度/MPa	
		3d	28d	3d	28d
硅酸盐水泥	42.5	≥17.0	≥42.5	≥3.5	≥6.5
	42.5R	≥22.0		≥4.0	
	52.5	≥23.0	≥52.5	≥4.0	≥7.0
	52.5R	≥27.0		≥5.0	
	62.5	≥28.0	≥62.5	≥5.0	≥8.0
	62.5R	≥32.0		≥5.5	
普通硅酸盐水泥	42.5	≥17.0	≥42.5	≥3.5	≥6.5
	42.5R	≥22.0		≥4.0	
	52.5	≥23.0	≥52.5	≥4.0	≥7.0
	52.5R	≥27.0		≥5.0	
矿渣硅酸盐水泥、火山灰硅酸盐水泥、粉煤灰硅酸盐水泥、复合硅酸盐水泥	32.5	≥10.0	≥32.5	≥2.5	≥5.5
	32.5R	≥15.0		≥3.5	
	42.5	≥15.0	≥42.5	≥3.5	≥6.5
	42.5R	≥19.0		≥4.0	
	52.5	≥21.0	≥52.5	≥4.0	≥7.0
	52.5R	≥23.0		≥4.5	

7. 氯离子含量

氯离子含量是指水泥中含有氯离子的量。在水泥混凝土中，氯离子会引起和促进混凝土结构中的钢筋锈蚀，因此，应限制水泥中的氯离子含量，国家标准《通用硅酸盐水泥》（GB 175—2007）规定，水泥中的氯离子含量不得大于 0.06%。

3.2.5　水泥的腐蚀与防止

3.2.5.1　水泥的腐蚀

硅酸盐水泥配制成各种混凝土用于不同的工程结构，在正常使用条件下，水泥石强度会不断增长，具有较好的耐久性。但在某些侵蚀介质（软水、含酸或盐的水等）作用下，会引起水泥石强度降低，甚至造成建筑物结构破坏，这种现象称为水泥石的腐蚀。引起水泥石腐蚀的主要原因如下。

1. 软水腐蚀（溶出性侵蚀）

雨水、雪水、蒸馏水、工业冷凝水及含重碳酸盐很少的河水及湖水都属于软水。硅酸盐水泥属于典型的水硬性胶凝材料，对于一般的江、河、湖水等具有足够的抵抗能力。但是当水泥石长期受到软水浸泡时，水泥的水化产物就将按照溶解度的大小，依次逐渐被水溶解，产生溶出性侵蚀，最终导致水泥石破坏。

在硅酸盐水泥的各自水化物中，$Ca(OH)_2$ 的溶解度最大，最先被溶出［每升水中能溶解 $Ca(OH)_2$1.3g 以上］。在静水及无压力水作用下，由于周围的水易被溶出的 $Ca(OH)_2$ 所饱和而使溶解作用停止，溶出仅限于表面，所以影响不大。但是，若水泥石在流动的水中特别是有压力的水中，溶出的 $Ca(OH)_2$ 不断被冲走，而且，由于石灰浓度的继续降低，还会引起其他水化物的分解溶解，侵蚀作用不断深入内部，使水泥空隙增大，强度下降，使水泥石结构遭受进一步破坏，以致全部溃裂。

实际工程中，将与软水接触的水泥构件事先在空气中硬化，形成碳酸钙外壳，可对溶出性侵蚀作用起到防治作用。

2. 酸性腐蚀

当水中溶有无机酸或有机酸时，水泥石就会受到溶析和化学溶解的双重作用。酸类离解出来的 H^+ 和酸根 R^-，分别与水泥石中 $Ca(OH)_2$ 的 OH^- 和 Ca^{2+} 结合成水和钙盐。各类酸中对水泥石腐蚀作用最快的是无机酸中的盐酸、氢氟酸、硝酸、硫酸和有机酸中的醋酸、蚁酸和乳酸。

例如，盐酸与水泥石中的 $Ca(OH)_2$ 作用：

$$2HCl + Ca(OH)_2 = CaCl_2 + 2H_2O$$

生成的氯化钙易溶于水，其破坏方式为溶解性化学腐蚀。

硫酸与水泥石中的氢氧化钙作用：

$$H_2SO_4 + Ca(OH)_2 = CaSO_4 \cdot 2H_2O$$

生成的二水石膏或者直接在水泥石孔隙中结晶产生膨胀，或者再与水泥石中的水化铝酸钙作用，生成高硫型水化硫铝酸钙，其破坏性更大。

在工业污水、地下水中常溶解有较多的 CO_2。水中的 CO_2 与水泥石中的 $Ca(OH)_2$ 反应生成不溶于水的 $CaCO_3$，如 $CaCO_3$ 继续与含碳酸的水作用，则变成易溶解于水的 $Ca(HCO_3)_2$，由于 $Ca(OH)_2$ 的溶失以及水泥石中其他产物的分解而使水泥石结构破坏。其化学反应如下：

$$Ca(OH)_2 + CO_2 + H_2O = CaCO_3 + 2H_2O$$

$$CaCO_3 + CO_2 + H_2O = Ca(HCO_3)_2$$

3. 盐类腐蚀

(1) 硫酸盐的腐蚀。绝大部分硫酸盐都有明显的侵蚀性，当环境水中含有钠、钾、铵等硫酸盐时，它们能与水泥石中的 $Ca(OH)_2$ 起置换作用，生成硫酸钙 $CaSO_4 \cdot 2H_2O$，并能结晶析出。且硫酸钙与水泥石中固态的水化铝酸钙作用，生成高硫型水化硫铝酸钙（即钙矾石），其反应式如下：

$$3CaO \cdot Al_2O_3 \cdot 6H_2O + 3(CaSO_4 \cdot 2H_2O) + 19H_2O = 3CaO \cdot Al_2O_3 \cdot 3CaSO_4 \cdot 31H_2O$$

高硫型水化硫铝酸钙呈针状晶体，比原体积增加 1.5 倍以上，俗称"水泥杆菌"，对水泥石起极大的破坏作用。

当水中硫酸盐浓度较高时，硫酸钙将在孔隙中直接结晶成二水石膏，使体积膨胀，导致水泥石破坏。

综上所述，硫酸盐的腐蚀实质上是膨胀性化学腐蚀。

(2) 镁盐的腐蚀。当环境水是海水及地下水时，常含有大量的镁盐，如硫酸镁和氯化镁等。它们与水泥石中的 $Ca(OH)_2$ 起如下反应：

$$MgSO_4 + Ca(OH)_2 + 2H_2O = CaSO_4 \cdot 2H_2O + Mg(OH)_2$$

$$MgCl_2 + Ca(OH)_2 = CaCl_2 + Mg(OH)_2$$

上式反应生成的 $Mg(OH)_2$ 松软而无胶凝能力，$CaCl_2$ 易溶于水，$CaSO_4 \cdot 2H_2O$ 则引起硫酸盐的破坏作用。因此，硫酸镁对水泥石起着镁盐和硫酸盐双重腐蚀作用。

4. 强碱的腐蚀

碱类溶液如浓度不大时一般是无害的。但铝酸盐含量较高的硅酸盐水泥遇到强碱作用后也会被破坏。如 NaOH 可与水泥石中未水化的铝酸盐作用，生成易溶的铝酸钠：

$$3CaO \cdot Al_2O_3 + 6NaOH = 3Na_2O \cdot Al_2O_3 + 3Ca(OH)_2$$

当水泥石被 NaOH 液浸透后又在空气中干燥，会与空气中的 CO_2 作用生成 Na_2CO_3：

$$2NaOH + CO_2 = Na_2CO_3 + H_2O$$

碳酸钠在水泥石毛细孔中结晶沉积，而使水泥石胀裂。

除上述各种腐蚀类型外，还有一些如糖类、动物脂肪等，亦会对水泥石产生腐蚀。

实际上水泥石的腐蚀是一个极为复杂的物理化学作用过程，在它遭受的腐蚀环境中，很少是一种侵蚀作用，往往是几种同时存在，互相影响。产生水泥石腐蚀的根本原因如下：

（1）水泥石中存在易被腐蚀的氢氧化钙和水化铝酸钙。

（2）水泥石本身不密实，存在很多毛细孔通道，使侵蚀性介质易于进入其内部。

（3）水泥石外部存在着侵蚀性介质。

硅酸盐水泥熟料含量高，水化产物中氢氧化钙和水化铝酸钙的含量多，所以抗侵蚀性差，不宜在有腐蚀性介质的环境中使用。

3.2.5.2 水泥腐蚀的防止

（1）根据侵蚀环境特点，合理选用水泥品种，改变水泥熟料的矿物组成或掺入活性混合材料。例如选用水化产物中氢氧化钙含量较少的水泥，可提高对软水等侵蚀作用的抵抗能力；为抵抗硫酸盐的腐蚀，采用铝酸三钙含量低于 5% 的抗硫酸盐水泥。

（2）提高水泥石的密实度。为了提高水泥石的密实度，应严格控制硅酸盐水泥的拌和用水量，合理设计混凝土的配合比，降低水灰比，认真选取骨料，选择最优施工方法。此外，在混凝土和砂浆表面进行碳化或氟硅酸处理，生成难溶的碳酸钙外壳，或氟化钙及硅胶薄膜，提高表面密实度，也可减少侵蚀性介质渗入内部。

（3）加作保护层。当腐蚀作用较大时，可在混凝土或砂浆表面敷设耐腐蚀性强且不透水的保护层。例如用耐腐蚀的石料、陶瓷、塑料、防水材料等覆盖于水泥石的表面，形成不透水的保护层，以防止腐蚀介质与水泥石直接接触。

3.3　掺混合材料的硅酸盐水泥

凡在硅酸盐水泥熟料中，掺入一定量的混合材料和适量石膏共同磨细制成的水硬性胶凝材料均属于掺混合材料的硅酸盐水泥。在硅酸盐水泥熟料中掺加一定量的混合材料，能改善水泥的性能，增加水泥品种，提高产量，调节水泥的强度等级，扩大水泥的使用范围。掺混合材料的硅酸盐水泥有普通硅酸盐水泥、矿渣硅酸盐水泥、火山灰质硅酸盐水泥、粉煤灰硅酸盐水泥及复合硅酸盐水泥。

3.3.1 混合材料的种类

用于水泥中的混合材料分为活性混合材料和非活性混合材料两大类。

1. 活性混合材料

磨成细粉掺入水泥后，能与水泥水化产物的矿物成分起化学反应，生成水硬性胶凝材料，凝结硬化后具有强度并能改善硅酸盐水泥的某些性质，称为活性混合材料。常用活性混合材料有粒化高炉矿渣、火山灰质混合材料和粉煤灰。

（1）粒化高炉矿渣。粒化高炉矿渣是炼铁高炉的熔融矿渣经急速冷却而成的质地疏松、多孔的颗粒状材料。粒化高炉矿渣中的活性成分，主要是活性 Al_2O_3 和 SiO_2，即使在常温下也可与 $Ca(OH)_2$ 起化学反应并产生强度。在含 CaO 较高的碱性矿渣中，因其中还含有 $2CaO \cdot SiO_2$ 等成分，故本身具有弱的水硬性。

（2）火山灰质混合材料。这类材料是具有火山灰活性的天然的或人工的矿物质材料，火山灰、凝灰岩、硅藻石、烧黏土、煤渣、煤矸石渣等都属于火山灰质混合材料。这些材料都含有活性的 Al_2O_3 和 SiO_2，经磨细后，在 $Ca(OH)_2$ 的碱性作用下，可在空气中硬化，而后在水中继续硬化增加强度。

（3）粉煤灰。是发电厂锅炉用煤粉做燃料，从其烟气中排出的细颗粒废渣，称为粉煤灰。粉煤灰中含有较多的活性 Al_2O_3、SiO_2，与 $Ca(OH)_2$ 化合能力较强，具有较高的活性。

上述的活性混合材料都含有大量活性的 Al_2O_3 和 SiO_2，它们在 $Ca(OH)_2$ 溶液中，会发生水化反应，在饱和的 $Ca(OH)_2$ 溶液中水化反应更快，生成水化硅酸钙和水化铝酸钙：

$$X Ca(OH)_2 + SiO_2 + m H_2O = X CaO \cdot SiO_2 \cdot n H_2O$$
$$Y Ca(OH)_2 + Al_2O_3 + m H_2O = Y CaO \cdot Al_2O_3 \cdot n H_2O$$

当液相中有 $CaSO_4 \cdot 2H_2O$ 存在时，将与 $CaO \cdot Al_2O_3 \cdot n H_2O$ 反应生成水化硫铝酸钙。水泥熟料的水化产物 $Ca(OH)_2$ 以及水泥中石膏具备了使活性混合材料发挥活性的条件。即 $Ca(OH)_2$ 和 $CaSO_4 \cdot 2H_2O$ 起着激发水化、促进水泥硬化的作用，故称为激发剂。常用的激发剂有碱性激发剂和硫酸盐激发剂两类。硫酸盐激发剂的激发作用必须在有碱性激发剂的条件下，才能充分发挥。

2. 非活性混合材料

经磨细后加入水泥中，不具有活性或活性很微弱的矿质材料，称为非活性混合材料。它们掺入水泥中仅起提高产量、调节水泥强度等级，节约水泥熟料的作用，这类材料有磨细石英砂、石灰石、黏土、慢冷矿渣及各种废渣。此类混合材料中，质地较坚实的有石英岩、石灰岩等磨成的细粉；质地较松软的有黏土、黄土等。另外，凡不符合技术要求的粒化高炉矿渣及火山灰质混合材料，可加以磨细作为非活性混合材料。

3.3.2 普通硅酸盐水泥

凡由硅酸盐水泥熟料、6%～15%的混合材料及适量石膏磨细制成的水硬性胶凝材料，称为普通硅酸盐水泥，简称普通水泥。

国家标准对普通硅酸盐水泥的技术要求如下：

（1）细度。筛孔尺寸为 $80\mu m$ 的方孔筛的筛余不得超过 10%，否则为不合格。

（2）凝结时间。初凝时间不得早于 45min，终凝时间不得迟于 10h。

（3）等级。根据抗压和抗折强度，将普通硅酸盐水泥划分为 42.5、42.5R、52.5、52.5R 四个等级。

普通硅酸盐水泥由于混合材料掺量较少，其性质与硅酸盐水泥基本相同，略有差异，主要表现为：①早期强度略低；②耐腐蚀性稍好；③水化热略低；④抗冻性和抗渗性好；⑤抗炭化性略差；⑥耐磨性略差。

3.3.3　矿渣硅酸盐水泥、火山灰质硅酸盐水泥、粉煤灰硅酸盐水泥

1. 矿渣硅酸盐水泥

凡由硅酸盐水泥熟料和粒化高炉矿渣、适量石膏磨细制成的水硬性胶凝材料称为矿渣硅酸盐水泥（简称矿渣水泥），代号 P·S。水泥中粒化高炉矿渣掺量按质量百分比计为 20%～70%，允许用石灰石、窑灰、粉煤灰和火山灰质混合材料中的一种材料代替矿渣，代替数量不得超过水泥质量的 8%，替代后水泥中粒化高炉矿渣不得少于 20%。

矿渣硅酸盐水泥的水化分两步进行，首先是熟料矿物的水化，生成水化硅酸钙、水化铝酸钙、水化铁酸钙、氢氧化钙、水化硫铝酸钙等水化物，其次是 $Ca(OH)_2$ 起着碱性激发剂的作用，与矿渣中的活性 Al_2O_3 和活性 SiO_2 作用生成水化硅酸钙、水化铝酸钙等水化物，两种反应交替进行又相互制约。矿渣中的 C_2S 也和熟料中的 C_2S 一样参与水化作用，生成水化硅酸钙。

矿渣硅酸盐水泥中的石膏，一方面可以调节水泥的凝结时间；另一方面又是矿渣的激发剂，与水化铝酸钙起反应，生成水化硫铝酸钙。故矿渣硅酸盐水泥中的石膏掺量可以比硅酸盐水泥的多一些，但若掺量过多，会降低水泥的质量，故 SO_3 的含量不得超过 4%。

2. 火山灰质硅酸盐水泥

凡由硅酸盐水泥熟料和火山灰质混合材料、适量石膏磨细制成的水硬性胶凝材料称为火山灰质硅酸盐水泥（简称火山灰水泥），代号 P·P。水泥中火山灰质混合材料掺量按质量百分比计为 20%～50%。

火山灰质硅酸盐水泥的水化、硬化过程及水化产物与矿渣硅酸盐水泥相类似。水泥加水后，先是熟料矿物的水化，生成水化硅酸钙、水化铝酸钙、水化铁酸钙、氢氧化钙、水化硫铝酸钙等水化物，其次是 $Ca(OH)_2$ 起着碱性激发剂的作用，再与火山灰质混合材料中的活性 Al_2O_3 和活性 SiO_2 作用生成水化硅酸钙、水化铝酸钙等水化物。火山灰质混合材料品种多，组成与结构差异较大，虽然各种火山灰水泥的水化、硬化过程基本相同，但水化速度和水化产物等却随着混合材料、硬化环境和水泥熟料的不同而发生变化。

3. 粉煤灰硅酸盐水泥

凡由硅酸盐水泥熟料和粉煤灰、适量石膏磨细制成的水硬性胶凝材料称为粉煤灰硅酸盐水泥（简称粉煤灰水泥），代号 P·F。水泥中粉煤灰掺量按质量百分比计为 20%～40%。

粉煤灰硅酸盐水泥的水化、硬化过程与矿渣硅酸盐水泥相似，但也有不同之处。粉煤灰的活性组成主要是玻璃体，这种玻璃体比较稳定而且结构致密，不易水化。在水泥熟料

水化产物 Ca(OH)$_2$ 的激发下，经过 28 天到 3 个月的水化龄期，才能在玻璃体表面形成水化硅酸钙和水化铝酸钙。

3.3.4 掺混合料的硅酸盐水泥的强度等级与技术要求

矿渣硅酸盐水泥、火山灰硅酸盐水泥、粉煤灰硅酸盐水泥按照我国现行标准《矿渣硅酸盐水泥、火山灰硅酸盐水泥、粉煤灰硅酸盐水泥》（GB 1344—1999）规定，其强度等级分为 32.5、32.5R、42.5、42.5R、52.5、52.5R 六个等级，各强度等级水泥的各龄期强度不得低于表 3.6 中的数值，其他技术性能的要求见表 3.7。

表 3.6　　矿渣水泥、火山灰水泥、粉煤灰水泥各龄期的强度要求（GB 1344—99）

品　　　种	强度等级	抗压强度/MPa		抗折强度/MPa	
		3d	28d	3d	28d
矿渣水泥、火山灰水泥、粉煤灰水泥	32.5	10.0	32.5	2.5	5.5
	32.5R	15.0	32.5	3.5	5.5
	42.5	15.0	42.5	3.5	6.5
	42.5R	19.0	42.5	4.0	6.5
	52.5	21.0	52.5	4.0	7.0
	52.5R	23.0	52.5	4.5	7.0

注　R—早强型。

表 3.7　　矿渣水泥、火山灰水泥、粉煤灰水泥技术指标（GB 1344—99）

技术标准	细度（80μm方孔筛）的筛余量/%	凝结时间		安定性（沸煮法）	抗压强度/MPa	水泥中MgO/%	水泥中 SO$_3$/%		碱含量按Na$_2$O+0.658K$_2$O 计/%
		初凝/min	终凝/h				矿渣水泥	火山灰、粉煤灰水泥	
指标	≤10%	≥45	≤10	必须合格	见表 4.7	≤5.0	≤4.0	≤3.5	供需双方商定
试验方法	GB/T 1345	GB/T 1346		GB/T 17671—99		GB/T 176			

注　1. 如果水泥经压蒸安定性试验合格，则水泥中 MgO 含量允许放宽到 6.0%。
　　2. 若使用活性骨料需要限制水泥中碱含量时，由供需双方商定。

3.3.5 矿渣水泥、火山灰水泥、粉煤灰水泥特性与应用

1. 三种水泥的共性

（1）凝结硬化慢，早期强度低，后期强度增长较快。三种水泥的水化过程较硅酸盐水泥复杂。首先是水泥熟料矿物与水反应，所生成的氢氧化钙和掺入水泥中的石膏分别作为混合材料的碱性激发剂和硫酸盐激发剂；与混合材料中的活性氧化硅、氧化铝进行二次化学反应。由于三种水泥中熟料矿物含量减少，而且水化分两步进行，所以凝结硬化速度减慢，不宜用于早期强度要求较高的工程。

（2）水化热较低。由于水泥中熟料的减少，使水泥水化时发热量高的 C$_3$S 和 C$_3$A 含量相对减少，故水化热较低，可优先使用于大体积混凝土工程，不宜用于冬季施工。

（3）耐腐蚀能力好，抗碳化能力较差。这类水泥水化产物中 $Ca(OH)_2$ 含量少，碱度低，故抗碳化能力较差，对防止钢筋锈蚀不利，不宜用于重要的钢筋混凝土结构和预应力混凝土。但抗溶出性侵蚀、抗盐酸类侵蚀及抗硫酸盐侵蚀的能力较强，宜用于有耐腐蚀要求的混凝土工程。

（4）对温度敏感，蒸汽养护效果好。这三种水泥在低温条件下水化速度明显减慢，在蒸汽养护的高温高湿环境中，活性混合材料参与二次水化反应，强度增长比硅酸盐水泥快。

（5）抗冻性、耐磨性差。与硅酸盐水泥相比较，由于加入较多的混合材料，用水量增大，水泥石中孔隙较多，故抗冻性、耐磨性较差，不适用于受反复冻融作用的工程及有耐磨要求的工程。

2．三种水泥各自的特点

（1）矿渣水泥。由于矿渣水泥硬化后氢氧化钙的含量低，矿渣又是水泥的耐火掺料，所以矿渣水泥具有较好的耐热性，可用于配制耐热混凝土。同时，由于矿渣为玻璃体结构，亲水性差，因此矿渣水泥保水性差，易生产泌水、干缩性较大，不适用于有抗渗要求的混凝土工程。

（2）火山灰水泥。火山灰质水泥需水量大，在硬化过程中的干缩较矿渣水泥更为显著，在干热环境中易产生干缩裂缝。因此，火山灰水泥不适用于干燥环境中的混凝土工程，使用时必须加强养护，使其在较长时间内保持潮湿状态。

火山灰质水泥颗粒较细，泌水性小，故具有较高的抗渗性，适用于有一般抗渗要求的混凝土工程。

（3）粉煤灰水泥。粉煤灰水泥的主要特点是干缩性比较小，甚至比硅酸盐水泥及普通水泥还小，因而抗裂性较好；由于粉煤灰的颗粒多呈球形微粒，吸水率小，所以粉煤灰水泥的需水量小，配制的混凝土和易性较好。

3.3.6　复合硅酸盐水泥

凡由硅酸盐水泥熟料、两种或两种以上规定的混合材料、适量石膏磨细制成的水硬性胶凝材料，称为复合硅酸盐水泥（简称复合水泥），代号 P·C。水泥中混合材料总掺加量按质量百分比计应大于 15%，但不超过 50%。允许用不超过 8% 的窑灰代替部分混合材料；掺矿渣时混合材料掺量不得与矿渣硅酸盐水泥重复。

复合硅酸盐水泥中掺入两种或两种以上的混合材料，可以明显地改善水泥的性能，克服了掺加单一混合材料水泥的弊端，有利于水泥的使用与施工。复合硅酸盐水泥的性能一般受所用混合材料的种类、掺量及比例等因素的影响，早期强度高于矿渣硅酸盐水泥、火山灰质硅酸盐水泥、粉煤灰硅酸盐水泥，大体上的性能与上述三种水泥相似，适用范围较广。

按照国家标准《复合硅酸盐水泥》（GB 12958—1999）的规定，水泥熟料中氧化镁的含量、三氧化硫的含量、细度、安定性、凝结时间等指标与《矿渣硅酸盐水泥、火山灰硅酸盐水泥、粉煤灰硅酸盐水泥》（GB 1344—1999）相同。复合硅酸盐水泥分为 32.5、32.5R、42.5、42.5R、52.5、52.5R 六个强度等级，各强度等级水泥的各龄期强度不得低于表 3.8 数值。

表 3.8 **复合水泥各龄期的强度要求（GB 12958—1999）**

品　　种	强度等级	抗　压　强　度/MPa		抗　折　强　度/MPa	
		3d	28d	3d	28d
复合硅酸盐水泥	32.5	11.0	32.5	2.5	5.5
	32.5R	16.0	32.5	3.5	5.5
	42.5	16.0	42.5	3.5	6.5
	42.5R	21.0	42.5	4.0	6.5
	52.5	22.0	52.5	4.0	7.0
	52.5R	26.0	52.5	5.0	7.0

注　R—早强型。

3.4　水泥的应用、验收与保管

3.4.1　六种常用水泥的特性与应用

硅酸盐水泥、普通水泥、矿渣水泥、火山灰水泥、粉煤灰水泥及复合水泥等是工程中应用最广的品种，其特性见表 3.9；它们的应用见表 3.10。

表 3.9　　　　　　　　　　　　　　　六种常用水泥的特性

品种	硅酸盐水泥	普通水泥	矿渣水泥	火山灰水泥	粉煤灰水泥	复　合　水　泥
凝结硬化	快	较快	慢	慢	慢	
早期强度	高	较高	低	低	低	
后期强度			增长较快	增长较快	增长较快	
水化热	大	较大	较低	较低	较低	
抗冻性	好	较好	差	差	差	与所掺两种或两种以上混合材料的种类、掺量有关，其特性基本与矿渣水泥、火山灰水泥、粉煤灰水泥的特性相似
干缩性	小	较小	大	大	较小	
耐蚀性	差	较差	较好	较好	较好	
耐热性	差	较差	好	较好	较好	
泌水性			大	抗渗性较好		
抗炭化能力			差			

表 3.10　　　　　　　　　　　　　　　六种常用水泥的应用

混凝土工程特点及所处环境条件			优先选用	可以选用	不宜选用
普通混凝土	1	在一般气候环境中的混凝土	普通水泥	矿渣水泥、火山灰水泥、粉煤灰水泥和复合水泥	
	2	在干燥环境中的混凝土	普通水泥	矿渣水泥	火山灰水泥、粉煤灰水泥
	3	在高温环境中或长期处于水中的混凝土	矿渣水泥、火山灰水泥、粉煤灰水泥、复合水泥	普通水泥	

续表

混凝土工程特点及所处环境条件			优先选用	可以选用	不宜选用
普通混凝土	4	厚大体积的混凝土	矿渣水泥、火山灰水泥、粉煤灰水泥、复合水泥		硅酸盐水泥
有特殊要求的混凝土	1	要求快硬、高强（＞C60）的混凝土	硅酸盐水泥	普通水泥	矿渣水泥、火山灰水泥、粉煤灰水泥、复合水泥
	2	严寒地区的露天混凝土、寒冷地区处于水位升降范围的混凝土	普通水泥	矿渣水泥（强度等级大于32.5）	火山灰水泥、粉煤灰水泥
	3	严寒地区处于水位升降范围的混凝土	普通水泥（强度等级大于42.5）		矿渣水泥、火山灰水泥、粉煤灰水泥、复合水泥
	4	有抗渗要求的混凝土	普通水泥、火山灰水泥		矿渣水泥
	5	有耐磨性要求的混凝土	硅酸盐水泥、普通水泥	矿渣水泥（强度等级大于32.5）	火山灰水泥、粉煤灰水泥
	6	受侵蚀性介质作用的混凝土	矿渣水泥、火山灰水泥、粉煤灰水泥、复合水泥		硅酸盐水泥

3.4.2　水泥的验收

水泥可以采用袋装或者散装，袋装水泥每袋净含量 50kg，且不得少于标示质量的 98％，随机抽取 20 袋水泥，其总质量不得少于 1000kg。

水泥袋上应清楚标明下列内容：产品名称、代号、净含量、强度等级、生产许可证编号、生产者名称和地址、出厂编号、执行标准号、包装日期和主要混合材料名称。掺火山灰质混合材料的普通水泥还应标上"掺火山灰"字样。包装袋两侧应印有水泥名称和强度等级。硅酸盐水泥和普通水泥的印刷采用红色；矿渣水泥的印刷采用绿色；火山灰水泥、粉煤灰水泥和复合水泥采用黑色。

散装水泥运输时应提交与袋装水泥标志相同内容的卡片。

建设工程中使用水泥之前，要对同一生产厂家、同期出厂的同品种、同强度等级的水泥，以一次进场的、同一出厂编号的水泥为一批，按照规定的抽样方法抽取样品，对水泥性能进行检验。袋装水泥以 200t 为一批，不足 200t 按一批计算；散装水泥以 500t 为一批，不足 500t 的按一批计算。重点检验水泥的凝结时间、安定性和强度等级，合格后方可投入使用。存放期超过 3 个月的水泥，使用前必须重新进行复验，并按复验结果使用。

3.4.3　水泥的保管

水泥在运输和储存时不得受潮和混入杂物，不同品种和强度等级水泥应分别储存，不得混杂。使用时应考虑先存先用，不可储存过久。

储存水泥的库房必须干燥，库房地面应高出室外地面 30cm。若地面有良好的防潮层并以水泥砂浆抹面，可直接存放，否则应用木料垫高地面 20cm。袋装水泥堆垛不宜过高，一般为 10 袋，如储存时间短、包装质量好可堆至 15 袋。袋装水泥垛一般应离开墙壁和窗户 30cm 以上。水泥垛应设立标示牌，注明生产厂家、水泥品种、强度等级、出厂日期等。应尽量缩短水泥的储存期，通用水泥不宜超过 3 个月，否则应重新测定强度等级，按实际强度使用。

露天临时储存袋装水泥，应选择地势高、排水条件好的场地，并应进行垫盖处理，以防受潮。

3.5 其他品种的水泥

3.5.1 快硬水泥

凡以硅酸盐水泥熟料和适量石膏磨细制成的，以 3d 抗压强度表示强度等级的水硬性胶凝材料，称为快硬硅酸盐水泥（简称快硬水泥）。

快硬硅酸盐水泥生产方法与硅酸盐水泥基本相同，只是要求 C_3S 和 C_3A 含量高些。通常快硬硅酸盐水泥熟料中 C_3S 含量为 $50\%\sim60\%$，C_3A 的含量为 $8\%\sim14\%$，二者总含量应不小于 $60\%\sim65\%$。为加快硬化速度，可适当增加石膏的掺量（可达 8%）和提高水泥的细度，水泥的比表面积一般控制在 $3000\sim4000cm^3/g$。

根据行业标准《快硬硅酸盐水泥》（GB 199—1990）的规定，快硬硅酸盐水泥以 3d 强度表示强度等级，分为 32.5、37.5、42.5 三个等级。各级快硬水泥各规定龄期的强度不得低于表 3.11 的数据。

表 3.11 　　　　　　　快硬硅酸盐水泥的强度等级要求（GB 199—1990）

强度等级	抗 压 强 度/MPa			抗 折 强 度/MPa		
	1d	3d	28d	1d	3d	28d
32.5	15.0	32.5	52.5	3.5	5.0	7.2
37.5	17.0	37.5	57.5	4.0	6.0	7.6
42.5	19.0	42.5	62.5	4.5	6.4	8.0

快硬硅酸盐水泥其他各项技术要求为：细度要求 0.080mm 方孔筛的筛余百分率不得超过 10%；初凝时间不得早于 45min，终凝时间不得迟于 10h；体积安定性用沸煮法检验必须合格。

快硬水泥水化放热速度快，水化热较高，早期强度高，但干缩性较大。主要用于抢修工程、军事工程、冬季施工工程、预应力钢筋混凝土构件，适用于配制干硬混凝土等，可提高早期强度，缩短养护周期，但不宜用于大体积混凝土工程。

3.5.2 膨胀水泥

由胶凝物质和膨胀剂混合而成的胶凝材料称为膨胀水泥，在水化过程中能产生体积膨胀，在硬化过程中不仅不收缩，而且有不同程度的膨胀。使用膨胀水泥能克服和改善普通水泥混凝土的一些缺点（常用水泥在硬化过程中常产生一定收缩，造成水泥混凝土构件裂纹、透水和不适宜某些工程的使用），能提高水泥混凝土构件的密实性，能提高混凝土的整体性。

膨胀水泥水化硬化过程中体积膨胀，可以达到补偿收缩、增加结构密实度以及获得预加应力的目的。由于这种预加应力来自于水泥本身的水化，所以称为自应力，并以"自应力值"（MPa）来表示其大小。按自应力的大小，膨胀水泥可分为两类：当自应力值不小于 2.0MPa 时，称为自应力水泥；当自应力值小于 2.0MPa 时，则称为膨胀水泥。

膨胀水泥按主要成分划分为硅酸盐型、铝酸盐型、硫铝酸盐型和铁铝酸钙型，其膨胀机理都是水泥石中所形成的钙矾石的膨胀。其中硅酸盐膨胀水泥凝结硬化较慢；铝酸盐膨胀水泥凝结硬化较快。

（1）硅酸盐膨胀水泥。它是以硅酸盐水泥为主要成分，外加铝酸盐水泥和石膏为膨胀组分配制而成的膨胀水泥。其膨胀值的大小通过改变铝酸盐水泥和石膏的含量来调节。

（2）铝酸盐膨胀水泥。铝酸盐膨胀水泥由铝酸盐水泥熟料，二水石膏为膨胀组分混合磨细或分别磨细后混合而成，具有自应力值高以及抗渗、气密性好等优点。

（3）硫铝酸盐膨胀水泥。它是以无水硫铝酸钙和硅酸二钙为主要成分，以石膏为膨胀组分配制而成。

（4）铁铝酸钙膨胀水泥。它是以铁相、无水硫铝酸钙和硅酸二钙为主要成分，以石膏为膨胀组分配制而成。

以上四种膨胀水泥通过调整各种组成的配合比例，就可得到不同的膨胀值，制成不同类型的膨胀水泥。膨胀水泥的膨胀作用基于硬化初期，其膨胀源均来自于水泥水化形成的钙矾石，产生体积膨胀。由于这种膨胀作用发生在硬化初期，水泥浆体尚具备可塑性，因而不至于引起膨胀破坏。

膨胀水泥适用于配制收缩补偿混凝土，用于构件的接缝及管道接头、混凝土结构的加固和修补、防渗堵漏工程、机器底座及地脚螺丝的固定等。自应力水泥适用于制造自应力钢筋混凝土压力管及配件。

3.5.3 铝酸盐水泥

1. 定义与分类

凡由铝酸钙为主的铝酸盐水泥熟料，磨细制成的水硬性胶凝材料称为铝酸盐水泥，代号 CA。

铝酸盐水泥按 Al_2O_3 含量百分数分为 4 类：

CA-50：$50\% \leqslant Al_2O_3 < 60\%$；

CA-60：$60\% \leqslant Al_2O_3 < 68\%$；

CA-70：$68\% \leqslant Al_2O_3 < 77\%$；

CA-80：$77\% \leqslant Al_2O_3$。

2. 技术性质

根据国标《铝酸盐水泥》（GB 201—2000）的规定，铝酸盐水泥的细度：比表面积不小于 $300m^2/kg$ 或通过 0.045mm 方孔筛上的筛余不大于 20%，两种方法由供需双方商订，发生争议时以比表面积为准。

凝结时间：CA-50、CA-70、CA-80 型铝酸盐水泥初凝时间不得早于 30min，终凝时间不得迟于 6h；CA-60 型铝酸盐水泥初凝时间不得早于 60min，终凝时间不得迟于 18h。

强度：各类型铝酸盐水泥各龄期强度值不得低于表 3.12 的数值。

表 3.12　　　　　　　　　铝酸盐水泥各龄期强度（GB 201—2000）

水 泥 类 型	抗 压 强 度/MPa				抗 折 强 度/MPa			
	6h[①]	1d	3d	28d	6h[①]	1d	3d	28d
CA－50	20	40	50	—	3.0	5.5	6.5	—
CA－60	—	20	45	85	—	2.5	5.0	10.0
CA－70	—	30	40	—	—	5.0	6.0	—
CA－80	—	25	30	—	—	4.0	5.0	—

① 　当用户需要时，生产厂应提供结果。

3. 铝酸盐水泥的主要特性和应用

（1）快凝早强。早期强度很高，后期强度增长不显著。所以铝酸盐水泥主要用于工期紧急（如筑路、桥）的工程、抢修工程（如堵漏）等；也可用于冬季施工的工程。

（2）水化热大。与一般高强度硅酸盐水泥大致相同，但其放热速度特别快，且放热量集中，1d 内即可放出水化热总量的 70%～80%。铝酸盐水泥不宜用于大体积混凝土工程。

（3）抗矿物水和硫酸盐作用的能力很强。

（4）铝酸盐水泥抗碱性极差，不得用于接触碱性溶液的工程。

（5）较高的耐热性。当采用耐火粗细骨料（如铬铁矿等）时，可制成使用温度达 1300～1400℃ 的耐热混凝土，且强度能保持 53%。

（6）配制膨胀水泥、自应力水泥，也可以作为化学建材的添加料使用。

（7）自然条件下，长期强度及其他性能略有降低的趋势。因此，铝酸盐水泥不宜用于长期承重的结构及处于高温高湿环境的工程中。

还应注意，铝酸盐水泥制品不能进行蒸汽养护；铝酸盐水泥不得与硅酸盐水泥或石灰相混，以免引起闪凝和强度下降；铝酸盐水泥也不得与尚未硬化的硅酸盐水泥混凝土接触使用。

此外，在运输和储存过程中要注意铝酸盐水泥的防潮，否则吸湿后强度下降快。

3.5.4　白色及彩色硅酸盐水泥

1. 白色硅酸盐水泥

由氧化铁含量少的硅酸盐水泥熟料加入适量的石膏，磨细制成的水硬性胶凝材料称为白色硅酸盐水泥简称白水泥，代号 P·W。磨细水泥时，允许加入不超过水泥质量 10% 的石灰石或窑灰作为外加物，水泥粉磨时，允许加入不损害水泥性能的助磨剂，加入量不得超过水泥质量的 1%。

白水泥与常用水泥的主要区别在于氧化铁含量少，因而色白。白水泥与常用水泥的生产制造方法基本相同，关键是严格控制水泥原料的铁含量，严防在生产过程中混入铁质。此外，锰、铬等的氧化物也会导致水泥白度的降低，必须控制其含量。

白水泥的性能与硅酸盐水泥基本相同。根据国家标准（GB 2015—2005）的规定，白色硅酸盐水泥分为 32.5、42.5、52.5 三个强度等级，各强度等级水泥各规定龄期的强度不得低于表 3.13 的数值。

表 3.13 　　　　　　　　　**白色硅酸盐水泥强度要求**

强 度 等 级	抗 压 强 度/MPa		抗 折 强 度/MPa	
	3d	28d	3d	28d
32.5	12.0	32.5	3.0	6.0
42.5	17.0	42.5	3.5	6.5
52.5	22.0	52.5	4.0	7.0

　　白水泥的技术要求中与其他品种水泥最大的不同是有白度要求，白度的测定方法按 GB/T 5950 进行，水泥白度值不低于 87。

　　白水泥其他各项技术要求包括：细度要求为 0.080mm 方孔筛筛余量不超过 10%；其初凝时间不得早于 45min，终凝时间不迟于 10h；体积安定性用沸煮法检验必须合格，同时熟料中氧化镁的含量不得超过 5.0%，三氧化硫含量不得超过 3.5%。

　　2. 彩色硅酸盐水泥

　　彩色硅酸盐水泥根据其着色方法不同，有三种生产方式：一是直接烧成法，在水泥生料中加入着色原料而直接煅烧成彩色水泥熟料，再加入适量石膏共同磨细；二是染色法，将白色硅酸盐水泥熟料或硅酸盐水泥熟料、适量石膏和碱性着色物质共同磨细制得彩色水泥；三是将干燥状态的着色物质直接掺入白水泥或硅酸盐水泥中。当工程使用量较少时，常用第三种办法。

　　彩色硅酸盐水泥有红色、黄色、蓝色、绿色、棕色、黑色等。根据行业标准《彩色硅酸盐水泥》(JC/T 870—2000) 的规定，彩色硅酸盐水泥强度等级分为 27.5、32.5、42.5 三个等级。各级彩色水泥各规定龄期的强度不得低于表 3.14 的数据。

表 3.14 　　　　　**彩色硅酸盐水泥的强度等级要求 (JC/T 870—2000)**

品 种	强度等级	抗 压 强 度/MPa		抗 折 强 度/MPa	
		3d	28d	3d	28d
彩色硅酸盐水泥	27.5	7.5	27.5	2.0	5.0
	32.5	10.0	32.5	2.5	5.5
	42.5	15.0	42.5	3.5	6.5

　　彩色硅酸盐水泥其他各项技术要求为：细度要求 0.080mm 方孔筛筛余不得超过 6.0%；初凝时间不得早于 1h，终凝时间不得迟于 10h；体积安定性用沸煮法检验必须合格，彩色水泥中三氧化硫的含量不得超过 4.0%。

　　白色和彩色硅酸盐水泥主要应用于建筑装饰工程中，常用于配制各类彩色水泥浆、水泥砂浆，用于饰面刷浆或陶瓷铺贴的勾缝，配制装饰混凝土、彩色水刷石、人造大理石及水磨石等制品，并以其特有的色彩装饰性，用于雕塑艺术和各种装饰部件。

3.5.5 生态水泥

　　生态水泥主要是降低水泥生产和使用的环境负担，措施主要有节省能源（燃料和电力），减少CO_2排放量，以及利用水泥生产的特点，掺入大量固体废弃物作为原料。

1．环境负荷水泥添加料

用矿渣、火山灰等原理烧制水泥熟料，或者以粉煤灰、石灰石微粉、矿渣作混合料磨制混合水泥，并扩大用量。这样可减少普通硅酸盐水泥的用量，减少石灰石等天然资源的用量，节省烧制水泥所消耗的能量，降低CO_2的排放量。

2．生态水泥生产技术

生态水泥主要是在生产和使用过程中尽量减少对环境影响的水泥。除对成分进行环境友好改进外，在水泥生产过程中也尽量减少能耗，降低水泥的烧成温度等。比较成功的有两个实例，一是日本秩文-小野田水泥公司用城市生活垃圾的焚烧灰和下水道污泥的脱水干粉作为主要原料生产水泥的新技术。这项新技术的特点是，将城市垃圾焚烧灰中含5%～10%的氯化物不加处理就直接利用，通过不同的烧制方法就可以生产出与通常水泥不同的特种水泥。这种水泥的强度大大高于普通水泥，而且重金属含量不超标，是生产块状预制板、地砖等建筑材料的好原料。这项技术的推广对城市垃圾的资源化循环利用及环境保护发挥了作用。

第二个实例是我国同济大学研制成功的新型矿渣水泥，它的特点是矿渣掺量大，等级高，发热低。生产工艺的主要特点是矿渣和熟料分别磨细，然后均匀混合。它的技术关键是矿渣的高级利用和熟料、矿渣的最佳匹配。这种新型矿渣水泥与传统矿渣水泥在概念上有很大的不同，在传统矿渣水泥中，矿渣主要是起掺淡作用，而在新型的矿渣水泥中，通过矿渣粉磨技术，增大了矿渣的比表面面积，使矿渣本身的胶凝性和火山灰活性得到了充分的发挥，提高了它对水泥强度的贡献。

3.5.6　中低热硅酸盐水泥

中低热硅酸盐水泥指以适当成分的硅酸盐水泥熟料，加入适量石膏，磨细而成的具有低水化热或中等水化热的水硬性胶凝材料。中低热水泥包括中热硅酸盐水泥、低热硅酸盐水泥及低热矿渣硅酸盐水泥三个品种，规范《中热硅酸盐水泥、低热硅酸盐水泥及低热矿渣硅酸盐水泥》（GB 200—2003）对这三种水泥的技术要求和强度等级要求作出了相应的规定，见表3.15和表3.16。

表3.15　中热硅酸盐水泥、低热硅酸盐水泥及低热矿渣硅酸盐水泥技术要求

水泥品种	技 术 标 准								
	细度比表面积/(m²/kg)	凝结时间		安定性（沸煮法）	抗压强度/MPa	水泥中MgO/%	水泥中SO_3/%	烧失量/%	水泥中碱含量/%
		初凝	终凝						
中热水泥	≥250	≥60min	≤10h	必须合格	见表4.16	≤5.0①	≤3.5	≤3.0	≤0.60②
低热水泥									
低热矿渣水泥									≤1.0
试验方法	GB/T 8074	GB/T 1346			GB/T 17671—99	GB/T 176			

①　如果水泥经压蒸安定性合格，则水泥中MgO含量允许放宽至6.0%。

②　水泥中碱含量以$Na_2O+0.658K_2O$的计算值来表示，由供需双方商定。若使用活性骨料或用户提出低碱要求时，中热及低热水泥中碱含量不得大于0.60%，低热矿渣中碱含量不得大于1.0%。

表 3.16　　　　中热硅酸盐水泥、低热硅酸盐水泥及低热矿渣硅酸盐水泥强度等级要求

品　种	强度等级	抗压强度/MPa			抗折强度/MPa		
		3d	7d	28d	3d	7d	28d
中热水泥	42.5	12.0	22.0	42.5	3.0	4.5	6.5
低热水泥	42.5	—	13.0	42.5	—	3.5	6.5
低热矿渣水泥	32.5	—	12.0	32.5	—	3.0	5.5

三种中低热水泥各龄期的水化热应不大于表 3.17 的数值，且低热水泥 28d 的水化热应不大于 310kJ/kg。

表 3.17　　　　　　　　水泥强度等级的各龄期水化热

品　种	强　度　等　级	水　化　热/(kJ/kg)	
		3d	7d
中热水泥	42.5	251	293
低热水泥	42.5	230	260
低热矿渣水泥	32.5	197	230

中低热水泥主要用于要求水化热较低的大坝和大体积工程。中热水泥主要适用于大坝溢流面的面层和水位变动区等要求耐磨性和抗冻性的工程，低热水泥和低热矿渣水泥主要适用于大坝或大体积建筑物内部及水下工程。

3.5.7　道路硅酸盐水泥

道路硅酸盐水泥是由普通硅酸盐水泥熟料，适量石膏，可加入规范规定的混合材料，磨细制成的水硬性胶凝材料，简称道路水泥，代号 P·R。国标中对道路硅酸盐水泥的技术要求和强度等级要求作出了相应规定，见表 3.18 和表 3.19。道路硅酸盐水泥熟料要求铝酸三钙（$3CaO·Al_2O_3$）的含量应不超过 5.0%，铁铝酸四钙（$4CaO·Al_2O_3·Fe_2O_3$）的含量应不低于 16.0%，游离氧化钙（CaO）的含量，旋窑生产应不大于 1.0%，立窑生产应不大于 1.8%。

表 3.18　　　　　　　　道路硅酸盐水泥技术要求

水泥品种	技　术　标　准										
	细度比表面积/(m²/kg)	凝结时间		安定性（沸煮法）	强度/MPa	水泥中MgO/%	水泥中SO₃/%	烧失量/%	水泥中碱含量/%	干缩性（28d干缩率）/%	耐磨性（28d磨耗量）/%
		初凝	终凝								
道路水泥	300~450	≥1.5h	≤10h	必须合格	见表3.19	≤5.0	≤3.5	≤3.0	≤0.60	≤0.10	≤3.00
试验方法	GB/T 8074	GB/T 1346		GB/T 17671—99		GB/T 176			JC/T 603		JC/T 421

注　水泥中碱含量以 $Na_2O+0.658K_2O$ 的计算值来表示，由供需双方商定。若使用活性骨料或用户提出低碱要求时，水泥中碱含量不得大于 0.60%。

表 3. 19 　　　　　　　　　　　　**道路硅酸盐水泥强度等级要求**

品　　种	强度等级	抗 压 强 度/MPa		抗 折 强 度/MPa	
		3d	28d	3d	28d
道路水泥	32.5	16.0	32.5	3.5	6.5
	42.5	21.0	42.5	4.0	7.0
	52.5	26.0	52.5	5.0	7.5

　　道路水泥是一种强度高、特别是抗折强度高，耐磨性好，干缩性小，抗冲击性好，抗冻性和抗硫酸性比较好的水泥。它适用于道路路面、机场跑道道面，城市广场等工程。

习　　题

　　1. 什么是胶凝材料？胶凝材料按硬化条件如何分类？

　　2. 什么叫生石灰的熟化？生石灰熟化后为什么要"陈伏"？

　　3. 为什么建筑石膏及其制品多用于室内装修？

　　4. 试述水玻璃的特性和用途。

　　5. 在硅酸盐水泥熟料磨细时为什么要掺入适量石膏？

　　6. 什么是硅酸盐水泥的凝结和硬化？影响硅酸盐水泥凝结硬化的主要因素是什么？

　　7. 硅酸盐水泥的主要矿物成分有哪些？它们的水化特性如何？

　　8. 国家标准对硅酸盐水泥的初凝时间、终凝时间有何要求？凝结时间对建筑工程施工有什么影响？

　　9. 常用硅酸盐水泥有哪些主要技术要求？这些要求有何工程意义？

　　10. 造成硅酸盐水泥体积安定性不良的原因有哪些？如何处理？

　　11. 引起水泥石腐蚀的原因是什么？水泥石防腐措施有哪些？

　　12. 何谓水泥混合材料？常用的活性混合材料有哪些？它们掺加在水泥中的主要作用是什么？

　　13. 试述六大常用水泥的组成、特性及应用范围。

　　14. 仓库有三种白色胶凝材料，已知是生石灰粉、建筑石膏和白水泥，因为误放标签无法使用，有什么简单方法可以辨认？

　　15. 简述铝酸盐水泥的特性及如何正确使用？

　　16. 水泥通过检验后，什么叫合格品？什么叫废品？

　　17. 有下列混凝土构件和工程，试分别选用合适的水泥，并说明其理由：①现浇楼梁、板、柱；②采用蒸汽养护预制构件；③紧急抢修的工程或紧急军事工程；④大体积混凝土坝、大型设备基础；⑤有硫酸盐腐蚀的地下工程；⑥高炉基础；⑦海港码头工程。

第4章 混 凝 土

4.1 概述

4.1.1 混凝土的概念

混凝土材料的应用可追溯到古老年代。数千年前，我国劳动人民及埃及人就用石灰与砂配制成砂浆砌筑房屋。后来罗马人又使用石灰、砂及石子配制成混凝土，并在石灰中掺入火山灰配制成用于海岸工程的混凝土，这类混凝土强度不高，使用量少。

现代意义上的混凝土，是在约瑟夫·阿斯帕丁 1824 年发明波特兰水泥以后，于 1830 年前后才得以问世；1850 年出现了钢筋混凝土，使混凝土技术发生了第一次革命性的飞跃；1928 年制成了预应力钢筋混凝土，产生了混凝土技术的第二次飞跃；1965 年前后混凝土外加剂，特别是减水剂的应用，使轻易获得高强度混凝土成为可能，混凝土的工作性能显著提高，导致了混凝土技术的第三次革命性飞跃。目前，混凝土技术正朝着超高强、轻质、高耐久性、多功能和智能化方向发展。

水泥混凝土经过 180 多年的发展，已演变成了有多个品种的土木工程材料。通常所说的混凝土是由胶凝材料、粗骨料、细骨料和水（或不加水）按适当的比例配合、拌和制成混合物，经一定时间后硬化而成的人造石材。新拌制的混凝土，通常称为混凝土拌和物。

4.1.2 混凝土的分类

在现代建筑中，混凝土的运用极为广泛，已成为现代建筑中的主要建筑材料，其种类也非常之多，混凝土通常从以下几个方面进行分类：

按所用胶凝材料的不同可分为水泥混凝土、沥青混凝土、水玻璃混凝土、聚合物混凝土、聚合物水泥混凝土、石膏混凝土和硅酸盐混凝土等几种。一般情况下所说的混凝土是指水泥混凝土。

按干表观密度的不同分为 3 类：重混凝土，其干表观密度大于 2600kg/m³，采用重骨料（重晶石，铁矿粉或钢屑）和水泥配制而成，对 X 射线、γ 射线有较高的屏蔽能力，主要用于防辐射工程，又称为防辐射混凝土；普通混凝土，其干表观密度为 2000～2500kg/m³，一般多在 2400kg/m³ 左右，采用水泥、水与普通砂、石配制而成，是目前土木工程中应用最多的混凝土，主要用作承重结构材料，目前全世界普通混凝土年用量达 40 多亿 m³，我国年用量在 15 亿 m³ 以上；轻混凝土，干表观密度小于 1950kg/m³，包括轻骨料混凝土、大孔混凝土、多孔混凝土和无砂大孔混凝土，可用作承重结构、保温结构和承重兼保温结构。这种分类方法是混凝土最基本的分类方法。

按施工工艺可分为泵送混凝土、预拌混凝土（商品混凝土）、喷射混凝土、自密实混凝土、堆石混凝土、离心混凝土、压力灌浆混凝土（预填骨料混凝土）、挤压混凝土、造壳混凝土（裹砂混凝土）、真空吸水混凝土、热拌混凝土和太阳能养护混凝土等多种。

按用途可分为结构混凝土、防水混凝土、防辐射混凝土、耐酸混凝土、装饰混凝土、耐热混凝土、大体积混凝土、膨胀混凝土、道路混凝土和水下不分散混凝土等多种。

按掺和料可分为粉煤灰混凝土、硅灰混凝土、碱矿渣混凝土和纤维混凝土等多种。

按抗压强度（f_{cu}）大小可分为低强混凝土（$f_{cu} < 30\mathrm{MPa}$）、中强混凝土（$f_{cu} = 30 \sim 60\mathrm{MPa}$）、高强混凝土（$f_{cu} \geqslant 60\mathrm{MPa}$）和超高强混凝土（$f_{cu} \geqslant 100\mathrm{MPa}$）等。

按每立方米中的水泥用量（C）分为贫混凝土（$C \leqslant 170\mathrm{kg}$）和富混凝土（$C \geqslant 230\mathrm{kg}$）。

本章讲述的混凝土，如无特别说明，均指普通混凝土。

4.1.3 混凝土的优缺点

在世界各地的土木工程中，混凝土是最重要的、使用最广泛的建筑材料。普通混凝土与钢材、木材等常用土木工程材料相比有许多优点：

（1）混凝土的组分分布广泛、造价低廉，可以就地取材。

（2）可通过改变混凝土的组分及其数量比例，根据混凝土的用途配制不同物理力学性能的混凝土。

（3）凝结前有良好的可塑性，可利用模板浇灌成任何形状及尺寸的构件或结构物，故可用于多种类型的建筑。

（4）混凝土与钢筋的线膨胀系数基本相同，与钢筋有较高的握裹力，两者复合后制成钢筋混凝土能很好地共同工作。

（5）混凝土使用期间不需经常维修保养，能源耗用少。

（6）混凝土可浇筑成整体以提高建筑物的抗震性能，也可预制成各种构件再行装配等。

普通混凝土也存在一些缺点：

（1）混凝土抗拉强度低，一般为抗压强度的 $1/10 \sim 1/20$，易产生裂缝，受拉时易产生脆性破坏。

（2）自重大，不利于建筑物（构筑物）向高层、大跨度方向发展。

（3）耐久性不够，在自然环境、使用环境及内部因素作用下，混凝土的工作性能易发生劣化，硬化较慢，生产周期长，在自然条件下养护的混凝土预制构件，一般要养护 $7 \sim 14\mathrm{d}$ 方可投入使用。

建筑工程中使用的混凝土，一般要满足以下四项要求：

（1）各组成材料经拌和后形成的拌和物应具有一定的和易性，以便于施工。

（2）混凝土应在规定龄期达到设计要求的强度。

（3）硬化后的混凝土应具有适应其所处环境的耐久性。

（4）经济合理，在保证质量的前提下，节约造价。

4.2　普通混凝土的组成材料

普通混凝土（简称混凝土）是以水泥为胶凝材料，以砂子和石子为骨料加水拌和，凝结硬化形成的固体材料。为了改善混凝土拌和物或硬化混凝土的性能，还可以在混凝土中

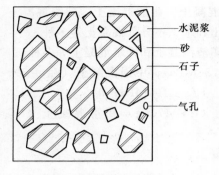

图 4.1　混凝土内部结构

加入各种外加剂和掺和料。砂子和石子在混凝土中起骨架作用，故称为骨料（又称集料）。水泥和水形成胶凝材料浆体包裹在骨料的表面并填充骨料之间的空隙，在混凝土终凝之前起润滑作用，赋予混凝土拌和物流动性，便于施工；硬化之后起胶结作用，将砂石骨料胶结成一个整体，使混凝土产生强度，成为坚硬的人造石材。外加剂起改性作用。掺和料起降低成本和改性作用。混凝土的结构如图 4.1 所示。

混凝土的质量在很大程度上取决于组成材料的性质和用量，同时也与混凝土的施工因素（如搅拌、振捣、养护等）有关。因此，首先必须了解混凝土组成材料的性质、作用及其质量要求，然后才能进一步了解混凝土的其他性能。

4.2.1　水泥

水泥是混凝土中最重要的组分，同时是混凝土组成材料中总价最高的材料。配制混凝土时，应正确选择水泥品种和水泥强度等级，以配制出性能满足要求、经济性好的混凝土。水泥的具体技术性质详见第 3 章胶凝材料部分具体内容。本节只讨论如何正确选用水泥。

1. 水泥品种的选择

配制混凝土时，应根据工程性质、部位、施工条件和环境状况等选择水泥的品种。常用水泥的选用原则，见表 4.1 和表 4.2。

表 4.1　　　　　　　　　　　　普通混凝土常用水泥的选用

混凝土工程特点或所处环境条件	优 先 选 用	可 以 使 用	不 得 使 用
在普通气候环境中的混凝土	普通硅酸盐水泥	矿渣硅酸盐水泥 火山灰质硅酸盐水泥 粉煤灰硅酸盐水泥 复合硅酸盐水泥 硅酸盐水泥	
在干燥环境中的混凝土	普通硅酸盐水泥	矿渣硅酸盐水泥 复合硅酸盐水泥 硅酸盐水泥	火山灰质硅酸盐水泥 粉煤灰硅酸盐水泥
在高湿度环境中或永远处在水下的混凝土	矿渣硅酸盐水泥	普通硅酸盐水泥 火山灰质硅酸盐水泥 粉煤灰硅酸盐水泥 复合硅酸盐水泥 硅酸盐水泥	
大体积混凝土	火山灰质硅酸盐水泥 粉煤灰硅酸盐水泥 复合硅酸盐水泥 矿渣硅酸盐水泥	普通硅酸盐水泥	硅酸盐水泥 快硬硅酸盐水泥

表 4.2　　　　　　　　　　　　有特殊要求的混凝土常用水泥的选用

混凝土工程特点或所处环境条件	优 先 选 用	可 以 使 用	不 得 使 用
要求快硬的混凝土	快硬硅酸盐水泥 硅酸盐水泥	普通硅酸盐水泥	火山灰质硅酸盐水泥 粉煤灰硅酸盐水泥 复合硅酸盐水泥 矿渣硅酸盐水泥
高强（大于 C40 级）的混凝土	硅酸盐水泥	普通硅酸盐水泥 矿渣硅酸盐水泥 复合硅酸盐水泥	火山灰质硅酸盐水泥 粉煤灰硅酸盐水泥
严寒地区的露天混凝土、寒冷地区的处在水位升降范围内的混凝土	普通硅酸盐水泥 （等级≥32.5）	矿渣硅酸盐水泥 （等级≥32.5） 复合硅酸盐水泥 （等级≥42.5）	火山灰质硅酸盐水泥 粉煤灰硅酸盐水泥
严寒地区处在水位升降范围内的混凝土	普通硅酸盐水泥 （等级≥42.5）		火山灰质硅酸盐水泥 粉煤灰硅酸盐水泥 复合硅酸盐水泥 矿渣硅酸盐水泥
有抗渗要求的混凝土	普通硅酸盐水泥 火山灰质硅酸盐水泥	复合硅酸盐水泥 硅酸盐水泥	矿渣硅酸盐水泥
有耐磨性要求的混凝土	硅酸盐水泥 普通硅酸盐水泥 （等级≥32.5）	矿渣硅酸盐水泥 （等级≥32.5） 复合硅酸盐水泥 （等级≥42.5）	火山灰质硅酸盐水泥 粉煤灰硅酸盐水泥

注　蒸汽养护时选用的水泥品种，宜根据具体条件通过试验确定。

2. 水泥强度等级的选择

水泥强度等级的选择应与混凝土的设计强度等级相适应。原则上配制高强度等级的混凝土，优先选用强度等级高的水泥；配制低强度等级的混凝土，选用强度等级低的水泥。若用强度等级低的水泥配制高强度等级混凝土时，若要满足强度要求，必然增大水泥用量，不经济；同时混凝土易于出现干缩开裂和温度裂缝等劣化现象。反之，用强度等级高的水泥配制低强度等级的混凝土时，若只考虑满足混凝土强度要求，水泥用量将较少，水灰比一定的情况下，胶凝材料浆体较少，难以满足混凝土和易性和耐久性等要求；若水泥用量兼顾了耐久性等性能，又会导致混凝土超强和不经济。根据经验，水泥的强度等级宜为混凝土强度等级的 1.5～2.0 倍。当然，这种经验关系并不是严格的规定，在实际应用时可略有超出。如采取某些措施（如掺减水剂及活性掺和料），情况则有所不同。表 4.3 是各水泥强度等级的水泥宜配制的混凝土。

表 4.3　　　　　　　　　　水泥强度等级可配制的混凝土强度等级

水泥强度等级	宜配制的混凝土强度等级	水泥强度等级	宜配制的混凝土强度等级
32.5	C10、C15、C20、C25	52.5	C40、C45、C50、C60、≥C60
42.5	C30、C35、C40、C45	62.5	≥C60

4.2.2　细骨料

4.2.2.1　细骨料的种类及其特性

砂子和石子在混凝土中起骨架作用，故称为骨料（又称集料）。普通混凝土所用骨料均为颗粒状材料，按粒径大小分为两种，工程中将公称直径大于 5mm 的称为粗骨料，公称直径小于 5mm 的称为细骨料。粗细骨料的总体积一般占混凝土总体积的 70%～80%，骨料质量的优劣将直接影响到混凝土各项指标的优劣。

细骨料按产源分为天然砂和人工砂两类。天然砂是由天然岩石经自然条件作用而形成的，人工砂是经人工开采和筛分的粒径小于 4.75mm 的岩石颗粒，包括河砂、湖砂、淡化海砂和山砂，但不包括软质、风化的岩石颗粒；人工砂包括机制砂和混合砂。

河砂和湖砂因长期经受流水和波浪的冲洗，颗粒较圆，比较洁净，且分布较广，一般工程都采用这种砂。海砂因长期受到海流冲刷，颗粒圆滑，比较洁净且粒度一般比较整齐，但常混合有贝壳及盐类等有害杂质，在配制钢筋混凝土时，海砂中 Cl^- 量不应大于 0.06%（以全部 Cl^- 换算成 NaCl 占干砂重量的百分率计），超过该值时，应通过淋洗，使 Cl^- 含量降低至 0.06% 以下，或在拌制的混凝土中掺入占水泥重量 0.6%～1.0% 的 $NaNO_2$ 等阻锈剂，对于预应力钢筋混凝土，则不宜采用海砂。山砂是从山谷或旧河床中采运而得到，其颗粒多带棱角，表面粗糙，但含泥量和有机物杂质较多，使用时应加以限制。

机制砂是由天然岩石轧碎而成，其颗粒富有棱角，比较洁净，但砂中片状颗粒及细粉含量较大，且成本较高，只有在缺乏天然砂时才常采用。混合砂是机制砂和天然砂混合的砂，其性能取决于原料砂的质量及其配制情况。

根据砂的技术要求，将砂分为Ⅰ类、Ⅱ类和Ⅲ类。Ⅰ类砂宜用于配制强度等级大于 C60 的混凝土，Ⅱ类砂宜用于配制强度等级 C30～C60 及抗冻、抗渗或其他要求的混凝土，Ⅲ类砂宜用于配制强度等级小于 C30 的混凝土和建筑砂浆。

4.2.2.2　细骨料的技术要求

1. 含泥量、石粉含量和泥块含量

含泥量是指天然砂中粒径小于 $75\mu m$ 的颗粒含量。石粉含量是指人工砂中粒径小于 $75\mu m$ 的颗粒含量。泥块含量是指砂中原粒径大于 1.18mm，经水浸洗、手捏后小于 $600\mu m$ 的颗粒含量。天然砂的含泥量和泥块含量应符合表 4.4 的规定。亚甲蓝 MB 值是用于判定机制砂中粒径小于 $75\mu m$ 颗粒吸附性能的指标，当机制砂 $MB \leqslant 1.4$ 或快速试验不合格时，石粉和泥块的含量应符合表 4.5 的规定；当机制砂 $MB > 1.4$ 或快速试验不合格时，石粉和泥块的含量应符合表 4.6 的规定。泥、石粉和泥块对混凝土是有害的。泥包裹于砂子的表面，隔断了水泥石与砂子之间的黏结，影响混凝土的强度。当含泥量多时，会降低混凝土强度和耐久性，并增加混凝土的干缩。石粉会增大混凝土拌和物需水量，影响混凝土和易性，降低混凝土强度。泥块在混凝土内成为薄弱部位，引起混凝土强度和耐久性的降低。

表 4.4　　　　　　　　　　　　　　天然砂的含泥量和泥块含量

类　别	Ⅰ	Ⅱ	Ⅲ
含泥量（按质量计）/%	≤1.0	≤3.0	≤5.0
泥块含量（按质量计）/%	0	≤1.0	≤2.0

表 4.5 石粉含量和泥块含量 (*MB*≤1.4 或快速试验不合格)

类　别	Ⅰ	Ⅱ	Ⅲ
MB 值	≤0.5	≤1.0	≤1.4 或不合格
石粉含量（按质量计）/%		≤10.0	
泥块含量（按质量计）/%	0	≤1.0	≤2.0

表 4.6 石粉含量和泥块含量 (*MB*>1.4 或快速试验不合格)

类　别	Ⅰ	Ⅱ	Ⅲ
石粉含量（按质量计）/%	≤1.0	≤3.0	≤5.0
泥块含量（按质量计）/%	0	≤1.0	≤2.0

2. 有害物质

砂子中不应混有草根、树叶、树枝、塑料、煤块和炉渣等杂物。砂中有害物质包括云母、轻物质、有机物、硫化物及硫酸盐、氯盐等，它们的含量应符合表 4.7 的规定。

表 4.7 砂 中 有 害 物 质 限 量

类　别	Ⅰ	Ⅱ	Ⅲ
云母（按质量计）/%	≤1.0	≤2.0	≤2.0
轻物质（按质量计）/%		≤1.0	
有机物		合格	
硫化物及硫酸盐（按 SO_3 质量计）/%		≤0.5	
氯化物（按氯离子质量计）/%	≤0.01	≤0.02	≤0.06
贝壳（按质量计）/%	≤3.0	≤5.0	≤8.0

云母是表面光滑的小薄片，会降低混凝土拌和物和易性，也会降低混凝土的强度和耐久性。有机物如动植物的腐殖质、腐殖土、泥煤等的掺入，会影响混凝土的强度的增长。硫化物及硫酸盐主要由硫铁矿（FeS_2）和石膏（$CaSO_4$）等杂物带入。它们与水泥石中固态水化铝酸钙反应生成钙矾石，反应产物的固相体积与水泥正常水化产物相比体积膨胀 1.5 倍，从而引起混凝土膨胀开裂。因此，对有抗冻、抗渗要求的混凝土，如果发现集料中有硫酸盐或硫化物时，必须对其进行专门实验，以确定其含量是否在规范允许范围之内。Cl^- 是强氧化剂，会导致钢筋混凝土中的钢筋锈蚀，钢筋锈蚀后体积膨胀和受力面减小，从而引起混凝土开裂。当用海砂配置钢筋混凝土时，海砂中氯离子含量不应超过 0.06%，而对于预应力钢筋混凝土，则不允许采用海砂。

3. 碱-骨料反应

碱-骨料反应是指水泥、外加剂等混凝土组成物及环境中的碱（Na_2O、K_2O）或集料中碱活性矿物（SiO_2），在潮湿环境下缓慢发生反应并导致混凝土开裂破坏的膨胀反应。

工程实际中，当对砂的碱活性有怀疑时或用于重要工程的砂，须进行碱活性检验。检测方法及结果判定原则见"混凝土的碱-骨料反应"。经碱-骨料反应试验后，由砂制备的试件应无裂缝、酥裂、胶体外溢等现象，在规定的试验龄期，膨胀率应小于 0.10%。

4. 砂的粗细程度和颗粒级配

砂的粗细程度是指不同粒径的砂粒混合在一起后的平均粗细程度。砂的粗细程度与其总表面有直接的关系，对于相同重量的砂，细砂的总表面积较大，粗砂的总表面积较小。

在混凝土拌和物中，砂子的表面由水泥浆包裹，砂子之间的空隙由水泥浆来填充。为了减小集料间的空隙、节约水泥，且提高混凝土密实度和强度，应尽可能减少砂子的总表面积，同时减少砂子的空隙率。

当混凝土拌和物和易性要求一定时，粗砂较细砂的水泥用量为省。但若砂子过粗，易使混凝土拌和物产生离析、泌水等现象。因此，混凝土用砂不宜过细，也不宜过粗。

砂的颗粒级配是指粒径大小不同的砂粒组配情况。粒径相同的砂粒堆积在一起，会产生很大的空隙率，如图 4.2（a）所示；当用两种粒径的砂搭配起来，空隙率就减少了，如图 4.2（b）所示；而用三种粒径的砂搭配，空隙率就更小了，如图 4.2（c）所示。

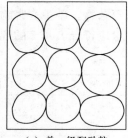　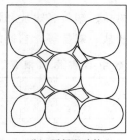　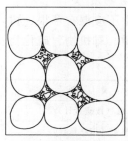

（a）单一级配砂粒　　　　　（b）两级配砂粒　　　　　（c）三级配砂粒

图 4.2　砂颗粒级配

由此可见，要想减小砂粒间的空隙，就必须将大小不同的颗粒搭配起来使用。砂的粗细程度和颗粒级配通常用筛分析的方法进行测定。砂的筛分析法是用一套方孔孔径分别为 9.50mm、4.75mm、2.36mm、1.18mm、600μm、300μm 和 150μm 的 7 个标准筛，将 500g 干砂样由粗到细依次过筛，然后称取留在各筛上砂的筛余量 G_i（G_1、G_2、G_3、G_4、G_5、G_6）和筛底盘上砂重量 $G_底$。然后计算各筛的分计筛余百分率 ai（各筛上的筛余量占砂样总重的百分率），计算累计筛余百分率 A_i（各筛及比该筛粗的所有筛的分计筛余百分率之和）。累计筛余与分计筛余的关系见表 4.8。

表 4.8　　　　　　　　　　　累计筛余与分计筛余的关系

筛　孔　尺　寸	分　计　筛　余/%	累　计　筛　余/%
4.75mm	a_1	$A_1 = a_1$
2.36mm	a_2	$A_2 = a_1 + a_2$
1.18mm	a_3	$A_3 = a_1 + a_2 + a_3$
600μm	a_4	$A_4 = a_1 + a_2 + a_3 + a_4$
300μm	a_5	$A_5 = a_1 + a_2 + a_3 + a_4 + a_5$
150μm	a_6	$A_6 = a_1 + a_2 + a_3 + a_4 + a_5 + a_6$

砂的粗细程度根据累计筛余百分率计算而得的细度模数（M_x）来表示，其计算式为

$$M_x = \frac{(A_1 + A_2 + A_3 + A_4 + A_5 + A_6) - 5A_1}{100 - A_1} \tag{4.1}$$

用该式计算时，A_i 用百分点而不是百分率来计算。如 $A_2 = 18.6\%$，计算时代入 18.6 而不是 0.186。细度模数越大，表示砂越粗。按细度模数将砂分为粗、中、细三种规格：粗砂 $M_x = 3.7 \sim 3.1$，中砂 $M_x = 3.0 \sim 2.3$，细砂 $M_x = 2.2 \sim 1.6$。一般将 $M_x = 1.5 \sim 0.7$ 的称为特细砂，$M_x < 0.7$ 的称为粉砂。砂的细度模数不能反映砂的级配优劣。细度模数相同的砂，其级配可以很不相同。因此，在配制混凝土时，必须同时考虑砂的级配和砂的细度模数，根据 $600\mu m$ 筛孔的累计筛余，把 M_x 在 $3.7 \sim 1.6$ 之间的常用砂的颗粒级配分为三个级配区，见表 4.9。

表 4.9　　　　　　　　　　建设用砂颗粒级配

砂的分类	天 然 砂			机 制 砂		
级配区	1 区	2 区	3 区	1 区	2 区	3 区
方孔筛	累计筛余率/%					
4.75mm	10～0	10～0	10～0	10～0	10～0	10～0
2.36mm	35～5	25～0	15～0	35～5	25～0	15～0
1.18mm	65～35	50～10	25～0	65～35	50～10	25～0
600μm	85～71	70～41	40～16	85～71	70～41	40～16
300μm	90～80	92～70	85～55	90～80	92～70	85～55
150μm	100～90	100～90	100～90	97～85	94～80	94～75

将筛分析试验的结果与表 4.9 进行对照，来判断砂的级配是否符合要求。但用表 4.9 来判断砂的级配不直观，为了方便应用，常用筛分曲线来判断。所谓筛分曲线是指以累计筛余百分率为纵坐标，以筛孔尺寸为横坐标所画的曲线。用表 4.9 的规定值画出 1、2、3 三个级配区上下限值的筛分曲线得到图 4.3。试验时，将砂样筛分析试验得到的各筛累计筛余百分率标注在图 4.3 中，并连线，就可观察此筛分曲线落在哪个级配区。

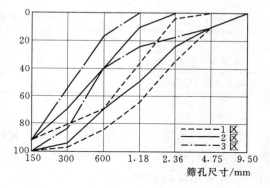

图 4.3　砂的级配区曲线

配制混凝土时宜优先选用 2 区砂。当采用 1 区砂时，应提高砂率，并保持足够的水泥用量，以满足混凝土的和易性。当采用 3 区砂时，宜适当降低砂率，以保证混凝土强度。如果某地区的砂子自然级配不符合要求，可采用人工级配砂。配制方法是当有粗、细两种砂时，将两种砂按合适的比例掺配在一起。当仅有一种砂时，筛分分级后，再按一定比例配制。

5. 坚固性

砂的坚固性是指砂在气候、环境或其他物理因素作用下抵抗碎裂的能力。天然砂的坚固性根据砂在硫酸钠溶液中经五次浸泡循环后质量损失的大小来判定。Ⅰ类和Ⅱ类砂浸泡试验后的质量损失小于8％，Ⅲ类砂浸泡试验后的质量损失小于10％。

机制砂采用压碎指标法进行检验。将砂筛分成 $300 \sim 600 \mu m$，$600 \mu m \sim 1.18mm$，$1.18 \sim 2.36mm$，$2.36 \sim 4.75mm$ 四个单粒级，按规定方法对单粒级砂样施加压力，施压后重新筛分，用单粒级下限筛的试样通过量除以该粒级试样的总量即为压碎指标。Ⅰ类、Ⅱ类和Ⅲ类砂的单级最大压碎指标分别小于20％、25％和30％。

6. 表观密度、堆积密度、空隙率

砂表观密度大于 $2500kg/m^3$，松散堆积密度大于 $1350kg/m^3$，空隙率小于47％。

4.2.3 粗骨料

4.2.3.1 粗骨料的种类及其特性

粗骨料分为卵石（又称为砾石）和碎石两类。卵石是在自然风化作用、水流的侵蚀和搬运、堆积作用下形成的表面光滑的粒径大于4.75mm的岩石颗粒；碎石是将天然岩石颗粒、卵石或矿山尾料经机械破碎、筛分制成的粒径大于4.75mm的岩石颗粒。

卵石表面光滑，有机杂质含量较多，与水泥石胶结力较差。碎石因表面粗糙，棱角多，且较洁净，与水泥石黏结比较牢固。在相同条件下，卵石混凝土的强度较碎石混凝土低；因碎石表面粗糙，吸水性较卵石大，在单位用水量相同的条件下，卵石混凝土的流动性较碎石混凝土大。按技术要求将粗骨料分为Ⅰ类、Ⅱ类和Ⅲ类。

4.2.3.2 粗骨料的技术要求

1. 含泥量和泥块含量

粗骨料中的泥、泥块和岩屑等杂质对混凝土的危害与细骨料的相同。卵石、碎石的含泥量和泥块含量应符合表4.10的规定。

表4.10　　　　　　　　　　粗骨料含泥量和泥块含量

类　　别	Ⅰ	Ⅱ	Ⅲ
含泥量（按质量计）/％	≤0.5	≤1.0	≤1.5
泥块含量（按质量计）/％	0	≤0.2	≤0.5

2. 有害物质含量

卵石和碎石中不应混有草根、树叶、树枝、塑料、煤块和炉渣等杂物，粗骨料中的有害物质主要有机物、硫化物及硫酸盐，有时也有氯化物，它们对混凝土的危害与细骨料的相同。有害物质的含量符合表4.11的规定。

表4.11　　　　　　　　　　粗骨料有害物质

类　　别	Ⅰ	Ⅱ	Ⅲ
硫化物及硫酸盐（按 SO_3 的质量计）/％	≤0.5	≤1.0	≤1.0
有机物含量（用比色法实验）	颜色不深于标准色，如深于标准色，则应按混凝土强度进行强度对比试验，抗压强度比不应低于0.95		

3. 碱-骨料反应

与细骨料一样，粗骨料也存在碱-骨料反应，而且更为常见。当对粗骨料的碱活性有怀疑时或用于重要工程的粗骨料，须进行碱活性检验，检测方法见"混凝土的碱-骨料反应"。若为含有活性 SiO_2 时，采用化学法或砂浆长度法检验；若为活性碳酸盐时，则采用岩石柱法进行检测。经上述检验的粗骨料，当被判定为具有碱-碳酸反应潜在危害时，则不能用作混凝土骨料；当被判定为有潜在碱-硅酸反应危害时，则遵守以下规定方可使用：使用碱含量（$Na_2O+0.658K_2O$）小于 0.6% 的水泥，或掺入硅灰、粉煤灰等能抑制碱骨料反应的掺和料；当使用含钾、钠离子的混凝土外加剂时，必须进行专门的试验。

4. 最大粒径和颗粒级配

粗骨料公称直径的上限称为该骨料最大粒径。与细骨料一样，为了节约混凝土的水泥用量，提高混凝土密实度和强度，混凝土粗骨料的总表面积应尽可能减少，其空隙率应尽可能降低。粗骨料最大粒径与其总表面大小紧密相关。当骨料最大粒径增大时，其总表面积减少，保证一定厚度润滑层所需的水泥浆数量减少。因此，在条件许可的情况下，粗骨料的最大粒径应尽量用大些。

研究表明，对于贫混凝土（$1m^3$ 混凝土水泥用量不大于 170kg），采用大粒径骨料是有利的。但是对于结构常用混凝土，骨料粒径大于 40mm，并无多大好处，甚至可能造成混凝土的强度下降。混凝土粗骨料的最大粒径不得超过截面最小尺寸的 1/4，且不得大于钢筋最小净距的 3/4；对于混凝土实心板，骨料最大粒径不宜超过板厚的 1/3，且不得超过 40mm。对于泵送混凝土，粗骨料的最大粒径与混凝土输送管道内径之比应符合表 4.12 的规定。

表 4.12　　　　　　　　　　　粗骨料最大粒径与输送管道内径之比

粗骨料种类	泵送高度/m	粗骨料最大粒径与输送管道内径比
碎石	<50	≤1:3.0
	50～100	≤1:3.0
	>100	≤1:3.0
卵石	<50	≤1:3.0
	50～100	≤1:3.0
	>100	≤1:3.0

粗骨料颗粒级配的含义和目的与细骨料相同，级配也是通过筛分析试验来测定。所用标准筛一套 12 个，均为方孔，孔径依次为 2.36mm、4.75mm、9.50mm、16.0mm、19.0mm、26.5mm、31.5mm、37.5mm、53.0mm、75.0mm、90.0mm。试样筛分析时，按表 4.13 选用部分筛号进行筛分，将试样的累计筛余百分率结果与表 4.13 对照，来判断该试样级配是否合格。

表 4.13　　　　　　　　　　　粗骨料的颗粒级配

公称粒级/mm		累计筛余率/%										
		方孔筛/mm										
		2.36	4.75	9.50	16.0	19.0	26.5	31.5	37.5	53.0	63.0	75.0	90.0
连续粒级	5～16	95～100	85～100	30～60	0～10	0							
	5～20	95～100	90～100	40～80	—	0～10	0						

公称粒级/mm		累计筛余率/%											
		方孔筛/mm											
		2.36	4.75	9.50	16.0	19.0	26.5	31.5	37.5	53.0	63.0	75.0	90.0
连续粒级	5~25	95~100	90~100	—	30~70	—	0~5	0					
	5~31.5	95~100	90~100	70~90	—	15~45	—	0~5	0				
	5~40	—	90~100	70~90	—	30~65			0~5	0			
单粒级	5~10	95~100	80~100	0~15	0								
	10~16		95~100	80~100	0~15								
	10~20		95~100	80~100	55~70	0~15	0						
	16~25			95~100		25~40	0~10						
	16~31.5		95~100		85~100			0~10	0				
	20~40			90~100		80~100			0~10	0			
	40~80					95~100			70~100		30~60	0~10	0

　　粗骨料的颗粒级配分连续级配和间断级配两种。连续级配是石子由小到大各粒级相连的级配；间断级配是指用小颗粒的粒级石子直接与大颗粒的粒级石子相配，中间缺了一段粒级的级配。土木工程中多采用连续级配，间断级配虽然可获得比连续级配更小的空隙率，但混凝土拌和物易产生离析现象，不便于施工，较少使用。单粒级不宜单独配制混凝土，主要用于组合连续级配或间断级配。

　　5. 颗粒形状

　　粗骨料颗粒外形有方形、圆形，表面光滑且表面积较小时，混凝土的流动性相对较好。因此，混凝土用粗骨料以接近球状或立方体形的为好，这样的骨料颗粒之间的空隙小，混凝土更易密实，有利于混凝土强度的提高。针状（指颗粒长度大于骨料平均粒径 2.4 倍者）、片状（颗粒厚度小于骨料平均粒径 0.4 倍者）等粗骨料不仅本身受力时易折断，且易产生架空现象，增大骨料空隙率，使混凝土拌和物和易性变差，同时降低混凝土的强度。为此，Ⅰ类、Ⅱ类和Ⅲ类粗骨料的针片状颗粒含量按质量计，应分别小于5%、15%和25%。骨料平均粒径指一个粒级的骨料其上、下限粒径的算术平均值。

　　6. 强度

　　为了保证混凝土的强度，粗骨料必须致密并具有足够的强度。

　　碎石抗压强度的测定：将制作粗骨料的母岩制成边长为 50mm 的立方体（或直径与高均为 50mm 的圆柱体）试件，每组六个试件。对有明显层理的岩石，应制作二组，一组保持层理与受力方向平行；另一组保持层理与受力方向垂直，分别测试。试件浸水 48h 后，测定其极限抗压强度值。碎石抗压强度一般在混凝土强度等级大于或等于 C60 时才检验，其他情况如有怀疑或必要时也可进行抗压强度检验。通常要求岩石抗压强度与混凝土强度等级之比不应小于 1.5。在水饱和状态下，其抗压强度火成岩应不小于 80MPa，变质岩应不小于 60MPa，水成岩应不小于 30MPa。

　　碎石和卵石的压碎指标值测定：将一定重量气干状态的 9.5～19.0mm 石子装入标准

筒内，在 3～5min 内均匀加荷至 200kN。卸荷后称取试样重量 G_0，再用 2.36mm 孔径的筛筛除被压碎的细粒。称出留在筛上的试样重量 G_1，按下式计算压碎指标值 δ_a：

$$\delta_a = \frac{G_0 - G_1}{G_0} \times 100\% \tag{4.2}$$

用压碎指标值间接反映粗骨料的强度大小。压碎指标值越小，说明粗骨料抵抗受压破碎能力越强，其强度越大。粗骨料压碎指标符合表 4.14 的规定。

表 4.14　　　　　　　　　　　　　　粗 骨 料 压 碎 指 标

类　　别	Ⅰ	Ⅱ	Ⅲ
碎石压碎指标	≤10	≤20	≤30
卵石压碎指标	≤12	≤14	≤16

7. 坚固性

粗骨料在混凝土中起骨架作用，必须有足够的坚固性。粗骨料的坚固性指在气候、环境或其他物理因素作用下抵抗碎裂的能力。粗骨料的坚固性用试样在硫酸钠溶液中经 5 次浸泡循环后质量损失的大小来判定。Ⅰ类、Ⅱ类和Ⅲ类粗骨料浸泡试验后的质量损失分别小于 5%、8% 和 12%。

8. 表观密度、堆积密度、空隙率

粗骨料的表观密度大于 2500kg/m³，松散堆积密度大于 1350kg/m³，空隙率小于 47%。

4.2.4 水

混凝土拌和及养护用水的基本要求是：不影响混凝土的凝结硬化，无损于混凝土强度发展及耐久性，不加快钢筋锈蚀，不引起预应力钢筋脆断，不污染混凝土表面。混凝土用水中的物质含量限值见表 4.15。

表 4.15　　　　　　　　　　混凝土用水中的物质含量限值

项　　目	预应力混凝土	钢筋混凝土	素混凝土
pH 值	≥5.0	≥4.5	≥4.5
不溶物/(mL/L)	≤2000	≤2000	≤5000
可溶物/(mL/L)	≤2000	≤5000	≤10000
氯化物（以 Cl^- 计）/(mg/L)	≤500	≤1000	≤3500
硫酸盐（以 SO_4^{2-} 计）/(mg/L)	≤600	≤2000	≤2700
碱含量/(mg/L)	≤1500	≤1500	≤1500

4.2.5 外加剂

混凝土外加剂是指在拌制混凝土过程中掺入的，用以改善新拌制混凝土和凝结硬化混凝土性能的材料，简称外加剂。

4.2.5.1 外加剂的分类

根据外加剂的主要功能分为 4 类。

（1）改善混凝土拌和物流变性能的外加剂，如减水剂、引气剂和泵送剂等。

（2）调节混凝土凝结时间和硬化性能的外加剂，如缓凝剂、早强剂和速凝剂等。

（3）改善混凝土耐久性的外加剂，如引气剂、防水剂、防冻剂和阻锈剂等。

（4）改善混凝土其他性能的外加剂，如加气剂、膨胀剂、防冻剂、着色剂、泵送剂、碱-骨料反应抑制剂和道路抗折剂等。

4.2.5.2　几种常用的混凝土外加剂

1．减水剂

减水剂可降低混凝土达到一定坍落度时所需的用水量，即在混凝土拌和物的流动性不变，则可减少混凝土的加水量，利用这一性质，可有效降低水灰比，提高混凝土的强度和抗渗性；在保持混凝土强度不变的情况下，加入减水剂可减少水泥用量，以此可降低混凝土的水化热；在保持混凝土各组成材料种类和用量不变的情况下，在拌制过程中掺入减水剂，混凝土拌和物的流动性将显著提高。减水剂是工程中应用最广泛的一种外加剂。另外，缓凝型减水剂可使水泥水化放热速度减慢，热峰出现推迟；引气型减水剂可提高混凝土抗渗性和抗冻性。

（1）减水剂的分类。减水剂掺入混凝土的主要作用是减水，不同系列的减水剂的减水率差异较大，部分减水剂兼有早强、缓凝和引气等效果。减水剂品种繁多，根据化学成分可分为木质素系、萘系、树脂系、糖蜜系和腐殖酸系；根据减水效果可分为普通减水剂和高效减水剂；根据对混凝土凝结时间的影响可分为标准型、早强型和缓凝型；根据是否在混凝土中引入空气可分为引气型和非引气型；根据外形可分为粉体型和液体型。

木质素系减水剂属于普通减水剂，是亚硫酸盐法生产纸浆的副产品，主要成分是木质素磺酸盐，又分为木质素磺酸钙（木钙）、木质素磺酸钠（木钠）和木质素磺酸镁（木镁）。应用最广泛的是木钙（又称为 M 剂），它是以废纸浆或废纤维浆为原料，采用石灰乳中和，经发酵除糖、蒸发浓缩、喷雾干燥而制成，为棕色粉状物。M 剂因含有一定的糖分，而具有缓凝等作用。

糖蜜系减水剂也属于普通减水剂，它以制糖后的糖渣或废蜜为原料，采用石灰中和处理而成，为棕色粉状物或糊状物。糖为多羟基碳水化合物，亲水性强，致使水泥颗粒表面的溶剂化水膜增厚，在较长时间内难于粘连与凝聚。因而，糖蜜系减水剂具有明显缓凝作用。萘系减水剂属于高效减水剂，它以工业萘或煤焦油中分馏出的萘及萘的同系物为原料，经磺化、水解、缩合、中和、过滤和干燥而成，为棕色粉状物。

树脂系减水剂为高效减水剂，主要有三聚氰胺甲醛树脂（代号 SM）和磺化古马龙树脂（代号 CRS）。SM 减水剂是由三聚氰胺、甲醛和亚硫酸钠按一定的比例，在一定条件下磺化、缩聚而成。

（2）减水剂的作用原理。各类减水剂尽管成分不同，但都属于表面活性剂。其活性剂分子是由亲水基团和憎水基团两部分组成，在水溶液中亲水基团和憎水基团形成定向排列，组成吸附膜，降低了水的表面张力，并降低了水与其他固体物质之间的界面张力。当水泥中加入减水剂后，减水剂的憎水基团定向吸附于水泥颗粒表面，使水泥颗粒表面带有相同的电荷，产生静电斥力，使水泥颗粒相互分开，絮凝结构解体，释放出游离水，从而增大了混凝土拌和物的流动性。另外，减水剂还能在水泥颗粒表面形成一层稳定的溶剂化水膜，这层水膜如同很好的润滑剂，有利于水泥颗粒的滑动，从而使混凝土拌和物的流动性进一步提高。这种表面活性作用，是减水剂减水效果的主要原理。对于聚羧基类减水剂，由于还具有较长的侧链和主炭链相连，使分子成梳状外貌，通过空间位阻作用，分散效果更好。

外加剂掺入混凝土中的方法，对其作用效果影响很大。减水剂的掺法有同掺法、先掺法和后掺法等。同掺法是指将减水剂预先溶于水中形成溶液，再加入拌和物中一起搅拌的方法。该掺法计量准确，搅拌均匀，工程上经常采用。先掺法是指将减水剂与水泥混合后再与骨料和水一起搅拌的方法。该掺法使用方便，但减水剂有粗粒时不易分散，搅拌时间要延长，工程上不常采用。后掺法是指在混凝土拌和物运送到浇筑地点后，再分次加入减水剂进行搅拌的方法。该方法可避免混凝土在运输途中的分层、离析和坍落度损失，提高水泥的适应性，常用于商品混凝土。

2. 早强剂

（1）早强剂的分类。早强剂是指能加速混凝土早期强度发展的外加剂。早强剂能促进水泥的水化和硬化，提高早期强度，缩短养护周期，提高模板和场地周转率，加快施工速度。早强剂按化学成分可以分为氯盐类、硫酸盐类、有机胺类以及它们的复合类。

氯盐类早强剂主要有氯化钙、氯化钠、氯化钾、氯化铝及三氯化铁等，其中氯化钙应用最广。

硫酸盐类早强剂主要有硫酸钠、硫代硫酸钠、硫酸钙、硫酸铝及硫酸钾铝等，其中应用最多的是硫酸钠。

有机胺类早强剂，主要有三乙醇胺、三异丙醇胺等，其中三乙醇胺最为常用。

复合早强剂采用二种或二种以上的早强剂复合，可以弥补不足，取长补短。通常用三乙醇胺、硫酸钠、氯化钠、亚硝酸钠和石膏等组成二元、三元或四元复合早强剂。复合早强剂一般可使混凝土 3d 强度提高 $70\% \sim 80\%$，28d 强度提高 20% 左右。

（2）早强剂的作用原理。氯化钙的早强机理是 $CaCl_2$ 能与水泥中的 C_3A 作用，生成几乎不溶于水的水化氯铝酸钙（$3CaO \cdot Al_2O_3 \cdot 3CaCl_2 \cdot 32H_2O$），又能与 $Ca(OH)_2$ 反应生成溶解度极小的氧氯化钙 [$CaCl_2 \cdot 3Ca(OH)_2 \cdot 12H_2O$]。水化氯铝酸钙和氧氯化钙固相早期析出，形成骨架，加速水泥浆体结构的形成。同时，由于水泥浆中 $Ca(OH)_2$ 浓度的降低，有利于 C_3S 水化反应的进行，使混凝土早期强度得以提高。氯化钙为白色粉末，其适宜掺量为水泥重量的 $0.5\% \sim 1.0\%$，能使混凝土 3d 强度提高 $50\% \sim 100\%$，7d 强度提高 $20\% \sim 40\%$。同时，能降低混凝土中水的冰点，防止混凝土早期受冻。

含氯盐类早强剂会加速钢筋混凝土中钢筋的锈蚀。因此，使用时应对此类早强剂的加入量有所限制。为防止氯盐对钢筋的锈蚀，一般可采取氯盐与阻锈剂复合使用。此外，含氯盐早强剂会降低混凝土的抗硫性能。

硫酸钠的早强机理是 Na_2SO_4 与水泥水化生成的 $Ca(OH)_2$ 反应生成 $CaSO_4 \cdot 2H_2O$，生成的 $CaSO_4 \cdot 2H_2O$ 高度分散在混凝土中，它与 C_3A 的反应较生产水泥时外掺的石膏与 C_3A 的反应快得多，能迅速生成水化硫铝酸钙针状晶体，形成早期骨架。同时水化体系中 $Ca(OH)_2$ 浓度的降低，C_3S 水化也会加速。因此，混凝土早期强度得以提高。硫酸钠为白色粉末，其适宜掺量为水泥重量的 $0.5\% \sim 2.0\%$，达到混凝土强度的 70% 的时间可缩短一半，对矿渣水泥混凝土效果更好，但 28d 强度稍有降低。

三乙醇胺的早强机理是它是一种络合剂，在水泥水化的碱性溶液中，能与 Fe^{3+}、Al^{3+} 等离子形成较稳定的络离子，这种络离子与水泥的水化物作用生成溶解度很小的络盐并析出，有利于早期骨架的形成，从而使混凝土早期强度提高。三乙醇胺一般不单独使用，常与其他早强剂复合用，其掺量为水泥重量的 $0.02\%\sim0.05\%$，能使水泥的凝结时间延缓 $1\sim3h$，使混凝土早期强度提高 50% 左右，28d 强度不变或略有提高，对普通水泥的早强作用大于矿渣水泥。

（3）早强剂的应用。早强剂可用于蒸汽养护的混凝土及常温、低温和最低温度不低于 $-5℃$ 环境，对施工有早强要求的混凝土工程。炎热环境条件下不宜使用早强剂和早强减水剂。掺入混凝土对人体产生危害或对环境产生污染的化学物质严禁用作早强剂，含有六价铬盐、亚硝酸盐等有害成分的早强剂严禁用于饮水工程及与食品相接触的工程，硝铵类严禁用于办公、居住等建筑工程。含强电解质无机盐类的早强剂和早强减水剂，严禁用于与镀锌钢材或铝铁相接触部分的结构，以及有外露钢筋预埋铁件而无防护措施的结构；使用直流电源的结构以及距高压直流电源 100m 以内的结构。

3. 引气剂

引气剂是指在搅拌混凝土过程中能引入大量均匀分布、稳定而封闭的微小气泡（直径 $10\sim100\mu m$）的外加剂。

（1）引气剂的分类。混凝土引气剂有松香树脂类、烷基苯磺酸盐类、脂肪醇磺酸盐类、蛋白质盐及石油磺酸盐等几种。其中以松香树脂类应用最为广泛，这类引气剂的主要品种有松香热聚物和松香皂两种。

（2）引气剂的作用机理。引气剂为表面活性剂，由于在搅拌混凝土时会混入一些气泡，掺入的引气剂就定向排列在泡膜界面（气-液界面）上，因而形成大量微小气泡。被吸附的引气剂离子增强了泡膜的厚度和强度，使气泡不易破灭。这些气泡均匀分散在混凝土中，互不相连，使混凝土的一些性能得以改善。

（3）引气剂的主要功能。

1）改善混凝土拌和物的和易性。封闭的小气泡在混凝土拌和物中好如滚珠，减少了骨料间的摩擦，增强了润滑作用，从而提高了混凝土拌和物的流动性。同时微小气泡的存在可阻滞泌水作用并提高保水能力。

2）提高混凝土的抗渗性和抗冻性。引入的封闭气泡能有效隔断毛细孔通道，并能减少泌水造成的渗水通道，从而提高了混凝土的抗渗性。另外，引入的封闭气泡对水结冰产生的膨胀力起缓冲作用，从而提高抗冻性。

3）强度有所降低。气泡的存在，使混凝土的有效受力面积减少，导致混凝土强度的下降。一般混凝土的含气量每增加 1%，其抗压强度将降低 $4\%\sim6\%$，抗折强度降低 $2\%\sim3\%$。因此引气剂的掺量必须适当。松香热聚物和松香皂掺量，一般为水泥重量的 $0.005\%\sim0.01\%$。

（4）引气剂的应用。引气剂及引气减水剂可用于抗冻混凝土、抗渗混凝土、抗硫酸盐混凝土、泌水严重的混凝土、贫混凝土、轻骨料混凝土、人工骨料配制的普通混凝土、高性能混凝土以及有饰面要求的混凝土。不宜用于蒸养混凝土及预应力混凝土，必要时，应经试验确定。

4. 缓凝剂

缓凝剂是指能延缓混凝土凝结时间，而不显著影响混凝土后期强度的外加剂。

（1）缓凝剂的分类。缓凝剂分为无机和有机两大类。有机缓凝剂包括木质素磺酸盐、羟基羧基及其盐、糖类及碳水化合物、多元醇及其衍生物等；无机缓凝剂包括硼砂、氯化锌、碳酸锌、硫酸铁（铜、锌、镉等）、磷酸盐及偏磷酸盐等。

（2）缓凝剂的作用机理。有机类缓凝剂多为表面活性剂，掺入混凝土中，能吸附在水泥颗粒表面，形成同种电荷的亲水膜，使水泥颗粒相互排斥，阻碍水泥水化产物粘连和凝结，起缓凝作用；无机类缓凝剂，一般是在水泥颗粒表面形成一层难溶的薄膜，对水泥的正常水化起阻碍作用，从而导致缓凝。

（3）缓凝剂的应用。缓凝剂、缓凝减水剂及缓凝高效减水剂可用于大体积混凝土、碾压混凝土、炎热气候条件下施工的混凝土、大面积浇筑的混凝土、避免冷缝产生的混凝土、须较长时间停放或长距离运输的混凝土、自流平免振混凝土、滑模施工或拉模施工的混凝土及其他须要延缓凝结时间的混凝土。它们宜用于最低气温5℃以上施工的混凝土，不宜单独用于有早强要求的混凝土及蒸养混凝土。缓凝高效减水剂可制备高强高性能混凝土。柠檬酸及酒石酸钾钠等缓凝剂不宜单独用于水泥用量较低、水灰比（通常指水与水泥质量之比，广义的水灰比为水与胶凝材料质量之比）较大的贫混凝土。

5. 速凝剂

速凝剂是指能使混凝土迅速凝结硬化的外加剂。

（1）速凝剂的分类。速凝剂主要有无机盐类和有机物类。大部分速凝剂的主要成分为硅酸钠、铝酸钠（铝氧熟料）、聚丙烯酸、聚甲基丙烯酸、羟基胺等，此外还有碳酸钠、铝酸钙、氟硅酸锌、氟硅酸镁、氯化亚铁、硫酸铝、三氯化铝等盐类。我国常用的速凝剂多为无机盐类，主要以硅酸钠为主要成分的铝氧熟料与碳酸钠及生石灰组成，或铝氧熟料与无水石膏组成。

（2）速凝剂的作用原理。速凝剂之所以能产生速凝作用是因为速凝剂中的铝酸钠、碳酸钠在碱溶液中迅速与水泥中的石膏反应生成硫酸钠，使石膏丧失缓凝作用，并在液体中析出其水化物，导致水泥浆迅速凝固，使混凝土在短时间内凝结，1h产生强度，1d强度提高2～3倍。

（3）速凝剂的应用。速凝剂主要用于喷射混凝土和喷射砂浆，亦可用于需要速凝的其他混凝土。喷射混凝土是利用喷射机中的压缩空气，将混凝土喷射到基体（岩石、坚土等）表面，并迅速硬化产生强度的一种混凝土。主要用于矿山井巷、隧道、涵洞及地下工程的岩壁衬砌、坡面支护等。

6. 防冻剂

防冻剂指能使混凝土在负温下硬化，并在规定时间内达到足够防冻强度的外加剂。

（1）防冻剂的分类。防冻剂包括强电解质无机盐类、水溶性有机化合物类、有机化合物与无机盐复合类和复合型等四类。目前应用最广泛的是强电解质无机盐类，它又分为氯盐类（以氯盐为防冻组分）、氯盐阻锈类（以氯盐与阻锈组分为防冻组分）和无氯盐类（以亚硝酸钠、硝酸钠等无机盐为防冻组分）3类。

（2）防冻剂的作用机理。常用防冻剂由多组分复合而成，主要组分的常用物质及其作用如下：

1）防冻组分。如氯化钙、氯化钠、亚硝酸钠、硝酸钠、硝酸钾、硝酸钙、碳酸钾、硫代硫酸钠和尿素等。其作用是降低混凝土中液相的冰点，使负温下的混凝土内部仍有液相存在，水泥能继续水化。

2）引气组分。如松香热聚物、木钙和木钠等。其作用是在混凝土中引入适量的封闭微小气泡，减轻冰胀应力。

3）早强组分。如氯化钠、氯化钙、硫酸钠和硫代硫酸钠等。其作用是提高混凝土早期强度，增强混凝土抵抗冰冻的破坏能力。

4＊）减水组分。如木钙、木钠和萘系减水剂等。其作用是减少混凝土拌和用水量，以减少混凝土内的成冰量，并使冰晶粒度细小且均匀分散，减小对混凝土的膨胀应力。

（3）防冻剂的应用。防冻剂应用于负温条件下施工的混凝土。目前国产防冻剂适用于在 0～－15℃气温下施工混凝土，当在更低气温下施工混凝土时，应采用其他的混凝土冬季施工措施，如原材料预热法、暖棚法等。

7. 防水剂

（1）防水剂的分类。防水剂指能降低混凝土在静水压力下的透水性的外加剂。它包括以下四类。

1）无机化合物类：氯化铁、硅灰粉末、锆化合物等。

2）有机化合物类：脂肪酸及其盐类、有机硅表面活性剂（甲基硅醇钠、乙基硅醇钠、聚乙基羟基硅氧烷）、石蜡、地沥青、橡胶及水溶性树脂乳液等。

3）混合物类：无机类混合物、有机类混合物、无机类与有机类混合物。

4）复合类：上述各类与引气剂、减水剂、调凝剂（指缓凝剂和速凝剂）等外加剂复合的复合型防水剂。

（2）防水剂的应用。防水剂可用于工业与民用建筑的屋面、地下室、隧道、巷道、给排水池、水泵站等有防水抗渗要求的混凝土工程。含氯盐的防水剂可用于素混凝土、钢筋混凝土工程，严禁用于预应力混凝土工程，其他严禁使用的范围与早强剂及早强型减水剂的规定相同，防水剂的掺量也须严格控制要求。

8. 泵送剂

泵送剂指能改善混凝土拌和物泵送性能的外加剂。一般由减水剂、缓凝剂、引气剂等单独使用或复合使用而成。适用于工业与民用建筑及其他构筑物的泵送施工的混凝土、滑模施工、水下灌注桩混凝土等工程，特别适用于大体积混凝土、高层建筑和超高层建筑等工程。泵送剂的品种、掺量应按供货单位提供的推荐掺量和环境温度、泵送高度、泵送距离、运输距离等要求经混凝土试配后确定。

4.2.6　掺和料

混凝土掺和料是指在混凝土搅拌前或在搅拌过程中，与混凝土其他组分一起，直接加入的人造或天然的矿物材料以及工业废料，掺量一般大于水泥重量的 5％。其目的是为了改善混凝土性能、调节混凝土强度等级和节约水泥用量等。

掺和料主要有粉煤灰、硅灰、磨细矿渣粉、磨细自燃煤矸石以及其他工业废渣。其材料种类与水泥混合料基本相同。

4.2.6.1　粉煤灰

粉煤灰是目前用量最大，使用范围最广的掺和料。粉煤灰主要从电厂的粉煤炉烟道气体中收集而得到，其表面多呈球形，表面光滑。

1. 粉煤灰的分类

粉煤灰按收集方法的不同分为静电收尘灰和机械收尘灰两种。按排放方式不同分为湿排灰和干排灰。按 CaO 的含量高低分为高钙灰（CaO 含量大于 10%）和低钙灰（CaO 含量小于 10%）两类。我国绝大多数电厂排放的粉煤灰为低钙灰，湿排灰活性不如干排灰。

粉煤灰的化学成分主要有 SiO_2、Al_2O_3、Fe_2O_3、CaO、MgO、SO_3 等，我国火力发电厂粉煤灰的化学成分范围见表 4.16。

表 4.16　　　　　　　　我国火力发电厂粉煤灰的化学成分

化学成分	SiO_2	Al_2O_3	Fe_2O_3	CaO	MgO	SO_3	Na_2O 及 K_2O	烧失量
含量范围/%	40~60	40~60	40~60	40~60	40~60	40~60	40~60	40~60

2. 粉煤灰的作用

粉煤灰由于其本身的化学成分、结构和颗粒形状等特征，掺入混凝土中可产生以下三种效应，总称为"粉煤灰效应"。

（1）活性效应。粉煤灰中所含的 SiO_2 和 Al_2O_3 具有化学活性，在水泥水化产生的 $Ca(OH)_2$ 和水泥中所掺石膏的激发下，能水化生成水化硅酸钙和水化铝酸钙等产物，可作为胶凝材料一部分起增强作用，在混凝土强度不变的情况下可节约水泥 10% 左右。

（2）形态效应。粉煤灰颗粒绝大多数为玻璃微珠，在混凝土拌和物中起"滚珠轴承"的作用，能减小内摩阻力，使掺有粉煤灰的混凝土拌和物比基准混凝土流动性好，可改善混凝土的和易性、可泵性，便于提高施工进度，同时，降低混凝土的水化热。

（3）微骨料效应。粉煤灰中的微细颗粒均匀分布在水泥浆内，填充孔隙和毛细孔，改善了混凝土的孔结构和增大了混凝土的密实度。粉煤灰掺入混凝土中，可以改善混凝土拌和物的和易性、可泵性和可塑性，能降低混凝土的水化热，使混凝土的弹性模量提高，提高混凝土抗化学侵蚀性、抗渗、抑制碱-骨料反应等耐久性。粉煤灰取代混凝土中部分水泥后，混凝土的早期强度有所降低，但后期强度可以赶上甚至超过未掺粉煤灰的混凝土。

3. 粉煤灰的环境特性

长期以来，人们一方面致力于粉煤灰资源化工作，另一方面对它的环境特性心存疑虑，粉煤灰曾被视为一种有毒、有害物质，我国 20 世纪 70 年代对粉煤灰毒性产生过恐慌。粉煤灰有害物质包括 As、Se、Pb、B、Zn、Cd、Cr、Hg、Mo、Ni、S、Sb 等 20 余种有潜在毒害性的微量元素，238U（铀）、226Ra（镭）、232Th（钍）、40K（钾）和 222Rn（氡）等放射性元素和粉尘 3 类。它们通过 3 种形式对环境产生危害，即粉煤灰中有毒有害元素通过水的淋溶、浸渍进入周围环境，污染地表水、地下水及土壤，或被直接饮用，或被农作物吸收后为食用而影响人们身体健康；粉煤灰的放射性物质通过辐射或释放有害气体危害人们身体健康；极细的粉煤灰颗粒在空气中飘浮，被人吸入而影响人们身体健康。

粉煤灰的有毒有害物质来源于原煤，并经燃烧而富集在粉煤灰颗粒中，原煤的有毒有害成分越多，粉煤灰的环境危害性就越大。

4.2.6.2　硅灰

硅灰又称为硅粉或硅烟灰，是在生产硅铁、硅钢或硅合金时，通过烟道排出的硅蒸气氧化后，经收尘器收集得到的以无定形 SiO_2 为主要成分的球状玻璃体颗粒粉尘。

硅灰中无定形 SiO_2 的含量在 90％以上，其化学成分随所生产的合金或金属的品种不同而异，一般其化学成分为 SiO_2：85％～92％；Fe_2O_3：2％～3％；MgO：1％～2％；Al_2O_3：0.5％～1.0％；CaO：0.2％～0.5％。

硅灰活性极高，火山灰活性指标高达 110％。其中的 SiO_2 在水化早期就可与 $Ca(OH)_2$ 发生反应，可配制出 100MPa 以上的高强混凝土。硅灰取代水泥后，其作用与粉煤灰类似，可改善混凝土拌和物的和易性，降低水化热，提高混凝土抗化学侵蚀性、抗冻、抗渗，抑制碱-骨料反应，且效果比粉煤灰好得多。另外，硅灰掺入混凝土中，可使混凝土的早期强度提高。

硅灰颗粒极细，平均粒径为 0.1～0.2μm，密度 2.2g/cm^3，堆积密度 250～300kg/m^3，比表面积 20000～25000m^2/kg，因其表面积较大，需水量比为 134％左右，若掺量过大，将会使水泥浆变得十分黏稠。因此，在土建工程中，硅灰取代水泥量常为 5％～15％，为保证混凝土的和易性须配以高效减水剂方可使用。

4.2.6.3　磨细矿渣粉

磨细矿渣是将粒化高炉矿渣经干燥、粉磨等工艺磨细而成的粉状掺和料。其主要化学成分为 CaO、SiO_2、Al_2O_3，三者的总量占 90％以上，另外含有 Fe_2O_3 和 MgO 等氧化物及少量 SO_3。其活性较粉煤灰高，掺量也可比粉煤灰大。磨细矿渣粉可以等量取代水泥，且能显著改善混凝土的和易性，同时降低水化热，提高混凝土的抗腐蚀能力和耐久性，以及加快混凝土后期强度的增长。

4.2.6.4　沸石粉

沸石粉是由天然沸石岩经粉磨加工制成的含水化硅铝酸盐为主的矿物火山灰质活性掺和材料。含有一定活性 SiO_2 和活性 Al_2O_3。其中，SiO_2 占 60％～70％，Al_2O_3 占 10％～30％，可溶硅占 5％～12％，可溶铝占 6％～9％。沸石岩具有较大的内表面积和开放性结构，沸石粉本身没有水化能力，在水泥中碱性物质激发下其活性才表现出来。沸石粉的技术要求：细度为 0.080mm 方孔筛筛余不大于 7％，平均粒径为 5.0～6.5μm，颜色为白色。

沸石粉掺入混凝土中的量依据所需达到的目的而定，配置高强度混凝土时的掺量为 10％～20％；以高强度等级水泥配置低强度混凝土时掺量为 40％～50％；置换水泥为 30％～40％；配置普通混凝土时为 10％～27％，可置换水泥 10％～20％。

沸石粉作为混凝土掺和料，其作用主要表现如下：

（1）可以改善拌和物的黏聚性，减少泌水，用于泵送混凝土，可减少混凝土离析及堵泵。

（2）沸石粉应用于轻骨料混凝土，可较大改善轻骨料混凝土拌和物的黏聚性，减少轻骨料的上浮。

4.3 混凝土拌和物的和易性

混凝土在凝结硬化以前称混凝土拌和物（或称混合物、新拌混凝土等）。混凝土拌和物的性质在很大程度上决定了混凝土结构和构件的未来质量，硬化后混凝土的性能如何，与混凝土拌制、浇筑和密实成型过程密切相关。

4.3.1 和易性的概念

混凝土拌和物最重要的性能是和易性（工作性）。和易性指混凝土拌和物易于施工操作（拌和、运输、浇筑和振捣）并能获得质量均匀与成型密实的性能，包括流动性、黏聚性和保水性三个方面的含义。和易性是反映混凝土拌和物易于流动但组分间又不分离的一种性能，是一项综合技术性能。

流动性是指混凝土拌和物在自重或施工机械（振捣）的作用下，能产生流动，并均匀密实地充满模板的性能。流动性反映出拌和物的稀稠程度。如混凝土拌和物过于干稠，就会难以振捣密实；如拌和物过稀，振捣后容易出现砂浆和水分上浮及石子下沉的分层离析现象，影响混凝土的质量。

黏聚性是指混凝土拌和物内部各组分间具有一定的黏聚力，在运输和浇筑过程中不致产生分层离析，使混凝土保持整体均匀的性能。黏聚性不好的混凝土拌和物，砂浆与石子容易分离，振捣后容易出现蜂窝、空洞等现象。

保水性是指混凝土拌和物具有保持内部水分不流失，不致产生严重泌水现象的性能。泌水会导致混凝土内部形成透水通路，从而影响混凝土的密实性，降低混凝土的强度和耐久性。

由此可见，混凝土拌和物的流动性、黏聚性和保水性有其各自的内涵，但这三者既相互联系又相互矛盾。当流动性大时，往往黏聚性和保水性差，反之亦然。因此，所谓和易性，就是这三方面的性质在具体条件下达到良好的统一。

4.3.2 和易性的检测

混凝土和易性内涵较复杂，目前尚无技术指标来全面反映混凝土拌和物和易性的方法。通常是测定混凝土拌和物的流动性，辅以其他方法或直接观察（结合经验）评定混凝土拌和物的黏聚性和保水性，然后综合评定混凝土拌和物的和易性。

测定流动性的方法目前有数十种，最常用的有坍落度试验和维勃稠度试验方法。

1. 坍落度试验

坍落度试验是最早使用的一种方法，主要设备是一个坍落度筒（空心截头圆锥体）。试验时将混凝土拌和物分三层（每层装料约 1/3 筒高）装入坍落度筒内，每层用 $\phi16$ 的光圆铁棒插捣 25 次，待装满刮平后将坍落度筒垂直提起，混凝土拌和物在自重作用下将会产生坍落变形，测量拌和物锥体坍落的高度（mm），即为该混凝土拌和物的坍落度值，如图 4.4 所示。坍落度作为流动性指标，其值越大，表明混凝土拌和物的流动性越好。

测定混凝土拌和物坍落度后，轻轻敲击坍落后的混凝土拌和物，观察其形态变化，用以判断拌和物的黏聚性和保水性。黏聚性的检查方法是，用捣棒在已坍落的拌和物锥体侧面轻轻击打，如果锥体逐渐下沉，表示黏聚性良好；如果突然倒坍，部分崩裂或石子离析，

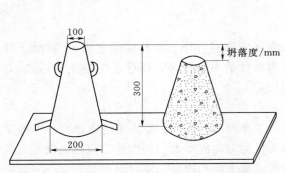

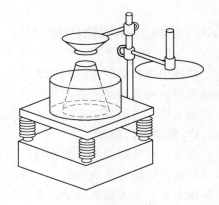

图 4.4　混凝土拌和物坍落度测试示意　　　　　图 4.5　维勃稠度仪

即为黏聚性不良。保水性的检查方法是查看提起坍落度筒后，地面上是否有较多的稀浆流淌，骨料是否因失浆而大量裸露，存在上述现象表明保水性不好，反之，则表明保水性良好。

坍落度试验只适用于骨料最大粒径不大于 40mm 的非干硬性混凝土（指混凝土拌和物的坍落度值大于 10mm 的混凝土）。根据坍落度大小，将混凝土拌和物分为四级：低塑性混凝土（坍落度为 10～40mm）、塑性混凝土（坍落度为 50～90mm）、流动性混凝土（坍落度为 100～150mm）、大流动性混凝土（坍落度大于 160mm）。

2. 维勃稠度试验

维勃稠度仪（图 4.5）研制于 1940 年，被认为是目前测量干硬性混凝土拌和物和易性最适当的方法，被广泛采用。试验时先将坍落度筒置于圆形容器中，再将容器固定在规定的振动台上，按规定的方法在坍落度桶内装满混凝土拌和物后垂直提起坍落度筒，在拌和物试件顶面放一透明圆盘，开启振动台，同时用秒表计时，到透明圆盘的下表面完全布满胶凝材料浆体时停止秒表，关闭振动台，此时认为混凝土拌和物已密实，所读秒数即为维勃稠度。该试验适用于骨料最大粒径不大于 40mm，维勃稠度在 5～30s 之间的混凝土拌和物的稠度测定。根据维勃稠度，将混凝土拌和物分为四级，见表 4.17。

表 4.17　　　　　　　　　　　　混凝土按维勃稠度的分级

级　　别	名　　称	维勃稠度/s
V_0	超干硬性混凝土	≥31
V_1	特干硬性混凝土	21～30
V_2	干硬性混凝土	11～20
V_3	半干硬性混凝土	5～10

4.3.3　流动性（坍落度）的选择

选择混凝土拌和物的坍落度，应根据结构构件截面尺寸的大小、配筋的疏密、施工捣实方法和环境温度来确定。当构件截面尺寸较小时或钢筋较密，或采用人工插捣时，坍落度可选择大些。反之，如构件截面尺寸较大或钢筋较疏，或者采用振动器振捣时，坍落度可选择小些。按《普通混凝土拌合物性能试验方法》（GB/T 50080—2002）规定，当环境温度在 30℃ 以下时，可按表 4.18 确定混凝土拌和物坍落度值；当环境温度在 30℃ 以上时，由于水泥水化和水分蒸发的加快，混凝土拌和物流动性下降加快，在混凝土配合比设计时，应将混凝土拌和物坍落度提高 15～25mm。

表 4.18 　　　　　　　　　　　　　混凝土浇筑时的坍落度

结 构 种 类	坍落度/mm
基础或地面等的垫层，无配筋的大体积结构（挡土墙、基础等）或配筋稀疏的结构	10～30
板、梁和大型及中型截面的柱子等	30～50
配筋密列的结构（薄壁、斗仓、筒仓、细柱等）	55～70
配筋特密的结构	75～90

4.3.4 影响和易性的主要因素

1. 混凝土拌和物的单位用水量

混凝土拌和物单位用水量增大，其流动性随之增大，但用水量过大，会使混凝土拌和物黏聚性和均匀性变差，产生严重泌水、分层或流浆，并有可能使混凝土强度和耐久性严重降低。混凝土拌和物的单位用水量应根据骨料品种、粒径及施工要求的混凝土拌和物坍落度或稠度选用。

根据试验，在配制混凝土时，当所用粗、细骨料的种类及比例一定时，如果单位用水量一定，即使水泥用量有所变动（对于 $1m^3$ 混凝土，水泥用量增减 50～100kg）时，混凝土的流动性大体保持不变，这一规律称为恒定需水量法则。这一法则意味着如果其他条件不变，即使水泥用量有某种程度的变化，对混凝土的流动性影响不大。这一法则用于混凝土配合比设计是相当方便的，即可通过固定单位用水量，变化水灰比，得到既满足拌和物和易性要求，又满足混凝土强度要求的混凝土。

2. 水泥浆的数量

混凝土拌和物中的水泥浆赋予拌和物一定的流动性。在水灰比不变的情况下，单位体积拌和物内，如果水泥浆数量愈多，则拌和物的流动性愈大。但若水泥浆过多，将会出现流浆现象，黏聚性变差；若水泥浆过少，则骨料之间缺少黏结物质，易使拌和物发生离析和崩坍。水泥浆数量的增减实际是单位用水量的变化。

3. 水灰比

水泥浆黏聚力大小主要取决于水灰比。在水泥用量、骨料用量均不变的情况下，水灰比增大，拌和物流动性增大，反之则减小。但水灰比过大，会造成拌和物黏聚性和保水性不良；水灰比过小，会使拌和物流动性过低，影响施工。故水灰比不能过大或过小，一般应根据混凝土强度和耐久性要求合理地选用。在此情况下，水灰比的变化实际上也是单位用水量的变化。

总之，无论是水泥浆数量的影响还是水灰比的影响，实际上都是用水量的影响。因此，影响混凝土和易性的决定性因素是混凝土单位体积用水量的多少。

4. 砂率的影响

砂率是指混凝土中细骨料的重量占骨料总重量的百分比，即

$$S_p = \frac{S}{S+G} \times 100\% \qquad\qquad (4.3)$$

式中　S_p——砂率，%；

　　S、G——砂、石子的用量，kg。

　　试验证明，砂率对混凝土拌和物的和易性有很大的影响。砂率过小，砂浆不能够包裹石子表面、不能填充满石子间隙，使拌和物黏聚性和保水性变差，产生离析和流浆等现象。当砂率在一定范围内增大，混凝土拌和物的流动性提高，但是当砂率增大超过一定范围后，流动性反而随砂率增加而降低。因为随着砂率的增大，骨料的总表面积必随之增大，润湿骨料的水分需增多，在单位用水量一定的条件下，混凝土拌和物的流动性降低。由此可见，在配制混凝土时，砂率不能过大，也不能过小，应有合理砂率。砂率对混凝土拌和物坍落度的影响如图 4.6 所示。

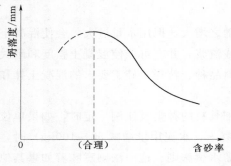

图 4.6　坍落度与砂率的关系
（水和水泥用量一定）

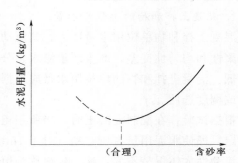

图 4.7　砂率与水泥用量的关系
（达到相同的坍落度）

　　图 4.7 表明，在用水量及水泥用量一定的情况下，合理砂率能使混凝土拌和物获得最大的流动性（且能保持黏聚性及保水性能良好）；在保持混凝土拌和物坍落度基本相同的情况下，且能保持黏聚性及保水性能良好，合理砂率能使胶凝材料浆体的数量减少，从而节约水泥用量。

　　5. 组成材料性质的影响

　　（1）水泥。水泥对拌和物和易性的影响主要反映在水泥的需水性上。不同品种的水泥、不同细度的水泥、不同的水泥矿物组成及掺和料，其需水性不同。在其他条件相同的情况下，需水量大的水泥比需水量小的水泥配制的拌和物流动性要小，但其黏聚性和保水性较好。如矿渣水泥或火山灰水泥拌制的混凝土拌和物，其流动性比用普通水泥时为小。

　　（2）骨料。骨料对拌和物和易性的影响主要是骨料总表面积、骨料的空隙率和骨料间摩擦力大小的影响，具体地说是骨料级配、颗粒形状、表面特征及粒径的影响。骨料由于在混凝土中占据的体积最大，因此它的特性对混凝土拌和物和易性的影响也较大。一般说来，级配好的骨料，其拌和物流动性较大，黏聚性与保水性较好；表面光滑的骨料，如河砂、卵石，其拌和物流动性较大；骨料的粒径增大，由于其表面积减小，拌和物流动性就增大。

　　（3）外加剂。外加剂对混凝土拌和物的和易性有较大影响。如混凝土拌和物中掺入减水剂或引气剂可大幅度提高拌和物的流动性，改善黏聚性，降低泌水性。

（4）温度和时间的影响。混凝土拌和物的流动性随温度的升高而降低。随环境温度的升高，混凝土拌和物的坍落度损失加快（即流动性降低速度加快）。据测定，温度每增高10℃，拌和物的坍落度约减小 20～40mm。这是由于温度升高，水泥水化加速，水分蒸发加快。

此外，混凝土拌和物随时间的延长而变干稠，流动性降低，这是由于拌和物中一些水分被骨料吸收，一些水分蒸发，一些水分与水泥水化反应变成水化产物结合水。由于混凝土拌和物流动性会随时间而变化，因此浇筑时的和易性更具有实际意义，所以在施工中测定和易性的时间，应以搅拌完成后 15min 为宜。夏季施工时，为了保持一定的流动性应适当提高拌和物的用水量。

4.3.5 混凝土拌和物的凝结时间

水泥与水之间的反应是混凝土产生凝结的主要原因，但是由于各种因素，混凝土拌和物的凝结时间与其所用水泥的凝结时间并不一致。水泥的凝结时间是水泥净浆在规定的温度和稠度条件下测得的，而混凝土拌和物的存在条件与水泥凝结时间测定条件不一定相同。混凝土的水灰比、环境温度和外加剂的性能等均对混凝土的凝结快慢产生很大影响。水灰比增大，水泥水化产物间的间距增大，水化产物粘连及填充颗粒间隙的时间延长，凝结时间越长。环境温度升高，水泥水化和水分蒸发加快，凝结时间缩短；缓凝剂会明显延长凝结时间，速凝剂会显著缩短凝结时间。故水泥浆体凝结时间与混凝土拌和物凝结时间不同。一般情况下，水灰比越大，混凝土拌和物凝结时间越长。

通常采用贯入阻力仪来测定混凝土拌和物的凝结时间，但此凝结时间并不标志着混凝土中水泥浆体物理化学的某一特定变化，仅只是从实用意义的角度人为确定的两个特定点，初凝时间和终凝时间，初凝时间表示施工时间的极限，终凝时间表示混凝土力学强度的开始发展。具体做法是先用 5mm 的圆孔筛从混凝土拌和物中筛取砂浆，按一定的方法装入规定的容器中，然后每隔一定时间测定砂浆贯入到一定深度的贯入阻力，绘制贯入阻力与时间的关系曲线，以贯入阻力 3.5MPa 和 28MPa 划两条平行于时间坐标的直线，直线与曲线交点的时间分别为混凝土拌和物的初凝时间和终凝时间。

值得注意的是，这些人为选择的特定点并不表示混凝土的强度。实际上，当贯入阻力达到 3.5MPa 时，混凝土还没有抗压强度，而贯入阻力达到 28MPa 时，混凝土的抗压强度也只不过 0.7MPa，通常情况下，混凝土需要 6～10h 凝结，但水泥的组成、环境温度和缓凝剂等都会对混凝土的凝结时间产生影响。

4.4 混凝土的强度

4.4.1 混凝土的结构和受压破坏过程

1. 混凝土的结构

混凝土是一种颗粒型多相复合材料，至少包含七个相，即粗骨料、细骨料、未水化水泥颗粒、水泥凝胶、凝胶孔、毛细管孔和引进的气孔。为了简化分析，一般认为混凝土是由粗骨料与砂浆或粗细骨料与水泥石两相组成的、不十分密实的、非匀质的分散体。

流动性混凝土拌和物在浇灌成型过程中和在凝结之前,由于固体粒子的沉降作用,很少能保持其稳定性,一般都会发生不同程度的分层现象,粗大的颗粒沉积于下部,多余的水分被挤上升至表层或积聚于粗骨料的下方。沿浇灌方向的下部混凝土的强度大于顶部,表层混凝土成为最疏松和最软弱的部分。因此混凝土宏观结构为堆聚分层结构,如图 4.8 所示。

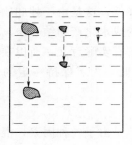

图 4.8　混凝土宏观堆聚分层结构

在新拌混凝土中,粗骨料表面包裹了一层水膜,贴近粗骨料表面的水灰比大,导致过渡区的氢氧化钙、钙矾石等晶体的颗粒大且数量多,水化硅酸钙凝胶相对较少,孔隙率大。由于水泥水化造成的化学收缩和物理收缩,使界面过渡区在混凝土未受外力之前就存在许多微裂缝。因此过渡区水泥石的结构比较疏松,缺陷多,强度低。

普通混凝土骨料与水泥石之间的结合主要是黏着和机械啮合,骨料界面是最薄弱的环节,特别是粗骨料下方因泌水留下的孔隙,尤为薄弱。

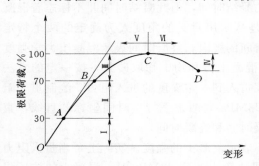

图 4.9　混凝土受压变形曲线

Ⅰ—界面裂缝物明显变化;Ⅱ—界面裂缝增长;
Ⅲ—出现砂浆裂缝和连续裂缝;Ⅳ—连续裂缝
迅速增长;Ⅴ—裂缝缓慢增长;
Ⅵ—裂缝迅速增长

2. 混凝土受压破坏过程

混凝土在外力作用下,很容易在楔形的微裂缝尖端形成应力集中,随着外力的逐渐增大,微裂缝会进一步延伸、连通、扩大,最后形成几条肉眼可见的裂缝而破坏。以混凝土单轴受压为例,典型的静力受压时的荷载-变形曲线如图 4.9 所示。

通过显微观察混凝土受压破坏过程,混凝土内部的裂缝发展可分为如图 4.9 所示的四个阶段。

Ⅰ阶段。当荷载到达"比例极限"(约为极限荷载的 30%)以前,界面裂缝无明显变化,荷载-变形呈近似直线关系,如图 4.9 所示的 OA 段。

Ⅱ阶段。荷载超过"比例极限"后,界面裂缝的数量、长度及宽度不断增大,界面借摩擦阻力继续承担荷载,但无明显的砂浆裂缝,荷载-变形之间不再是线性关系,如图 4.9 所示的 AB 段。

Ⅲ阶段。荷载超过"临界荷载"(约为极限荷载的 70%～90%)以后,界面裂缝继续发展,砂浆中开始出现裂缝,并将邻近的界面裂缝连接成连续裂缝。此时,变形增大的速度进一步加快，曲线明显弯向变形坐标轴，如图4.9所示的 *BC* 段。

Ⅳ阶段。荷载超过极限荷载以后，连续裂缝急速发展，混凝土承载能力下降，荷载减小而变形迅速增大，以致完全破坏，曲线逐渐下降而最后破坏，如图4.9所示的 *CD* 段。由此可见，混凝土受压时荷载与变形的关系，是内部微裂缝发展规律的体现。混凝土在外力作用下的变形和破坏过程，也就是内部裂缝的发生和发展过程，它是一个从量变到质变的过程。只有当混凝土内部的微观破坏发展到一定量级时，才会使混凝土的整体遭受破坏。

4.4.2 混凝土强度

在土木工程结构和施工验收中，常用的混凝土强度有立方体抗压强度、轴心抗压强度、抗拉强度和抗折强度等几种。

1. 混凝土立方体抗压强度

根据《普通混凝土力学性能试验方法标准》（GB/T 50081—2002）规定，混凝土立方体抗压强度（f_{cu}）是指按标准方法制作的，标准尺寸为150mm×150mm×150mm的立方体试件，在标准养护条件下〔（20±2）℃，相对湿度为95％以上的标准养护室或（20±2）℃的不流动的 $Ca(OH)_2$ 饱和溶液中〕，养护到28d龄期，以标准试验方法测得的抗压强度值。对于非标准尺寸（200mm×200mm×200mm和100mm×100mm×100mm）的试件，可采用折算系数折算成标准试件的强度值。边长为100mm的立方体试件，折算系数为0.95；边长为200mm的立方体试件，折算系数为1.05。这是因为试件尺寸不同，会影响试件的抗压强度。试件尺寸愈小，测得的强度愈大。

需要说明的是，混凝土各种强度的测定值，均与试件尺寸、试件表面状况、试验加荷速度、环境（或试件）的湿度和温度等因素有关。在进行混凝土各种强度测定时，应按《普通混凝土力学性能试验方法标准》（GB/T 50081—2002）规定的条件和方法进行检测，以保证检测结果的可靠性。

2. 混凝土强度等级

按《混凝土结构设计规范》（GB 50010—2010）的规定，普通混凝土的强度等级按其立方体抗压强度标准值（$f_{cu,k}$）划分为C15、C20、C25、C30、C35、C40、C45、C50、C55、C60、C65、C70、C75、C80共14个等级。"C"代表混凝土，是concrete的第一个英文字母，C后面的数字为立方体抗压强度标准值（MPa）。混凝土强度等级是混凝土结构设计时强度计算取值、混凝土施工质量控制和工程验收的依据。

混凝土立方体抗压强度标准值系指按照标准方法制作养护的边长为150mm的立方体试件，在28d龄期或设计规定龄期内，以标准试验方法测得的具有95％保证率的抗压强度。

3. 混凝土轴心抗压强度

确定混凝土强度等级是采用立方体试件，但在实际结构中，钢筋混凝土受压构件多为棱柱体或圆柱体。为了使测得的混凝土强度与实际情况接近，在进行钢筋混凝土受压构件（如柱子、桁架的腹杆等）计算时，都是采用混凝土的轴心抗压强度（f_{ck}）。

《普通混凝土力学性能试验方法标准》（GB/T 50081—2002）规定，混凝土轴心抗压强度是指按标准方法制作的，标准尺寸为150mm×150mm×300mm的棱柱体试件，在标准养护条件下养护到 28d 龄期，以标准试验方法测得的抗压强度值。如有必要，也可以采用非标准尺寸的棱柱体试件，但其高度（h）与宽度（a）之比应该控制在 2～3 的范围内。轴心抗压强度比同截面面积的立方体抗压强度要小，当标准立方体抗压强度在 10MPa～50MPa 范围内时，两者之间的近似换算关系为

$$f_{ck} = (0.76 \sim 0.82) f_{cu,k} \tag{4.4}$$

4. 混凝土抗拉强度

混凝土是脆性材料，抗拉强度很低，拉压比为 1/20～1/10，拉压比随着混凝土强度等级的提高而降低。因此在钢筋混凝土结构设计时，不考虑混凝土承受拉力（考虑钢筋承受拉应力），但抗拉强度对混凝土抗裂性具有重要作用，是结构设计时确定混凝土抗裂度的重要指标，有时也用它来间接衡量混凝土与钢筋的黏结强度。

目前我国采用劈裂抗拉试验来测定混凝土的抗拉强度（f_t）。劈裂抗拉强度测定时，对试件前期制作方法、试件尺寸、养护方法及养护龄期等的规定，与检验混凝土立方体抗压强度的要求相同。该方法的原理是在试件两个相对的表面轴线上，作用着均匀分布的压力，这样就能使在此外力作用下的试件竖向平面内，产生均布拉应力。该拉应力可以根据弹性理论计算得出，这个方法克服了过去测试混凝土抗拉强度时出现的一些问题，并且也能较正确反映试件的抗拉强度。

混凝土劈裂抗拉强度按下式计算：

$$f_{ts} = \frac{2F}{\pi A} = 0.637 \frac{F}{A} \tag{4.5}$$

式中　f_{ts}——混凝土劈裂抗拉强度，MPa；

　　　F——破坏荷载，N；

　　　A——试件劈裂面积，mm²。

混凝土劈裂抗拉强度较轴心抗拉强度低，试验证明二者的比值为 0.9 左右。

5. 混凝土抗折强度

混凝土道路工程和桥梁工程的结构设计、质量控制与验收等环节，须要检测混凝土的抗折强度（f_{cf}）。《普通混凝土力学性能试验方法标准》（GB/T 50081—2002）规定，混凝土抗折强度是指按标准方法制作的，标准尺寸为 150mm × 150mm × 600mm（或 550mm）的长方体试件，在标准养护条件下养护到 28d 龄期，以标准试验方法测得的抗折强度值。抗折强度计算公式如下：

$$f_{cf} = \frac{FL}{bh^2} \tag{4.6}$$

式中　f_{cf}——混凝土抗折强度，MPa；

　　　F——破坏荷载，N；

　　　L——支座之间的距离，mm；

　　　b，h——试件截面的宽度和高度，mm。

当试件尺寸为 100mm×100mm×400mm 非标准试件时，应乘以换算系数 0.85；当混凝土强度等级不小于 C60 时，宜采用标准试件；使用非标准试件时，尺寸换算系数应由试验确定。

4.4.3 影响混凝土抗压强度的因素

1. 水泥强度等级和水灰比的影响

水泥强度等级和水灰比是影响混凝土强度最主要的因素。因为混凝土的强度主要取决于水泥石的强度及其与骨料间的黏结力，而水泥石的强度及其与骨料间的黏结力，又取决于水泥的强度等级和水灰比的大小。在相同配合比、相同成型工艺、相同养护条件的情况下，水泥强度等级越高，配制的混凝土强度越高。在水泥品种、水泥强度等级不变时，混凝土在振动密实的条件下，水灰比越小，强度越高。混凝土强度与水灰比及灰水比的关系如图 4.10 所示。

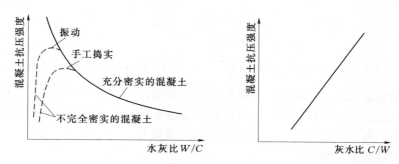

图 4.10 混凝土抗压强度与水灰比及灰水比的关系

大量试验结果表明，在原材料一定的情况下，混凝土 28d 龄期抗压强度（f_{cu}）与水泥实际强度（f_{ce}）及水灰比（W/C）之间的关系符合下列经验公式（又称鲍罗米公式）：

$$\frac{W}{C} = \frac{\alpha_a f_{ce}}{f_{cu} + \alpha_a \alpha_b f_{ce}} \tag{4.7}$$

式中　α_a，α_b——回归系数（与粗骨料、细骨料、水泥品种等因素有关）；

　　　f_{cu}——混凝土 28d 抗压强度，MPa。

2. 骨料的影响

骨料（轻骨料除外）本身的强度一般大于水泥石的强度，所以不直接影响混凝土的强度。但骨料中有害杂质含量较多、级配不良均不利于混凝土强度的提高。若骨料经风化等作用强度降低时，则用其配置的混凝土强度也会相应降低。骨料表面粗糙，则与水泥石黏结力较大。但达到同样流动性时，需水量大，随着水灰比变大，强度降低。试验证明，水灰比小于 0.4 时，用碎石配制的混凝土比用卵石配制的混凝土强度约高 30%～40%，但随着水灰比增大，两者的差异就不明显了。另外，在相同水灰比和坍落度下，混凝土强度随骨料与胶凝材料质量之比的增大而提高。

3. 养护温度及湿度的影响

温度及湿度对混凝土强度的影响，本质上是对水泥水化的影响。养护温度高，水泥早期水化越快，混凝土的早期强度越高。养护温度对混凝土强度的影响如图 4.11 所示。但混凝土早期养护温度过高（40℃以上），因水泥水化产物来不及扩散而使混凝土后期强度反而降低。当温度在 0℃ 以下时，水泥水化反应停止，混凝土强度停止发展。这时还会因为混凝土中的水结冰产生体积膨胀，对混凝土产生相当大的膨胀压力，使混凝土结构破坏，强度降低。

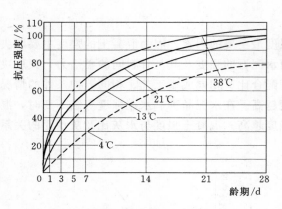

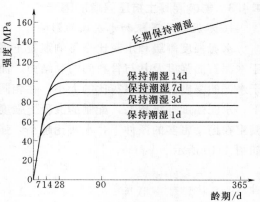

图 4.11　养护温度对混凝土强度的影响　　图 4.12　保湿养护时间对混凝土强度的影响

湿度是决定水泥能否正常进行水化作用的必要条件。浇筑后的混凝土所处环境湿度相宜，水泥水化反应顺利进行，混凝土强度得以充分发展。若环境湿度较低，水泥不能正常进行水化作用，甚至停止水化，混凝土强度将严重降低或停止发展。图 4.12 是混凝土强度与保湿养护时间的关系。

为了保证混凝土强度正常发展和防止失水过快引起的收缩裂缝，混凝土浇筑完毕后，应及时覆盖和浇水养护。气候炎热和空气干燥时，不及时进行养护，混凝土中水分会蒸发过快，出现脱水现象，混凝土表面出现片状、粉状剥落和干缩裂纹等劣化现象，混凝土强度明显降低；在冬季应特别注意保持必要的温度，以保证水泥能正常水化和防止混凝土内水结冰引起的膨胀破坏。

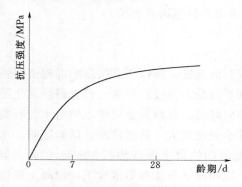

图 4.13　混凝土强度增长曲线

4. 龄期的影响

在正常养护条件下，混凝土强度随龄期的增长而增大，最初 7～14d 发展较快，28d 后强度发展趋于平缓（图 4.13），所以混凝土以 28d 龄期的强度作为质量评定依据。在混凝土施工过程中，经常需要尽快知道已成型混凝土的强度，以便决策，所以快速评定混凝土强度一直受到人们的重视。经过多年的研究，国内外已有多种快速评定混凝土强度的方法，有些方法已被列入国家标准中。在我国，工程技术人员常用下面的经验公式来估算混凝土 28d 强度。

$$f_n = f_{28} \frac{\lg n}{\lg 28} \tag{4.8}$$

式中　f_{28}——混凝土 28d 龄期的抗压强度，MPa；

　　　f_n——混凝土 nd 龄期的抗压强度，MPa；

　　　n——养护龄期，d（$n \geqslant 3d$）。

应注意的是，该公式仅适用于在标准条件下养护，中等强度（C20～C30）的混凝土。

对较高强度混凝土（不小于C35）和掺外加剂的混凝土，用该公式估算会产生很大误差。在正常条件下硬化的混凝土，与实际情况相比，公式推算的结果，早期偏低、后期偏高，所以公式推算结果仅供参考。

4.5 混凝土的变形性能

混凝土在硬化和使用过程中，由于受到物理、化学和力学等因素的作用，常发生各种变形。由物理、化学因素引起的变形称为非荷载作用下的变形，包括化学收缩、干缩湿胀、碳化收缩及温度变形等；由荷载作用引起的变形称为在荷载作用下的变形，包括在短期荷载作用下的变形及长期荷载作用下的变形。

4.5.1 在非荷载作用下的变形

1. 化学收缩

由于水泥水化生成物的体积比反应前物质的总体积小，从而引起混凝土的收缩称为化学收缩。这种收缩是由于水泥的水化反应所产生的固有收缩，混凝土的这一体积收缩变形是不能恢复的。收缩量随混凝土硬化龄期的延长而增加，一般在混凝土成型后40d内增长较快，以后逐渐趋于稳定，但化学收缩值很小（小于1‰）。因此，在结构设计中，考虑限制应力作用时，不把它从较大的干燥收缩中区分出来处理，而是在干燥收缩中一并计算。进一步研究表明，虽然化学收缩率很小，在限制应力下不会对混凝土结构产生破坏作用，但其收缩过程在混凝土内部还是会产生细微裂缝，这些细微裂缝可能会影响到混凝土的受载性能和耐久性能。

2. 干缩湿胀

处于空气中的混凝土当水分散失时，会引起体积收缩，称为干燥收缩，简称干缩。但受潮后体积又会膨胀，即为湿胀。混凝土的干缩变形在重新吸水后大部分可以恢复，但不能完全恢复。

在一般条件下，混凝土极限收缩值可达 $5 \times 10^{-4} \sim 9 \times 10^{-4}$ mm/mm，在结构设计中混凝土干缩率取值为 $1.5 \times 10^{-4} \sim 2.0 \times 10^{-4}$ mm/mm，即每米混凝土收缩 $0.15 \sim 0.20$ mm。由于混凝土抗拉强度低，而干缩变形又如此之大，所以很容易产生干缩裂缝。混凝土中水泥石是引起干缩的主要组分，骨料起限制收缩的作用，孔隙的存在会加大收缩。因此减少水泥用量，减小水灰比，加强振捣，保证骨料洁净和级配良好是减少混凝土干缩变形的关键。另外，混凝土的干缩主要发生在早期，前三个月的收缩量为 20 年收缩量的 $40\% \sim 80\%$。由于混凝土早期强度低，抵抗干缩应力的能力弱，因此加强混凝土的早期养护，延长湿养护时间，对减少混凝土干缩裂缝具有重要作用（但对混凝土的最终干缩率无显著影响）。

水泥的细度及品种对混凝土的干缩也产生一定的影响。水泥颗粒越细干缩也越大；掺大量混合材料的硅酸盐水泥配制的混凝土，比用普通水泥配制的混凝土干缩率大，其中火山灰水泥混凝土的干缩率最大，粉煤灰水泥混凝土的干缩率较小。

3. 碳化收缩

混凝土的碳化是指混凝土内水泥石中的 $Ca(OH)_2$ 与空气中的 CO_2，在湿度适宜的条件下发生化学反应，生成 $CaCO_3$ 和 H_2O 的过程，也称为中性化。混凝土的碳化会引起收缩，这种收缩称为碳化收缩。碳化收缩可能是由于在干燥收缩引起的压应力下，因 $Ca(OH)_2$ 晶体应力释放和在无应力空间 $CaCO_3$ 的沉淀所引起。碳化收缩会在混凝土表面产生拉应力，导致混凝土表面产生微细裂纹。观察碳化混凝土的切割面，可以发现细裂纹的深度与碳化层的深度相近。但是，碳化收缩与干燥收缩总是相伴发生，很难准确划分开来。

4. 温度变形

混凝土同其他材料一样，也会随着温度的变化而产生热胀冷缩变形。混凝土的温度膨胀系数为 $(0.7×10^{-5}～1.4×10^{-5})/℃$，一般取 $1.0×10^{-5}/℃$，即温度每 $1℃$ 改变，1m 混凝土将产生 0.01mm 膨胀或收缩变形。混凝土是热的不良导体，传热很慢，因此在大体积混凝土（截面最小尺寸大于 $1m^2$ 的混凝土，如大坝、桥墩和大型设备基础等）硬化初期，由于内部水泥水化热而积聚较多热量，造成混凝土内外层温差很大（可达 $50～80℃$）。这将使内部混凝土的体积产生较大热膨胀，而外部混凝土与大气接触，温度相对较低，产生收缩。内部膨胀与外部收缩相互制约，在外表混凝土中将产生很大拉应力，严重时使混凝土产生裂缝。

大体积混凝土施工时，须采取一些措施来减小混凝土内外层温差，以防止混凝土温度裂缝，目前常用的方法有以下几种：

（1）采用低热水泥（如矿渣水泥、粉煤灰水泥、大坝水泥等）和尽量减少水泥用量，以减少水泥水化热。

（2）在混凝土拌和物中掺入缓凝剂、减水剂和掺和料，降低水泥水化速度，使水泥水化热不致于在早期过分集中放出。

（3）预先冷原材料，用冰块代替水，以抵消部分水化热。

（4）在混凝土中预埋冷却水管，从管子的一端注入冷水，冷水流经埋在混凝土内部的管道后，从另一端排出，将混凝土内部的水化热带出。

（5）在建筑结构安全许可的条件下，将大体积化整为零施工，减轻约束和扩大散热面积。

（6）表面绝热，调节混凝土表面温度下降速率。

对于纵长和大面积混凝土工程（如混凝土路面、广场、地面和屋面等），常采用每隔一段距离设置一道伸缩缝或留设后浇带来防止混凝土温度缝。监测混凝土内部温度场是控制与防范混凝土温度裂缝的重要工作内容。过去多采用点式温度计来测试，这种方法布点有限，施工工艺复杂，温度信息量少；现在一些大型水利水电工程（如三峡大坝），通过在混凝土内埋设光纤维，利用光纤传感技术来监测内部温度场，该方法具有测点连续，温度信息量大，定位准确，抗干扰性强，施工简便等优点。

4.5.2 在荷载作用下的变形

4.5.2.1 在短期荷载作用下的变形

混凝土是一种有水泥、砂石、水等材料组成的多相复合材料，它既不是一种完全弹性体、也不是一种完全塑性体，而是一种弹塑性体。当混凝土受力时，既产生弹性变形，又产生塑性变形，其应力（σ）与应变（ε）之间呈曲线关系。

1. 混凝土在短期荷载作用下的变形

混凝土在短期荷载作用下的变形可分为四个阶段，如图 4.9 所示。

第 I 阶段是混凝土承受的压应力低于 30％极限应力时，在粗骨料和砂浆基体二者的界面过渡区中，由于养护过程的泌水、收缩等原因形成的原生界面裂缝（也成为界面黏结裂缝）基本保持稳定，没有扩展趋势。尽管局部界面区域可能有极少量新的微裂缝引发，但它很稳定。因此，在这一阶段，混凝土的受压应力-应变曲线近似呈直线。

第 II 阶段是混凝土承受的压应力约为 30％～50％极限应力时，过渡区的微裂缝无论是在长度、宽度和数量上均随应力水平的提高而增加。过渡区中的原生界面裂缝由于裂缝尖端的应力集中而在过渡区内稳定缓慢的伸展，但在砂浆基体中尚未发生开裂。界面裂缝的这种演变，产生了明显的附加应变。因此，在这一阶段，混凝土的受压应力-应变曲线随界面裂缝的演变逐渐偏离直线，产生弯曲。

第 III 阶段是混凝土承受的压应力约为 50％～75％极限应力时，一旦应力水平超过 50％极限应力，界面裂缝就变得不稳定，而且逐渐延伸到砂浆基体中，同时砂浆基体也开始产生微裂缝。当应力水平进一步从 60％极限应力增大到 75％极限应力时，砂浆基体中的裂缝也逐渐增生，产生不稳定扩展。在应力水平达到 75％极限应力左右时，整个裂缝体系变得不稳定，过渡区裂缝和砂浆基体裂缝开始搭接，此应力水平称为临界应力。

第 IV 阶段是混凝土承受的压应力超过 75％极限应力时，随着应力水平的增长，基体和过渡区中的裂缝处于不稳定状态，迅速扩展成为连续的裂缝体系。此时，混凝土产生非常大的应变，其受压应力-应变曲线明显弯曲，趋向水平，直至达到极限应力。

通过以上单向受压作用下混凝土的力学行为可以看出，混凝土在不同应力状态下的力学性能特征与其内部裂缝演变规律有密切的联系。这为在钢筋混凝土和预应力钢筋混凝土结构设计中，规定相应的一系列混凝土力学性能指标（如混凝土设计强度、疲劳强度、长期荷载作用下的混凝土设计强度、预应力取值、弹性模量等）提供了依据。

2. 混凝土的弹性模量

在混凝土应力-应变曲线上任一点的应力（σ）与其应变（ε）的比值，称为混凝土在该应力下的变形模量。它反映了混凝土所受应力与所产生的应变之间的关系，在结构设计、计算钢筋混凝土的变形和裂缝中是不可缺少的参数。但由于混凝土是弹塑性体，应力-应变曲线呈非线性关系，很难准确地测定其弹性模量，只可间接地计算其近似值。

《普通混凝土力学性能试验方法标准》（GB/T 50081—2002）规定，混凝土弹性模量的测定，采用标准尺寸为 150mm×150mm×300mm 的棱柱体试件，试验控制应力荷载值为轴心抗压强度的 1/3，经三次以上反复加荷和卸荷后，测定应力与应变的比值，得到混凝土的弹性模量。混凝土的弹性模量与混凝土的强度、骨料的弹性模量、骨料用量和早期养护温度等因素有关。混凝土强度越高、骨料弹性模量越大、骨料用量越多、早期养护温度较低，混凝土的弹性模量越大。C10～C60 的混凝土其弹性模量约为 （1.75～3.60）×10^4 MPa。

4.5.2.2 混凝土在长期荷载作用下的变形

混凝土在长期恒载作用下，沿作用力的方向发生且随时间的延长而增加的变形，称为徐变。混凝土的徐变在加荷早期增长较快，然后逐渐减慢，2～3 年才趋于稳定。当混凝土卸载后，一部分变形瞬时恢复，一部分要过一段时间才能恢复（称为徐变恢复），剩余的变形是不可恢复部分，称作残余变形，如图 4.14 所示。

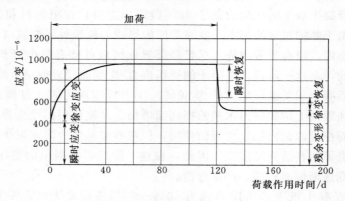

图 4.14　混凝土的应变与荷载作用时间的关系

混凝土的徐变对混凝土及钢筋混凝土结构物的应力和应变状态有很大的影响。徐变可能超过弹性变形，甚至达到弹性变形的 2～4 倍，徐变应变一般可以达到（3～15）× 10^4 MPa。在某些情况下，徐变有利于削弱由温度、干缩等引起的约束变形，从而防止裂缝的产生。但在预应力结构中，徐变将产生松弛应力，引起预应力损失，造成不利影响。在混凝土结构设计时，必须充分考虑徐变的有利和不利影响。

混凝土产生徐变的原因，一般认为是由于在长期荷载作用下，水泥石中的凝胶体产生黏性流动，向毛细孔中迁移，或者凝胶体中的吸附水或结晶水向内部毛细孔迁移渗透所致。因此，影响混凝土徐变的主要因素是水泥用量多少和水灰比大小。水泥用量越多，混凝土中凝胶体含量越大；水灰比越大，混凝土中的毛细孔越多，这两个方面均会使混凝土的徐变增大。

4.6　混凝土的耐久性

混凝土的耐久性是指混凝土能抵抗环境介质的长期作用，保持正常使用性能和外观完整性的能力。由于引起混凝土性能不稳定的因素很多，混凝土耐久性包含的面很广，下面讨论一些常见的耐久性问题。

4.6.1　混凝土的抗渗性

混凝土的抗渗性是指混凝土抵抗压力液体（水、油和溶液等）渗透作用的能力。它是决定混凝土耐久性最主要的因素。因为外界环境中的侵蚀性介质只有通过渗透才能进入混凝土内部产生破坏作用。

工程上用抗渗等级来表示混凝土的抗渗性。根据《普通混凝土长期性能和耐久性能试验方法标准》（GB/T 50082—2009）的规定，采用标准养护 28d 的标准试件，按规定的方法进行试验，以其所能承受的最大水压力（MPa）来计算其抗渗等级。混凝土抗渗等级分为 P4、P6、P8、P10 和 P12 五级，相应表示混凝土能抵抗 0.4MPa、0.6MPa、0.8MPa、1.0MPa 和 1.2MPa 的水压力而不渗水。

混凝土在压力液体作用下产生渗透的主要原因，是其内部存在连通的渗水孔道。这些孔道来源于胶凝材料浆体中多余水分蒸发留下的毛细管道、混凝土浇筑过程中泌水产生的通道、混凝土拌和物振捣不密实、混凝土干缩和热胀产生的裂缝等。由此可见，混凝土的抗渗性主要与混凝土的密实度和孔隙率及孔隙结构有关，故提高混凝土抗渗性的关键是提高混凝土的密实度或改变混凝土孔隙特征。混凝土中相互连通的孔隙越多、孔径越大，则混凝土的抗渗性能越差。受压力液体作用的工程，如地下建筑、水池、水塔、压力水管、水坝、油罐以及港工、海工等，必须要求混凝土具有一定的抗渗性能。

提高混凝土抗渗性能的措施有降低水灰比、采用减水剂、掺加引气剂、防止离析和泌水的发生、加强养护、防止施工缺陷等。

4.6.2 混凝土的抗冻性

混凝土的抗冻性是指混凝土在水饱和状态下，经受多次冻融循环作用，强度不严重降低，外观能保持完整的性能。水结冰时体积膨胀约 9%，如果混凝土毛细孔充水程度超过某一临界值（91.7%），则结冰产生很大的压力。此压力的大小取决于毛细孔的充水程度、冻结速度及尚未结冰的水向周围能容纳水的孔隙流动的阻力（包括凝胶体的渗透性及水通路的长短）。除了水的冻结膨胀引起的压力之外，当毛细孔水结冰时，凝胶孔水处于过冷的状态，过冷水的蒸气压比同温度下冰的蒸气压高，将发生凝胶水向毛细孔中冰的界面迁移渗透，并产生渗透压力。因此，混凝土受冻融破坏的原因是其内部的空隙和毛细孔中的水结冰产生体积膨胀和过冷水迁移产生压力所致。当两种压力超过混凝土的抗拉强度时，混凝土发生微细裂缝。在反复冻融作用下，混凝土内部的微细裂缝逐渐增多和扩大，导致混凝土强度降低甚至破坏。

混凝土的抗冻性用抗冻等级 Fn 来表示，分为 F10、F15、F25、F50、F100、F150、F200、F250 和 F300 九个等级，其中数字表示混凝土能承受的最大冻融循环次数。按《普通混凝土长期性能和耐久性能试验方法标准》（GB/T 50082—2009）的规定，混凝土抗冻等级的测定有两种方法：一是慢冻法，以标准养护 28d 龄期的立方体试件，在水饱和后，于 $-15℃\sim20℃$ 情况下进行冻融，最后以抗压强度下降率不超过 25%、质量损失率不超过 5% 时，混凝土所能承受的最大冻融循环次数来表示。二是快冻法，采用 100mm×100mm×400mm 的棱柱体试件，以混凝土快速冻融循环后，相对动弹性模量不小于 60%、质量损失率不超过 5% 时的最大冻融循环次数表示。

混凝土的抗冻性与混凝土的密实度、孔隙充水程度、孔隙特征、孔隙间距、冰冻速度及反复冻融的次数等有关。对于寒冷地区经常与水接触的结构物，如水位变化区的海工、水工混凝土结构物、水池、发电站冷却塔及与水接触的道路、建筑物勒脚等，以及寒冷环境的建筑物，如冷库等，要求混凝土必须有一定的抗冻性。

提高混凝土抗冻性的主要措施有：降低水灰比，加强振捣，提高混凝土的密实度；掺引气型外加剂，将开口孔转变成闭口孔，使水不易进入孔隙内部，同时细小闭孔可减缓冰胀压力；保持骨料干净和级配良好；充分养护。

4.6.3 混凝土的碳化

混凝土的碳化是指混凝土内水泥石中的 $Ca(OH)_2$ 与空气中的 CO_2，在一定湿度条件下发生化学反应，生成 $CaCO_3$ 和 H_2O 的过程。碳化对混凝土的物理力学性能有明显作用，会使混凝土出现碳化收缩，强度下降，还会使混凝土中的钢筋因失去碱性保护而锈蚀，并引起混凝土顺筋开裂；碳化收缩会引起微细裂纹，使混凝土强度降低。但是碳化时生成的 $CaCO_3$ 填充在水泥石的孔隙中，使混凝土的密实度和抗压强度提高，对防止有害杂质的侵入有一定的缓冲作用。

影响混凝土碳化的因素如下：

（1）环境湿度。常置于水中的混凝土，混凝土孔隙中充满水，二氧化碳不能渗入，碳化不能发生；常处于干燥环境中的混凝土，环境水分太少碳化也不能发生。只有当环境的相对湿度在 $50\%\sim75\%$ 时，混凝土碳化速度最快。

（2）水灰比。水灰比愈小，混凝土愈密实，二氧化碳和水不易渗入，碳化速度愈慢。

（3）环境中二氧化碳的浓度。二氧化碳浓度越大，混凝土碳化作用越快。

（4）水泥品种。使用普通硅酸盐水泥要比使用早强硅酸盐碳化稍快些，而使用掺和料的水泥（如矿渣水泥、火山灰质水泥和粉煤灰水泥）则比普通硅酸盐水泥碳化快，且水泥随混合材料掺量的增多，其碳化速度加快。

（5）外加剂。混凝土中掺入减水剂、引气剂或引气型减水剂时，由于可降低水灰比或引入封闭小气泡，可使混凝土碳化速度明显减慢。

提高混凝土密实度（如降低水灰比，采用减水剂，保证骨料级配良好，加强振捣和养护等），是提高混凝土碳化能力的根本措施。混凝土碳化深度的检测方法有两种，一种是 X 射线法，另一种是化学试剂法。X 射线法适用于试验室的精确测量，需要专门的仪器，既可测试完全碳化深度，又可测试部分碳化深度。现场检测主要用化学试剂法。检测时在混凝土表面凿下一部分混凝土，立即滴上化学试剂，根据反应的颜色测量碳化深度。常用化学试剂有两种，一种是 1%浓度的酚酞酒精溶液，它以 pH＝9 为界线，已碳化部分呈无色，未碳化的地方呈粉红色，这种方法仅能测试完全碳化深度。另有一种彩虹指示剂，可以根据反应的颜色判别不同的 pH 值（pH＝5～13），可以测试完全碳化深度和部分碳化深度。

4.6.4 混凝土的碱-骨料反应

碱-骨料反应（Alkali‐Aggregate Reaction，简称 AAR）是指混凝土中的碱与具有碱活性的骨料之间发生反应，反应产物吸水膨胀或反应导致骨料膨胀，造成混凝土开裂破坏的现象。根据骨料中活性成分的不同，碱-骨料反应分为三种类型：碱-硅酸反应（Alkali‐SilicaReaction，ASR）、碱-碳酸盐反应（Alkali‐Carbonate Reaction，ACR）和碱-硅酸盐反应（Alkali‐Silicate Reaction）。

碱-硅酸反应（ASR）是分布最广、研究最多的碱-骨料反应，该反应是指混凝土内的碱与骨料中的活性 SiO_2 反应，生成碱-硅酸凝胶，并从周围介质中吸收水分而膨胀，导致混凝土开裂破坏的现象。其化学反应式如下：

$$2ROH + nSiO_2 \rightarrow R_2O \cdot nSiO_2 \cdot H_2O$$

式中，R 代表 Na 或 K。

碱-骨料反应必须同时具备以下 3 个条件。

（1）混凝土中含有过量的碱（$Na_2O + K_2O$）。混凝土中的碱主要来自于水泥，也来自外加剂、掺合料、骨料、拌和水等组分。水泥中的碱（$Na_2O + 0.658K_2O$）大于 0.6%的水泥称为高碱水泥，我国许多水泥碱含量在1%左右，如果加上其他组分引入的碱，混凝土中的碱含量较高。《混凝土碱含量限制标准》（CECS 53—93）根据工程环境条件，提出了防止碱-硅酸反应的碱含量限值，见表4.19。

表4.19   防止ASR破坏的混凝土含碱量限值

环 境 条 件	混凝土最大碱含量/(kg/m³)		
	一般工程结构	重要工程结构	特殊工程结构
干燥环境	不限制	不限制	3.0
潮湿环境	3.5	3.0	2.1
含碱环境	3.0	用非活性骨料	

（2）碱活性骨料占骨料总量的比例大于1%。碱活性骨料包括含活性 SiO_2 的骨料（引起ASR）、黏土质白云石质石灰石（引起ACR）和层状硅酸盐骨料（引起碱-硅酸盐反应）。含活性 SiO_2 的碱活性骨料分布最广，目前已被确定的有安山石、蛋白石、玉髓、鳞石英、方石英等。

（3）潮湿环境。只有在空气相对湿度大于80%，或直接接触水的环境，AAR破坏才会发生。

碱-骨料反应很慢，引起的破坏往往经过若干年后才会出现。一旦出现，破坏性则很大，难以加固处理，应加强防范。可采取以下措施来预防：

（1）尽量采用非活性骨料。

（2）当确认为碱活性骨料又非用不可时，则严格控制混凝土中碱含量，如采用碱含量小于0.6%的水泥，降低水泥用量，选用含碱量低的外加剂等。

（3）在水泥中掺入火山灰质混合材料（如粉煤灰、硅灰和矿渣等）。因为它们能吸收溶液中的钠离子和钾离子，使反应产物早期能均匀分布在混凝土中，不致集中于骨料颗粒周围，从而减轻或消除膨胀破坏。

（4）在混凝土中掺入引气剂或引气减水剂。它们可以产生许多分散的气泡，当发生碱-骨料反应时，反应生成的胶体可渗入或被挤入这些气泡内，降低了膨胀破坏应力。

骨料碱活性检验方法有岩相法、化学法、砂浆长度法、岩石柱法、混凝土棱柱法和压蒸法等。《普通混凝土用砂质量标准及检验方法》（JGJ 52—1992）规定的细骨料碱活性检测方法有砂浆长度法和化学法。这两种方法均只适用于鉴定由硅质骨料引起的碱活性反应，不适用于含碳酸盐的骨料。砂浆长度法应用较普遍，检测时，用碱含量（Na_2O + $0.658K_2O$）为1.2%的高碱水泥，按规定方法配制成灰砂比为1：2.25、尺寸为160mm×40mm×40mm的砂浆试件。将试件放入湿度95%、温度为（40±2）℃的恒温恒湿养护器中养护，测定自测定基准长度之日起计算的2周、4周、8周、3个月、6个月时砂浆试件的长度。当砂浆半年膨胀率小于0.1%或3个月的膨胀率小于0.05%（只有在缺少半年膨胀率时才有效）时，则判为无潜在危害。反之，如超过上述数值，则判为有潜在危害。

《普通混凝土用碎石或卵石质量标准及检验方法》（JGJ 53—92）规定的粗骨料碱活性检测方法有砂浆长度法、化学法和岩石柱法。前两种方法适用于鉴定由硅质骨料引起的碱活性反应，不适用于含碳酸盐的骨料，岩石柱法用于检验碳酸盐岩石是否有碱活性。采用砂浆长度法检测时，先将粗骨料破碎成砂，筛分后按规定方法进行级配，然后按砂浆长度法鉴定细骨料碱活性时所规定的方法，进行试件制作、养护、测定和判定。采用岩石柱法检测时，钻取直径（9±1）mm、长（35±5）mm 的圆柱体岩石试件，浸入浓度为 1mol/L、温度为（20±2）℃的 NaOH 溶液中，测定自浸泡时开始计算的 7d、14d、21d、56d、84d 时岩石试件的长度。岩石试件浸泡 84d 的膨胀率如超过 0.1%，则该岩石样应评定为具有潜在碱活性危害，必要时应以混凝土试验结果作出最后评定。

4.6.5　混凝土的抗侵蚀性

环境介质对混凝土的化学侵蚀主要有淡水的侵蚀、硫酸盐的侵蚀、海水的侵蚀、酸碱侵蚀等，其侵蚀机理与水泥石化学侵蚀相同。

对以上各类侵蚀难以有共同的防止措施。一般是通过提高混凝土的密实度，改善混凝土的孔隙结构，以使环境侵蚀介质不容易渗入混凝土内部，或者采用外部保护措施以隔离侵蚀介质不与混凝土相接触。

4.6.6　混凝土的表面磨损

混凝土的表面磨损有三种情况：一是机械磨耗，如路面、机场跑道、厂房地坪等处的混凝土受到反复摩擦、冲击而造成的磨耗；二是冲磨，如桥墩、水工泄水结构物、沟渠等处的混凝土受到高速水流中夹带的泥沙、石子颗粒的冲刷、撞击和摩擦造成的磨耗；三是空蚀，如水工泄水结构物受到水流速度和方向改变形成的空穴冲击而造成的磨耗。影响混凝土耐磨性的因素有以下几个方面：

（1）混凝土的强度。混凝土抗压强度越高，耐磨性好。通过降低水灰比、掺高效减水剂等方法来提高混凝土强度的措施均对提高混凝土耐磨性有利。

（2）粗骨料的品种和性能。粗骨料硬度越高，韧性越高，混凝土的耐磨性越好。辉绿石、铁矿石的硬度和韧性最好，用这些骨料配制的混凝土抗冲击磨性能较好，花岗岩、闪长岩次之，石灰岩、白云岩较差。卵石表面光滑，碎石表面粗糙，从骨料本身来讲，前者的耐磨性更好，但是在相同条件下，卵石与水泥石之间的黏结强度比碎石的低，因此碎石更适合于配制高耐磨性混凝土。

（3）细骨料与砂率。细骨料按耐磨性排列的顺序为铁粉＞河砂＞石灰石砂＞矾土砂＞水淬矿渣砂。砂中石英等坚硬的矿物含量多，黏土等有害杂质含量少，则混凝土的抗冲磨性好，级配良好的中砂配制的混凝土比用细砂或特细砂配制的混凝土的抗冲磨性好得多。当水泥用量小于 $400kg/m^3$ 时，混凝土的磨损系数随砂率的降低而降低；当水泥用量大于 $450kg/m^3$ 时，混凝土的磨损系数在砂率为 30% 左右时最低。

（4）水泥和掺和料。水泥中 C_3S 的抗冲磨性最好，C_3A 和 C_4AF 次之，C_2S 最低。配制抗冲磨混凝土应尽量选用 C_3S 和 C_3A 含量高、强度等级高的水泥，水泥中不得掺煤矸石、火山灰、黏土等混合材料。在混凝土中掺入硅灰、磨细矿渣粉和钢纤维等掺和料，可使混凝土耐磨性大幅度提高。

（5）养护和施工方法。防止表面混凝土离析、泌水，充分养护混凝土，均有利于提高混凝土耐磨性。混凝土表面经真空脱水和机械二次抹面，可使混凝土耐磨性提高 30%～100%。

4.7　混凝土质量控制与强度评定

4.7.1　混凝土质量控制

混凝土在生产过程中由于受到许多因素的影响，其质量不可避免地存在波动。为避免混凝土质量波动，通常情况下，采取以下主要措施：

（1）做好混凝土生产前的必要准备工作。包括人员配备、设备调试、组成材料的检验配合比的确定及调整等。

（2）控制混凝土的生产过程。包括材料计量、搅拌、运输、浇筑、振捣和养护，试件的制作与养护等。

（3）评定混凝土生产后的合格性。主要包括批量划分、验收界限、检测方法和检测条件等。

尽管，混凝土质量的波动是不可避免的，但并不意味着不去控制混凝土的质量。相反，要认识到混凝土质量控制的复杂性，必须将质量管理贯穿于生产的全过程，使混凝土的质量在合理范畴内波动，确保土木工程的结构安全。

4.7.2　混凝土强度的波动规律

在正常生产条件下，影响混凝土强度的因素是不确定的，对同一种混凝土进行系统的随机抽样，测试结果表明其强度的波动规律符合正态分布，如图 4.15 所示。其特征可用强度平均值（$\overline{f}_{cu}$）和强度标准差（σ）来描述。

（1）强度平均值计算公式。

$$\overline{f}_{cu} = \frac{1}{n}\sum_{i=1}^{n} f_{cu,i} \qquad (4.9)$$

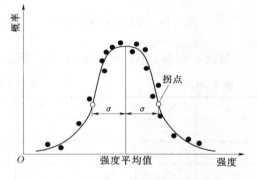

图 4.15　混凝土强度的正态分布曲线

强度平均值反映了混凝土强度的平均水平。强度平均值对应于正态分布曲线中概率密度峰值处的强度值，这表明混凝土强度接近其平均强度值处出现的次数最多，而随着远离对称轴，强度测定值出现的概率越来越小。

强度平均值仅表示混凝土强度的总体水平，但不能反映混凝土强度的波动情况。

（2）强度标准差计算公式。

$$\sigma = \sqrt{\frac{\sum\limits_{i=1}^{n} f_{cu,i}^2 - n\,\overline{f}_{cu}^2}{n-1}} \qquad (4.10)$$

式中　　n——实验组数（$n \geqslant 25$）；

$\quad\quad f_{cu,i}$——第 i 组试件的抗压强度，MPa；

$\quad\quad \overline{f}_{cu}$——$n$ 组试件抗压强度的算术平均值，MPa。

强度标准差是正态分布曲线上两侧的拐点离开强度平均值处的对称距离，它反映了强度波动的情况。如图 σ 值越大，强度分布曲线越低越宽，说明强度离散程度越大，即混凝土质量波动较大,从而反映了混凝土质量不稳定。

在混凝土相同生产管理水平下,其强度标准差随平均强度值的提高而增大。因此,平均强度水平不同的混凝土质量的稳定性,可用变异系数（c_v）来表示,表示公式为

$$c_v = \frac{\sigma}{f_{cu}} \tag{4.11}$$

c_v 值越小,说明混凝土质量越稳定。

4.7.3 混凝土强度保证率 $P(\%)$

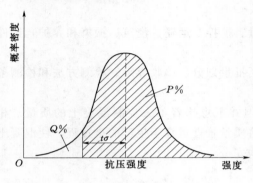

图 4.16 混凝土强度保证率

在混凝土的强度控制中,除需考虑强度稳定性外,还必须考虑混凝土符合设计要求的强度等级的合格率,即混凝土强度保证率。

混凝土强度保证率 $P(\%)$ 是指混凝土强度总体中,大于等于设计强度等级（$f_{cu,k}$）的概率,在混凝土强度正态分布曲线图中以阴影面积表示,如图 4.16 所示。强度保证率可按如下方法计算:

首先,计算出概率度 t,即

$$t = \frac{\overline{f}_{cu} - f_{cu,k}}{\sigma} = \frac{\overline{f}_{cu} - f_{cu,k}}{c_v \overline{f}_{cu}} \tag{4.12}$$

其次,根据 t 值,由表 4.20 查得保证率 $P(\%)$。

表 4.20　　　　　　　　　　不同 t 值的保证率 P

t	0.00	0.50	0.84	1.00	1.20	1.28	1.40	1.60
$P/\%$	50.0	69.2	80.0	84.1	88.5	90.0	91.9	94.5
t	1.65	1.70	1.81	1.88	2.00	2.05	2.33	3.00
$P/\%$	95.0	95.5	96.5	97.0	97.0	99.0	99.4	99.87

在工程中,t 值可根据统计周期内混凝土试件强度不低于要求强度等级标准值的组数 N_O 与试件总数 $N(N \geqslant 25)$ 之比求得,即

$$P = \frac{N_O}{N} \times 100\% \tag{4.13}$$

根据统计周期内混凝土强度的 σ 值和保证率 $P(\%)$,可将混凝土生产单位的生产管理水平划分为优良、一般、差 3 个级别,其值见表 4.21。

表 4.21　　　　　　　　　　混凝土生产管理水平

生产质量水平			优良		一般		差	
混凝土强度等级			<C20	≥C20	<C20	≥C20	<C20	≥C20
评定指标	混凝土强度标准差 σ/MPa	预拌混凝土厂及预制混凝土构件厂	≤3.0	≤3.0	≤3.0	≤3.0	≤3.0	≤3.0
		集中搅拌混凝土的施工现场	≤3.5	≤3.5	≤3.5	≤3.5	≤3.5	≤3.5

生产质量水平		优良	一般	差
评定指标	强度不低于要求强度等级的百分率 $P/\%$	预拌混凝土厂及预制混凝土构件厂及集中搅拌混凝土的施工现场	≥95	>85	≤85

4.7.4 混凝土配制强度保证率的确定

由正态分布的特点可知，如果按设计强度来配制混凝土（即混凝土强度的平均值为设计强度），那么混凝土的强度保证率是 50%，如此一来，会给土木工程造成极大的隐患。

为提高混凝土的强度保证率，在混凝土配合比设计时，必须使混凝土的配制强度 $f_{cu,o}$ 大于设计强度等级值 $f_{cu,k}$，超出值为 $t\sigma$。

$$f_{cu,o} = f_{cu,k} + t\sigma \qquad (4.14)$$

此时，混凝土强度保证率将大于 50%，如图 4.16 所示的阴影部分。

式（4.13）中，概率 t 与强度保证率 $P(\%)$ 对应，通常从表 4.20 中查得。

式（4.10）中，强度标准差 σ 是由混凝土施工水平所决定的，可根据以往配合比、同生产条件的混凝土强度抽检值，按照强度标准差计算式（4.10）统计核算。当无历史资料时，也可参考表 4.22 选取。

表 4.22 σ 参考值（无历史资料时）

混凝土强度等级	≤C20	C25～C45	C50～C55
σ/MPa	4.0	5.0	6.0

根据《普通混凝土配合比设计规程》（JGJ 55—2011）规定，当混凝土的设计强度等级小于 C60 时，配制强度 $f_{cu,o}$ 可按式（4.15）计算：

$$f_{cu,o} = f_{cu,k} + 1.645\sigma \qquad (4.15)$$

当混凝土强度等级不小于 C60 时，配制强度 $f_{cu,o}$ 可按式（4.16）计算：

$$f_{cu,o} = 1.15 f_{cu,k} \qquad (4.16)$$

另外，混凝土的配制强度等级 $f_{cu,o}$ 还可根据离散系数 c_v 数来确定。

令

$$f_{cu,o} = \overline{f_{cu}} \qquad (4.17)$$

则

$$\sigma = f_{cu,o} c_v \qquad (4.18)$$

$$f_{cu,o} = f_{cu,k} + t \cdot (f_{cu,o} c_v) \qquad (4.19)$$

所以

$$f_{cu,o} = \frac{f_{cu,k}}{1 - t c_v} \qquad (4.20)$$

4.8 混凝土的配合比设计

普通水泥混凝土的配合比是指混凝土中水泥、水、砂、石子四种主要组成材料用量之间的比例关系。常用的表示方法有两种：一种是以每立方米混凝土中各材料的用量（kg）来表示的，另一种是以水泥用量为 1，表示出各材料用量之间的比例关系，分别称为质量表示法和比例表示方法。见表 4.23。

表 4.23　　　　　　　　　　　　　混凝土中各材料的用量

组成材料	水　泥	水	砂	石
质量表示法	300kg/m³	180kg/m³	720kg/m³	1200kg/m³
比例表示法	1	0.60	2.40	4.00

当混凝土所用原材料不同时，为使混凝土达到同样的技术要求，其配合比将是不同的。因此，在进行配合比设计时，必须根据工程中所采用的原材料并结合实际施工条件，通过必要的计算和试验来慎重决定。对于已有的混凝土配合比经验数据只能作为参考，不能套用。因此，必须掌握混凝土配合比设计的基本原则与方法，以便能结合实际条件，设计出最合理的混凝土配合比。

4.8.1　混凝土配合比设计的基本要求

虽然不同性质的工程对混凝土的具体要求有所不同，但通常情况下，混凝土配合比设计，应满足下列四项基本要求。

1. 满足结构物设计强度的要求

作为土木工程中一种主要的承重材料，在结构设计时都会对不同的结构部位的水泥混凝土提出不同的设计强度要求。为了保证结构物的可靠性，在配制混凝土配合比时，必须要考虑到结构物的重要性、施工单位的施工水平等因素，采用一个比设计强度高的"配制强度"，才能满足设计强度的要求。配制强度定得太低，结构物不安全；定得太高又浪费资金。

2. 满足施工工作性的要求

按照结构物断面尺寸和形状、配筋的疏密以及施工方法和设备来确定工作性（坍落度或维勃稠度），以确保水泥混凝土能够在现有的施工设备和施工水平下，形成稳定密实的混凝土结构。

3. 满足环境耐久性的要求

根据结构物所处环境条件，如严寒地区的混凝土结构、地下结构、桥梁墩台在水位升降范围等部位的混凝土结构，由于环境较恶劣，为保证结构的长期有效性，在设计混凝土配合比时应考虑混凝土的耐久性，必须限制混凝土的"最大水灰比"和"最小水泥用量"。

4. 满足经济的要求

在满足设计强度、工作性和耐久性等工程所需性能的前提下，混凝土配合设计应尽量降低高价材料（水泥）的用量，并考虑应用就地材料和工业废料（如粉煤灰等），以配制成性能优越、价格便宜的混凝土。

4.8.2　混凝土配合比设计的三个参数

混凝土配合比设计，实质上就是确定四项材料之间的三个对比关系，即：水与水泥之间的对比关系、砂与石子之间的对比关系及水泥浆与骨料之间的对比关系。这三个对比关系一经确定，混凝土的配合比就确定了。

1. 水灰比 W/C

水与水泥组成水泥浆体。水泥浆体的性能，在水与水泥性质固定的条件下，就决定水与水泥的比例，这一比例就称为"水灰比"。

2. 砂率 β_s

细骨料（砂）与粗骨料（石）组成矿质混合料。矿料骨架的性能，在砂石性质固定的条件下，就取决于砂与石之间的用量比例，这一比例称为"砂石比"。但现行混凝土配合比设计方法对砂石之间的用量比例，是采用"砂率"来表示。砂率就是砂的用量占砂石总用量的质量百分率。

3. 用水量 m_w

水泥浆与骨料组成混凝土拌和物。拌和物的性能，在水泥浆与骨料性质固定的条件下，就取决于水泥浆与骨料的比例，这一比例称为"浆骨比"。但现行混凝土配合比设计方法对水泥浆与骨料之间的比例关系，是用"单位体积用水量"（简称用水量）来表示。所谓单位体积用水量，是指 $1m^3$ 混凝土拌和物中水的用量（kg/m^3）。当水灰比固定的条件下，用水量既定，水泥用量亦随之确定。在 $1m^3$ 拌和物中，水与水泥用量既定，当然骨料的总用量亦确定。所以用水量即表示水泥浆与骨料之间的用量比例关系。

4.8.3 混凝土配合比设计的方法与步骤

4.8.3.1 初步计算配合比

1. 确定混凝土配制强度 $f_{cu,o}$

混凝土的配制强度按式（4.21）计算：

$$f_{cu,o} \geqslant f_{cu,k} + 1.645\sigma \tag{4.21}$$

式中　$f_{cu,o}$——混凝土配制强度，MPa；

　　　$f_{cu,k}$——混凝土立方体抗压强度标准值，MPa，即设计强度；

　　　σ——混凝土强度标准差，MPa。

其确定方法如下：

（1）可根据同类混凝土的强度资料确定。对 C20 和 C25 级的混凝土，其强度标准差下限值取 2.5MPa。对大于或等于 C30 级的混凝土，其强度标准差的下限值取 3.0MPa。

（2）当施工单位无历史统计资料时，σ 可按表 4.24 取值。

（3）遇有下列情况时应适当提高混凝土配制强度：

1）现场条件与试验室条件有显著差异时。

2）C30 及其以上强度等级的混凝土，采用非统计方法评定时。

表 4.24　　　　　混凝土的 σ 取值（混凝土强度标准差）

混凝土的强度等级	<C20	C20~C35	>C35
σ	4.0	5.0	6.0

2. 确定水灰比 W/C

当混凝土强度等级小于 C60 级时，混凝土水灰比按式（4.22）计算：

$$\frac{W}{C} = \frac{\alpha_a f_{ce}}{f_{cu,o} + \alpha_a \alpha_b f_{ce}} \tag{4.22}$$

式中　α_a，α_b——回归系数，取值见表 4.25；

　　　f_{ce}——水泥 28d 抗压强度实测值，MPa。

表 4.25 回归系数 α_a, α_b 选用

系　数 ＼ 石子品种	碎　石	卵　石
α_a	0.46	0.48
α_b	0.07	0.33

当无水泥 28d 抗压强度实测值时，按式（4.23）确定 f_{ce}：

$$f_{ce} = \gamma_c f_{ce,g} \tag{4.23}$$

式中　$f_{ce,g}$——水泥强度等级值，MPa；

　　　γ_c——水泥强度等级值富余系数，按实际统计资料确定。富余系数可取 $\gamma_c = 1.13$。

由上式计算出的水灰比应小于表 4.26 中规定的最大水灰比。若计算而得的水灰比大于最大水灰比，应选取最大水灰比，以保证混凝土的耐久性。

表 4.26 混凝土的最大水灰比和最小水泥用量

环境条件		结 构 物 类 别	最 大 水 灰 比			最小水泥用量/kg		
			素混凝土	钢筋混凝土	预应力混凝土	素混凝土	钢筋混凝土	预应力混凝土
干燥环境		正常的居住或办公用房屋内部件	不作规定	0.65	0.60	200	260	300
潮湿环境	无冻害	高湿度的室内部件 室外部件 在非侵蚀性土和（或）水中的部件	0.70	0.60	0.60	225	280	300
	有冻害	经受冻害的室外部件 在非侵蚀性土和（或）水中且经受冻害的部件 高湿度且经受冻害的室内部件	0.55	0.55	0.55	250	280	300
有冻害和除冰剂的潮湿环境		经受冻害和除冰剂作用的室内和室外部件	0.50	0.50	0.50	300	300	300

注　1. 当用活性掺和料取代部分水泥时，表中的最大水灰比及最小水泥用量即为替代前的水灰比和水泥用量。
　　2. 配制 C15 级以下等级的混凝土，可不受本表限制。

3. 确定用水量 m_{wo}

根据施工要求的混凝土拌和物的坍落度，所用骨料的种类及最大粒径查表 4.27 得。水灰比小于 0.40 的混凝土及采用特殊成型工艺的混凝土的用水量应通过试验确定。大流动性混凝土的用水量可以查表中坍落度为 90mm 的用水量为基础，按坍落度每增大 20mm，用水量增加 5kg，计算出用水量。

表 4.27 塑 性 混 凝 土 用 水 量　　　　　单位：kg/m³

拌和物稠度		卵 石 最 大 粒 径				碎 石 最 大 粒 径			
项目	指标	10mm	20mm	31.5mm	40mm	16mm	20mm	31.5mm	40mm
坍落度	10～30mm	190	170	160	150	200	185	175	165
	35～50mm	200	180	170	160	210	195	185	175

续表

拌和物稠度		卵 石 最 大 粒 径				碎 石 最 大 粒 径			
项目	指标	10mm	20mm	31.5mm	40mm	16mm	20mm	31.5mm	40mm
坍落度	55～70mm	210	190	180	170	220	205	195	185
	75～90mm	215	195	185	175	230	215	205	195

注 1. 本表用水量采用中砂时的平均取值。采用细砂时，1m³ 混凝土用水量增加 5～10kg，采用粗砂时，则可减少 5～10kg。

2. 采用各种外加剂或掺和料时，用水量应相应调整。

掺外加剂时的用水量可按式（4.24）计算：

$$m_{wa} = m_{wo}(1-\beta) \tag{4.24}$$

式中　m_{wa}——掺外加剂时 1m³ 混凝土的用水量，kg；

m_{wo}——未掺外加剂时 1m³ 混凝土的用水量，kg；

β——外加剂的减水率，%，经试验确定。

4. 确定水泥用量 m_{co}

由已求得的水灰比 W/C 和用水量 m_{wo} 可计算出水泥用量。按式（4.25）计算：

$$m_{co} = m_{wo} \times \frac{C}{W} \tag{4.25}$$

由上试计算出的水泥用量应大于表 4.27 中规定的最小水泥用量，若计算而得的水泥用量小于最小水泥用量时，应选取最小水泥用量，以保证混凝土的耐久性。

5. 确定砂率 β_s

砂率可由试验或历史经验资料选取。若无历史资料，坍落度为 10～60mm 的混凝土的砂率可根据粗骨料品种，最大粒径及水灰比按表 4.28（《普通混凝土配合比设计规范》JGJ 55—2011）选取。坍落度大于 60mm 的混凝土的砂率，可经试验确定，也可在表 4.28 的基础上，按坍落度每增大 20mm，砂率增大 1% 的幅度予以调整。坍落度小于 10mm 的混凝土，砂率应经试验确定。

表 4.28　　　　　　　　混凝土的砂率 β_s（JGJ 55—2011）　　　　　　　　%

水灰比（W/C）	卵 石 最 大 粒 径			碎 石 最 大 粒 径		
	10mm	20mm	40mm	16mm	20mm	40mm
0.40	26～32	25～31	24～30	30～35	29～34	37～32
0.50	30～35	29～34	28～33	33～38	32～37	30～35
0.60	33～38	32～37	31～36	36～41	35～40	33～38
0.70	36～41	35～40	34～39	39～44	38～43	36～41

注 1. 本表为中砂的选用砂率，对细砂或粗砂，可相应地减小或增大砂率。

2. 只用一个单粒级粗骨料配制混凝土时，砂率应适当增大。

3. 对薄壁构件，砂率取偏大值。

6. 计算砂、石用量 m_{so}、m_{go}

（1）体积法。该方法假定混凝土拌和物的体积等于各组成材料的体积与拌和物中所含空气的体积之和。如取混凝土拌和物的体积为 1m³，则可得以下关于 m_{so}、m_{go} 的二元方程组：

$$\left.\begin{array}{l} \dfrac{m_{co}}{\rho_c}+\dfrac{m_{go}}{\rho_g}+\dfrac{m_{so}}{\rho_s}+\dfrac{m_{wo}}{\rho_w}+0.01\alpha=1\mathrm{m}^3 \\[3mm] \beta_s=\dfrac{m_{so}}{m_{so}+m_{go}}\times100\% \end{array}\right\} \tag{4.26}$$

式中　　　　　β_s——砂率；

α——混凝土中的含气量百分数，在不使用引气型外加剂时，α 可取 1；

ρ_g、ρ_s——粗骨料、细骨料的表观密度，$\mathrm{kg/m}^3$；

ρ_c、ρ_w——水泥、水的密度，$\mathrm{kg/m}^3$；

m_{co}、m_{so}、m_{go}、m_{wo}——每 1m^3 混凝土中的水泥、细骨料（砂）、粗骨料（石子）、水的质量，kg。

（2）质量法。该方法假定 1m^3 混凝土拌和物质量等于其各种组成材料质量之和，据此可得以下方程组：

$$\left.\begin{array}{l} m_{co}+m_{so}+m_{go}+m_{wo}=m_{cp} \\[3mm] \beta_s=\dfrac{m_{so}}{m_{so}+m_{go}}\times100\% \end{array}\right\} \tag{4.27}$$

式中　　　　　m_{cp}——每 1m^3 混凝土拌和物的假定质量，可根据实际经验在 2350～2450kg 之间选取；

m_{co}、m_{so}、m_{go}、m_{wo}——每 1m^3 混凝土中的水泥、细骨料（砂）、粗骨料（石子）、水的质量，kg。

由以上关于 m_{so} 和 m_{go} 的二元方程组，可解出 m_{so} 和 m_{go}。

则混凝土的初步计算配合比（初步满足强度和耐久性要求）为 $m_{co}:m_{so}:m_{go}:m_{wo}$。

4.8.3.2　基准配合比

按初步计算配合比进行混凝土配合比的试配和调整。试配时，混凝土的搅拌量可按表 4.29 选取。当采用机械搅拌时，其搅拌不应小于搅拌机额定搅拌量的 1/4。

表 4.29　　　　　　　　　　　混凝土试拌的最小搅拌量

骨料最大粒径/mm	拌和物数量/L	骨料最大粒径/mm	拌和物数量/L
31.5 及以下	15	40	25

试拌后立即测定混凝土的工作性能。当试拌得出的拌和物坍落度比要求值小时，应在水灰比不变前提下，增加水泥浆用量；当比要求值大时，应在砂率不变的前提下，增加砂、石用量；当黏聚性、保水性差时，可适当加大砂率。调整时，应即时记录调整后的各材料用量（m_{cb}，m_{wb}，m_{sb}，m_{gb}），并实测调整后混凝土拌和物的体积密度为 ρ_{oh}（$\mathrm{kg/m}^3$）。令调整后的混凝土试样总质量为

$$m_{Qb}=m_{cb}+m_{wb}+m_{sb}+m_{gb} \tag{4.28}$$

由此得出基准配合比（调整后的 1m^3 混凝土中各材料用量）：

$$m_{cj}=\frac{m_{cb}}{m_{Qb}}\rho_{oh} \tag{4.29}$$

$$m_{wj} = \frac{m_{wb}}{m_{Qb}} \rho_{oh} \tag{4.30}$$

$$m_{sj} = \frac{m_{sb}}{m_{Qb}} \rho_{oh} \tag{4.31}$$

$$m_{gj} = \frac{m_{gb}}{m_{Qb}} \rho_{oh} \tag{4.32}$$

式中　ρ_{oh}——实测试拌混凝土的体积密度。

4.8.3.3　实验室配合比

经调整后的基准配合比虽工作性已满足要求，但经计算而得出的水灰比是否真正满足强度的要求需要通过强度试验检验。在基准配合比的基础上做强度试验时，采用三个不同的配合比，其中一个为基准配合比的水灰比，另外两个较基准配合比的水灰比分别增加和减少 0.05。其用水量应与基准配合比的用水量相同，砂率可分别增加和减少 1%。

制作混凝土强度试验试件时，应检验混凝土拌和物的坍落度和维勃稠度、黏聚性、保水性及拌和物的体积密度，并以此结果作为代表相应配合比的混凝土拌和物的性能。进行混凝土强度试验时，每种配合比至少应制作一组（三块）试件，标准养护 28d 时试压。需要时可同时制作几组试件，供快速检验或早龄试压，以便提前定出混凝土配合比供施工使用，但应以标准养护 28d 的强度的检验结果为依据调整配合比。

根据试验得出的混凝土强度与其相对应的灰水比（C/W）关系，用作图法或计算法求出与混凝土配制强度（$f_{cu,o}$）相对应的灰水比，并应按下列原则确定每立方米混凝土的材料用量：

（1）用水量（m_w）应在基准配合比用水量的基础上，根据制作强度试件时测得的坍落度或维勃稠度进行调整确定。

（2）水泥用量（m_c）应以用水量乘以选定出来的灰水比计算确定。

（3）粗骨料和细骨料用量（m_g 和 m_s）应在基准配合比的粗骨料和细骨料用量的基础上，按选定的灰水比进行调整后确定。

经试配确定配合比后，尚应按下列步骤进行校正。

根据已确定的材料用量按式（4.33）计算混凝土的表观密度计算值：

$$\rho_{cc} = m_c + m_w + m_s + m_g \tag{4.33}$$

再按式（4.34）计算混凝土配合比校正系数 δ：

$$\delta = \frac{\rho_{ct}}{\rho_{cc}} \tag{4.34}$$

式中　ρ_{ct}——混凝土表观密度实测值，kg/m^3；

　　　ρ_{cc}——混凝土表观密度计算值，kg/m^3。

当混凝土表观密度实测值与计算值之差的绝对值不超过计算值的 2% 时，按以前的配合比即为确定的实验室配合比；当二者之差超过 2% 时，应将配合比中每项材料用量均乘以校正系数 δ，即为最终确定的实验室配合比。

实验室配合比在使用过程中应根据原材料情况及混凝土质量检验的结果予以调整。但遇有下列情况之一时，应重新进行配合比设计：

（1）对混凝土性能指标有特殊要求时。

（2）水泥、外加剂或矿物掺和料品种、质量有显著变化时。

（3）该配合比的混凝土生产间断半年以上时。

4.8.3.4　施工配合比

设计配合比是以干燥材料为基准的，而工地存放的砂石都含有一定的水分，且随着气候的变化而经常变化。所以，现场材料的实际称量应按施工现场砂石的含水情况进行修正，修正后的配合比称为施工配合比。

假定工地存放的砂的含水率 $a\%$，石子的含水率 $b\%$，则将上述实验室配合比换算为施工配合比，其材料称量为

水泥用量：
$$m_c = m_{co} \tag{4.35}$$

砂用量：
$$m_s = m_{so}(1 + a\%) \tag{4.36}$$

石子用量：
$$m_g = m_{go}(1 + b\%) \tag{4.37}$$

用水量：
$$m_w = m_{wo} - m_{so} \times a\% - m_{go} \times b\% \tag{4.38}$$

m_{co}、m_{so}、m_{go}、m_{wo} 为调整后的试验室配合比中每立方米混凝土中的水泥、水、砂和石子的用量（kg）。应注意，进行混凝土配合计算时，其计算公式中有关参数和表格中的数值均以干燥状态骨料（含水率小于 0.05% 的粗骨料）为基准。当以饱和面干骨料为基准进行计算时，则应做相应的调整，即施工配合比公式中的 a、b 分别表示现场砂石含水率与其饱和面干含水率之差。

4.8.4　混凝土配合比设计举例

某现浇钢筋混凝土梁，混凝土设计强度等级 C30，施工要求坍落度为 $35\sim50$ mm，使用环境为无冻害的室外使用。施工单位无该种混凝土的历史统计资料，该混凝土采用统计法评定。所用的原材料情况如下：

水泥：42.5 级普通水泥，实测 28d 抗压强度为 46.0MPa，密度 $\rho_c = 3100$ kg/m³；

砂：级配合格，$\mu_f = 2.7$ 的中砂，表观密度 $\rho_s = 2650$ kg/m³；

石子：$5\sim20$ mm 的碎石，表观密度 $\rho_g = 2720$ kg/m³。

试求：（1）该混凝土的设计配合比（试验室配合比）。

（2）施工现场砂的含水率为 3%，碎石的含水率为 1% 时的施工配合比。

4.8.4.1　计算配合比（初步配合比）

1. 配制强度（$f_{cu,o}$）的确定

$$f_{cu,o} = f_{cu,k} + 1.645\sigma$$

查表 4.21，当混凝土强度等级为 C30 时，取 $\sigma = 5.0$ MPa，得

$$f_{cu,o} = f_{cu,k} + 1.645\sigma = 30 + 1.645 \times 5.0 = 38.2 \text{MPa}$$

2. 计算水灰比（W/C）

对于碎石：$\alpha_a = 0.46$，$\alpha_b = 0.07$，且已知：$f_{ce} = 46.0$MPa，则

$$\frac{W}{C} = \frac{\alpha_a f_{ce}}{f_{cu,o} + \alpha_a \alpha_b f_{ce}} = \frac{0.46 \times 46.0}{38.2 + 0.46 \times 0.07 \times 46.0} = 0.53$$

查表 4.23 得最大水灰比为 0.60，可取水灰比为 0.53。

3. 确定单位用水量（m_{wo}）

根据混凝土坍落度为 $35\sim50$ mm，砂子为中砂，石子为 $5\sim20$ mm 的碎石，查表

4.27，可选取单位用水量 $m_{wo}=195\text{kg}$。

4. 计算水泥用量（m_{co}）

$$m_{co}=\frac{m_{wo}}{\dfrac{W}{C}}=\frac{195}{0.53}=368\text{kg}$$

由表 4.23 查得最小水泥用量为 280kg，可取水泥用量为 368kg。

5. 确定砂率（β_s）

查表 4.28，$W/C=0.53$ 和碎石最大粒径为 20mm 时，可取 $\beta_s=36\%$。

6. 计算粗、细骨料的用量（m_{go}，m_{so}）

（1）质量法计算。假定，1m^3 新拌混凝土的质量为 2400kg，则有：

$$368+m_{go}+m_{so}+195=2400$$

且砂率：

$$36\%=\frac{m_{so}}{m_{so}+m_{go}}\times100\%$$

求得：$m_{go}=661\text{kg}$，$m_{so}=1176\text{kg}$。

则计算配合比为：

1m^3 混凝土：水泥 368kg，水 195kg，砂 661kg，碎石 1176kg。

材料之间的比例：$m_{co}:m_{wo}:m_{so}:m_{go}=1:0.53:1.80:3.20$

（2）体积法计算。$\alpha=1$

$$\frac{368}{3100}+\frac{m_{go}}{2720}+\frac{m_{so}}{2650}+\frac{195}{1000}+0.01\alpha=1$$

$$\beta_s=\frac{m_{so}}{m_{so}+m_{go}}=36\%$$

求得：$m_{go}=658\text{kg}$，$m_{so}=1170\text{kg}$。

则计算配合比为

1m^3 混凝土：水泥 368kg，水 195kg，砂 658kg，碎石 1170kg。

材料之间的比例：$m_{co}:m_{wo}:m_{so}:m_{go}=1:0.53:1.79:3.18$

4.8.4.2　配合比的试配、调整与确定（基准配合比、设计配合比）

（以体积法计算配合比为例）

1. 配合比的试配

按计算配合比试拌 15L 混凝土，各材料用量为

水：$0.015\times195=2.93(\text{kg})$　　水泥：$0.015\times368=5.52(\text{kg})$

砂：$0.015\times658=9.87(\text{kg})$　　碎石：$0.015\times1170=17.55(\text{kg})$

拌和均匀后，测得坍落度为 25mm，低于施工要求的坍落度（35～50mm），增加水泥浆量 5%，测得坍落度为 40mm，新拌混凝土的黏聚性和保水性良好。经调整后各项材料用量为：

水泥 5.80kg，水 3.08kg，砂 9.87kg，碎石 17.55kg，其总量为 36.30kg。

因此，基准配合比为：$m_{co}:m_{wo}:m_{so}:m_{go}=1:0.53:1.70:3.03$

以基准配合比为基础，采用水灰比为 0.48，0.53 和 0.58 的三个不同配合比，制作强

度试验试件。其中，水灰比为 0.48 和 0.58 的配合比也应经和易性调整，保证满足施工要求的和易性；同时，测得其表观密度分别为 2380kg/m³，2383kg/m³ 和 2372kg/m³，试配结果见表 4.30。

表 4.30 混凝土配合比的试配结果

编号	混凝土配合比					混凝土实测性能		
	水灰比	水泥 /kg	水 /kg	砂 /kg	石 /kg	坍落度 /mm	表观密度 /(kg/m³)	28d 抗压强度 /MPa
1	0.48	425	204	611	1135	45	2380	47.8
2	0.53	385	204	643	1146	40	2383	40.2
3	0.58	350	203	654	1157	40	2372	34.0

2. 设计（基准）配合比的调整与确定

三种不同水灰比混凝土的配合比、实测坍落度、表观密度和 28d 强度见表 4.30。由表的结果并经计算可得与 $f_{cu,o}=38.2$MPa 对应的 W/C 为 0.54（内插法）。因此，取水灰比为 0.54，用水量为 204kg，砂率保持不变。调整后的配合比为：水泥 378kg，水 204kg，砂 646kg，石子 1150kg，表观密度 2378kg。

由以上定出的配合比，还需根据混凝土的实测表观密度 ρ_{ct} 和计算表观密度 ρ_{cc} 进行校正。按调整后的配合比实测的表观密度为 2395kg，计算表观密度为 2378kg；由于 $\rho_{ct}-\rho_{cc}=2395-2378=17$，该差值小于 ρ_{ct} 的 2%，可以不调整。

设计配合比：

1m³ 混凝土的材料用量：水泥 378kg；水 204kg；砂 646kg；碎石 1150kg。

各材料之间的比例：$m_{co}:m_{wo}:m_{so}:m_{go}=1:0.54:1.71:3.04$。

4.8.4.3 现场施工配合比

将设计配合比换算成施工配合比时，用水量应扣除砂、石所含水量，砂、石用量则应增加砂、石所含水量。因此，施工配合比为

$$m_c=m_{co}=378(\text{kg})$$
$$m_s=m_{so}(1+a\%)=646\times(1+0.03)=665(\text{kg})$$
$$m_g=m_{go}(1+b\%)=1150\times(1+0.01)=1162(\text{kg})$$
$$m_w=m_{wo}-m_{so}\cdot a\%-m_{go}\cdot b\%$$
$$=204-646\times0.03-1150\times0.01=173(\text{kg})$$

所以现场施工配合比为

$$m_c:m_w:m_g:m_s=1:0.48:1.76:3.07$$

4.9 其他品种混凝土

4.9.1 高强高性能混凝土

将强度等级大于等于 C60 的混凝土称为高强混凝土；将具有良好的施工和易性和优异的耐久性，且均匀密实的混凝土称为高性能混凝土；同时具备上述性能的混凝土称为高

强高性能混凝土。

获得高强高性能混凝土最有效的途径主要是掺加高性能混凝土外加剂和活性掺和料，并同时采用高强度等级的水泥和优质骨料。对于具有特殊要求的混凝土，还可掺用纤维材料提高抗拉、抗弯性能和冲击韧性；也可掺用聚合物等提高密实度和耐磨性。常用的外加剂有高效减水剂、高效泵送剂、高性能引气剂、防水剂和其他特种外加剂。常用的活性混合材料有Ⅰ级粉煤灰或超细磨粉煤灰、磨细矿粉、沸石粉、偏高岭土、硅粉等，有时也可掺适量超细磨石灰石粉或石英粉。常用的纤维材料有钢纤维、聚酯纤维和玻璃纤维等。

4.9.1.1 高强高性能混凝土的材料组成

1. 水泥

水泥的品种通常选用硅酸盐水泥和普通水泥，也可采用矿渣水泥等。强度等级选择一般为：C50～C80 混凝土宜用强度等级 42.5；C80 以上选用更高强度的水泥。$1m^3$ 混凝土中的水泥用量要控制在 500kg 以内，且尽可能降低水泥用量。水泥和矿物掺和料的总量不应大于 $600kg/m^3$。

2. 掺和料

（1）硅粉。硅粉是高强混凝土配制中应用最早、技术最成熟、应用较多的一种掺和料。硅粉中活性 SiO_2 含量达 90％ 以上，比表面积达 $15000m^2/kg$ 以上，火山灰活性高，且能填充水泥的空隙，从而极大地提高混凝土密实度和强度。硅灰的适宜掺量为水泥用量的 5％～10％。

（2）磨细矿渣。通常将矿渣磨细到比表面积 $350m^2/kg$ 以上，从而具有优异的早期强度和耐久性。掺量一般控制在 20％～50％ 之间。矿粉的细度越大，其活性越高，增强作用越显著，但粉磨成本也大大增加。与硅粉相比，增强作用略逊，但其他性能优于硅粉。

（3）优质粉煤灰。一般选用Ⅰ级灰，利用其内含的玻璃微珠起润滑作用，降低水灰比，以及细粉末填充效应和火山灰活性效应，提高混凝土强度和改善综合性能。掺量一般控制在 20％～30％ 之间。

（4）沸石粉。天然沸石含大量活性 SiO_2 和微孔，磨细后作为混凝土掺和料能起到微粉和火山灰活性功能，比表面积 $500m^2/kg$ 以上，能有效改善混凝土黏聚性和保水性，并增强了内养护，从而提高混凝土后期强度和耐久性，掺量一般为 5％～15％。

（5）偏高岭土。偏高岭土是由高岭土在 700～800℃ 条件下脱水制得的白色粉末，平均粒径 1～2μm，SiO_2 和 Al_2O_3 含量 90％ 以上，特别是 Al_2O_3 较高。在混凝土中的作用机理与硅粉及其他火山灰相似，除了微粉的填充效应和对硅酸盐水泥的加速水化作用外，主要是活性 SiO_2 和 Al_2O_3 与 $Ca(OH)_2$ 作用生成 C-S-H 凝胶和水化铝酸钙（C_4AH_{13}、C_3AH_6）水化硫铝酸钙（C_3ASH_{12}）。由于其极高的火山灰活性，故有超级火山灰之称。

3. 外加剂

高效减水剂（或泵送剂）是高强高性能混凝土最常用的外加剂品种，减水率一般要求大于 20％，以最大限度降低水灰比，提高强度。为改善混凝土的施工和易性及提供其他特殊性能，也可同时掺入引气剂、缓凝剂、防水剂、膨胀剂、防冻剂等。掺量可根据不同品种和要求根据需要选用。

4. 砂、石料

一般宜选用级配良好的中砂，细度模数宜大于 2.6。含泥量不应大于 1.5%，当配制 C70 以上混凝土，含泥量不应大于 1.0%。有害杂质控制在国家标准以内。

石子宜选用碎石，最大骨料粒径一般不宜大于 25mm，强度宜大于混凝土强度的 1.20 倍。对强度等级大于 C80 的混凝土，最大粒径不宜大于 20mm。针片状含量不宜大于 5%，含泥量不应大 1.0%，对强度等级大于 C100 的混凝土，含泥量不应大于 0.5%。

4.9.1.2　高强高性能混凝土的主要技术性质

（1）高强混凝土的早期强度高，但后期强度增长率一般不及普通混凝土。故不能用普通混凝土的龄期-强度关系式（或图表），由早期强度推算后期强度。如 C60～C80 混凝土，3d 强度约为 28d 的 60%～70%；7d 强度约为 28d 的 80%～90%。

（2）高强高性能混凝土由于非常致密，故抗渗、抗冻、抗碳化、抗腐蚀等耐久性指标均十分优异，可极大地提高混凝土结构物的使用年限。

（3）由于混凝土强度高，因此构件截面尺寸可大大减小，从而改变"肥梁胖柱"的现状，减轻建筑物自重，简化地基处理，并使高强钢筋的应用和效能得以充分利用。

（4）高强混凝土的弹性模量高，徐变小，可大大提高构筑物的结构刚度。特别是对预应力混凝土结构，可大大减小预应力损失。

4.9.1.3　高强高性能混凝土的应用

早在 20 世纪 50 年代发达国家已开始研究应用高强高性能混凝土。我国约在 20 世纪 80 年代初首先在轨枕和预应力桥梁中得到应用。高层建筑中应用则始于 80 年代末，进入 90 年代以来，研究和应用增加。

随着国民经济的发展，高强高性能混凝土在建筑、道路、桥梁、港口、海洋、大跨度及预应力结构、高耸建筑物等工程中的应用将越来越广泛，强度等级也将不断提高，C50～C80 的混凝土将普遍得到使用，C80 以上的混凝土将在一定范围内得到应用。

4.9.2　轻混凝土

轻混凝土是干表观密度小于 1950kg/m³ 的混凝土。可分为轻骨料混凝土、多孔混凝土和无砂大孔混凝土三类。轻混凝土的主要特点为①表观密度小；②保温性能良好；③耐火性能良好；④力学性能良好；⑤易于加工。

4.9.2.1　轻骨料混凝土

用轻粗骨料、轻细骨料（或普通砂）和水泥配制而成的混凝土，其干表观密度不大于 1950kg/m³，称为轻骨料混凝土。当粗细骨料均为轻骨料时，称为全轻混凝土；当细骨料为普通砂时，称砂轻混凝土。

1. 轻骨料的种类及技术性质

（1）轻骨料的种类。凡是骨料粒径为 5mm 以上，堆积密度小于 1000kg/m³ 的轻质骨料，称为轻粗骨料。粒径小于 5mm，堆积密度小于 1200kg/m³ 的轻质骨料，称为轻细骨料。

轻骨料按来源不同分为三类：①天然轻骨料（如浮石、火山渣及轻砂等）；②工业废料轻骨料（如粉煤灰陶粒、膨胀矿渣、自燃煤矸石等）；③人造轻骨料（如膨胀珍珠岩、页岩陶粒、黏土陶粒等）。

（2）轻骨料的技术性质。轻骨料的技术性质主要有松散堆积密度（简称松堆密度）、强度、颗粒级配和吸水率等，此外，还有耐久性、体积安定性、有害成分含量等。

1）松堆密度：轻骨料的表现密度直接影响所配制的轻骨料混凝土的表观密度和性能，轻粗骨料按松堆密度划分为 8 个等级：300kg/m³、400kg/m³、500kg/m³、600kg/m³、700kg/m³、800kg/m³、900kg/m³、1000kg/m³。轻砂的松堆密度为 410～1200kg/m³。

2）强度：轻粗骨料的强度，通常采用"筒压法"测定其筒压强度。筒压强度是间接反映轻骨料颗粒强度的一项指标，对相同品种的轻骨料，筒压强度与堆积密度常呈线性关系。但筒压强度不能反映轻骨料在混凝土中的真实强度，因此，技术规程中还规定采用强度等级来评定轻粗骨料的强度。"筒压法"和强度等级测试方法可参考有关规范。

3）吸水率：轻骨料的吸水率一般都比普通砂石料大，因此将显著影响混凝土拌和物的和易性、水灰比和强度的发展。在设计轻骨料混凝土配合比时，必须根据轻骨料的 1h 吸水率计算附加用水量。国家标准中关于轻骨料 1h 吸水率的规定是：轻砂和天然轻粗骨料吸水率不作规定，其他轻粗骨料的吸水率不应大于 22%。

4）最大粒径与颗粒级配：保温及结构保温轻骨料混凝土用的轻骨料，其最大粒径不宜大于 40mm。结构轻骨料混凝土的轻骨料不宜大于 20mm。对轻粗骨料的级配要求，其自然级配的空隙率不应大于 50%。轻砂的细度模数不宜大于 4.0；大于 4.75mm 的筛余量不宜大于 10%。

2. 轻骨料混凝土的强度等级

轻骨料混凝土按干表观密度一般为 800～1950kg/m³，共分为 12 个等级。强度等级按立方体抗压强度标准值分为 CL5、CL7.5、CL10、CL15、CL20、CL25、CL30、CL35、CL40、CL45、CL50 等 11 个等级。

按用途不同，轻骨料混凝土分为三类，其相应的强度等级和表观密度要求见表 4.31。

表 4.31　　　　　　　　　　　　**轻骨料混凝土按用途分类**

类别名称	混凝土强度等级的合理范围	混凝土表观密度等级的合理范围/(kg/m³)	用　　途
保温轻骨料混凝土	CL5	800	主要用于保温的围护结构或热工构筑物
结构保温轻骨料混凝土	CL5、CL7.5、CL10、CL15	800～1400	主要用于既承重又保温的围护结构
结构轻骨料混凝土	CL15、CL20、CL25、CL30、CL35、CL40、CL45、CL50	1400～1950	主要用于承重构件或构筑物

3. 轻骨料混凝土的制作与使用特点

（1）轻骨料本身吸水率较天然砂、石为大，若不进行预湿，则拌和物在运输或浇筑过程中的坍落度损失较大，在设计混凝土配合比时须考虑轻骨料附加水量。

（2）拌和物中粗骨料容易上浮，也不易搅拌均匀，应选用强制式搅拌机作较长时间的搅拌。轻骨料混凝土成型时振捣时间不宜过长，以免造成分层，最好采用加压振捣。

（3）轻骨料吸水能力较强，要加强浇水养护，防止早期干缩开裂。

4. 轻骨料混凝土配合比设计要点

轻骨料混凝土配合比设计的基本要求与普通混凝土相同，但应满足对混凝土表观密度的要求。

轻骨料混凝土配合比设计方法与普通混凝土基本相似，分为绝对体积法和松散体积法。砂轻混凝土宜采用绝对体积法，即按每立方米混凝土的绝对体积为各组成材料的绝对体积之和进行计算。松散体积法宜用于全轻混凝土，即以给定每立方米混凝土的粗细骨料松散总体积为基础进行计算，然后按设计要求的混凝土表观密度为依据进行校核，最后通过试拌调整得出。

轻骨料混凝土与普通混凝土配合比设计中的不同之处主要有两点，一是用水量为净用水量与附加用水量两者之和；二是砂率为砂的体积占砂石总体积之比值。

4.9.2.2　多孔混凝土

多孔混凝土中无粗、细骨料，内部充满大量细小封闭的孔，孔隙率高达 60% 以上。多孔混凝土可分为加气混凝土和泡沫混凝土两种。近年来，也有用压缩空气经过充气介质弥散成大量微气泡，均匀地分散在料浆中而形成多孔结构。这种多孔混凝土称为充气混凝土。

根据养护方法不同，多孔混凝土可分为蒸压多孔混凝土和非蒸压（蒸养或自然养护）多孔混凝土两种。由于蒸压加气混凝土在生产和制品性能上有较多优越性，以及可以大量地利用工业废渣，故近年来发展应用较为迅速。

多孔混凝土质轻，其表观密度不超过 $1000kg/m^3$，通常在 $300 \sim 800kg/m^3$ 之间；保温性能优良，导热系数随其表观度降低而减小，一般为 $0.09 \sim 0.17W/(m \cdot K)$；可加工性好，可锯、可刨、可钉、可钻，并可用胶粘剂黏结。

1. 蒸压加气混凝土

蒸压加气混凝土是用钙质材料（水泥、石灰）、硅质材料（石英砂、尾矿粉、粉煤灰、粒状高炉矿渣、页岩等）和适量加气剂为原料，经过磨细、配料、搅拌、浇注、切割和蒸压养护（在压力为 $0.8 \sim 1.5MPa$ 下养护 $6 \sim 8h$）等工序生产而成。

蒸压加气混凝土通常是在工厂预制成砌块或条板等制品。蒸压加气混凝土砌块按其强度和表观密度划分产品等级。

强度级别分为 A1、A2、A2.5、A3、A3.5、A5、A7.5、A10 共七个级别，其强度平均值和单块最小值应分别满足表 4.32 的要求。体积密度级别分为 B03、B04、B05、B06、B07、B08 共六个级别。各强度级别和密度级别的要求见表 4.33。

蒸压加气混凝土砌块适用于承重和非承重的内墙和外墙。强度等级 A3.5 级、密度等级 B05 和 B06 级的砌块用于横墙承重的房屋时，其楼层数不得超过三层。总高度不超过 10m；强度等级 A5 级、密度等级 B06 级和 B07 级的砌块，一般不宜超过五层，总高度不超过 16m。蒸压加气混凝土砌块可用作框架结构中的非承重墙。

表 4.32　　　　蒸压加气混凝土砌块的立方体抗压强度

强度等级	A1	A2	A2.5	A3.5	A5	A7.5	A10
平均值/MPa，$\geqslant$	1.0	2.0	2.5	3.5	5.0	7.5	10
单块最小值/MP，$\geqslant$	0.8	1.6	2.0	2.8	4.0	6.0	8.0

表 4.33   蒸压加气混凝土砌块的强度级别和密度级别

密度等级		B03	B04	B05	B06	B07	B08
强度级别	优等品（A）	A1	A2	A3.5	A5.0	A7.5	A10.0
	一等品（B）			A3.5	A5.0	A7.5	A10.0
	合格品（C）			A2.5	A3.5	A5.0	A7.5

2. 泡沫混凝土

泡沫混凝土是将由水泥等拌制的料浆与由泡沫剂搅拌造成的泡沫混合搅拌，再经浇注、养护硬化而成的多孔混凝土。

配制自然养护的泡沫混凝土时，水泥强度等级不宜低于 32.5，否则强度太低。当生产中采用蒸汽养护或蒸压养护时，不仅可缩短养护时间，且能提高强度，还能掺用粉煤灰、煤渣或矿渣，以节省水泥，甚至可以全部利用工业废渣代替水泥。如以粉煤灰、石灰、石膏等为胶凝材料，再经蒸压养护，制成蒸压泡沫混凝土。

泡沫混凝土的技术性质和应用，与相同表观密度的加气混凝土大体相同。也可在现场直接浇注，用作屋面保温层。

4.9.2.3 大孔混凝土

大孔混凝土指无细骨料的混凝土。按其粗骨料的种类，可分为普通无砂大孔混凝土和轻骨料大孔混凝土两类。普通大孔混凝土是用碎石、卵石、重矿渣等配制而成。轻骨料大孔混凝土则是用陶粒、浮石、碎砖、煤渣等配制而成。有时为了提高大孔混凝土的强度，也可掺入少量细骨料，这种混凝土称为少砂混凝土。

普通大孔混凝土的表观密度在 1500～1900kg/m³ 之间，抗压强度为 3.5～10MPa。轻骨料大孔混凝土的表现密度在 500～1500kg/m³ 之间，抗压强度为 1.5～7.5MPa。

大孔混凝土的导热系数小，保温性能好，收缩一般较普通混凝土小 30%～50%，抗冻性优良。

大孔混凝土宜采用单一粒级的粗骨料，如粒径为 10～20mm 或 10～30mm。不允许采用小于 5mm 和大于 40mm 的骨料。水泥宜采用等级为 32.5 或 42.5 的水泥。水灰比（对轻骨料大孔混凝土为净用水量的水灰比）可在 0.30～0.40 之间取用，应以水泥浆能均匀包裹在骨料表面不流淌为准。

大孔混凝土适用于制做墙体小型空心砌块、砖和各种板材，也可用于现浇墙体。普通大孔混凝土还可制成滤水管、滤水板等，广泛用于市政工程。

4.9.3 碾压式水泥混凝土

碾压式水泥混凝土是以较低的水泥用量和很小的水灰比配制而成的超干硬性混凝土，经机械振动碾压密实而成，通常简称为碾压混凝土。这种混凝土主要用来铺筑路面和坝体，具有强度高、密实度大、耐久性好和成本低等优点。

1. 原材料和配合比

碾压混凝土的原材料与普通混凝土基本相同。为节约水泥、改善和易性和提高耐久性，通常掺大量的粉煤灰。当用于路面工程时，粗骨料最大粒径应不大于 20mm，基层则可放大到 30～40mm。为了改善骨料级配，通常掺入一定量的石屑，且砂率比普通混凝土要大。

碾压混凝土的配合比设计主要通过击实试验，以最大表观密度或强度为技术指标，来选择合理的骨料级配、砂率、水泥用量和最佳含水量（其物理意义与普通混凝土的水灰比相似），采用体积法计算砂石用量，并通过试拌调整和强度验证，最终确定配合比。并以最佳含水率和最大表观密度值作为施工控制和质量验收的主要技术依据。

2．主要技术性能

碾压混凝土具有如下的主要技术性能：

（1）强度高。碾压混凝土由于采用很小的水灰比（一般为 0.3 左右），骨料又采用连续密级配，并经过振动式或轮胎式压路机的碾压，混凝土具有密实度和表观密度大的优点，水泥胶结料能最大限度地发挥作用，因而混凝土具有较高的强度，特别是早期强度更高。如水泥用量为 200kg/m³ 的碾压混凝土抗压强度可达 30MPa 以上，抗折强度大于 5MPa。

（2）收缩小。碾压混凝土由于采用密实级配，胶结料用量低，水灰比小，因此混凝土凝结硬化时的化学收缩小，多余水分挥发引起的干缩也小，从而混凝土的总收缩大大下降，一般只有同等级普通混凝土的 1/3～1/2。

（3）耐久性好。由于碾压混凝土的密实结构，孔隙率小，因此，混凝土的抗渗性、耐磨性、抗冻性和抗腐蚀性等耐久性指标大大提高。

4.9.4 抗渗混凝土

抗渗混凝土系指抗渗等级不低于 P6 级的混凝土。即它能抵抗 0.6MPa 静水压力作用而不发生透水现象。为了提高混凝土的抗渗性，通常采用合理选择原材料、提高混凝土的密实程度以及改善混凝土内部孔隙结构等方法来实现。目前，常用的抗渗混凝土的配制方法有以下几种。

1．富水泥浆法

这种方法是依靠采用较小的水灰比，较高的水泥用量和砂率，提高水泥浆的质量和数量，使混凝土更密实。

2．骨料级配法

骨料级配法是通过改善骨料级配，使骨料本身达到最大密实程度的堆积状态。为了降低空隙率，还应加入约占骨料量 5%～8% 的粒径小于 0.16mm 的细粉料。同时严格控制水灰比、用水量及拌和物的和易性，使混凝土结构致密，提高抗渗性。

3．外加剂法

这种方法与前面两种方法比较，施工简单，造价低廉，质量可靠，被广泛采用。它是在混凝土中掺入适当品种的外加剂，改善混凝土内孔结构，隔断或堵塞混凝土中各种孔隙、裂缝、渗水通道等，以达到改善混凝土抗渗的目的。常采用引气剂（如松香热聚物）、密实剂（如采用 $FeCl_3$ 防水剂）、高效减水剂（降低水灰比）、膨胀剂（防止混凝土收缩开裂）等。

4．采用特种水泥

采用无收缩不透水水泥、膨胀水泥等来拌制混凝土，能够改善混凝土内的孔结构，有效提高混凝土的致密度和抗渗能力。

抗渗混凝土的最大水灰比限值可参照表 4.34。

表 4.34　　　　　　　　抗渗混凝土的最大水灰比限值

等　　级	P6	P8～P12	P12 以上
C20～C30	0.60	0.55	0.50
C30 以上	0.55	0.50	0.45

4.9.5　耐热混凝土

耐热混凝土是指由合适的胶凝材料、耐热粗、细骨料及水，按一定比例配制而成，能长期在高温（200～900℃）作用下保持所要求的物理和力学性能的一种特种混凝土。

普通混凝土不耐高温，故不能在高温环境中使用。其不耐高温的原因是：水泥石中的氢氧化钙及石灰岩质的粗骨料在高温下均要产生分解，石英砂在高温下要发生晶型转变而体积膨胀，加之水泥石与骨料的热膨胀系数不同。所有这些因素，均将导致普通混凝土在高温下产生裂缝，强度严重下降，甚至破坏。

根据所用胶凝材料不同，耐热混凝土通常可分为以下几种。

1. 矿渣水泥耐热混凝土

矿渣水泥耐热混凝土是以矿渣水泥为胶结材料，安山岩、玄武岩、重矿渣、黏土碎砖等为耐热粗、细骨料，并以烧黏土、砖粉等做磨细掺和料，再加入适量的水配制而成。耐热磨细掺和料中的 SiO_2 和 Al_2O_3 在高温下均能与 CaO 作用，生成稳定的无水硅酸盐和铝酸盐，它们能提高水泥的耐热性。矿渣水泥配制的耐热混凝土其极限使用温度为 900℃。

2. 铝酸盐水泥耐热混凝土

铝酸盐水泥耐热混凝土是采用高铝水泥或硫铝酸盐水泥、耐热粗细骨料、高耐火度磨细掺和料及水配制而成。这类水泥在 300～400℃下其强度会发生急剧降低，但残留强度能保持不变。到 1100℃时，其结构水全部脱出而烧结成陶瓷材料，则强度重又提高。常用粗、细骨料有碎镁砖、烧结镁砖、矾土、镁铁矿和烧黏土等。铝酸盐水泥耐热混凝土的极限使用温度为 1300℃。

3. 水玻璃耐热混凝土

水玻璃耐热混凝土是以水玻璃做胶结材料，掺入氟硅酸钠作促硬剂，耐热粗、细骨料可采用碎铁矿、镁砖、铬镁砖、滑石、焦宝石等。磨细掺和料为烧黏土、镁砂粉、滑石粉等。水玻璃耐热混凝土的极限使用温度为 1200℃。施工时严禁加水；养护时也必须干燥，严禁浇水养护。

4. 磷酸盐耐热混凝土

磷酸盐耐热混凝土是由磷酸铝和高铝质耐火材料或锆英石等制备的粗、细骨料及磨细掺和料配制而成，目前更多的是直接采用工业磷酸配制耐热混凝土。这种混凝土具有高温韧性强、耐磨性好、耐火度高的特点，其极限使用温度为 1500～1700℃。磷酸盐耐热混凝土的硬化需在 150℃以上烘干，总干燥时间不少于 24h，硬化过程中不允许浇水。

耐热混凝土多用于高炉基础、焦炉基础，热工设备基础及围护结构、护衬、烟囱等。

4.9.6　耐酸混凝土

能抵抗多种酸及大部分腐蚀性气体侵蚀作用的混凝土称为耐酸混凝土。耐酸混凝土主要有水玻璃耐酸混凝土和硫磺耐酸混凝土。

1. 水玻璃耐酸混凝土

水玻璃耐酸混凝土由水玻璃作胶结料，氟硅酸钠作促硬剂，与耐酸粉料及耐酸粗、细骨料按一定比例配制而成。耐酸粉料由辉绿岩、耐酸陶瓷碎料、石英质材料磨细而成。耐酸粗、细骨料常用石英岩、辉绿岩、安山岩、玄武岩、铸石等。水玻璃耐酸混凝土的配合比一般为水玻璃∶耐酸粉料∶耐酸细骨料∶耐酸粗骨料＝（0.6～0.7）∶1∶1∶（1.5～2.0）。水玻璃耐酸混凝土养护温度不低于 10℃，养护时间不少于 6d。

水玻璃耐酸混凝土能抵抗除氢氟酸以外的各种酸类的侵蚀，特别是对硫酸、硝酸有良好的抗腐性，且具有较高的强度，其 3d 强度约为 11MPa，28d 强度可达 15MPa。多用于化工车间的地坪、酸洗槽、贮酸池等。

2. 硫磺耐酸混凝土

它是以硫磺为胶凝材料，聚硫橡胶为增韧剂，掺入耐酸粉料和细骨料，经加热（160～170℃）熬制成硫磺砂浆，灌入耐酸粗骨料中冷却后即为硫磺耐酸混凝土。其抗压强度可达 40MPa 以上，常用于地面、设备基础、贮酸池槽等。

4.9.7　泵送混凝土

泵送混凝土系指坍落度不小于 100mm，并用泵送施工的混凝土。它能一次连续完成水平运输和垂直运输，效率高、节约劳动力，因而近年来国内外应用也十分广泛。

泵送混凝土拌和物必须具有较好的可泵性。所谓可泵性，即拌和物具有顺利通过管道、摩擦阻力小、不离析、不阻塞和黏聚性良好的性能。

1. 泵送混凝土的材料组成

为保证泵送混凝土有良好可泵性，组成泵送混凝土的原材料应满足以下要求：

（1）水泥。泵送混凝土应选用硅酸盐水泥、普通硅酸盐水泥、矿渣硅酸盐水泥、粉煤灰硅酸盐水泥，不宜采用火山灰质硅酸盐水泥。

（2）骨料。泵送混凝土所用粗骨料宜用连续级配，其针片状含量不宜大于 10%。最大粒径与输送管径之比，当泵送高度 50m 以下时，碎石不宜大于 1∶3，卵石不宜大于 1∶2.5；泵送高度在 50～100m 时，碎石不宜大于 1∶4，卵石不宜大于 1∶3，泵送高度在 100m 以上时，不宜大于 1∶4.5。宜采用中砂，其通过 0.315mm 筛孔的颗粒含量不应少于 15%，通过 0.160mm 筛孔的含量不应少于 5%。

（3）掺和料与外加剂。泵送混凝土应掺用泵送剂或减水剂，并宜掺用粉煤灰或其他活性掺和料以改善混凝土的可泵性。

2. 泵送混凝土的坍落度

泵送混凝土入泵时的坍落度一般应符合表 4.35 的要求。

表 4.35　　　　　　　　　混凝土入泵坍落度选用表

泵送高度/m	30 以下	30～60	60～100	100 以上
坍落度/mm	100～140	140～160	160～180	180～200

3. 泵送混凝土配合比设计要求

泵送混凝土的水灰比不宜大于 0.60，水泥和矿物掺和料总量不宜小于 300kg/m³，且不宜采用火山灰水泥，砂率宜为 35%～45%。采用引气剂的泵送混凝土，其含气量不宜超过 4%。实践证明，泵送混凝土掺用优质的磨细粉煤灰和矿粉后，可显著改善和易性及节约水泥，而强度不降低。泵送混凝土的用水量和用灰量较大，使混凝土易产生离析和收缩裂纹等问题。

4.9.8 耐火混凝土

耐火混凝土是一种能长期承受高温作用（900℃以上），并在高温下保持所需要的物理力学性能（如有较高的耐火度、热稳定性、荷重软化点以及高温下较小的收缩等）的特种混凝土。它是由耐火骨料（粗细骨料）与适量的胶结料（有时还有矿物掺和料或有机掺和料）和水按一定比例配制而成。耐火混凝土按其胶结料不同，有水泥耐火混凝土和水玻璃耐火混凝土等；按其骨料的不同，有黏土熟料耐火混凝土、高炉矿渣耐火混凝土和红砖耐火混凝土等。

1. 耐火混凝土的配制要求

配制耐火混凝土用的普通水泥、矿渣水泥或矾土水泥，除应符合国家现行水泥标准外，并应符合下列要求：

（1）普通水泥中不得掺有石灰岩类的混合材料。

（2）用矿渣水泥配制极限使用温度为 900℃ 的耐火混凝土时，水泥中水渣含量不得大于 50%。

拌制水泥耐火混凝土时，水泥和掺和料必须拌和均匀。拌制水玻璃耐火混凝土时，氟硅酸钠和掺和料必须预先混合均匀。耐火混凝土宜用机械搅拌。

2. 耐火混凝土的养护

耐火混凝土的养护应遵守下列规定：

（1）水泥耐火混凝土浇筑后，宜在 15～25℃ 的潮湿环境中养护，其中普通水泥耐火混凝土养护不少于 7d，矿渣水泥耐火混凝土不少于 14d，矾土水泥耐火混凝土一定要加强初期养护管理，养护时间不少于 3d。

（2）水玻璃耐火混凝土宜在 15～30℃ 的干燥环境中养护 3d，烘干加热，并需防止直接曝晒而脱水，产生龟裂，一般为 10～15d 即可吊装。

（3）水泥耐火混凝土在气温低于 7℃ 和水玻璃耐火混凝土在低于 10℃ 的条件下施工时，均应按冬期施工执行，并应遵守下列规定：

1）水泥耐火混凝土可采用蓄热法或加热法（电流加热、蒸汽加热等），加热时普通水泥耐火混凝土和矿渣水泥耐火混凝土的温度不得超过 60℃，矾土水泥耐火混凝土不得超过 30℃。

2）水玻璃耐火混凝土的加热只许采用干热方法，不得采用蒸养，加热时混凝土的温度不得超过 60℃。

3）耐火混凝土中不应掺用化学促凝剂。

4）用耐火混凝土浇筑的热工设备，必须在混凝土强度达到设计强度的 70% 时［自然养护时，并在不少于规定（1）、规定（2）的规定养护龄期后］，方准进行烘烤。

3. 耐火混凝土的检验项目和技术要求

耐火混凝土的检验项目和技术要求见表 4.36。

表 4.36 耐火混凝土的检验项目和技术要求

极限使用温度	检 验 项 目	技 术 要 求
≤700℃	混凝土强度等级 加热至极限使用温度并经冷却后的强度	≥设计强度等级 ≥45%烘干抗压强度
900℃	混凝土强度等级 残余抗压强度: (1) 水泥胶结料耐火混凝土 (2) 水玻璃耐火混凝土	≥设计强度等级 ≥30%烘干抗压强度,不得出现裂缝 ≥70%烘干抗压强度,不得出现裂缝
1200℃、 1300℃	混凝土强度等级 残余抗压强度: (1) 水泥胶结料耐火混凝土 (2) 水玻璃耐火混凝土 (3) 加热至极限使用温度后的线收缩: 1) 极限使用温度为 1200℃ 时 2) 极限使用温度为 1300℃ 时 (4) 荷重软化温度(变形 4%)	≥设计强度等级 ≥30%烘干抗压强度,不得出现裂缝 ≥50%烘干抗压强度,不得出现裂缝 ≤0.7% ≤0.9% ≥极限使用温度

4.10 混凝土技术发展方向

混凝土作为主要的土木工程材料,在土木工程各个领域的应用不断增加。现代土木工程结构向大跨度、轻型、高耸结构发展,混凝土材料也在地下工程、海洋工程中不断扩展,使得工程结构对混凝土的性能要求越来越高。随着人类社会向智能化社会发展,将出现智能交通系统、智能大厦、智能化社区等。传统的混凝土向高性能、多功能、智能化混凝土发展将是必然趋势。而混凝土第五组分(化学外加剂)与第六组分(掺和料)的研究及应用,则是现代混凝土技术发展的核心。

4.10.1 混凝土第五组分(化学外加剂)

混凝土化学外加剂的使用是混凝土技术的重大突破。化学外加剂的掺量虽然很小,但能显著改善混凝土的某些性能,如提高强度、提高耐久性及节约水泥等。由于应用外加剂的经济效益显著,因此越来越受到国内外工程界的普遍重视,近几十年来,化学外加剂发展很快,品种越来越多,已成为混凝土除四种基本材料以外的第五种组分,在混凝土中已广泛应用。常用的混凝土外加剂已在本章第二节普通混凝土的组成材料中介绍。除常用的外加剂外,还有减少混凝土收缩的减缩剂,防止碱-骨料反应的碱骨料反应抑制剂等特种外加剂。

4.10.2 混凝土第六组分

混凝土第六组分是指除砂、石、水泥、水及化学外加剂之外的,用于改善混凝土性能或增加其功能或赋予其智能的成分。按其特性可分为改性型、功能型和智能型三大类。

4.10.2.1 改性型第六组分

改性型第六组分主要作用是显著改善混凝土物理力学性能,主要有矿物外加剂、聚合物和各类纤维。

1. 超细微粒矿物外加剂

超细微粒矿物外加剂是将高炉矿渣、粉煤灰、液态渣、沸石粉等超细粉磨而成，其比表面积一般大于 $500m^2/kg$，可等量代替水泥 15％～50％，是配置高性能混凝土必不可少的组分。掺入混凝土中后可以产生化学效应和物理效应，化学效应是指它们在水泥硬化过程中发生化学反应，产生胶凝性；物理效应是指它们可填充水泥颗粒间的空隙，起微集料作用，使混凝土形成紧密堆积体系。

随着超细微粒掺和料的品种、细度和掺量的不同，其作用效果有所不同，一般具有显著改善混凝土的力学性能、显著改善混凝土的耐久性、改善混凝土的和易性、抑制碱-骨料反应等。

2. 聚合物混凝土

在水泥基材料中掺入有机聚合物已有较长的历史，早在 20 世纪 40 年代就出现了有关聚合物混凝土的报道，60 年代后期得到了迅速的发展，20 世纪 80 年代初，英国的 Birchll 和其合作者研制了宏观无缺陷水泥（Macro-Ddfect-Free Cement，MDF），并用这种材料支撑了世界上第一根水泥弹簧，在水泥基材料学术界引起了很大的震动，被认为是对水泥基材料研究开发的一个重大突破。

聚合物混凝土主要有聚合物水泥混凝土和聚合物浸渍混凝土。

（1）聚合物水泥混凝土。聚合物水泥混凝土是用聚合物乳液和水拌和水泥，并掺入砂或其他骨料而制成的一种混凝土。所用聚合物可以是由一种单体聚合而成的均聚物，也可以是由两种或更多的单体聚合而成的共聚物。目前聚合物水泥混凝土中用的聚合物主要有：丙烯酸酯共聚乳液、聚氯丁二烯胶乳、聚苯乙烯胶乳、氯乙烯偏氯乙烯共聚乳液、BJ 乳液、BHC 乳液、苯丙乳液等。典型的聚合物乳液是由水、单体、引发剂、表面活性剂及其他成分组成。

聚合物水泥混凝土的性能主要是受聚合物的种类、掺量的影响。聚合物水泥混凝土具有较高的抗折强度和抗拉强度，尤其对老混凝土的黏结度极好，且具有抗水及抗氯离子渗透、抗冻融性等良好的耐久性，是一种性能优异的新型补强材料。

（2）聚合物浸渍混凝土。聚合物浸渍混凝土（PIC）是以混凝土为基材，将有机单体掺入混凝土中，并使其聚合而制成的一种混凝土。许多不同品种的有机单体已成功地用以生产聚合物浸渍混凝土，目前，使用较多的单体是甲基丙烯酸甲酯（MMA）和苯乙烯。

聚合物浸渍混凝土的性能除与有机单体种类有关外，还与其浸填率有关，完全浸渍的混凝土，其抗拉强度、抗压强度、抗折强度可能增长 2～4 倍。此外，它还具有很高的抗渗性、耐久性及很小徐变和收缩。聚合物浸渍混凝土具有较好的力学性能，主要是由于聚合物在水泥基体中的增塑、增韧、填孔和固化作用产生的。素混凝土及聚合物混凝土的典型性质见表 4.37。

表 4.37　　　　　　　　素混凝土及聚合物混凝土（PIC）的典型性质

性　　质	素混凝土	PIC（甲基丙烯酸甲酯）	PIC（苯乙烯）
抗压强度（28d）/MPa	40	130	70
抗拉强度（28d）/MPa	3	11	5

续表

性　质	素混凝土	PIC（甲基丙烯酸甲酯）	PIC（苯乙烯）
抗折强度（28d）/MPa	5	18	8
弹性模量/GPa	25	45	50
渗水性/(m/s)	5.0×10^{-13}	1.3×10^{-13}	1.4×10^{-13}
吸水性/%	6.4	0.3	0.7
热膨胀系数/(10^{-6}/℃)	8.0	9.5	9.0

3. 纤维混凝土

由水泥、水、粗细骨料以及各种有机、无机或金属的不连续短切纤维组成的材料，被称为纤维增强混凝土。普通混凝土往往在受荷载之前已含有大量微裂缝，在不断增大的外力作用下，这些微裂缝迅速扩大并形成宏观裂缝，最终导致材料破坏。当普通混凝土中加入适量的纤维后，材料的力学性能会发生变化。在水泥基材料中应用的纤维材料按其性质可分为金属纤维（钢纤维和不锈钢纤维）、无机纤维（包括石棉等天然矿物纤维、抗碱玻璃纤维、抗碱矿棉、碳纤维等人造纤维）和有机纤维（主要包括聚乙烯、聚丙烯、尼龙、芳族聚酰亚胺等合成纤维等）。

目前发展起来的纤维增强混凝土，应用最广的是指钢纤维增强混凝土、玻璃纤维增强混凝土和聚丙烯类纤维增强混凝土。纤维混凝土与普通混凝土相比，虽有许多优点，但毕竟代替不了钢筋混凝土。人们开始在配有钢筋的混凝土中掺加纤维，使其成为钢筋-纤维复合混凝土，这又为纤维混凝土的应用开发了一条新途径。

（1）钢纤维增强混凝土。在混凝土拌和物中，掺入适量的钢纤维，可配成一种既可浇筑又可喷射的特种混凝土，这就是钢纤维混凝土。与普通混凝土相比，钢纤维混凝土抗拉、抗弯强度及耐磨、耐冲击、耐疲劳、韧性和抗裂、抗爆等性能都可得到提高。因为大量很细的钢纤维均匀地分散在混凝土中，与混凝土接触的面积很大，因而，在所有的方向，都使混凝土的强度得到提高，大大改善了混凝土的各项性能。

钢纤维的尺寸，主要由强化特性和施工难易性决定。钢纤维如太粗或太短，其强化特性差，如过细或过长，则在搅拌时容易结团。为了增强钢纤维同混凝土之间的黏结强度，常采用增大表面积或将纤维表面加工成凹凸形状，按外形可为平直形、波浪形、压痕形、扭曲形、端钩形、大头形等。按横截面可为圆形、矩形、月牙形及不规则形等。把直径为0.3～1.2mm，长为15～60mm 的钢纤维均匀地掺入混凝土中，构成一种新的复合混凝土时，其性能改善尤为明显，见表 4.38。

（2）玻璃纤维混凝土。玻璃纤维混凝土是由玻璃纤维与水泥混凝土复合而成的材料。主要用于制作复合外墙板（以岩棉、泡沫聚苯等做芯材）、隔墙板、阳台栏板、垃圾道和通风道、卫生间等。

配制玻璃纤维混凝土应采用抗碱玻璃纤维，因为这种玻璃纤维中含有一定量的氧化锆（ZrO_2），在碱液作用下，其表面的氧化锆会转化成含氢氧化锆 $[Zr(OH)_4]$ 的胶状物，并经脱水聚合在其表面，形成致密的膜层，从而减缓了水泥石液相中的氢氧化钙 $[Ca(OH)_2]$ 对玻璃纤维的侵蚀。

表 4.38　　　　　　钢纤维混凝土的力学性能（钢纤维掺入率为 2%）

钢纤维混凝土的力学性能	与普通混凝土比较	钢纤维混凝土的力学性能	与普通混凝土比较
抗压强度	1.0～1.3 倍	韧性	40～200 倍
抗拉强度和抗弯强度	1.5～1.8 倍	疲劳强度	有所改善
早期抗裂强度	1.5～20 倍	耐破损性能	有所改善
抗剪强度	1.5～2.0 倍	耐热性能	显著改善
耐冲击性能	5～10 倍	抗冻融性能	显著改善
延伸率	约 2.0 倍	耐久性	密实度高，表面裂缝宽度不大于 0.08mm，耐久性有所改善，暴露于大气中的面层钢纤维产生锈斑

玻璃纤维混凝土的力学性能可参考表 4.39。

表 4.39　　　　　　　　玻璃纤维混凝土的力学性能

项　　目	力 学 性 能 参 考	项　　目	力 学 性 能 参 考
抗压强度	比未增强的水泥砂浆降低约不大于 10%	弹性模量	$2.6～3.1×10^4 N/mm^2$
抗拉强度	$4.0～9.0N/mm^2$	抗冻性	25 次反复冻融
抗弯强度	$7.0～25N/mm^2$	耐热性	使用温度不宜超过 80℃
抗冲击强度	用摆锤法测得 15～30kJ/m²		

（3）聚丙烯纤维混凝土。聚丙烯纤维可以通过大量吸收能量，控制水泥基体内部微裂的生成及发展，大幅度提高混凝土抗裂能力及改善抗冲击性能，并能大幅度提高混凝土抗折强度并降低其脆性，同时也提高了混凝土的抗渗能力、抗冻能力，使混凝土耐久性大大增强。

聚丙烯纤维的主要优点是良好的抗碱性和化学稳定性（它与大多数化学物质无反应），有较高的熔点，且原材料价格低廉。其不足之处是：①耐火性差，当温度超过 120℃时，纤维就软化，使聚丙烯纤维增强水泥基复合材料的强度显著下降，因此，用聚丙烯纤维作为水泥基的主要增强材料，要特别注意耐火性能；②在空气或氧气中光照易老化；③弹性模量低，一般只有 1～8GPa；④具有憎水性而不易被水泥浆浸湿。但是这些缺点并未阻碍聚丙烯纤维增强水泥基复合材料的发展，因包裹纤维的基体提供了一个保护层，有助于减小对火和其他环境因素的损伤。

4.10.2.2　功能型第六组分

传统上，混凝土主要是用于建筑承重材料，被用到的性能主要是力学性能。因而，在过去的 100 多年时间里，以强度为主的力学性能得到了广泛深入的研究和长足的发展。然而，随着人类社会的高度发展，现代建筑对混凝土提出了新的挑战，要求混凝土不仅要承重，最好还具有声、光、电、磁、热等功能，以适应多功能和智能建筑的需要。功能型第六组分可赋予混凝土特殊功能。

1. 导电混凝土

硬化水泥浆体本身是不导电的。因此，制备导电混凝土的方法是在普通混凝土中掺入各种导电组分。目前常用的导电组分基本可以分为三类：聚合物类、碳类和金属类，其中最常用的是碳类和金属类。碳类导电组分包括石墨、碳纤维及炭黑。金属类材料，则有金属微粉末、金属纤维、金属片、金属网等。

导电组分的种类、性质、形状、尺寸、掺量、与水泥浆基体的相容性以及材料的复合方法等因素都会影响混凝土的导电性。

2. 磁性混凝土

采用特殊工艺将可磁化粒子混入混凝土中，可制备磁性混凝土。所用的可磁化粒子可分为两类：一类是铁氧体（如钡铁氧体 $BaO \cdot 6Fe_2O_3$ 和锶铁氧体 $SrO \cdot 6Fe_2O_3$），另一类是稀土类磁性材料 [如 $SmCo_5$ 和 $Sm_2(Co，Fe，Cu，Mn)_{17}$]。

磁性混凝土的磁性性能主要取决于其中可磁化粒子的定向排列的有序化程度，可磁化粒子排列的定向度越高，则材料的磁性越好。磁性混凝土的磁性主要受可磁化粒子的性质、掺量、水泥品种以及制备工艺影响。目前来看，铁氧体类磁性混凝土具有较好的应用前景。

3. 屏蔽磁场混凝土

地下电力传输线和变压器、开关等电力设施可以产生磁场，对人的健康有负面影响。为了使建筑物具有屏蔽磁场的功能，一般采用在混凝土中加入钢丝网的方法。钢丝网可以有效屏蔽磁场，但又严重影响了混凝土的施工。在混凝土中加入钢质的曲别针也可达到屏蔽磁场的目的。由于曲别针为分散的、互不相连的个体，因而不会影响混凝土拌和物的性能和施工，同时，曲别针具有相互连接的倾向，在混凝土的搅拌和浇筑过程中，可以形成由曲别针连接的屏蔽磁场的金属网。在混凝土中掺入 5% 的钢质曲别针（曲别针长 3.18cm，宽 0.64cm，钢丝直径 0.79mm）即可获得足以和钢丝网（钢丝直径 0.6mm，钢丝网孔间距 5.64mm）混凝土相媲美的磁场屏蔽效果。

4. 屏蔽电磁波混凝土

随着电子信息时代的到来，各种电器电子设备（广播通信设备、家用电器、电子计算机、电子测量仪器、医疗设备）的数量大量增长，导致电磁波泄露问题越来越严重，而且电磁波泄露场的频率分布极宽，从低频到毫米波，它可能干扰正常的通信和导航，甚至危害人体健康。因此，具有屏蔽电磁波的建筑材料越来越受到重视。

混凝土本身既不能反射也不能吸收电磁波。但是掺入功能型组分后，可使其具有屏蔽电磁波的功能。其中，掺加的功能组分一般为导电粉末（如碳、石墨、铝、铜或镍等）、纤维（如碳、铝、钢或铜-锌等）或絮片（石墨、锌、铝或镍等）。采用铁氧体粉末或碳纤维毡作为吸收电磁波的功能组分，制作的幕墙对电磁波的吸收可达 90% 以上。带微圆圈的碳纤维也具有优异电磁波吸收功能。

4.10.2.3　智能型第六组分

智能混凝土是在混凝土原有组分基础上复合智能型组分，使混凝土具有自感知和记忆、自适应、自修复特性的多功能材料。

1. 应力、应变和损伤检测混凝土

将一定形状、尺寸和掺量的短切碳纤维掺入混凝土中，可以使材料具有自感知内部应力、应变和损伤程度的功能。通过对材料的宏观行为和微观结构变化观测，发现混凝土的电阻变化与其内部结构变化是相对应的，如电阻率的可逆变化对应于可逆的弹性变形，而电阻率的不可逆变化对应于非弹性变形和断裂，其测量范围很大。而且这种混凝土可以敏感有效地监测拉、弯、压等工况及静态和动态荷载作用下材料的内部情况。

在疲劳试验中还发现，无论是在拉伸或是压缩状态下，混凝土体积电阻率会随疲劳次数发生不可逆的降低。因此，可以应用这一现象对混凝土的疲劳损伤进行检测。

2. 调湿混凝土

有些建筑物对其室内温度和湿度有严格的要求，如各类展览馆、博物馆及美术馆等。自动调节湿度的混凝土自身即可完成对室内环境的探测，并根据需要对其进行调控。为混凝土带来自动调节环境湿度功能的关键组分是沸石粉。其机理为：沸石粉中的钙硅酸盐含有 $3\sim9\times10^{-10}$ m 的孔隙，这些孔隙可以对水分、NO_x 和 SO_x 气体选择性吸附。通过对沸石粉种类（天然的沸石有 40 多种）进行选择，可以制备符合实际应用需要的自动调节环境湿度的混凝土，它具有如下特点：优先吸附水分，水蒸气压低的地方，其吸湿容量大；吸放湿与温度有关，温度上升时放湿，温度下降时吸湿。这种材料已成功应用于日本月黑雅叙园美术馆、成天山法房美术馆和东京摄影美术馆等的室内壁墙，取得非常好的效果。

3. 仿生自愈伤混凝土

将内含黏结剂的空心玻璃纤维或胶囊掺入混凝土中，一旦材料在外力作用下发生开裂，空心玻璃纤维或胶囊就会破裂而释放黏结剂，黏结剂流向开裂处，使之重新黏结起来，起到愈伤的效果。

习　题

1. 普通混凝土的组成材料有哪几种？在混凝土中各起何作用？
2. 什么是新拌混凝土的和易性？通常如何调整新拌混凝土的和易性？
3. 影响混凝土强度的因素有哪些？怎样影响？如何提高混凝土的强度？
4. 混凝土的耐久性包括哪些方面的性能？如何提高混凝土的耐久性？
5. 什么叫混凝土的碳化？碳化对钢筋混凝土有何影响？
6. 什么是碱-骨料反应？如何预防碱-骨料反应？
7. 砂的颗粒级配和粗细程度是何含义？
8. 配制混凝土时为什么要选用合理砂率？
9. 用碎石拌制的混凝土与用卵石拌制的混凝土在性质上有何不同？为什么？
10. 试述混凝土配合比设计的基本步骤，为什么混凝土的配合比要试拌调整？

第5章 建筑砂浆

通常情况下，砂浆是由胶凝材料、细骨料、掺和料和水等材料按一定比例配合、拌制并经硬化而形成的建筑材料。在土木工程中，砂浆常起黏结、衬垫和传递应力的作用，与混凝土相比，砂浆又可称之为细骨料混凝土。

在土木工程中，砂浆是用量大、用途广泛的一种传统建筑材料，主要用于砌筑、抹面、修补和装饰工程。在建筑工程中，单块的砖、砌块、石材等需要用不同配合比的砂浆将其黏结在一起，形成砌体，且砌体的勾缝、板墙的接缝连接，都采用砂浆进行填充黏结；在装饰工程中，墙面、柱面、地面等需要抹面砂浆，起到保护结构和装饰作用，镶嵌大理石、水磨石、面板等贴面材料也需使用砂浆。在水利工程中，主要用于砌筑护坡、堤坝、桥涵和挡土墙等建筑物，有时也用作建筑物的表面防护层。

5.1 砂浆的分类及组成材料

建筑砂浆是由胶凝材料、细骨料和水等材料及适当掺和料、外加剂等按一定比例配合、拌制并经硬化而成的材料。

5.1.1 砂浆的分类

砂浆按所用胶凝材料的不同，可分为水泥砂浆、石灰砂浆和混合砂浆等几种。常用的混合砂浆有水泥石灰砂浆、水泥黏土砂浆和石灰黏土砂浆等。

砂浆按其用途，可分为砌筑砂浆、抹面砂浆等。砌筑砂浆用来砌砖石砌体；抹面砂浆用来涂抹建筑物表面，既起装饰作用，又能保护建筑物免受外界因素的侵蚀。此外，还有特殊用途的砂浆，如防水、勾缝、预缩、修补及装饰等砂浆。

砂浆按骨料粒径大小的不同，还可分为普通砂浆和小石子砂浆。

5.1.2 砂浆的组成材料

1. 胶凝材料

砂浆中使用的胶凝材料有各种水泥、石灰、建筑石膏和有机胶凝材料等。常用的是水泥和石灰。

（1）水泥。水泥是砂浆的主要胶凝材料，常用的水泥品种有矿渣硅酸盐水泥、普通硅酸盐水泥、火山灰硅酸盐水泥、复合硅酸盐水泥等。在建筑工程中，由于砂浆的强度等级不高，因此在配制砂浆时，为了合理利用资源，节约原材料，在配制砂浆时要尽量选用强度等级较低的 32.5 级的水泥。由于水泥混合砂浆中，石灰膏等掺和料会降低砂浆的强度，所以，水泥混合砂浆可用强度等级为 42.5 级的水泥。

（2）石灰。石灰掺入到砂浆中是为了节约水泥、改善砂浆的和易性。当对砂浆的技术要求不高时，有时也单独用石灰配制成石灰砂浆，但一般要符合技术要求。为保证砂浆的质量，应将石灰预先消化，并经过"陈伏"，可消除过火石灰的危害。在满足工程技术的要求下，可用电石灰等工业废料拌制砂浆。

在选用胶凝材料时应根据砂浆使用的部位、所处的环境条件以及用途等合理选择。在干燥环境中使用的砂浆既可选用气硬性胶凝材料（如石灰、石膏），也可选用水硬性胶凝材料（如水泥）；若在潮湿环境或水中使用的砂浆则必须选用水硬性胶凝材料。在配制某些专门用途的砂浆时，可以采用专门的或特种的水泥来满足要求。如满足装饰要求的白水泥和彩色水泥。

2. 细骨料

砂是建筑砂浆中最常用的细骨料。主要起骨架和填充的作用，对砂浆的和易性黏聚性和强度影响较大。采用中砂拌制砂浆，既可以满足和易性要求，又能节约水泥，因此优先选用中砂。由于砂浆铺设层一般较薄，因此，对砂的最大粒径和含泥量有一定的限制。

对于砌筑砂浆，砂宜选用中砂，并应符合现行行业标准《普通混凝土用砂、石质量及检验方法标准》（JGJ 52—2006）的规定，且应全部通过 4.75mm 的筛；用于砖砌体的砂浆，砂子的最大粒径应不大于 2.5mm，用于砌筑毛石砌体的砂浆，宜选用粗砂，砂子的最大粒径应小于砂浆层厚度的 1/5～1/4；用于抹面和勾缝的砂浆，砂宜选用细砂，且砂的最大粒径应小于 1.2mm；砂中的含泥量将影响砂浆质量，含泥量过大，不但会增加砂浆的水泥用量，还可能使砂浆的收缩值增大、耐久性降低，故砂的含泥量不应超过 5%。

3. 掺和料

为改善砂浆的和易性，降低水泥用量，常在砂浆中加入一定量的无机细颗粒物质，常见的有电石膏、石灰膏、粉煤灰、黏土膏、沸石粉等。砂浆中粉煤灰的品质指标应符合《用于水泥和混凝土中的粉煤灰》（GB 1596—2005）的要求，天然沸石粉的品质指标应符合《天然沸石粉在混凝土与砂浆中应用技术规程》（JGJ/T 112—97）的规定。其他掺和料应有可靠的技术依据以及应按相应的规定确定其使用量。

4. 拌和水

砂浆拌和用水的技术要求应与混凝土相同，应采用洁净、无腐蚀无油污、不含硫酸盐等的拌和水，因为当拌和砂浆的水中含有有害物质时，将会影响水泥的正常凝结，可能后期影响砂浆的强度，并且可能对钢筋产生锈蚀作用。因此，对砂浆用水的水质应符合《混凝土用水标准》（JGJ 63—2006）的规定。另外，在天气炎热或气候干燥季节，可适当增加拌和水用量。

5. 外加剂

在拌制砂浆时，掺入适量的外加剂，如增塑剂、防冻剂、早强剂、减水剂、引气剂等，可以改善或提高砂浆的某些性能。使用外加剂时，既要考虑外加剂对砂浆性能本身的影响，还要考虑砂浆的功能特性。并通过试验来确定外加剂的种类和含量，还应具有法定检测机构出具的该产品的砌体强度检验报告，方可使用。

砂浆的组成材料，对砂浆质量有很大的影响，应合理选择。

砂浆和混凝土在组成上的差别仅在于没有粗骨料，因此，有关混凝土的和易性、强度和耐久性等性质的变化规律，也基本上适用于砂浆。但砂浆一般是以薄层使用，而且有时铺砌在多孔吸水底面上，由于这些使用上的特点，砂浆与混凝土在性质、材料等方面的要求也就不尽相同。

5.2　砌筑砂浆的技术性质

砌筑砂浆用来砌筑砖石砌体，它填充砖石之间的空隙，并将其胶结成一个整体，使上层砖石所承受的荷载均匀的传至下层砖石。砂浆的质量是影响砌体强度、整体性和耐久性的一个重要因素。

砂浆在工程中用途广、用量大，合理选择配合比具有重要的技术经济意义。选择砂浆配合比的方法可以参照混凝土配合比选择方法进行。

5.2.1　新拌砂浆的性质

新拌砂浆的和易性是指砂浆易于施工，并能保证其质量的综合性能。和易性良好的砂浆，不仅在运输和施工过程中不易产生分层、析水等现象，而且容易在砖石上铺成均匀的薄层，并能与底层很好黏结，还可防止在施工过程中砂浆出现空缺等，既便于施工，又能提高砌体的质量。砂浆和易性的好坏，取决于它的流动性和保水性。

1. 流动性（稠度）

砂浆的流动性是指砂浆在自重或外力作用下是否易于流动的性能。流动性的大小以标准锥在砂浆中自由沉入 10s 时沉入深度的毫米数来表示，称为沉入度。砂浆的沉入度越大，表示砂浆的流动性越好。但砂浆的流动性应保持在一定的范围，若流动性过小，则不易施工操作；若流动性过大，则砂浆易分层、析水。

砂浆的流动性与胶凝材料的种类、用量及砂料的粒形、粒度、级配以及外加掺和料等因素有关。当胶凝材料和砂料用量一定时，砂浆的流动性主要取决于用水量，并随用水量的增多而增大。

砂浆的流动性根据砌体的种类、施工方法和气候条件等因素加以选择，须符合《砌筑砂浆配合比设计规程》（JGJ/T 98—2010）的规定。一般对吸水性较强的砖砌体，砂浆的沉入度应稍大些，如烧结普通砖砌体，砂浆的沉入度为 70~90mm；轻骨料混凝土小型空心砌块砌体，砂浆的沉入度为 60~90mm；烧结多孔砖、空心砖砌体，砂浆的沉入度为 60~80mm；烧结普通砖平拱式过梁、空斗墙、筒拱，普通混凝土小型空心砌块砌体，砂浆的沉入度为 50~70mm；对吸水性较小的石砌体，砂浆的沉入度为 30~50mm。当天气干燥炎热时，沉入度采用较大值；反之，当天气寒冷潮湿时，采用较小值。

2. 保水性

砂浆的保水性是指砂浆保存水分的能力。反映了砂浆中各组分不易分离的性质。保水性不好的砂浆，在运输过程中容易泌水离析，砌筑时易被砖石所吸收，使砂浆变得干稠，致使施工困难，砌体质量降低。保水性良好的砂浆，砌筑时水分损失较慢，能保持较好的和易性，在砌筑过程中易铺成均匀密实的砂浆层，也可使砌体灰缝填筑密实，与砖石黏结牢固，保证砌筑质量。

保水率是衡量砂浆保水性能的指标。保水率应符合《砌筑砂浆配合比设计规程》（JGJ/T 98—2010）的规定：水泥砂浆保水率不低于 80%，水泥混合砂浆保水率不低于 84%，预拌砌筑砂浆保水率不低于 80%。

砂浆中胶凝材料用量愈多，其保水性就愈好。为保证水泥砂浆的保水性能，满足保水率要求，水泥砂浆最小水泥用量不宜小于 200kg/m³，如果水泥用量太少，不能填充砂子孔隙，其稠度、保水率将无法保证。水泥混合砂浆中胶结料和掺和料（石灰膏、黏土膏等）总量在 350kg/m³ 时，既满足和易性又满足试配强度的 98％以上。水泥砂浆拌和物的表观密度不应小于 1900kg/m³，水泥混合砂浆及预拌砌筑砂浆拌和物表观密度不应小于 1800kg/m³。该表观密度值是对以砂为细骨料拌制的砂浆密度值的规定，不应包含轻骨料砂浆。

5.2.2 硬化砂浆的性质

硬化砂浆是将砖、石等砌体黏结成一整体，因此，它必须具有承受压力、传递压力及克服和抵御变形的能力，其性质主要有抗压强度、黏结强度和耐久性。

1. 抗压强度

砌体中砂浆主要起着传布压力荷载的作用，因此抗压强度是砂浆的主要技术指标之一。砂浆抗压强度以边长为 70.7mm 的立方体标准试件，在标准条件下养护 28d 后测定。其中标准条件为：①水泥砂浆在温度为（20±3）℃，相对湿度在 90％以上；②水泥石灰混合砂浆在温度为（20±3）℃，相对湿度在 60％～80％之间。

以上对于砌石砂浆，试件应采用有底试模成型；砌砖砂浆的试件则用无底试模，置于多孔吸水底面上成型。因此砌石工程所用的砂浆配合比，不适用于砌砖工程，否则将造成不必要的材料浪费。

水泥砂浆及预拌砂浆按其抗压强度大小一般分为 7 个强度等级：M5、M7.5、M10、M15、M20、M25、M30。水泥混合砂浆的抗压强度等级为 M5、M7.5、M10、M15。

影响砂浆抗压强度的因素除了自身组成的材料及配合比（砂、水泥、掺和料等的数量、种类和水）外，还与砂浆黏结面的吸水性、粗糙程度等状况有关。

（1）黏结面不吸水（或吸水极少）时，影响砂浆强度的因素，基本与混凝土相同，决定于水泥的强度和水灰比，可用式（5.1）计算

$$f_{m,o} = A f_{ce} \left(\frac{C}{W} - B \right) \tag{5.1}$$

式中　$f_{m,o}$——砂浆的 28 天抗压强度，MPa；

f_{ce}——水泥的 28 天实测抗压强度，MPa；

$\dfrac{C}{W}$——灰水比；

A、B——经验系数，$A=0.29$，$B=0.40$。

（2）黏结材料（如砖砌体）为吸水材料时，对灰砂比相同的砂浆，若其中水量稍有变化，则沉入度随之变化，但砌筑后，水分经过砖块吸收，最后在砂浆中保留水分仍将大致相同。在砌体中，对不同灰砂比的砂浆，若沉入度相同，则砂浆的用水量亦大致相近。因此，砂浆中的水量可以有条件的视为一个常量。在此情况下，可以认为砂浆强度主要取决于水泥强度和水泥用量，与拌和水量及灰水比无关。强度公式则可以表示为

$$f_{m,o} = \frac{\alpha f_{ce} Q_c}{1000} + \beta \tag{5.2}$$

式中　$f_{m,o}$——砂浆的 28 天抗压强度，MPa；

f_{ce}——水泥的 28 天实测抗压强度，MPa；

Q_c——单位立方米砂浆的水泥用量；

α、β——砂浆的特征系数。当为水泥混合砂浆时，$\alpha=3.03$，$\beta=-15.09$。

2. 黏结强度

砂浆的黏结强度是影响砌体结构抗剪强度、抗裂性、抗震性等的重要因素。为了保证砌体的整体性和质量，浆与砖石必须黏结牢固，即应有足够的黏结强度。影响黏结强度的因素很多，如砂浆的抗压强度、砂浆的配合组成、砖石的湿度及表面状态、砌筑和养护条件等。一般来说，砂浆的黏结强度随其抗压强度的增大而提高。

3. 耐久性

耐久性是砂浆的一个重要技术性能。砂浆应与基底材料有良好的黏结力，较小的收缩变形。水工砂浆经常遭受环境水的作用，故除强度外，还应具有抗渗、抗冻、抗冲刷和抗侵蚀等性能。对有冻融循环要求的建筑物，需要对其做冻融试验，要求砂浆的抗压强度损失率不得大于 25%，质量损失率不得大于 5%。

影响砂浆耐久性的因素，与混凝土基本相同，提高砂浆耐久性的措施，主要是提高其密实性，其中严格控制水灰比，是一个重要的措施。

不同用处的砂浆，其耐久性的要求也不相同。对与水接触的抹面砂浆、勾缝砂浆、防水砂浆及预缩砂浆等，均要求较高的耐久性。对于砌筑砂浆，当有抗渗性等要求时，往往采用其他防护措施，如采用混凝土防渗面板、沥青防渗层、水泥砂浆勾缝等。

5.2.3　材料的选择和质量鉴定

原材料的质量是影响砂浆性能的重要因素。砂浆中各种原材料的质量要求，基本上与混凝土相同。

水泥品种的选择原则与混凝土相同。水泥强度等级过高，将使砂浆中水泥用量不足而导致和易性不良。

对砂料中黏土及淤泥含量，常做以下限制：M5 以上的砂浆，其砂含泥量不应超过 5%；强度等级为 M2.5 的水泥混合砂浆，砂的含泥量不应超过 10%。对于质量不符合规定要求的原材料，应采取相应的技术措施，并经技术经济论证后才能应用。

5.2.4　确定砂浆的配合比

1. 试验配合比计算

（1）砂浆试配强度 $f_{m,o}$ 的计算。

$$f_{m,o}=kf_2 \tag{5.3}$$

式中　$f_{m,o}$——砂浆试配强度，精确至 0.1MPa；

f_2——砂浆抗压强度平均值（强度等级），精确至 0.1MPa；

k——系数，按表5.1选取。

砌筑砂浆现场标准差 σ 可按式（5.4）计算：

$$\sigma=\sqrt{\dfrac{\sum\limits_{i=1}^{n}f_{m,i}^2-n\mu_{m,f}^2}{n-1}} \tag{5.4}$$

式中　$f_{m,i}$——统计周期内同一品种砂浆第 i 组试件的强度，MPa；

$\mu_{m,f}$——统计周期内同一品种砂浆 n 组试件的强度的平均值，MPa；

n——统计周期内同一品种砂浆试件的总组数，$n \geqslant 25$。

当无统计资料时，砂浆强度现场标准差 σ 可按表5.1查取。

表5.1 不同施工水平砂浆强度现场标准差 σ

施工水平	砂浆强度等级（MPa）及标准差 σ							k
	M5	M7.5	M10	M15	M20	M25	M30	
优良	1.00	1.50	2.00	3.00	4.00	5.00	6.00	1.15
一般	1.25	1.88	2.50	3.75	5.00	6.25	7.50	1.20
较差	1.50	2.25	3.00	4.50	6.00	7.50	9.00	1.25

（2）每立方米砂浆中水泥用量 Q_c 的计算。

$$Q_c = 1000(f_{m,o} - \beta)/(\alpha f_{ce}) \tag{5.5}$$

式中 Q_c——每立方米砂浆的水泥用量，kg，应精确至1kg；

f_{ce}——水泥的实测强度，MPa，应精确至0.1MPa；

α、β——砂浆的特征系数，其中 α 取3.03，β 取-15.09。

注：各地区也可用本地区试验资料确定 α、β 值，统计用的试验组数不得少于30组。

在无法取得水泥的实测强度值时，可按式（5.6）计算：

$$f_{ce} = \gamma_c f_{ce,k} \tag{5.6}$$

式中 $f_{ce,k}$——水泥强度等级值，MPa；

γ_c——水泥强度等级值的富余系数，宜按实际统计资料确定；无统计资料时可取1.0。

（3）砂浆中掺和料 Q_D 的计算。

$$Q_D = Q_A - Q_C \tag{5.7}$$

式中 Q_D——每立方米砂浆的掺和料用量，kg，应精确至1kg；石灰膏、黏土膏等使用时的稠度宜为（120±5）mm；

Q_A——每立方米砂浆中水泥和掺和料总量，应精确至1kg，可为350kg；

Q_C——每立方米砂浆的水泥用量，kg，应精确至1kg。

每立方米砂浆中的胶凝材料总量一般为300～350kg，掺和料为石灰膏、黏土膏及电石灰膏时，其用量宜按稠度（120±5）mm计量。当石灰膏为其他稠度时，按表5.2换算。

表5.2 石灰膏不同稠度时的换算系数

石灰膏稠度/mm	120	110	100	90	80	70	60	50	40	30
换算系数	1.00	0.99	097	0.95	0.93	0.92	0.90	0.88	0.87	0.86

（4）每立方米砂浆中的砂用量，应按干燥状态（含水率小于0.5%）的堆积密度值作为计算值（kg），即配制 $1m^3$ 的砂浆需要含水率小于0.5%的干砂 $1m^3$，所以砂的用量为

$$Q_S = 1 \times \rho_{s,0} \tag{5.8}$$

式中 Q_S——立方米砂浆的砂用量，kg，应精确至1kg；

$\rho_{s,0}$——干砂的堆积密度，kg/m^3。

（5）每立方米砂浆中的用水量，可根据砂浆稠度等要求选用 210～310kg。一般要求：

1）混合砂浆中的用水量，不包括石灰膏中的水。

2）当采用细砂或粗砂时，用水量分别取上限或下限。

3）稠度小于 70mm 时，用水量可小于下限。

4）施工现场气候炎热或干燥季节，可酌量增加用水量。

2．水泥砂浆配合比的选用

对于工程量大的建筑物，砂浆配合比应通过试验加以选择。当使用掺和料和外加剂时，应进行不同掺和配合比试验，以确定其最优掺和量。水泥砂浆材料用量见表 5.3，水泥粉煤灰砂浆材料用量见表 5.4。

表 5.3　　　　　　　　　　　　　每立方米水泥砂浆材料用量　　　　　　　　　　　　单位：kg

强度等级	水泥用量	砂子用量	用水量
M5	200～230	砂子的堆积密度值	270～330
M7.5	230～260		
M10	260～290		
M15	290～330		
M20	340～400		
M25	360～410		
M30	430～480		

注　1．M15 及 M15 以下强度等级的水泥砂浆，水泥强度等级为 32.5；M15 以上强度等级的水泥砂浆，水泥强度等级为 42.5。

　　2．当采用细砂或粗砂时，用水量分别取上限或下限。

　　3．稠度小于 70mm 时，用水量可小于下限。

　　4．施工现场气候炎热或干燥季节，可酌量增加用水量。

表 5.4　　　　　　　　　　　每立方米水泥粉煤灰砂浆材料用量　　　　　　　　　　单位：kg

强度等级	水泥用量	粉煤灰用量	砂子用量	用水量
M5	210～240	占胶凝材料总量的 15%～25%	砂子的堆积密度值	270～330
M7.5	240～270			
M10	270～300			
M15	300～330			

注　1．表中水泥强度等级为 32.5。

　　2．当采用细砂或粗砂时，用水量分别取上限或下限。

　　3．稠度小于 70mm 时，用水量可小于下限。

3．砂浆配合比表示方法

砂浆配合比表示有体积配合比和质量配合比两种：

体积配合比表示为

$$水泥：石灰膏：砂 = 1 : \frac{V_D}{V_C} : \frac{V_S}{V_C}$$

质量配合比表示为

$$水泥：石灰膏：砂 = 1 : \frac{Q_D}{Q_C} : \frac{Q_S}{Q_C}$$

式中　V_D、V_C、V_S——砂浆中石膏、水泥及砂的体积；

　　　Q_D、Q_C、Q_S——砂浆中石膏、水泥及砂的质量。

5.2.5　砌筑砂浆配合比计算实例

某砖墙用砌筑砂浆，要求使用水泥石灰混合砂浆。砂浆强度等级为 M10，稠度为 70～80mm。原材料性能为：水泥为 32.5 级的粉煤灰硅酸盐水泥，砂子为中砂，干砂的堆积密度为 1480kg/m³，砂的实际含水率为 2%，石灰膏稠度为 100mm，施工水平一般。

解：计算配制强度：$f_{m,o} = kf_2 = 1.20 \times 10 = 12.0\,(\text{MPa})$

计算水泥用量：$Q_c = 1000(f_{m,o} - \beta)/(\alpha f_{ce})$

$$= 1000 \times (12.0 + 15.0)/(3.03 \times 1.0 \times 32.5)$$

$$= 275\,(\text{kg})$$

计算石灰膏用量：$Q_D = Q_A - Q_C = 350 - 275 = 75\,(\text{kg})$

石灰膏稠度为 100mm，换算成 120mm，查表 5.2，计算得：$75 \times 0.97 = 73\,(\text{kg})$

根据砂的堆积密度和含水率，计算用砂量：$Q_s = 1480 \times (1 + 0.02) = 1510\,(\text{kg})$

砂浆试配时的配合比（质量比）为：水泥：石灰膏：砂 $= 275 : 73 : 1510 = 1 : 0.27 : 5.49$。

5.3　其他种类砂浆

5.3.1　小石子砂浆

小石子砂浆是在水泥砂浆中掺入适量的小石子配制而成。在毛石砌体中，石块形状不规则，石块之间的空隙率可达 40%～50%，而且空隙较大，采用通常的水泥砂浆填充，单位砌体水泥耗量较高，因而工程造价就高。如以 20%～30% 的 5～10mm 或 5～20mm 的小石子取代水泥砂浆中的部分砂料，拌制成小石子砂浆，可使骨料表面积和空隙率显著降低，使单位水泥用量大大减少，而强度、变形模量、表观密度均有所提高。工程经验证明，小石子砂浆的和易性完全满足施工要求，操作与一般砂浆无甚差别。在相同施工条件下，强度离差系数也较小。但小石子掺量不宜过多，过多时，小石子砂浆不易捣实，可能降低砌筑质量。小石子砂浆已用于国内一些砌石坝工程，并取得一定的技术经济效果。

5.3.2　抹面砂浆

抹面砂浆，又称抹灰砂浆，涂抹于结构物的外部，用于修正表面保护墙体，并可增加美观，如图 5.1 所示。抹面砂浆要求有良好的和易性，粗骨料不宜太大，与基底的黏结力好，容易摸成均匀平整的薄层，较长时间使用，不易开裂和脱落。抹面砂浆按其功能一般分为普通抹面砂浆、防水砂浆以及装饰砂浆等。

图 5.1　砂浆抹面

1．普通抹面砂浆

普通抹面砂浆具有保护结构主体，增加美观、提高耐久性。石灰砂浆、水泥混合砂浆、麻刀石灰浆（麻刀灰）、纸筋石灰浆（纸筋灰）等是常见的普通抹面砂浆。

抹面砂浆一般铺抹在砌筑体的表面，与外界环境（如空气）接触较多，水分逸散快，因此，要求有良好的和易性，以免影响其黏结力和耐久性。抹面砂浆分两层或三层施工。各层作用要求不同，砂浆的稠度和品种也就不同。

一般情况下，内部砖墙底层抹灰，多用石灰砂浆或石灰炉灰砂浆；板条墙底层采用麻刀石灰砂浆；混凝土墙、梁、柱、顶板等的底层抹灰可用混合砂浆。面层抹灰多采用混合砂浆、麻刀石灰砂浆及纸筋石灰砂浆。受雨水作用的外墙面以及受潮和碰撞的部位，如墙裙、窗台、踢脚板、雨棚等，一般采用水泥抹面砂浆。

普通抹面砂浆的流动性和沙子的最大粒径见表 5.5；常用的抹面砂浆的配合比和应用范围见表 5.6。

表 5.5　　　　　　　　　抹面砂浆的流动性和沙子的最大粒径

抹　面　层	沉入度（人工抹面）/mm	砂的最大粒径/mm
底层	100～120	2.5
中层	70～90	2.5
面层	70～80	1.2

表 5.6　　　　　　　　　常用抹面砂浆的配合比和应用范围

材　　料	体积配合比	应　用　范　围
石灰：砂	1：3	用于干燥环境中的砖石墙面打底或找平
石灰：黏土：砂	1：1：6	干燥环境墙面
石灰：石膏：砂	1：0.6：3	不潮湿的墙及天花板
石灰：石膏：砂	1：2：3	不潮湿的线脚及装饰
石灰：水泥：砂	1：0.5：4.5	勒脚、女儿墙及较潮湿的部位
水泥：砂	1：2.5	用于潮湿的房间墙裙、地面地基
水泥：砂	1：1.5	地面、墙面、天棚
水泥：砂	1：1	混凝土地面压光
水泥：石膏：砂：锯末	1：1：3：5	吸声粉刷
水泥：白石子	1：1.5	水磨石
石灰膏：麻刀	100：2.5（质量比）	木板条顶棚底层
石灰膏：纸筋	1m³ 石灰膏掺 3.6kg 纸筋	较高级的墙面及顶棚
石灰膏：纸筋	100：3.8（质量比）	木板条顶棚面层
石灰膏：麻刀	100：1.3（质量比）	木板条顶棚面层

2．防水砂浆

防水砂浆就是用作防水层的砂浆。防水砂浆具有较高的抗渗性能，用来铺设刚性防水层，可用于不受震动作用和具有一定刚度的混凝土和砖石等砌体工程。

防水砂浆主要有普通水泥防水砂浆、掺有防水剂的防水砂浆、膨胀水泥和无收缩水泥防水砂浆 3 种。

为了保证防水层的抗渗性能，砂浆必须分多层涂抹。施工时先将底层洗净润湿，涂刷一层水泥净浆，再抹上一层 5mm 厚的砂浆，初凝前用木抹子压实，通常防水层要铺设 4～5 层，施工时必须注意提高砂浆的密实性，作好各层之间的结合，并加强养护，否则不易得到预期的效果。刚性防水层砂浆的配合比通常为 1∶2.5～1∶3、水灰比为 0.5～0.55，水泥一般采用 42.5 强度等级的普通硅酸盐水泥，砂子应采用级配良好的中砂，也可掺用金属氯化物盐类和金属皂类防水剂配制防水砂浆。

3. 装饰砂浆

装饰砂浆是指粉刷在建筑物内、外墙表面，具有美观装饰效果的抹面砂浆，常在普通抹面砂浆做好底层和中层抹灰后施工。

装饰砂浆常采用带色的胶凝材料、骨料或采用某种特殊的操作工艺，使表面呈现特殊的表面形式或呈现各种色彩、条纹和图案等。可采用的胶凝材料有石灰、石膏、彩色水泥、白水泥等。骨料多为白色或彩色天然砂、大理石或花岗岩碎屑、陶瓷碎粒或塑料色粒，有时可加入玻璃碎粒、长石、贝壳、云母碎片以及其他的装饰骨料，可使砂浆表面获得发光效果。

常用的施工操作方法有拉毛、水刷石、水磨石、剁斧石、人造大理石、干粘石、贴花、喷粘彩色瓷粒等。

（1）拉毛处理。先用水泥砂浆做底层，再用水泥石灰砂浆做面层，在砂浆尚未凝结之前用抹刀将表面制成凸凹不平的形状。可用于对声环境要求较高的礼堂、影剧院及会议室等室内墙面；也用在外墙面或围墙等外饰面，起到吸声、声音漫射、仿天然石材等装饰效果。实物如图 5.2 所示。

（2）水刷石。以颗粒细小的石渣（约 5mm）拌成的砂浆做面层，在水泥浆终凝前，喷水冲刷表面，冲掉砂浆表层的水泥浆，使石渣表面外露。常用于建筑物的外墙面，具有一定的质感，且经久耐用。实物如图 5.3 所示。

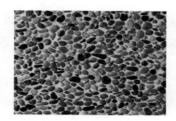
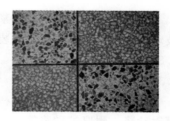

图 5.2　拉毛处理　　　　　图 5.3　水刷石　　　　　图 5.4　水磨石

（3）水磨石。用普通硅酸盐水泥、白色水泥、有色水泥及有色石渣和水按适当比例加入颜料，经拌和、涂抹、养护、硬化和表面抛光而成。可设计不同图案色彩，磨平抛光后更具艺术效果。可用水磨石装饰室内外的地面、路面、台面及柱面等；还可制成预制件或预制块，用于楼梯踏步、台阶、窗台板、柱面、台面、踢脚板及地面板等构件。实物如图

5.4 所示。

（4）斩假石。砂浆的配制与水刷石基本一致，但石渣粒径较小，约为 2～6mm。待砂浆抹面硬化后，用刃将表面剁毛并露出石渣。斩假石的装饰效果与粗面花岗岩相似，主要用于室外栏杆，柱面、踏步等。实物如图 5.5 所示。

图 5.5　斩假石　　　　　　　　　图 5.6　假面砖

（5）假面砖。在混凝土表面刻画出纵横的线条，或压制成线条，有的直接用涂料染成线条，从外表看，像砌筑的一层一层的砖块。可将墙面装饰成仿砖砌体、仿瓷装贴面、仿石材贴面等，具有显著的艺术效果。实物如图 5.6 所示。

（6）人造大理石。以水泥、砂、碎大理石或工业废渣等为原料，经配料、搅拌、成型、加压蒸养、磨光及抛光等工艺制成。这种制品的色彩、花纹和光洁度都接近天然大理石效果，适用于高档装饰工程。实物如图 5.7 所示。

图 5.7　人造大理石　　　　　　　图 5.8　干粘石

（7）干粘石。在水泥砂浆表面黏结一层粒径为 5mm 以下的彩色石渣、小石子、彩色玻璃、陶瓷碎粒等。干粘石装饰后，表面洁净、艳丽，可做出不同样式的图案。实物如图 5.8 所示。

5.3.3　特种砂浆

特种砂浆是指具有某种特殊功能的砂浆。常用的特种砂浆有隔热砂浆、吸声砂浆、防辐射砂浆、耐腐蚀砂浆等。

1. 隔热砂浆

是以水泥、石灰膏等胶凝材料与膨胀珍珠岩或膨胀蛭石、火山渣、浮石砂、膨胀矿渣、陶砂等轻质多孔骨料按一定比例配制成的砂浆。隔热砂浆通常为轻质砂浆，常用于屋面隔热层、隔热墙壁及供热管道隔热层等。常见的隔热砂浆有水泥膨胀珍珠岩砂浆、水泥膨胀蛭石砂浆、水泥石灰膨胀蛭石砂浆等。

2．吸声砂浆

由轻质多孔细骨料制成的绝热砂浆都具有吸声性能。通常可用水泥、石膏、砂、锯末等配制而成，也可在石灰、石膏砂浆中掺入玻璃纤维、矿物棉等松软纤维材料制成。吸声砂浆主要用于室内墙壁和顶面的抹灰。

3．防辐射砂浆

在水泥浆中掺入高密度的重晶石粉、重晶石砂，可配制成具有防 X 射线功能的砂浆；若在水泥浆中掺加硼砂、硼酸等可配制成防中子辐射能力的砂浆，通常用于核设施工程、医疗放射室、实验室等辐射屏蔽防护工程。

4．耐腐蚀砂浆

主要有耐酸砂浆、耐碱砂浆和硫磺耐酸砂浆等。

耐酸砂浆是用水玻璃、氟硅酸钠（Na_2SiF_6）和适量的石英岩、铸石、花岗岩等粉状细骨料拌制而成。可用做一般耐酸车间地面、内衬材料及耐酸容器的内壁防护层等。

耐碱砂浆一般用普通硅酸盐水泥、石灰石、白云石、砂等细骨料和粉料加水拌制而成。还可加入复合酚醛树脂和石棉绒等。可抵抗一定温度和浓度下的 NaOH 和 $NaAlO_2$溶液的腐蚀。

硫磺耐酸砂浆是以硫磺为胶结料，聚硫橡胶为增塑剂，掺加耐酸粉料和骨料，经加热熬制而成，能经受大多数无机酸、中性盐和酸性盐的腐蚀。常用于黏结块材，灌注管道接口及地面、设备基础、储罐等。

5.4 商品砂浆

预拌砂浆按功能可分为普通预拌湿砂浆和特种预拌湿砂浆。普通预拌湿砂浆按用途分为砌筑砂浆、抹灰砂浆、地面砂浆和防水砂浆。

商品砂浆按其生产工艺分为预拌砂浆和干粉砂浆，它们均属于预拌商品砂浆。

5.4.1 预拌砂浆

预拌砂浆是由水泥、砂、保水增稠材料、水、粉煤灰或其他矿物掺和料和外加剂等组分按一定比例，在集中搅拌站经计量、搅拌后，用搅拌运输车运至使用地点，放入密闭容器储存，并在规定的时间内使用完毕的砂浆拌和物。

1．预拌砂浆的材料组成

（1）水泥。水泥宜选硅酸盐水泥、普通硅酸盐水泥和矿渣硅酸盐水泥，并应符合相关标准的规定。地面砂浆宜采用硅酸盐和普通硅酸盐水泥。在低温环境下，矿渣硅酸盐水泥水化、凝结硬化缓慢，因此不宜在冬季使用；同时，矿渣硅酸盐水泥的泌水性较大，不宜用于外墙抹灰砂浆。根据预拌砂浆的强度，可选用强度为 32.5 或 42.5 的水泥。

（2）砂。砂宜选用中砂，并应符合《普通混凝土用砂质量标准及检验方法》（JGJ52—1992）的规定，且砂的最大粒径不大于 4.75mm。

海盐含有氯盐，易使砂浆出现吸潮、泛霜等现象，因此不可用于地面砂浆和抹面砂浆；氯盐有加速钢筋锈蚀的作用，也不应用于砌筑配筋砌筑物的砌筑砂浆。山砂颗粒的棱角较多、表面粗糙，砂浆的吸水率较高，和易性较差，使用时须采取一定的技术措施，以保证得到符合质量要求的砂浆。河砂表面光洁，棱角较少，拌制成的砂浆和易性较好，应优先选用。

（3）保水增稠功能外加剂。目前，保水增稠功能外加剂主要采用砂浆稠化粉和砂浆保水增稠剂，亦可使用其他符合有关规程规定的产品，但应保证所拌制的砂浆具有水硬性，且保水性、凝结时间可操作性等指标符合要求。但要强调的是，预拌砂浆中不得使用消石灰粉、磨细生石灰、引气剂、石灰膏、黏土膏和电石膏。

（4）粉煤灰和其他矿物外加剂。预拌砂浆目前主要使用粉煤灰作为矿物外加剂，也可使用矿渣微粉、硅灰等其他品种的矿物掺和料。

粉煤灰一般采用干排灰，由于砂浆中的粉煤灰用量大，而高钙灰中的游离氧化钙有一定的波动，易造成砂浆体积不安定，故宜采用低钙灰，若使用高钙灰，应经试验确定砂浆性能，并加强对灰的质量控制。

（5）水。凡符合国家标准的饮用水，可直接用于砂浆的拌制。当采用其他水源时，必须进行检验，应符合国家现行标准的规定，方可用于砂浆拌制。

（6）外加剂。外加剂应保持均质，不得含有对砂浆耐久性有害的物质。外加剂如抗冻剂、防水剂、早强剂的掺量应通过试验确定。

2. 技术要求

强度、稠度和凝结时间是预拌砂浆的重要性能，预拌湿砂浆的选择范围见表 5.7。

表 5.7 预拌砂浆的技术参数

砂浆种类		稠度/mm	保水性/%	凝结时间/h	28d 抗压强度/MPa
砌筑	M5	50 70 90	≥88	≥8 ≥12 ≥24	5.0
	M7.5				7.5
	M10				10.0
	M15				15.0
	M20				20.0
	M25				25.0
	M30				30.0
抹灰	M5	70 90 110	≥88	≥8 ≥12 ≥24	5.0
	M7.5				7.5
	M10				10.0
	M15				15.0
	M20				20.0
地面	M15	50	≥88	≥8 ≥12	15.0
	M20				20.0
	M25				25.0
防水	M10	50 70 90	≥88	≥8 ≥12 ≥24	10.0
	M15				15.0
	M20				20.0

5.4.2 干粉砂浆

干粉砂浆又称干混砂浆，是由水泥、细骨料、矿物外加剂和诸多功能性外加剂按一定比例，在生产线于干燥状态下通过专门混合机的搅拌，混合成一定颗粒状或粉状均态的混合物，然后以干粉包装或散装的形式运送至施工现场，按照规定比例的水拌和均匀后即可使用的功能型建筑材料。

1. 干粉砂浆的分类

按干粉砂浆的主要应用可以分为普通干粉砂浆和特种干粉砂浆。

普通干粉砂浆主要包括干粉砌筑砂浆、干粉抹灰砂浆、干粉地面砂浆和干粉防水砂浆；特种干粉砂浆种类繁多，主要有砌筑胶粘剂、水泥基砂浆层、瓷砖胶粘剂、建筑用胶粘剂、瓷砖灰浆、灌浆料、装饰用无机灰浆、外墙外保温系统抹灰材料，地坪材料、修补砂浆和防水砂浆等。

2. 干粉砂浆的组成材料和技术指标

普通干粉砂浆的材料组成和技术指标同预拌砂浆相同。具体参数见表5.7。

习　　题

1. 按用途分，建筑砂浆可分为哪几类？
2. 什么是砌筑砂浆？砌筑砂浆的技术性质包含哪些？
3. 砂浆的强度和哪些因素有关？
4. 抹面砂浆按其功能分为哪几类？
5. 装饰砂浆常用的施工操作方法有哪些？
6. 常见的特种砂浆有哪些？各有什么作用？
7. 如何确定砂浆的配合比？一般步骤有哪些？
8. 要求配制砂浆强度等级为 M10 的水泥混合砂浆，水泥为 42.5 级的普通硅酸盐水泥，其堆积密度为 1350kg/m³，现场使用中砂的含水率为 3%、堆积密度为 1450kg/m³，用水量为 300kg/m³，施工水平一般，$\sigma=2.5$MPa。初步计算配合比与施工配合比是否一致？说明理由？

第6章 金属材料

6.1 概述

金属分为黑色金属和有色金属两大类。黑色金属是指以铁元素为主要成分的金属及其合金，如合金钢、碳素钢、铸铁等。有色金属是指黑色金属以外的其他金属和合金，如铝及铝合金、铜及铜合金等。

钢材和铝材是工程中使用最广泛的两种金属材料。其中，钢材是最重要的土木工程材料，主要分为钢结构用钢和钢筋混凝土用钢，广泛应用于土木工程、水利水电工程、市政工程及道路桥梁建设工程中。

6.1.1 有色金属

有色金属的种类很多，如铜、铝、镁、铅、锡、锑等。在土木工程中常用的有色金属是铜和铜的合金以及铝的合金。紫铜片是水工建筑中常用的止水材料。含锌量达40％左右的黄铜以及含锡量10％以上的青铜，都是具有塑性低，强度、硬度大，耐磨、抗侵蚀等特性，是比较好的耐磨材料，常用于制造齿轮、轴承、蜗轮等零件。铝与铜、镁、硅和铁等元素组成的合金，具有较高的机械强度，是轻型金属结构的良好材料。此外，以锡为主或以铅为主的锑、锡、铅和铜等元素组成的合金具有熔点低、耐磨性、耐腐蚀性好等特点，是专供制造轴承用的材料，称为轴承合金，水利工程中常用在水工建筑物闸门门槽部分。

6.1.2 黑色金属

黑色金属是钢与生铁的总称。钢和生铁都是铁与碳、硅、锰、磷、硫以及少量的其他元素组成的合金。

钢与生铁的区分，主要在于含碳量的多少，含碳量小于2％的铁碳合金称为钢，含碳量大于2％的称为生铁。就性能上讲，钢具有较高的抗拉强度，能承受冲击、震动荷载，允许较大的弹塑性变形；生铁的脆性大，抗拉强度低，塑性和韧性低，抗冲击能力小。

生铁主要有灰口铁、球墨铸铁、白口铁三种。灰口铁适用于铸造各种生铁铸件，故亦称为铸造生铁，简称铸铁。在水工建筑中常用灰口铁以制造承受静压荷载的部件，如底座、垫块和管材等。球墨铸铁可以轧制成铁轨、铁筋等，以代替次要建筑中的钢轨和钢筋，并可代替部分钢以铸造机器零件。白口铁多做为炼钢生铁使用。

6.2 钢材的冶炼方法及分类

6.2.1 钢材的冶炼

钢的冶炼是将炼钢生铁和废钢等原料在炼钢炉内的高温氧化作用，将所含的碳氧化，使含碳量降至要求的范围，同时将其中的磷、硫等有害元素降至一定范围的过程。生铁是用铁矿石在高炉内经高温熔炼而得的铁碳合金。

常见的炼钢方法为电炉炼钢法、平炉炼钢法及转炉炼钢法三种。

1. 电炉炼钢法

是以电为能源迅速加热生铁或废钢料来冶炼的一种方法。该方法的优点是熔炼温度高、温度可自由调节、易消除杂质、炼钢质量高等。由于要耗费大量的电能，故成本较高。主要用来冶炼优质碳素钢和合金钢及其他特殊钢种。

2. 平炉炼钢法

以生铁、废钢铁及铁矿石为原料，以煤气或重油的燃烧提供能量，利用空气中的氧或铁矿石中的氧使杂质氧化而被除去的一种冶炼方法。该方法的优点是易于调整和控制钢的成分、冶炼时间长、杂质少、质量高。缺点是投资大、成本高。可用来冶炼优质碳素钢和合金钢及其他特殊钢种。

3. 转炉炼钢法

以熔融的铁水为原料，无需电能和燃料，由转炉侧面或底面吹入高压热空气，使铁水中的杂质被氧化而除去的一种冶炼方法。转炉炼钢由于直接吹入的是空气，极易将空气中的杂质元素带入铁中，因此，其冲击韧性、抗腐蚀性能都较平炉钢差，且冷脆性和时效敏感性也较平炉钢大，所以转炉钢的质量不如平炉钢。但是目前在转炉钢中用纯氧顶吹法炼得的钢材，其有害杂质含量甚至比平炉钢还少，因此纯氧顶吹转炉钢的质量完全不亚于平炉钢。转炉钢的优点是冶炼周期短、速度快、生产效率高、钢质较好。可用来冶炼优质碳素钢和合金钢。

6.2.2 钢材的分类

1. 按化学成分分类

钢因含碳量的不同以及其他合金元素的不同而分为若干品种。

（1）碳素钢。

1）低碳钢：含碳量小于 0.25% 的钢称为低碳钢。常用以轧制各种钢材用以一般建筑结构。

2）中碳钢：含碳量为 0.25%～0.60% 的钢称为中碳钢。常用以制造钢筋、钢轨、高强度钢丝和机器零件。

3）高碳钢：含碳量大于 0.60% 的称为高碳钢。多用以制造各种工具（刃具、量具和模具）。

（2）合金钢。在炼钢过程中加入一种或多种合金元素，如镍、铬、铜、钒、钛、锰、硅等，并超过普通碳钢的允许含量时，通称为合金钢。合金钢中随合金元素的总含量不同又分为低合金钢（合金元素总含量小于 5%）、中合金钢（合金元素总含量为 5%～10%）及高合金钢（合金元素总含量大于 10%）三种。低合金钢是目前建筑结构中大量采用的钢种。

2. 按冶炼脱氧程度分类

钢随脱氧程度不同，又分为沸腾钢、镇静钢和半镇静钢三种。

（1）沸腾钢。脱氧不完全的钢。留在钢液内的氧较多，在钢液注入钢锭模时，有大量气泡外逸，如沸腾状而得名。

（2）镇静钢。即脱氧充分的钢。浇铸到钢锭模内钢液镇静，没有沸腾现象。

（3）半镇静钢。脱氧程度介于镇静钢和沸腾钢之间的钢。

以镇静钢或半镇静钢生产的钢材，多用做承受冲击荷载的重要结构和焊接结构，如桥梁、高压水管、高压阀门等。

6.2.3　钢材的力学性能与工艺性能

在土木工程中，掌握钢材的性能是合理选用钢材的基础。钢材的性能主要包括力学性能（抗拉性能、冲击韧性、疲劳强度和硬度等）和工艺性能（冷弯性能、焊接性能和热处理性能等）两个方面。

6.2.3.1　力学性能

力学性能又称机械性能，是钢材最重要的使用性能。在建筑结构中，对承受静荷载作用的钢材，要求具有一定的力学强度，并要求所产生的变形不致影响到结构的正常工作和安全使用。对承受动荷载作用的钢材，还要求具有较高的韧性而不致发生断裂。

1. 抗拉性能

拉伸作用是建筑钢材的主要受力形式，通过拉伸试验，可以测得钢材的屈服强度、抗拉强度及伸长率等重要的技术性能指标，因此，抗拉性能是建筑钢材最主要的技术性能。

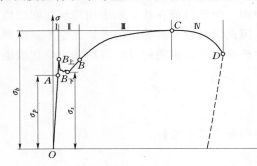

图 6.1　低碳钢受拉的应力-应变图

将低碳钢制成一定形状尺寸的试件，放在万能材料试验机上进行拉伸试验，可以绘出如图 6.1 所示的应力（σ）-应变（ε）关系曲线，其拉伸性能可用此图来阐明。从图中可以看出，低碳钢从受拉至拉断，全过程可划分为 4 个阶段：弹性阶段（O—A）、屈服阶段（A—B）、强化阶段（B—C）和颈缩阶段（C—D）。

（1）弹性阶段。根据应力-应变曲线，可知 OA 段是一条直线，随着荷载的增加，应力与应变成正比。如卸去外力，试件能恢复原来的形状，这种材料在受力变形后，卸去荷载能恢复到原来形状的性质即为弹性，此阶段的变形即为弹性变形。A 点所对应的应力称为弹性极限，以 σ_p 表示。这一阶段应力与应变的比值为一常数，称之为弹性模量 E，$E = \sigma / \varepsilon$，单位 MPa。弹性模量表明了单位应变所需的应力大小，反映了钢材的刚度，是钢材在受力条件下计算结构变形的重要指标，同种钢材的 E 是常量。常用钢材 Q235 的弹性模量 E 为 $(2.0 \sim 2.1) \times 10^5$ MPa，弹性极限 σ_p 为 $180 \sim 200$ MPa。

（2）屈服阶段。当应力超过 A 点后，即应力大于 σ_p 时，应力和应变不再成正比关系，开始出现塑性变形。此时，应力增长滞后于应变的增长，当应力达到 $B_\text{上}$ 点后（上屈服点），瞬时下降至 $B_\text{下}$ 点（下屈服点），变形迅速增加，钢材抵抗外力的能力下降，而此时外力则大致在某一恒定的位置上下波动，直到 B 点。这就是所谓的"屈服现象"，该阶段称为屈服阶段。在 $B_\text{下}$ 点之前钢材不会有较大的塑像变形，$B_\text{下}$ 点也是钢材在屈服阶段第一次达到最低值，表示钢材在正常工作状态下允许达到的应力值，一般取下屈服强度作为其强度取值的依据，用 σ_s 表示。碳素结构钢 Q235 的 σ_s 不低于 235MPa。

　　钢材受力大于屈服点后，会出现较大的塑性变形，已不能满足设计和使用要求，因此屈服强度是设计中钢材强度取值的依据，是工程结构计算中非常重要的一个参数。对于某些含碳量及合金元素含量较高的硬钢，受力后，无明显的屈服阶段，通常以产生 0.2% 残余应变时对应的应力作为屈服强度，用 $\sigma_{0.2}$ 表示。

　　（3）强化阶段。当应力超过屈服强度后，由于产生了较大形变，钢材内部的晶格组织发生了畸变，分子间作用力主要表现为吸引力，进而阻止了晶格组织进一步滑移，反而使钢材得到强化，钢材抵抗塑性变形的能力重新提高，BC 段变形发展速度较快，随着应力的增加而提高，该阶段称为强化阶段。对应于曲线上最高点 C 的应力值 σ_b 称为极限抗拉强度，简称抗拉强度。碳素结构钢 Q235 的 σ_b 为 380～470MPa。

　　σ_b 是钢材受拉时所能承受的最大应力值，对应于曲线的最高点。工程上，抗拉强度不能直接使用，但屈服强度和抗拉强度之比（即屈强比＝σ_s/σ_b）却能反映钢材的利用率和结构安全可靠程度。屈强比越小，其结构的安全可靠程度越高，但屈强比太小，又说明钢材强度的利用率偏低，造成钢材浪费。屈强比越大，说明钢材的利用率高，但因易发生脆性断裂等，导致其结构安全性降低。因此，建筑结构合理的屈强比一般为 0.60～0.75，碳素结构钢的屈强比一般为 0.58～0.63，普通低合金钢屈强比一般为 0.65～0.75。

　　（4）颈缩阶段。试件受力达到最高点 C 点后，应力超过了钢材的受拉强度，其抵抗塑性变形的能力明显降低，塑性变形迅速增加，应力逐渐下降，试件被拉长，在有杂质或缺陷的薄弱处，断面急剧缩小，直至断裂。这一阶段，钢材某处发生了先变形后变细，最后断裂，这种现象称为颈缩现象，故 CD 段又称颈缩阶段，如图 6.2 所示。

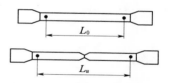

图 6.2　拉断前后的试件

　　将拉断的钢材拼合后，试件标距间的伸长量 ΔL 与原标距长度 L_0 之比称为伸长率 δ。

$$\delta=\frac{\Delta L}{L_0}=\frac{L_u-L_0}{L_0}\times100\%\qquad(6.1)$$

　　钢材受拉后，塑性变形在其标距内的分布是不均匀的，颈缩处的变形最大，离颈缩部位越远其变形越小。所以，原始标距与直径之比越小，则颈缩处伸长值在整个伸长值中的比重越大，计算出来的 δ 值越大。通常以 δ_5 和 δ_{10} 分别表示 $L_0=5d_0$ 和 $L_0=10d_0$ 时的断后伸长率，其中 d_0 为试件的原始直径或厚度。对于同一种钢材，其 δ_5 大于 δ_{10}。

　　伸长率 δ 是衡量钢材塑性性能的一个重要指标，在工程中具有重要意义。δ 值越大，钢材的塑性越好，钢质软，但使用受限；δ 值越小，钢质硬脆，超载后易发生断裂。塑性良好的钢材可承受一定的塑性变形能力，使应力重新分布，可避免应力集中现象，不至于由于应力集中而发生脆断，从而钢材的使用结构的安全性越高。

　　钢材的塑性变形能力的另一个指标还可用断面收缩率 ψ 表示：

$$\psi=\frac{A_0-A_1}{A_0}\times100\%\qquad(6.2)$$

式中　A_0——试件原始横截面积，mm^2；

　　　　A_1——试件拉断后颈缩处的横截面积，mm^2。

常用低碳钢的伸长率为 $20\%\sim30\%$，断面收缩率为 $60\%\sim70\%$。

2. 冲击韧性

冲击韧性是指钢材抵抗冲击荷载而不被破坏的能力，由弯曲冲击韧性试验确定，如图 6.3 所示。将中部加工有 V 形或 U 形的标准试件，在冲击试验机上的摆锤冲击下，以缺口处单位面积上所消耗的功来作为其指标，以符号 α_k 表示冲击韧性的值。α_k 越大，表明冲断试件消耗的能量越多，钢材的冲击韧性越好。

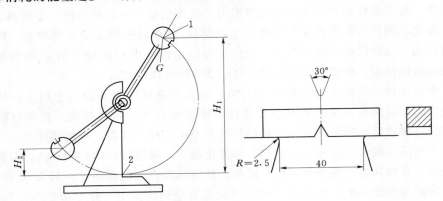

图 6.3　冲击韧性试验图
1—摆锤；2—试验台

$$\alpha_k = \frac{A_k}{F} \tag{6.3}$$

式中　A_k——冲断试件所消耗的功，J；

　　　F——试件断口处的面积，mm^2。

钢材的冲击韧性与钢的化学成分、晶体组织、冶炼方式与加工等有关。一般来说，钢材中的微量元素如硫、磷含量较高、夹质、锈蚀以及焊接中形成的微裂纹等都会降低冲击韧度。

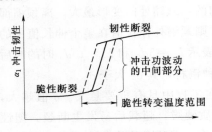

图 6.4　钢的脆性转变温度

另外，钢材的冲击韧性还受温度和时间的影响。试验表明，开始时随温度的下降，冲击韧性降低很小，此时破坏的钢件断口呈韧性断裂状；当温度降至某一温度范围时，α_k 突然发生明显下降，如图 6.4 所示，钢材开始呈脆性断裂，这种性质称为冷脆性，发生冷脆性时的温度称为脆性临界温度。它的数值越低，钢材的低温冲击性能越好，钢材的低温使用范围越广。所以，在土木工程及水利工程中，要同时满足负温及力学要求的结构，应当选用脆性临界温度较低的钢材。由于脆性临界温度的测定较复杂，故规范中通常根据当地气温条件规定 $-20℃$ 或 $-40℃$ 的负温冲击指标。

钢材随时间的延长表现出强度提高、塑性和冲击韧性降低的现象称为时效。因时效与时间的延长有关，故完成时效的过程可达数十年，但钢材若经冷加工或使用中受振动或动荷载的影响，时效可迅速发展。因时效导致钢材性能改变的程度称时效敏感性。

时效敏感性越大的钢材，经过时效后，冲击韧性的降低就越显著。为了保证结构的安全性，对于承受动荷载的重要结构，如桥梁、起重机梁、塔吊梁等应当选用时效敏感性小的钢材。

3. 耐疲劳性

钢材承受交变荷载的反复作用时，常常在远低于屈服点时突然发生破坏，这种破坏称为疲劳破坏。钢材抵抗疲劳破坏的能力叫做钢材的耐疲劳性。钢材疲劳破坏的指标用疲劳强度，或用疲劳极限表示。疲劳强度是试件在交变应力作用下，不发生疲劳破坏的最大应力值，一般把钢材承受交变荷载 $10^6 \sim 10^7$ 次时不发生破坏的最大应力作为疲劳强度。在设计承受反复荷载且须进行疲劳验算的结构时，应当了解所用钢材的疲劳强度。

测定疲劳强度时，应根据结构使用条件及受力特点确定采用的循环类型（如拉-拉型、拉-压型等）、应力特征值 ρ（最小应力与最大应力之比）和周期基数。例如，测定钢筋的疲劳极限时，通常采用的是承受大小改变的拉应力循环来测得；特征值 ρ 一般非预应力筋为 0.1～0.8，预应力筋为 0.7～0.85；周期基数为 200 万次或 400 万次。

研究表明，钢材受到交变荷载作用下的疲劳破坏，首先在局部开始形成微细裂纹，其后由于裂纹尖端处产生应力集中致使裂纹迅速扩展直至钢材断裂。因此，钢材内部化学成分的偏析、组织结构、夹杂物的多少以及最大应力处的表面光洁程度、加工损伤与缺陷等，都是影响钢材疲劳强度的因素。

4. 硬度

硬度是指钢材表面局部体积内抵抗硬物压入表面的能力，即材料表面抵抗塑性变形的能力。钢材的软硬程度就用其硬度来衡量，硬度同时也间接地反映了钢材的强度和耐磨性能，是材料弹性、塑性、变形强化率和韧性等一系列性能的综合反映。目前测定钢材硬度的方法有布氏法（HB）、洛氏法（HRC）和维氏法三种，常用的为布氏法。

布氏法的测定原理是：在布氏硬度机上用直径为 $D(\mathrm{mm})$ 的淬火钢球以 $P(\mathrm{N})$ 的荷载将其压入试件表面，经规定的持续时间后卸载，即得直径为 $d(\mathrm{mm})$ 的压痕，以载荷 P 与压痕表面积 $F(\mathrm{mm}^2)$ 的比值，所得的应力值即为试件的布氏硬度值 HB，以数字表示，不带单位。比值越大，说明单位压痕表面积所要求的荷载越大，表示钢材的硬度越大。图 6.5 为布氏硬度测定示意图。布氏硬度法虽比较准确，但压痕较大，不宜用于成品检验。

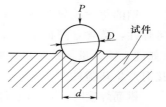

图 6.5 布氏硬度测定图

洛氏法是在洛氏机上将金刚石圆锥体，按一定试验力压入试件表面，以压头压入试件的深度来表示硬度值（无量纲），称为洛氏硬度，依据洛氏硬度计算公式所得出的洛氏硬度，以"HRC"表示。压痕越浅，HRC越大，材料硬度越大。洛氏硬度法的压痕小，所以常用于判断工件的热处理效果。

6.2.3.2 钢材的工艺性能

钢材兼具优良的力学性能和良好的工艺性能，在土木工程中应用非常广泛。良好的工艺性能可以保证钢材顺利通过各种加工，而使钢材制品的质量不受影响。冷弯、冷拉、冷拔及焊接性能均是建筑钢材的重要工艺性能。

1. 冷弯性能

冷弯性能是反映钢材在常温下受弯曲变形而不破坏的能力。其指标是以常温下规定试件弯曲角度 α 和弯心直径 d 对试件厚度 d_0（或直径）的比值来表示，如图6.6所示。

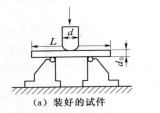
（a）装好的试件

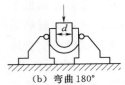
（b）弯曲180°

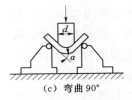
（c）弯曲90°

图6.6　钢筋冷弯试验示意图

试验时采用的弯曲角度愈大，弯心直径对试件厚度（或直径）的比值愈小，表示的冷弯性能越好。冷弯检验是按规定的弯曲角度和弯心直径进行试验，试件的弯曲处不发生裂缝、起层或裂断为冷弯性能合格。

钢材的冷弯性能不仅揭示了钢材在常温下承受弯曲抵抗破坏的能力，还可以作为钢材是否存在内部组织不均匀、内应力和夹杂物等缺陷以及冷加工性能的检验指标。通常，钢材的塑性越大，冷弯性能越好。

2. 焊接性能

钢材的焊接性能是指在一定的焊接工艺条件下，焊缝及附近过热区不产生裂纹、缺陷及硬脆倾向，焊接后钢材整体的力学性能，特别是强度不低于原有钢材的强度。焊接是各种型钢、钢板及钢筋的重要连接方式。建筑工程的钢结构有90%以上是焊接结构。焊接结构质量取决于焊接工艺、焊接材料及钢材本身的焊接性能，焊接性能好的钢材，焊口处不易形成裂纹、孔洞、夹渣等缺陷；焊接后的焊头牢固、饱满，硬脆倾向小。

钢的化学成分对钢材焊接性能有较大影响。含碳量低于0.25%的碳素钢具有良好的可焊性，碳含量高将增加焊接接头的硬脆性，钢材的焊接性能降低；若钢材中合金元素（如硅、锰、钒、钛等）含量提高，也会降低钢材的焊接性。特别是钢中含硫会使其在焊接时产生热脆性。

钢筋焊接时，为了改善高碳钢和合金钢，一般采用焊前预热和焊后热处理等工艺手段来提高钢材的可焊性；冷拉钢筋的焊接应在冷拉之前进行；焊接部位应清除锈蚀、熔渣和油污等。

6.3　钢材的组成结构和化学成分

6.3.1　钢材的组成结构

6.3.1.1　金属的晶体结构

1. 晶体结构的类型

金属是晶体或晶粒的聚集体，金属原子以金属键相结合。破坏金属键需要较高的能量，故当金属晶体受荷载作用时，金属键不易断裂，而原子或离子产生滑移，使金属材料表现出较高强度和良好塑性。

在金属晶体中，金属原子按最小单元或最紧密堆积的规律排列，所形成的空间格子称为晶格，反映排列规律的基本几何单元称为晶胞。晶格有三种类型：面心立方晶格（FCC），体心立方晶格（BCC），密集六方晶格（HCP），如图 6.7 所示。

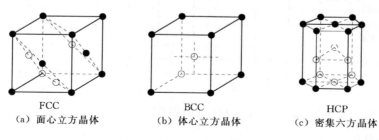

FCC	BCC	HCP
（a）面心立方晶体	（b）体心立方晶体	（c）密集六方晶体

图 6.7　金属的三种晶体结构图

2. 金属晶体结构中的缺陷

在金属晶体中原子的排列并非完整有序，而是存在不同形式的晶格缺陷，而这些缺陷对金属的强度、塑性和其他性能有明显的影响。这也是钢材的实际强度较理论强度低的根本原因。这些缺陷主要有点缺陷、线缺陷及面缺陷三类。

（1）点缺陷。点缺陷主要指晶格内的间隙原子和空位，如图 6.8 所示，个别能量较高的原子克服了邻近原子的束缚，形成"空位"，产生晶格畸变；或者杂质原子的嵌入成为间隙原子形成点缺陷。空位降低了原子间的结合力，是钢材的强度有所降低；间隙原子增加了晶面滑移阻力，提高了强度，但塑性和韧性下降。故在生产钢材时，可添加一些其他金属元素，因其原子大小、质量、吸引力等都不同，可增加原子间的点缺陷，进而可提高钢材的强度，优化钢材的力学性能。

（2）线缺陷。线缺陷主要指刃形错位，如图 6.9 所示。晶面间原子排列数目不相等形成"位错"。施加切应力后，并不在受力晶面上克服键力使原子产生移动，而是逐渐向前推移位错。当位错运动到晶体表面时，位错消失而成形一个滑移台阶，往往这个滑移并非是晶面整个滑移，而是部分滑移，因而减小了原子间的滑移阻力，可以提高钢材的塑性，如图 6.11 所示。

（3）面缺陷。金属晶体由许多晶格取向不同的晶粒所组成，晶粒间的边界称为晶界。在晶界处原子的排列规律受到严重干扰，使晶格发生畸变，如图 6.10 所示。畸变区形成一个面，这些面又交织成三维网状结构，形成面缺陷。由于这种交织网状结构，晶面滑移

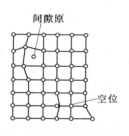

图 6.8　晶格的点缺陷

图 6.9　晶格的线缺陷

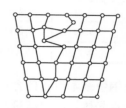

图 6.10　晶格的面缺陷

时受到阻力增大，故面缺陷可提高钢材强度，但塑性降低。三维网状结构越复杂，晶界越多，晶粒越细，滑移时的阻力越大，则强度越高。

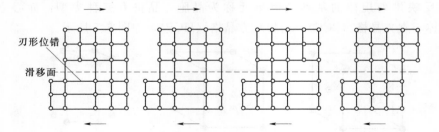

图 6.11　切应力作用下位错运动

6.3.1.2　铁的晶体结构

纯铁从液态转变为固态晶体，并逐渐冷却到室温的过程中，发生了两次晶格形式的转变。在 1394℃ 以上，形成体心立体晶格，称 δ - Fe；由 1394℃ 降至 912℃，则转变为面心立方晶格，称 γ - Fe；降至 912℃ 以下，又转变为体心立方晶格，称 α - Fe。铁的晶格转变如图 6.12 所示。

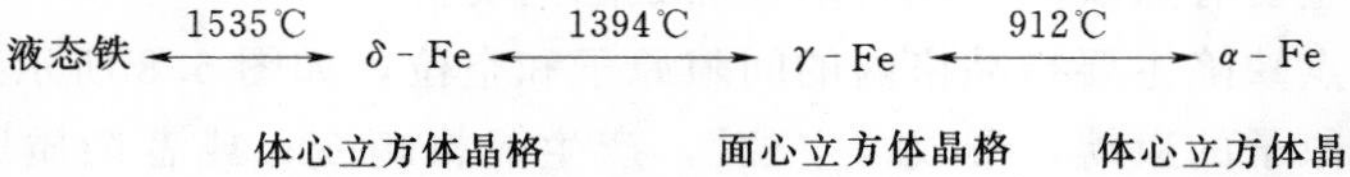

$$液态铁 \xleftarrow{1535℃} \delta - Fe \xleftarrow{1394℃} \gamma - Fe \xrightarrow{912℃} \alpha - Fe$$

体心立方体晶格　　　面心立方体晶格　　　体心立方体晶格

图 6.12　铁的晶格转变

6.3.1.3　钢的基本组织

钢是以铁为主的铁碳合金，碳的含量虽少，但对钢材的力学性能有较大的影响。铁和碳原子的结合有三种形式：

（1）固溶体。铁中固溶着微量的碳，其中铁是溶剂，碳是溶质，铁的晶格保持不变。

（2）化合物。铁和碳结合成化合物 Fe_3C。

（3）机械混合物。固溶体和化合物的混合物。

三种形式的 Fe - C 结合，在一定条件下形成不同形态的聚合物，构成钢的基本组织。钢的 4 种基本组织及其性能，见表 6.1。

表 6.1　　　　　　　　　　　　　　　　钢的 4 种基本组织及其性能

组织名称	含碳量/%	结　构　特　征	性　　能
铁素体	≤0.02	C 溶于 α - Fe 中的固溶体	强度、硬度很低，塑性好，冲击韧性很好
奥氏体	2.11	C 溶于 γ - Fe 中的固溶体	强度、硬度不高，塑性大
渗碳体	6.69	化合物 Fe_3C	抗拉强度很低，硬脆，很耐磨，塑性几乎为零
珠光体	0.77	铁素体和渗碳体的机械混合物	强度较高，塑性和韧性介于铁素体和渗碳体之间

碳素钢中基本组织的含量与含碳量的关系密切。含碳量小于 0.8% 时，其基本组织为铁素体和珠光体，随含碳量的提高，铁素体含量逐渐减少而珠光体含量相对增多，从而使钢材的强度、硬度逐渐提高，塑性、韧性却逐渐降低；含碳量为 0.8% 时，钢的基本组织

仅为珠光体；当含碳量大于 0.8％时，钢由珠光体和渗碳体组成，随含碳量的提高，珠光体逐渐减少而渗碳体相对增多，从而使钢材塑性、韧性、强度逐渐降低，而硬度逐渐提高。

建筑钢材的含碳量低于 0.8％，基本组织为铁素体和珠光体，既有较高的强度，也有良好的塑性、韧性，能很好地满足工程的需要。

6.3.2 钢材的化学成分及其对钢材性能的影响

钢材的主要化学成分是铁元素和碳元素，还加入了一些金属元素如锰、钛、钒、铬等及非金属元素如硅、硫、磷、氧等，这些元素对钢材的性能有不同程度的影响。有些有害元素如磷、硫等需加以控制其含量。

1. 碳

碳是决定钢材性质的主要元素。当含碳量小于 0.8％时，随着含碳量的增加，钢的抗拉强度和硬度提高，塑性、韧性、和冷弯性能降低；含碳量增至 0.8％～1.0％时，强度最大；含碳量超过 1.0％以后，钢材变硬变脆，强度反而下降。随着含碳量的增加，还会使钢材的焊接性能、耐腐性能下降。一般工程用碳素钢均为低碳钢，含碳量小于 0.25％，低合金钢含碳量小于 0.52％。

2. 硫

硫是钢材中最主要的有害元素，其含量是区分钢材品质的重要指标之一，通常由炼钢原料中带入。硫在钢中以 FeS 的形式存在于晶界上，原子间的化学键键发生了变化，使晶粒间的结合变弱。硫的存在导致钢材强度、冲击韧性和疲劳强度、抗腐蚀性等大大降低。而且使钢在热加工和焊接过程中易出现热裂纹，产生热脆性。硫含量越高，对钢材的危害性越大，故在炼钢时应严格控制其含量来满足工程中对钢材的技术要求。

3. 磷

磷也是钢材中的主要有害元素，磷一般溶于铁素体中，极易产生偏析现象。磷会显著降低钢材的塑性和韧性，特别是低温下的冲击韧性。但钢的强度、耐磨性、耐蚀性提高，冷脆性增加，但焊接性能下降。

4. 氧

氧是钢材中的有害元素，主要存在于非金属夹杂物中，少量溶于铁素体中。氧元素会降低钢的力学性能，特别是降低韧性，还会促进钢材的时效敏感性，使可焊性变差，但钢的强度有所提高。

5. 氮

氮对钢材性质的影响与碳、磷相似，随着氮含量的增加，钢材强度有所提高，但塑性、韧性下降。溶于铁素体中的氮，有向晶格缺陷移动、聚集的倾向，加剧钢材的时效敏感性和冷脆性，可焊性变差。氮在铝、铌、钒等元素的配合下可改善钢材性能，减少其对钢材的不利影响。

6. 硅

硅是我国低合金钢的主加合金元素，炼钢主要作为脱氧剂，是钢的有益元素。当钢材中含硅量小于 1.0％时，大部分溶于铁素体中，钢的强度显著提高，且对钢的塑性和韧性无明显影响；含硅量大于 1.0％时，塑性和韧性显著降低，冷脆性增加，可焊性变差。

7. 锰

锰是我国低合金钢的中的主要合金元素，炼钢时能起脱氧除硫的作用，是钢的有益元素。锰具有很强的脱氧去硫作用，能减轻氧、硫所引起的热脆性，使钢材的热加工性能得到改善，同时能细化晶粒，提高了钢材的强度和硬度。含锰量小于1.0%时，可显著提高钢的强度和硬度，但对钢材的塑性和韧性影响不大；当锰含量大于1.0%时，会降低钢材的耐腐蚀性和焊接性能。含锰量一般为1.0%~2.0%，有较高耐磨性的高锰钢的含锰量可达11%~14%。

8. 钒

钒是合金钢常用的微量合金元素，是弱的脱氧剂，在钢中形成碳化物和氮化物，可减弱碳和氮的不利影响。少量的钒能细化晶粒，有效提高强度和低温韧性，减少时效敏感性。过高则降低钢的韧性，增加了钢的焊接硬脆倾向。

9. 铝

铝是钢中常用的脱氧剂，还能细化晶粒，可提高钢的强度和冲击韧性。铝还具有抗氧化性和耐腐蚀性，铝与铬、硅合用，可显著提高钢的高温不起皮和耐腐蚀性能。铝的缺点是影响钢的热加工性和焊接性。

10. 钛

钛是常用的微量合金元素，是强脱氧剂，能显著提高钢材的强度，改善韧性和可焊性，但稍降低其韧性。

11. 镍

镍能提高钢的强度，又能保持良好的塑性，而且具有较高的耐酸碱腐蚀能力。

12. 铬

在结构钢种，铬能显著提高强度、硬度和耐磨性。因其在高温时具有较高的抗氧化性和耐腐蚀性，故是不锈钢和耐热钢材中重要合金元素。

13. 钼

钼能使钢的晶粒细化，提高其淬透性和热强性，在高温时可保持较高的强度和抗蠕变性能。

14. 钨

钨熔点高，与碳形成碳化物，具有很高的硬度和耐磨性，主要用途为制造灯丝和高速切削合金钢、超硬模具等。

6.4 钢材的强化机理与加工

6.4.1 钢材的强化机理

为了提高金属材料的屈服强度及其他力学性能，常常通过改变晶体缺陷的数量和分布状态来达到要求。

1. 细晶强化

钢材是由许多晶粒组成的多晶体，晶粒的大小可用单位体积内晶粒的数目来表示，晶粒数目越多，则晶粒越细，单位体积中的晶界越多，晶面阻力越大，则材料的屈服强度越高。这种通过增加单位体积中晶界面积来提高屈服强度的方法，称为细晶强化。通常加入某些合金元素使金属凝固时结晶核心增多，进而达到细晶强化的目的。

2. 固溶强化

在钢材中加入另一种物质（如铁中加入碳）形成固溶体，当固溶体中溶质原子和溶剂原子的直径存在差异时会形成大量的晶体结构缺陷，从而使位错运动阻力增大，使屈服强度提高，称为固溶强化。

3. 弥散强化

在均匀材料中加入硬质超细颗粒，导致位错阻力加大，使屈服强度提高，称为弥散强化。硬质颗粒一般为不溶于基体、熔点较高的氧化物、碳化物及氮化物，称为第二相或强化相，散入强化相质点的强度愈高、愈细、愈分散、数量愈多，则位错运动阻力愈大，强化作用愈明显。

4. 变形强化

金属材料受荷载变形时，晶体内部的缺陷密度将明显增大，导致屈服强度提高，称为变形强化。由于这种强化作用只能在低于熔点温度 40% 的条件下产生，故称为冷加工强化。

6.4.2 钢材的冷加工与时效

1. 钢材的冷加工

钢材在常温下进行冷拉、冷拔、冷轧、冷扭等加工，称为钢材的冷加工。钢材经冷加工产生塑性变形，从而提高其屈服强度，但塑性和韧性相应降低，这个过程称为冷加工强化处理。

冷加工强化的机理是：钢材在冷加工过程中晶格的缺陷增多，晶粒发生改变，畸变晶粒增多，对晶格的进一步滑移将起到阻碍作用。冷加工后的钢材受到荷载后，必须再次产生晶格滑移，这就要求增加外力，这就表明提高了钢材的屈服点，但由于减少了可以利用的滑移面，塑性和韧性降低。由于塑性变形过程中产生了内应力，故钢材的弹性模量降低。

（1）冷拉。冷拉是在常温条件下，用超过钢筋强度的拉应力，强行拉伸钢筋，使钢筋产生塑性变形，来达到提高钢筋强度和节约钢材的目的。钢筋经冷拉后，一般其屈服强度可提高 20%～25%，冷拉可直接在施工现场进行。

（2）冷拔。冷拔加工是强力拉拔钢筋使其通过截面小于钢筋截面的硬质合金拔丝模，使其伸长变细。钢筋在冷拔过程中，不仅受到强烈的拉力，还受到周围模具的强力挤压。经一次或多次冷拔后的钢筋，其屈服强度可大大提高，约为 40%～60%，但其塑性和韧性显著降低，具有硬钢的性能。钢筋的冷拔如图 6.13 所示。

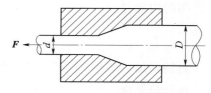

图 6.13　钢筋冷拔示意图

（3）冷轧。冷轧是将圆钢在轧钢机上轧成断面具有一定规律变化的加工过程，可提高钢材的屈服强度及与混凝土的黏结力。钢筋在冷轧时，其截面纵向和横向同时受力因而能较好地保持其塑性和内部结构均匀性。

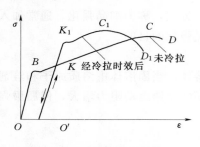

图 6.14　钢筋受拉时的
应力-应变曲线

（4）冷轧扭。冷轧扭是以热轧圆盘条为原料，经专用生产线，先冷压扁，再冷扭转，形成的一系列螺旋状直条钢筋，具有良好的塑性和较高的抗拉强度。这种螺旋状结构大大增加了其与混凝土的握裹力，是常见的混凝土用钢材。

如图 6.14 所示钢筋受拉时的应力-应变曲线。冷加工的原理就是将钢筋拉至某一点 K（大于屈服强度而小于极限强度），然后放松，钢筋则沿 KO' 恢复部分变形，保留 OO' 残余变形。这时如立即再拉伸，钢筋沿 $O'K$ 发展，屈服点由原来的 B 点少许提高到 K 点。再张拉，曲线沿 KCD 发展至 D 而破坏。这种方法称不经时效处理的冷拉。结果是屈服点提高，抗拉强度基本不变，塑性和韧性降低。

2. 钢材的时效处理

钢材经冷加工后，在常温下存放 15～20d，或加热至 100～200℃，保持 2～3h，其屈服强度、抗拉强度及硬度进一步提高，而塑性和韧性继续降低的过程，称为时效。前者称为自然时效，后者称为人工时效。

经过时效处理的钢筋，再进行拉伸，屈服强度将有原来的 K 点上升至 K_1 点，继续拉伸时曲线将沿着 $K_1C_1D_1$ 发展，应力-应变曲线为 $O'K_1C_1D_1$。由应力-应变曲线可看出，其屈服点进一步提高，抗拉强度有所增长，塑性和韧性进一步降低。

钢材产生时效的主要原因是：溶于 $\alpha-Fe$ 中的碳、氮原子，向晶格缺陷处移动和集中的速度大为加快，这将使滑移面缺陷处碳、氮原子富集，使晶格畸变加剧，造成其滑移、变形更为困难，因而强度进一步提高，塑性和韧性则进一步降低，而弹性模量则基本恢复。

土木工程中，应通过试验确定合理的冷拉应力和时效处理措施。强度较高的钢筋采用人工时效，强度较低的钢筋采用自然时效。

6.4.3　钢材的热处理

热处理是将金属工件放在一定的介质中加热到适宜的温度，并在此温度中保持一定的时间，又以不同速度冷却的一种工艺方法。通过热处理可改变晶体组织，或消除由于冷加工产生的内应力，从而改变钢材的力学性能。热处理包括淬火、回火、退火和正火四中基本工艺。

1. 正火

将钢件加热至基本组织改变（相转变）温度以上，保持一定时间，然后在空气中冷却，这种热处理工艺称为正火。通过这种工艺，可使晶格细化，消除组织缺陷，提高钢的强度，改善切削加工性和力学性能。

2. 退火

将钢材加热至基本组织转变（相转变）温度以下（低温退火）或以上（完全退火），适当保温后缓慢冷却（或埋在砂中或石灰中冷却），这种热处理工艺称为退火。退火工艺的目的是消除内应力，降低材料的硬度，减少缺陷和晶格畸变，提高钢材组织和成分的均匀化，使钢的塑性和韧性得到改善。

3. 淬火

将钢材加热至基本组织改变（相转变）温度以上，保温使基本组织转变为奥氏体，然后投入水或矿物油中快速冷却，使晶粒细化，碳的固溶量增加，强度、硬度及耐磨性将增加，塑性和韧性明显下降。

4. 回火

将经过淬火的钢件加热到基本组织改变（相转变）温度以下（150～650℃），保温后，在空气、水或油介质中冷却至室温的热处理工艺称为回火。回火过程中消除了钢件在淬火时所产生的应力，回火后的钢材，兼具强度、硬度、耐磨性及所需要的塑性和韧性。但回火温度越高，强度和硬度会降低，塑性和韧性得到提高。

6.5 钢的技术分类和选用

土木工程中常用的钢材一般分为钢结构用钢材和钢筋混凝土结构用钢材，前者主要是型钢、钢板和钢带，后者主要是钢筋、钢丝和钢绞线。

6.5.1 钢结构用钢材

6.5.1.1 碳素结构钢

碳素结构钢是碳素钢中的一类，指一般结构钢和工程用热轧板、带、型、棒材等。国家标准《碳素结构钢》（GB/T 700—2006）规定了其牌号表示方法、技术要求、试验方法和检验规则。

1. 牌号表示

碳素结构钢的牌号由屈服点字母，屈服点数值、质量等级符号和脱氧程度符号4部分按顺序组成。其中，"Q"代表屈服点，共分195MPa、215MPa、235MPa、255MPa、275MPa 5种屈服点数值；依据含杂质的多少依次用A、B、C、D表示质量等级；脱氧程度由"F"（沸腾钢）、"Z"（镇静钢）和"TZ"（特殊镇静钢）表示，一般钢的牌号表示中可省略"Z"和"TZ"。

例如：Q235—AF，表示屈服点的屈服强度为235MPa，质量等级为A级的沸腾钢；Q235—B，表示屈服点的屈服强度为235MPa，质量等级为B级的镇静钢。

2. 技术要求

国家标准《碳素结构钢》（GB/T 700—2006）对碳素结构钢的化学成分（表6.2）、冷弯试验性能（表6.3）及力学性能（表6.4）都作了具体的规定。

表6.2　　　　　　　　　碳素结构钢牌号及化学成分（熔炼分析）

牌号	统一数字代号	等级	厚度（或直径）/mm	脱氧方法	化学成分（质量分数）/%，不大于				
					C	Si	Mn	P	S
Q195	U11952	—	—	F、Z	0.12	0.30	0.50	0.035	0.040
Q215	U12152	A	—	F、Z	0.15	0.35	1.20	0.045	0.050
	U12155	B							0.045

续表

牌号	统一数字代号	等级	厚度（或直径）/mm	脱氧方法	化学成分（质量分数）/%，不大于				
					C	Si	Mn	P	S
Q235	U12352	A	—	F、Z	0.22	0.35	1.40	0.045	0.050
	U12355	B			0.20				0.045
	U12358	C		Z	0.17				0.040
	U12359	D		TZ					0.035
Q275	U12752	A	—	F、Z	0.24	0.35	1.50	0.045	0.050
	U12755	B	≤40	Z	0.21			0.045	0.045
			>40		0.22				
	U12758	C	—	Z	0.20			0.040	0.040
	U12759	D		TZ				0.035	0.035

注　1. 表中为镇静钢、特殊镇静钢牌号的统一数字，沸腾钢牌号的统一数字代号如下：

Q195F——U11950；Q215AF——U12150；Q215BF——U121；

Q235AF——U12350；Q235BF——U12353；Q275AF——U12750。

2. 经需方同意，Q235B 的含碳量可不大于 0.22%。

表 6.3　　　　　　　　碳素结构钢 180°冷弯试验

牌　　号	试样方向	冷弯试验 180°，$B=2a$	
		钢材厚度（或直径）/mm	
		≤60	>60～100
		弯心直径 d	
Q195	纵	0	—
	横	0.5a	
Q215	纵	0.5a	1.5a
	横	a	2a
Q235	纵	a	2a
	横	1.5a	2.5a
Q275	纵	1.5a	2.5a
	横	2a	3a

注　1. B 为试样宽度，a 为试样厚度（或直径）。

2. 钢材厚度（直径）大于 100mm 时，弯曲试验由双方协商决定。

表 6.4　　　　　　　　碳素结构钢的力学性能

牌号	统一数字代号	等级	屈服强度[①]R_{eH}/MPa（不小于）						抗拉强度[②]R_m/MPa	断后伸长率 A/%（不小于）					冲击试验（V 形缺口）	
			厚度（或直径）/mm							厚度（或直径）/mm					温度/℃	冲击吸收功[③]（纵向）/J，不小于
			≤16	>16～40	>40～60	>60～100	>100～150	>150～200		≤40	>40～60	>60～100	>100～150	>150～200	—	—
Q195	U11952	—	198	185	—	—	—	—	315～430	33	—	—	—	—	+20	—

牌号	统一数字代号	等级	屈服强度[1]R_{eH}/MPa（不小于）厚度（或直径）/mm						抗拉强度[2]R_m/MPa	断后伸长率A/%（不小于）厚度（或直径）/mm					冲击试验（V形缺口）温度/℃	冲击吸收功[3]（纵向）/J，不小于
			≤16	>16~40	>40~60	>60~100	>100~150	>150~200		≤40	>40~60	>60~100	>100~150	>150~200	—	—
Q215	U12152	A	215	205	195	185	175	165	335~450	31	30	29	27	26	20	—
	U12155	B														27
Q235	U12352	A	235	225	215	215	195	185	370~500	26	25	24	22	21	—	27
	U12355	B													+20	
	U12358	C													0	
	U12359	D													−20	
Q275	U12752	A	275	265	255	245	225	215	410~540	22	21	20	18	17	—	27
	U12755	B													+20	
	U12758	C													0	
	U12759	D													+20	

① Q195 的屈服强度仅供参考，不做交货条件。

② 厚度大于 100mm 的钢材，抗拉强度下限允许降低 20N/mm²，宽钢带（包括剪切钢板）抗拉强度上限不做交货条件。

③ 厚度小于 25mm 的 Q235 钢材，如供方能保证冲击吸收功值合格，经需方同意，可不做检验。

3. 碳素钢的选用

Q195、Q215 钢虽强度不高，但塑性和韧性较好，易于冷弯加工，焊接性能较好，常用于制作钢钉、铆钉、螺栓及钢丝等。Q235 具有较高的强度，良好的塑性、韧性及加工性，能满足一般钢结构和钢筋混凝土用钢要求，被大量轧制成型钢、钢板及钢筋使用，在工程中应用极其广泛。其 C、D 质量等级钢可用于重要的焊接结构。Q275 钢强度高，硬而脆，但塑性和韧性较差，不易焊接和冷弯加工，可用于轧制钢筋，螺栓配件及制作耐磨构件、机械零件和工具等。

6.5.1.2 低合金结构钢

低合金结构钢，是在普通碳素结构钢的基础上，添加少量的一种或几种微量元素，如硅、锰、钒、钛、铌、镍、铬及稀土元素等而得到的一种钢材。微量元素的总量不超过金属总量的 5%，加入合金元素后，不仅提高了钢材的强度和硬度，而且还显著提高了钢材的韧性和塑性，另外其耐磨性、耐腐蚀性及耐低温性都有所改善，具有良好的可焊性和易加工性。因此，基于低合金结构钢的这些优点，其可作为高层、大跨度建筑及大柱网结构的主体结构材料。

不锈钢就是低合金结构钢中的铬含量大于 11.5% 时，铬就在合金金属的表面形成一层致密的氧化物薄膜，从而阻止了合金与外界环境的接触而受到腐蚀。

1. 牌号表示

依据国家标准《低合金高强度结构钢》（GB/T 1591—2008）规定，低合金高强度结构钢共有 8 个牌号，其牌号是由屈服点、屈服点数值及质量等级（A、B、C、D、E）三部分依顺序组成。例如，Q345A——屈服强度为 345MPa，质量等级为 A 级的低合金高强度钢。

2. 技术要求

低合金高强度结构钢的力学性能及化学成分应满足国家标准《低合金高强度结构钢》（GB/T 1591—2008）的规定，见表 6.5 和表 6.6。

6.5.1.3　型钢

碳素结构钢和低合金高强度结构钢是型钢的主要钢材来源，钢结构构件可直接采用型钢，构件之间可直接连接钢板，连接方式主要有螺栓、焊接和铆接等。钢结构用钢主要有热轧型钢、冷弯薄壁型钢、热、冷压钢板及钢管等。

1. 热轧型钢

常见的热轧型钢有槽钢、角钢、工字型钢、L 型钢及 H 型钢。

热轧普通槽钢以"腰高度×腿宽度×腰厚度"表示，单位为 mm。角钢分等边和不等边角钢两种，等边角钢以"边宽×边宽×厚度"表示，单位为 mm；不等边角钢以"长边宽×短边宽×厚度"表示，单位为 mm。工字型钢"腰高度×腿宽度×腰厚度"表示，单位为 mm。L 型钢以"腹板高×面板宽×腹板厚×腹板厚"表示，单位为 mm。H 型钢以"腹板高×翼缘宽×腰厚度"表示，单位为 mm。

我国热轧型钢一般采用碳素结构钢和低合金高强度结构钢来轧制。土木工程中主要用碳素结构钢中的 Q235，其强度适中，具有较好的塑性和可焊性；在低合金高强度结构钢中主要采用 Q345 及 Q390，一般用于大跨度结构及受横向弯曲的梁等结构中。

2. 冷弯薄壁型钢

将碳素结构钢或低合金高强度结构钢经冷弯或模压成 2～6mm 的薄钢板或钢带，称之为冷弯薄壁型钢。其表示方法与热轧型钢基本一致。因其具有高效的经济截面，而且刚度较好，能有效地发挥材料的性能，在等荷载下，可减轻钢结构自重，节约钢材，广泛应用于土木工程的轻型钢结构中。

3. 钢板、压型钢板及钢管

钢结构中使用的钢板是将碳素结构钢或低合金高强度结构钢通过轧制而成的平板状钢材。钢板按轧制温度的不同，分为热轧钢板和冷轧钢板；按照厚度的不同，可分为薄板、厚板、特厚板和扁钢等。热轧钢板按厚度划分为厚板（厚度大于 4mm）及薄板（厚度为 0.35～4mm），冷轧钢板只有厚度为 0.2～4mm 的薄板一种。

压型钢板就是在薄钢板的基础上，经冷轧后弯曲成不同的形状，如波形、V 形等。压型钢板具有质量轻，施工方便，外形美观等特点，广泛应用于工程中的护栏、墙面及屋顶面等。

工程中用钢管一般分为无缝钢管和焊接钢管两类。无缝钢管以碳素结构钢或低合金高强度结构钢为原料，采用热轧、冷拔等方法制造，具有良好的力学性能和工艺性能，一般用于地下管道，如水电站地下输水管，倒虹吸埋管等。焊接钢管一般也由碳素结构钢或低

表 6.5　低合金高强度钢的力学性能

牌号	质量等级	拉伸试验 下屈服强度 R_{eL}/MPa（以下公称直径（厚度、边长））									抗拉强度 R_m/MPa（以下公称直径（厚度、边长））							断后伸长率 A/%（公称直径（厚度、边长））					
		≤16 mm	16~<40 mm	40~<63 mm	63~<80 mm	80~<100 mm	100~<150 mm	150~<200 mm	200~<250 mm	250~<400 mm	<40 mm	40~<63 mm	63~<80 mm	80~<100 mm	100~<150 mm	150~<250 mm	250~<400 mm	≤40 mm	40~<63 mm	63~<100 mm	100~<150 mm	150~<250 mm	250~<400 mm
Q345	A	≥345	≥335	≥325	≥315	≥305	≥285	≥275	≥265	—	470~630	470~630	470~630	470~630	450~600	450~600	—	≥20	≥19	≥19	≥18	≥18	—
	B	≥345	≥335	≥325	≥315	≥305	≥285	≥275	≥265	—	470~630	470~630	470~630	470~630	450~600	450~600	—	≥20	≥19	≥19	≥18	≥18	—
	C	≥345	≥335	≥325	≥315	≥305	≥285	≥275	≥265	—	470~630	470~630	470~630	470~630	450~600	450~600	—	≥21	≥20	≥20	≥19	≥18	—
	D	≥345	≥335	≥325	≥315	≥305	≥285	≥275	≥265	—	470~630	470~630	470~630	470~630	450~600	450~600	—	≥21	≥20	≥20	≥19	≥18	—
	E	≥345	≥335	≥325	≥315	≥305	≥285	≥275	≥265	≥265	470~630	470~630	470~630	470~630	450~600	450~600	450~600	≥21	≥20	≥20	≥19	≥18	≥17
Q390	A	≥390	≥370	≥350	≥330	≥330	≥310	—	—	—	490~650	490~650	490~650	490~650	470~620	—	—	≥20	≥19	≥19	≥18	—	—
	B	≥390	≥370	≥350	≥330	≥330	≥310	—	—	—	490~650	490~650	490~650	490~650	470~620	—	—	≥20	≥19	≥19	≥18	—	—
	C	≥390	≥370	≥350	≥330	≥330	≥310	—	—	—	490~650	490~650	490~650	490~650	470~620	—	—	≥20	≥19	≥19	≥18	—	—
	D	≥390	≥370	≥350	≥330	≥330	≥310	—	—	—	490~650	490~650	490~650	490~650	470~620	—	—	≥20	≥19	≥19	≥18	—	—
	E	≥390	≥370	≥350	≥330	≥330	≥310	—	—	—	490~650	490~650	490~650	490~650	470~620	—	—	≥20	≥19	≥19	≥18	—	—
Q420	A	≥420	≥400	≥380	≥360	≥360	≥340	—	—	—	520~680	520~680	520~680	520~680	500~650	—	—	≥19	≥18	≥18	≥18	—	—
	B	≥420	≥400	≥380	≥360	≥360	≥340	—	—	—	520~680	520~680	520~680	520~680	500~650	—	—	≥19	≥18	≥18	≥18	—	—
	C	≥420	≥400	≥380	≥360	≥360	≥340	—	—	—	520~680	520~680	520~680	520~680	500~650	—	—	≥19	≥18	≥18	≥18	—	—
	D	≥420	≥400	≥380	≥360	≥360	≥340	—	—	—	520~680	520~680	520~680	520~680	500~650	—	—	≥19	≥18	≥18	≥18	—	—
	E	≥420	≥400	≥380	≥360	≥360	≥340	—	—	—	520~680	520~680	520~680	520~680	500~650	—	—	≥19	≥18	≥18	≥18	—	—
Q460	C	≥460	≥440	≥420	≥400	≥400	≥380	—	—	—	550~720	550~720	550~720	550~720	530~700	—	—	≥17	≥16	≥16	≥16	—	—
	D	≥460	≥440	≥420	≥400	≥400	≥380	—	—	—	550~720	550~720	550~720	550~720	530~700	—	—	≥17	≥16	≥16	≥16	—	—
	E	≥460	≥440	≥420	≥400	≥400	≥380	—	—	—	550~720	550~720	550~720	550~720	530~700	—	—	≥17	≥16	≥16	≥16	—	—

续表

牌号	质量等级	下屈服强度 R_eL/MPa 以下公称直径（厚度、边长）									抗拉强度 R_m/MPa 以下公称直径（厚度、边长）							断后伸长率 A/% 公称直径（厚度、边长）					
		≤16 mm	16~<40 mm	40~<63 mm	63~<80 mm	80~<100 mm	100~<150 mm	150~<200 mm	200~<250 mm	250~<400 mm	≥400	40~<63 mm	63~<80 mm	80~<100 mm	100~<150 mm	150~<250 mm	250~<400 mm	≤40 mm	40~<63 mm	63~<100 mm	100~<150 mm	150~<250 mm	250~<400 mm
Q500	C																						
	D	≥500	≥480	≥470	≥450	≥440	—	—	—	—	610~770	600~760	590~750	540~730	—	—	—	≥17	≥17	≥17	—	—	—
	E																						
Q550	C																						
	D	≥550	≥530	≥520	≥500	≥490	—	—	—	—	670~830	620~810	600~790	590~780	—	—	—	≥16	≥16	≥16	—	—	—
	E																						
Q620	C																						
	D	≥620	≥600	≥590	≥570	—	—	—	—	—	710~880	690~880	670~860	—	—	—	—	≥15	≥15	≥15	—	—	—
	E																						
Q690	C																						
	D	≥690	≥670	≥660	≥640	—	—	—	—	—	770~940	750~920	730~900	—	—	—	—	≥14	≥14	≥14	—	—	—
	E																						

注：1. 当屈服不明显时，可测量 $R_{p0.2}$ 代替下屈服强度。
2. 宽度不小于 600mm 扁平材，拉伸试验取横向试样，宽度小于 600mm 的扁平材、型材及棒材取纵向试样，断后伸长率最小值相应提高 1%（绝对值）。
3. 厚度在 250~400mm 的数值适用于扁平材。

表 6.6 **低合金高强度结构钢的化学成分**

牌号	质量等级	化学成分[a,b]（质量分数）/%														
		C	Si	Mn	P	S	Nb	V	Ti	Cr	Ni	Cu	N	Mo	B	ALs
Q345	A	≤0.20	≤0.50	≤1.70	0.035	0.035	≤0.07	≤0.15	≤0.20	≤0.30	≤0.50	≤0.30	≤0.12	≤0.10		—
	B				0.035	0.035										
	C				0.030	0.030										≥0.015
	D	≤0.18			0.030	0.025										
	E				0.025	0.020										
Q390	A	≤0.20	≤0.50	≤1.70	0.035	0.035	≤0.07	≤0.20	≤0.20	≤0.30	≤0.50	≤0.30	≤0.015	≤0.10		—
	B				0.035	0.035										
	C				0.030	0.030										≥0.015
	D				0.030	0.025										
	E				0.025	0.020										
Q420	A	≤0.20	≤0.50	≤1.70	0.035	0.035	≤0.07	≤0.20	≤0.20	≤0.30	≤0.80	≤0.30	≤0.015	≤0.20		—
	B				0.035	0.035										
	C				0.030	0.030										≥0.015
	D				0.030	0.025										
	E				0.025	0.020										
Q460	C	≤0.20	≤0.60	≤1.80	0.030	0.030	≤0.11	≤0.20	≤0.20	≤0.30	≤0.80	≤0.55	≤0.015	≤0.20	0.004	≥0.015
	D				0.030	0.025										
	E				0.025	0.020										
Q500	C	≤0.18	≤0.60	≤1.18	0.030	0.030	≤0.11	≤0.12	≤0.20	≤0.60	≤0.80	≤0.55	≤0.015	≤0.20	≤0.004	≥0.015
	D				0.030	0.025										
	E				0.025	0.020										
Q550	C	≤0.18	≤0.60	≤2.00	0.030	0.030	≤0.11	≤0.12	≤0.20	≤0.80	≤0.80	≤0.80	≤0.015	≤0.30	≤0.004	≥0.015
	D				0.030	0.025										
	E				0.025	0.020										
Q620	C	≤0.18	≤0.60	≤2.00	0.030	0.030	≤0.11	≤0.12	≤0.20	≤1.00	≤0.80	≤0.80	≤0.015	≤0.30	≤0.004	≥0.015
	D				0.030	0.025										
	E				0.025	0.020										
Q690	C	≤0.18	≤0.60	≤2.00	0.030	0.030	≤0.11	≤0.12	≤0.20	≤1.00	≤0.80	≤0.80	≤0.015	≤0.30	≤0.004	≥0.015
	D				0.030	0.025										
	E				0.025	0.020										

注 a 型材及棒材 P、S 含量可提高 0.005%，其中 A 级钢上限可为 0.045%。

　　b 当细化晶粒元素组合加入时，20(Nb+V+Ti)≤0.22%，20(Mo+Cr)≤0.30%。

合金高强度结构钢为原料焊接而成，常见的有直缝焊接和螺旋缝焊接，但其抗压性较前者差。在特定的结构钢中，也使用焊接钢管。

6.5.2　钢筋混凝土结构用钢

钢筋是指在建筑工程中，配置在钢筋混凝土构件中的钢丝或钢条。在钢筋混凝土结构中使用的钢筋和钢丝等钢材是由碳素结构钢、低合金高强度结构钢经热轧或冷轧、冷拔及热处理工艺加工而成。主要有热轧钢筋、冷轧带肋钢筋、冷拉钢筋及预应力混凝土用钢筋。

1. 热轧钢筋

热轧钢筋是指经过热轧成型、冷却处理的钢筋。热轧钢筋根据其表面成型特征分为热轧光圆钢筋和热轧带肋（月牙肋）钢筋。

（1）热轧光圆钢筋。依据国家标准《钢筋混凝土用钢　第1部分：热轧光圆钢筋》（GB 1499.1—2008）的规定，热轧光圆钢筋，即经热轧成型，横截面通常为圆形，表面光滑的成品钢筋。热轧光圆钢筋的牌号分为 HPB235 和 HPB300 两类，其中"HPB"为热轧光圆钢筋的英文"Hot rolled Plain Bars"缩写，"235"和"300"分别代指屈服强度的特征值。

热轧光圆钢筋的力学性能见表6.7，化学成分见表6.8。

表6.7　　　　　　　　　　　　　　　　热轧光圆钢筋的力学性能

牌号	公称直径 a/mm	屈服强度 R_{el}/MPa	抗拉强度 R_m/MPa	断后伸长率 A/%	最大总伸长率 A_{gt}/%	冷弯试验180° d—弯心直径 a—钢筋公称直径
HPB235	6～11	≥235	≥370	≥23	≥10.0	$d=a$
HPB300		≥300	≥400			

注　根据供需双方协议，伸长率类型可从 A 或 A_{gt} 中选定。如伸长率类型未经协议确定，则伸长率采用 A，仲裁检验时采用 A_{gt}。

表6.8　　　　　　　　　　　　　　　热轧光圆钢筋的牌号及化学成分

牌　号	化学成分（质量分数）/%				
	C	Si	Mn	P	S
HPB235	≤0.22	≤0.30	≤0.65	≤0.045	≤0.050
HPB300	≤0.25	≤0.55	≤1.50		

注　钢中残余元素铬、镍、铜含量应各不大于0.30%，供方如能保证可不作分析。

（2）热轧带肋钢筋。热轧带肋钢筋，其横截面通常为圆形，表面分为纵肋（平行于钢筋轴线的均匀连续肋）、横肋（与钢筋轴线不平行的其他肋）及月牙肋（横肋的纵截面呈月牙形，且与纵肋不相交）三种。依据国家标准《钢筋混凝土用钢第2部分：带肋钢筋》（GB 1499.2—2007）的规定，热轧带肋钢筋分为普通热轧带肋钢筋和细晶粒热轧带肋钢筋。普通热轧带肋钢筋是指按热轧状态交货，其金相组织主要是铁素体加珠光体，不得有影响使用性能的其他组织存在的钢筋；其牌号分为 HRB335、HRB400 及 HRB500。其中"HRB"为热轧带肋钢筋的英文"Hot rolled Ribbed Bars"缩写，"335""400"及"500"分别代指屈服强度的特征值。细晶粒热轧带肋钢筋是指在热轧过程中，通过控轧和控冷工艺形成的细晶粒钢筋，其金相组织主要是铁素体加珠光体，不得有影响使用性能的其他组织存在，晶粒度不粗于 9 级。其牌号分为 HRBF335、HRBF400 及 HRBF500。其中"HRBF"为在热轧带肋钢筋的英文"Hot rolled Ribbed Bars"缩写后加"细"的英文（Fine）首位字母，"335"、"300"及"500"分别代指屈服强度的特征值。热轧带肋钢筋的力学性能及化学成分见表 6.9 和表 6.10。

表 6.9　　　　　　　　　热轧带肋钢筋的力学性能

牌　　号		屈服强度 R_{el} /MPa	抗拉强度 R_m /MPa	断后伸长率 A /%	最大总伸长率 A_{gt} /%
HRB335	HRBF335	≥335	≥455	≥17	
HRB400	HRBF400	≥400	≥540	≥16	≥7.5
HRB500	HRBF500	≥500	≥630	≥15	

注　a. 直径 28～40mm 各牌号钢筋的断后伸长率 A 可降低 1%；直径大于 40mm 各牌号钢筋的断后伸长率 A 可降低 2%。

　　b. 根据供需双方协议，伸长率类型可从 A 或 A_{gt} 中选定。如伸长率类型未经协议确定，则伸长率采用 A，仲裁检验时采用 A_{gt}。

表 6.10　　　　　　　　　热轧带肋钢筋的化学成分

牌　　号		化学成分（质量分数）/%					
		C	Si	Mn	P	S	Ceq
HRB335	HRBF335						≤0.52
HRB400	HRBF400	≤0.25	≤0.80	≤1.60	≤0.045	≤0.045	≤0.54
HRB500	HRBF500						≤0.55

注　1. "Ceq"指 C 当量。

　　2. 钢的氮含量应不大于 0.012%。供方如能保证可不作分析。钢中如有足够数量的氮结合元素，含氮量的限制可适当放宽。

2. 冷轧钢筋

冷轧钢筋分为冷轧带肋钢筋和冷轧扭钢筋。

（1）冷轧带肋钢筋。冷轧带肋钢筋是以低碳钢或低合金钢热轧成盘条后，再将盘条进行多道工序冷轧或冷拔以减少钢筋直径，最后在钢筋表面冷轧成两面或三面横肋的钢筋。依据国家标准《冷轧带肋钢筋》（GB 13788—2008）的规定，其牌号由"CRB"及抗拉强度最小值构成，分为 CRB550、CRB650、CRB800、CRB970 四个，冷轧带肋钢筋的力学性能见表 6.11。

表 6.11　　　　　　　　　冷轧带肋钢筋的力学性能

牌号	$R_{P0.2}(\sigma_b)$ /MPa	$R_m(\sigma_b)$ /MPa	伸长率/%		弯曲试验180° d—弯心直径 a—钢筋公称直径	反复弯曲次数	应力松弛初始应力应相当于公称抗拉强度的70%，1000h松弛率/%
			$A_{11.3}(\delta_{10})$	$A_{100}(\delta_{100})$			
CRB550	≥500	≥550	≥8.0	—	$d=3a$	—	—
CRB650	≥585	≥650	—	≥4.0		3	≤8

牌号	$R_{P0.2}(\sigma_b)$ /MPa	$R_m(\sigma_b)$ /MPa	伸长率/%		弯曲试验180° d—弯心直径 a—钢筋公称直径	反复弯曲次数	应力松弛初始应力应相当于公称抗拉强度的70%, 1000h松弛率/%
			$A_{11.3}(\delta_{10})$	$A_{100}(\delta_{100})$			
CRB800	≥720	≥800	—	≥4.0	—	3	≤8
CRB970	≥875	≥970	—	≥4.0	—	3	≤8

（2）冷轧扭钢筋。冷轧扭钢筋是采用低碳钢热轧圆盘条经钢筋冷轧扭机调直、冷轧并冷扭成型的螺旋状钢筋。依据《冷轧扭钢筋》（JG 1990—2006）的规定，冷轧扭钢筋依截面形状不同，分为Ⅰ型、Ⅱ型和Ⅲ型，按其强度等级不同分为 CTB550 和 CTB650 两级。冷轧扭钢筋的技术性能见表 6.12。

表 6.12　　　　　　　　　　　　冷轧扭钢筋的技术性能

强度等级	型号	抗拉强度 $R_m(\sigma_b)$/MPa	伸长率 A /%	弯曲试验180° 弯心直径 $d=3a$	应力松弛率/% $\sigma_{con}=0.7f_{ptk}$	
					10h	1000h
CTB550a	Ⅰ	≥550	$A_{11.3}$≥4.5	受弯曲部位钢筋表面不得产生皱纹	—	—
	Ⅱ	≥550	A≥10		—	—
	Ⅲ	≥550	A≥12		—	—
CTB650	Ⅲ	≥650	A_{100}≥4		≤5	≤8

注　1. a 为冷轧扭钢筋的标志直径。

　　2. A、$A_{11.3}$ 分别表示以标距 $5.65\sqrt{S_0}$ 或 $11.3\sqrt{S_0}$（S_0 为试样原始截面面积）的试样断后伸长率，A_{100} 表示标距为 100mm 的试样断后伸长率。

　　3. σ_{con} 为预应力钢筋张拉控制应力；f_{ptk} 为预应力冷扭钢筋的抗拉强度标准值。

3. 预应力混凝土用热处理钢筋

预应力混凝土用热处理钢筋是由普通热轧中碳低合金钢筋经淬火和回火调质成型。热处理钢筋具有强度高、硬度高、塑性和韧性良好的综合性能，适用于预应力钢筋混凝土构件。但对应力腐蚀和缺陷较敏感，使用时应注意防止锈蚀及刻痕。其规格按直径大小分为6mm、8.2mm、10mm 三种；按外形分为纵肋和无纵肋两种，但均有横肋。依据国家标准《预应力混凝土用热处理钢筋》（GB 4463—84）的规定，其力学性能见表 6.13。

表 6.13　　　　　　　　　　预应力混凝土用热处理钢筋的力学性能

牌　　号	公称直径 /mm	屈服强度 $\sigma_{0.2}$/MPa	抗拉强度 σ_b/MPa	伸长率 A /%
40Si$_2$Mn	6			
48Si$_2$Mn	8.2	1325	1470	6
45Si$_2$Cr	10			

4. 预应力混凝土用钢丝与钢绞线

（1）预应力混凝土用钢丝。预应力混凝土用钢丝按加工状态分为冷拉钢丝和消除应力钢丝两类。消除应力钢丝按松弛性能又分为低松弛级钢丝和普通松弛级钢丝，其代号分别为冷拉钢丝——WCD，低松弛钢丝——WLR，普通松弛钢丝——WNR。钢丝按外形分为光圆、螺旋肋、刻痕三种，其代号分别为光圆钢丝——P，螺旋肋钢丝——H 及刻痕钢丝——I。

预应力混凝土用钢丝具有强度高、韧性好，其技术性能参考有关图表。

（2）预应力混凝土用钢绞线。预应力混凝土用钢绞线是由数根优质碳素结构钢钢丝经捻制、稳定化处理而成。钢绞线按结构分为 5 类：

1×2——用两根钢丝捻制的钢绞线；

1×3——用三根钢丝捻制的钢绞线；

$1 \times 3I$——用三根刻痕钢丝捻制的钢绞线；

1×7——用七根钢丝捻制的标准型钢绞线；

$(1 \times 7)C$——用七根钢丝捻制又经模拔的钢绞线。

预应力混凝土用钢绞线具有强度高、柔性好等特点，主要用于大跨度、重负荷的后张法预应力混凝土构件中。其力学性能参见国家标准《预应力混凝土用钢绞线》（GB/T 5224—2003）。

6.6 钢筋的腐蚀与防止腐蚀的方法

钢铁的腐蚀是指钢铁由于长期暴露在空气或其他介质中发生化学或电化学作用而遭到的破坏。钢铁的腐蚀是一个严重的问题，它不仅减少了钢结构的有效截面积，导致金属本身的损失，更重要的是金属结构及设备遭受破坏而引起的停工减产，甚至发生事故。因此，防止钢铁的腐蚀对于工程结构具有十分重要的意义。

6.6.1 产生腐蚀的原因

影响钢材腐蚀的主要因素是环境湿度、侵蚀性介质的种类和数量、钢材的化学成分及表面状况。根据钢铁表面与周围物质的不同作用，一般把腐蚀分为下列两种。

1. 化学腐蚀

化学腐蚀指钢铁与周围物质直接起化学作用而产生的腐蚀。其结果是金属表层产生氧化铁、硫化铁等，使金属光泽减退而颜色发暗，腐蚀的程度一般进展缓慢，随时间的增加而增加，在潮湿环境及温度较高时，腐蚀会加快。

2. 电化学腐蚀

电化学腐蚀指钢铁与电解质溶液相接触构成原电池后所发生的腐蚀。由于这一过程中有电流产生，形成腐蚀电流，故称为电化学腐蚀，亦称溶解性腐蚀。

钢铁材料所产生的电化学腐蚀，是因为在钢铁材料中含有铁素体、渗碳体及游离石墨等各种不同成分，另外还含有其他的合金元素及杂质。由于这些成分的电极电位的不同，也就是活泼性不同，发生了电子的移动，产生了微电流，进而就产生腐蚀微电池。例如碳素钢中铁素体的电极电位较低，比渗碳体等成分较为活泼，易于失去电子，从而使铁素体与渗碳体等在电解质中形成腐蚀电池的两极，铁素体为阳极，渗碳体为阴极。由于阴阳两极直接接触，电子流自由流动，阳极的铁素体失去电子成为 Fe^{2+}，进入溶液中；电子流向阴极，在阴极附近与溶液中 H^+ 结合形成 H_2 而逸出，O_2 与电子结合生成 OH^-；Fe^{2+} 在溶液中与 OH^- 结合生成 $Fe(OH)_2$。其氧化还原反应如下：

阴极：$2H^+ + 2e = H_2\uparrow$

阳极：$Fe^{2+} + 2(OH)^- = Fe(OH)_2$

$Fe(OH)_2$ 中 Fe^{2+} 不稳定，具有还原性，与空气中的 O_2 发生反应，形成红褐色的铁锈（Fe_2O_3），铁锈为絮状物质，在潮湿的空气中易吸收水分，进而加速了钢材的锈蚀，如图 6.15 所示。

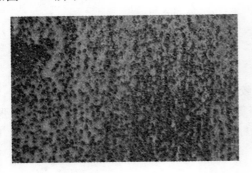

图 6.15　钢铁锈蚀图

另外若钢铁表面凹凸不平、具有棱角、应力分布不均等而产生电位差，也能形成腐蚀电池，产生腐蚀。

6.6.2　防止腐蚀的方法

1. 保护膜法

即在钢铁表面涂布一层保护膜，与空气或其他介质隔离，既不能发生氧化锈蚀，也不能产生电化学腐蚀。常用的保护层有各种防锈涂料（红丹＋灰铅油、醇酸磁漆、环氧富锌、氯磺化聚乙烯防腐涂料等）、搪瓷、油漆、耐腐蚀金属（铅、锡）、塑料等；或经化学处理使钢铁表面形成氧化膜（发蓝处理）或磷酸盐膜。

2. 阴极保护法

阴极保护是根据电化学原理进行的一种保护方法。这种方法，有两种方式来实现：

（1）牺牲阳极保护法。即在要保护的钢铁结构的附近，特别是水下钢结构（如轮船外壳、地下管道等），接以较钢铁更为活泼的金属如锌、镁等，于是这些更为活泼的金属在介质成为腐蚀电池的阳极遭到腐蚀，而钢铁结构成为阴极而得到保护。

（2）外加电流保护法。此法是在钢结构的附近，安放一些废钢铁或其他难溶金属，如高硅铁及铅银合金等。将外加直流电源的负极接在被保护的钢结构上，正极接在难溶金属上。通电后则难溶金属作为阳极而被腐蚀，钢结构成为阴极而得到保护。近来也采用保护膜与外加电源联合保护的措施，其效果更好。

对于港口建筑的钢筋混凝土中钢筋的防锈蚀措施，可在混凝土保护层之外，用人造橡胶或聚氯乙烯敷设覆盖层，以避免海水的渗透，亦可用环氧漆或沥青漆作保护膜。也有在钢筋上镀一层锌，可以提高防锈能力 5～6 倍而不降低混凝土对钢筋的握裹力。此外，在混凝土中渗入一些缓锈剂（亚硝酸钠等），亦可延缓钢筋的锈蚀。

习　题

1. 建筑钢材有哪几种分类方法？

2. 低碳钢拉升时的应力-应变曲线分为哪几个阶段？各阶段的主要力学性质指标是什么？

3. 钢材热处理的方式有哪些？

4. 什么是钢材的屈强比？屈强比的大小对钢材的使用有何影响？

5. 钢材热处理的方式有哪些？其效果怎样？

6. 碳素结构钢和低合金结构钢如何表示？

7. 型钢分为哪些？

8. 钢材腐蚀的性能及常见防腐蚀的措施有哪些？

第7章 木　　材

　　木材是各项基本建设的一种重要建设材料，有着悠久的使用历史，在各项土木工程中得到了大量的使用，如木闸门、木渡槽、木桩、混凝土模板、房屋、桥梁、脚手架等都需要大量的木材。

　　木材作为一种天然材料，具有优异的环境特性，无论是其生长、加工和使用过程中均与环境有很好的相容性。在生长期间可以调节温度，加工使用后其废弃物具有生物降解性，因此不会对环境造成不良影响，废旧木材也可以作为二次资源重复利用。木材的环境特性主要包括再生性、固碳作用、调湿、视觉特性、触觉特性等。木材的可再生性是不可再生的矿产资源无法比拟的，也符合人类社会的可持续发展战略；木材在生长过程中可以大量的吸收空气中的二氧化碳，每生长 1t 木材可以吸收 1.47t 二氧化碳，并产生 1.07t 氧气，因此有非常优越的固碳性能；木材可以通过自身的吸湿和解吸作用，调节环境的湿度，这也是木材作为室内装饰材料和家具的优势所在；木材特有的颜色、光泽、纹理等会给人一种温暖厚重、沉静素雅的感觉，具有明显的视觉特性；与混凝土、金属等材料相比，木材的软硬感、冷暖感等感觉特性明显优于这些材料。

　　木材作为建筑材料，也是四大建筑材料"钢材、水泥、塑料、木材"中唯一一个可以再生，又可以循环利用的天然资源，也是一种绿色环保的生态建筑材料。其具有许多优良的性能：密度小而强度高；具有较高的弹性和韧性；导热性能低；容易加工；在干燥的空气中或长期置于水中有很高的耐久性；抗震性、耐冲击性能优良等。但木材的缺点是：生长周期缓慢、数量有限，构造不均匀，具有各向异性，容易吸收或散发水分，会导致木材的尺寸形状及强度发生改变，甚至引起裂缝或翘曲；如果保护不善，则容易出现腐朽虫蛀；天生的缺陷较多，影响到木材的材质，而且耐火性很差，容易燃烧。

　　木材是天然资源，树木的生长比较缓慢，加之各项建设的飞速发展，木材的需要量很大，供需之间仍有很大矛盾。因此，木材在工程上使用时，不仅要做到节约使用，而且要积极采用新技术、新工艺，扩大和寻求木材综合利用的新途径。所以，掌握木材的特性，做到科学、节约、综合使用则显得尤为必要。

7.1　木材的分类和构造

7.1.1　木材的分类

　　木材是由树木加工而成的，树木的种类很多，桉树叶外观形状不同分为针叶树和阔叶树两类。

　　1. 针叶树

　　针叶树材质轻软，又名软木材，树干通直而高大，易于加工，容重和胀缩变形较小，且有较高的强度，是建筑上常用的主要承重结构的木材，如松、衫、柏等。

2. 阔叶树

阔叶树材质坚硬，又名硬木材，树干通直部分较短，加工较难，且有胀缩、翘曲、裂缝等。有些树种加工后纹理清晰美观，适用于室内装饰、制作家具和胶合板等。如榆、槐等。

7.1.2 木材的构造

木材的构造，是决定木材性能的重要因素。由于树种和生长环境不同，其构造特征差异很大，因此，木材的构造可从宏观和微观两方面进行研究。

1. 木材的宏观构造

木材的宏观构造是指肉眼或放大镜所观察到的木材组织。由于木材的各向异性，因此，其构造需从横切面（与树轴垂直的切面）、径切面（通过树轴的纵切面）、弦切面（垂直于横切面而切于年轮的面）三个切面上进行观察，如图7.1所示。

由横切面上可以看出，木材有呈同心圆分布的层次，即所谓年轮。在一个年轮内，春天生长的木材，颜色较浅，材质松软，称为春材（早材）；夏秋二季生长的木材，颜色较深，材质坚硬，称为夏材（晚材）。由于夏材较春材质密而坚硬，所得木材的容重和强度，与年轮内夏材所占比例的多少有很大关系。

树干的中心称为髓心，材质多松软，无强度，易腐蚀，干燥时会增加木材的开裂程度。

2. 木材的微观构造

木材的微观构造是指在显微镜下观察到的木材组织。在显微镜下可以看到木材是由各种细胞紧密结合而成。每一细胞分作细胞壁和细胞腔两部分。

木材细胞按功能分为管胞针叶树和阔叶树。其构造示意图如图7.2、图7.3所示。针叶树主要由管胞、树脂道和髓线组成。针叶树的某些树种，如松木，在管胞间具有充满着树脂的孔道（称为树脂道）。针叶树的髓线比较细小。

图 7.1　木材的宏观构造

1—横切面；2—弦切面；3—径切面；
4—树皮；5—木质部；6—年轮；
7—髓心；8—木射线

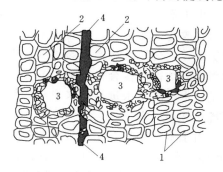

图 7.2　显微镜下松木的横切片

1—细胞壁；2—细胞腔；3—树脂留出孔；4—髓线

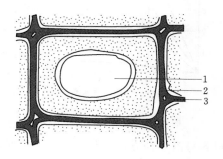

图 7.3　细胞壁结构

1—细胞腔；2—初生层；3—细胞间层

阔叶树的主要组成部分是木纤维、导管及髓线。阔叶树可分为环孔材和散孔材两种：春材中导管很大并成环状排列的，称为环孔材，如水曲柳、榆及栎等；导管大小差不多且散乱分布的，称为散孔材。如椴木、樟木及楠木等。在阔叶树中，髓线有粗有细，粗的肉眼能够看见。较大的导管肉眼也能看见。

7.2　木材的物理和力学性质

7.2.1　木材的物理性质

1. 含水量

木材的含水量以含水率表示，即木材中所含水的重量与木材干燥重量的比值（％）表示。

木材中所含的水分，可分为两部分：存在于细胞腔内的自由水和存在于细胞壁内的吸附水。当细胞腔内没有自由水而细胞壁内充满吸附水，这时的含水率称为纤维饱和点。纤维饱和点随树种而异，一般约为 25％～35％，平均为 30％。

潮湿的木材，能在较干燥的空气中失去水分。干燥的木材也能从周围的空气中吸取水分。如果木材长时间处于一定温度与潮湿的空气中，便达到相对恒定的含水率，这时木材的含水率，称为平衡含水率，平衡含水率随环境的温度和湿度而变化。

2. 湿胀与干缩

当木材从潮湿状态干燥至纤维饱和点时，其尺寸并不改变。继续干燥，亦即当细胞壁中的水分蒸发时，木材将发生收缩。反之，干燥木材吸湿后，将发生膨胀，直到含水量达到纤维饱和点为止，此后木材含水率继续增大，也不再膨胀。

木材的膨胀干缩值在不同方向是不一样的。以干缩为例，顺纹方向干缩最小，约为 0.1％～0.35％；径向干缩较大，约为 3％～6％；弦向干缩最大，约为 6％～12％。径向干缩与弦向干缩之比一般为 1：2。如图 7.4 所示为松木的含水膨胀。

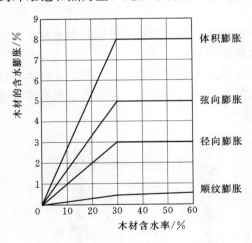

图 7.4　松木的含水膨胀图

由于木材径向与弦向的干缩不同，湿材干燥后将改变截面形状。干缩对木材的使用有很大影响，它会使木材产生裂纹或翘曲变形，以致引起木结构的接合松弛或凸起等。解决的办法是使木材的含水量与将来形成的结构所处的环境条件相适应。

由于木材髓线与相邻细胞连结较弱，所以木材容易沿半径方向开裂。木材干燥时两端和外层水分蒸发快，所以首先在端部和外层出现裂缝。端部开裂将造成大量废料，为了防止或减少端部开裂，可在端部涂以油料或其他涂料。在建筑上为了减低木材由于干缩和湿胀所引起的不良后果，除采取高温干燥或化学药剂如石蜡、尿素、聚乙二醇等进行处理，以降低木材的吸湿性减少变形外，由于径向干缩只是弦向干缩的一半，因此，应用时采用径向切板较为有利。

7.2.2　木材的力学性质

建筑上通常利用木材以下几种强度：抗拉、抗压、抗弯及抗剪等。木材构造上的各向异性，使木材的力学强度具有明显的方向性。其中抗拉、抗压及抗剪强度有顺纹（作用力方向与纤维方向平行）与横纹（作用力方向与纤维方向垂直）之分，木材的顺纹和横纹强度有很大差别。

木材的强度在各方向相差很大：横纹抗拉强度约为顺纹抗拉强度的 $1/40 \sim 1/30$，这是因为纤维纵向抗拉强度很强，而纤维横向连接较弱；顺纹抗压强度也远大于横纹抗压强度，这是因为顺纹压缩时，纤维被折断比较不容易，而横纹压缩时，类似挤压一束芦苇或稻草，使木材受到强烈的紧缩。

木材的强度，就顺纹而言，以抗拉最大，抗压次之，抗剪最小（仅为抗拉的 $15\% \sim 30\%$）。木材的抗拉强度虽然很大，但因顺纹抗剪强度与横纹抗压强度都很小，致使受拉构件接合困难，所以实际应用上木材很少用于纯粹受拉的构件。而且，木材的缺陷对抗拉强度的影响很大，常使其承受能力显著降低，所以在设计中采用的抗拉强度较抗压强度低。抗弯强度介于顺纹抗拉强度与顺纹抗压强度之间，木材各种强度之间关系见表 7.1。建筑工程中根据木材各项受力不同将其合理应用。木材强度的检验采用无疵病的木材制成标准试件，按《木材物理力学试材采集方法》（GB/T 1927—2009）锯解及截取，按标准规定进行实验检测。

表 7.1　木材强度之间的关系

抗　压		抗　拉		抗弯	抗　剪	
顺纹	横纹	顺纹	横纹		顺纹	横纹
1	$1/10 \sim 1/3$	$2 \sim 3$	$1/20 \sim 1/3$	$1.5 \sim 2$	$1/7 \sim 1/3$	$1/2 \sim 1$

木材的强度随其含水率的大小而不同：含水率在纤维饱和点以上变化时，木材强度不变；在纤维饱和点以下时，含水率愈小，则强度愈大，如图 7.5 所示。其原理如下：含水率大于纤维饱和点时，细胞腔内水分的变化与细胞壁抵抗外力无关，因而强度不变。含水率在纤维饱和点以下时，随着细胞壁中水分减少，细胞壁物质变的干燥而紧密，因而强度提高。

为了便于比较，规定以含水率为 12% 的强度为标准。其他含水率时的强度可用下述经验公式换算（使用于含水率在 $9\% \sim 15\%$ 范围内）：

$$\sigma_{12} = \sigma_\omega [1 + \alpha(\omega - 12)] \tag{7.1}$$

式中　σ_{12}——含水率为 12% 时的木材强度；

　　　σ_ω——含水率为 $\omega\%$ 时的木材强度；

　　　α——校正系数，其数值随树种及所受荷载性质而不同，按表 7.2 取值。

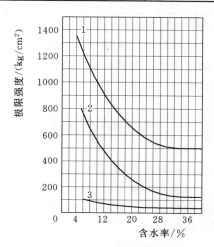

图 7.5　含水量对木材强度的影响
1—抗弯；2—顺纹抗压；3—顺纹抗剪

表 7.2 α 取 值 表

强度类型	顺纹抗压强度	横纹抗压强度	顺纹抗拉强度		抗弯强度	顺纹抗剪强度
			阔叶树	针叶树		
校正系数	0.05	0.045	0.015	0	0.04	0.03

　　木材的缺陷对木材强度有不同程度的影响。为了能正确比较各种木材的强度，做木材强度实验时，规定采用不含缺陷的小试件进行。在实际应用中，由于木材都含有缺陷，故其极限强度比表 7.3 中小试件的强度低得多。

　　表 7.3 列举了一些建筑上常用木材容重及力学性质。

表 7.3 几种常用木材的容重及力学性质（含水率 12%）

树 种	产 地	气干容重 /(kg/m³)	强 度/MPa			
			顺纹抗压	抗弯	顺纹抗拉	顺纹抗剪 (径面)
杉木	湖南	371	38.8	63.8	77.2	4.2
红松	东北	440	32.8	65.3	98.1	6.3
马尾松	安徽	533	41.9	80.7	99.0	7.8
落叶松	内蒙	696	52.7	110.6	131.4	9.0
云杉	东北	451	42.4	75.1	100.9	6.2
冷杉	四川	433	35.5	70.0	97.3	4.9
柏木	湖北	600	54.3	100.5	117.1	9.6
榨木	黑龙江	748	54.5	118.6	140.6	13.0
麻栎	陕西	916	67.6	107.3	150.9	15.2
小叶杨	甘肃	417	31.9	60.3	83.9	5.8

注　针叶树材的顺纹抗压强度为气干状态下的试验结果。

　　木材的持久强度，一般为试验所测的极限强度的 50%～80%。一切永久性的木结构，都处于某一荷载的长期作用下，因此，木材的持久强度具有实用意义。木材的力学性质除强度外，在建筑上有时还需要考虑硬度、冲击韧性及钉的握裹力等。

7.3　木材的防腐及保护

　　木材的腐朽，是由于真菌或昆虫侵害所致。

　　侵害木材的真菌除变色菌、霉菌对木材强度影响很小，甚至没有影响外，腐朽菌由于能分泌酵素，把细胞壁物质分解成简单的养料，供自身生长繁殖，致使木材腐朽而减低材质强度。

　　腐朽菌的繁殖和生存，除需要养料外，还必须具有适宜的水分、空气及温度。木材含水率由纤维饱和点左右至 50%～70% 最适于腐朽菌繁殖，含水率在 20% 以下时，繁殖完全停止。木材中含有一定量的空气，腐朽菌才会繁殖，贮于水中或深埋地下的木材不会腐朽，就是因为缺乏空气。腐朽菌在温暖环境中最易繁殖，最适宜的温度为 25～35℃，高于 60℃时，即不能生存。

　　由此可见，木材能经常保持干燥或经常充满水分以隔绝空气，即可免除真菌危害。如果时干时湿，例如桩木靠近地面和水面部分，则最易腐朽。

　　防止木材腐朽的方法，一方面是创造一些条件，使腐朽菌不易产生，对于使用在干燥环境的木材，事先进行干燥处理，并在木结构中采取通风、防潮、涂刷油漆等措施。另一方面，如果木结构不能保持干燥，则需要用化学防腐处理，就是把防腐剂注入木材内，使木材不能再作为真菌的养料，同时还能毒死真菌。防腐剂通常有：水溶性的防腐剂如氟化钠（NaF）、硅氟化钠（NaSiF₆）、氯化锌（ZnCl₂），以及二硝基苯酚等［C₆H₃(NO₂)₂OH］；油质防腐剂如杂酚油（克鲁苏油）、煤焦油、蒽油等。除上述两类外，还有五氯酚（C₆Cl₅OH）等。五氯酚是油溶性的有机化合物，对真菌、白蚁及海生钻孔动物、软体动物、藻类等的杀菌能力都很强。

　　把防腐剂注入木材的方法，可分为常压法和压力法。常压法是使防腐剂借扩散和渗透作用进到木材内部的一种方法，如涂刷法、缠带法（将内面涂有防腐剂浆膏的麻布，缠扎在表面上）及热冷槽法等。压力法是将木材置于密闭圆桶内，加压使防腐剂进入木材的内部。

7.4　木材的应用

7.4.1　圆材和锯材

　　圆材包括原条和原木。原条是指只去其树枝而未按一定尺寸造成规定材种的伐倒木，原木是树木在去皮后按一定的长短切取的木料。原木又分为直接使用原木和加工用原木。直接使用原木是指可直接用作坑木、电杆、桩木等的原木。加工用原木指的是可做特殊加工（如造船、车辆、胶合板）和一般加工用原木。锯材是指已经加工锯解成材的木料，分为板材和枋材。

　　建筑用的木材，可用针叶树和阔叶树的原木和锯材。针叶树材的纹理顺直，易得大材，且易加工，有相当高的强度和较小的胀缩变形，因此常用做木结构的主要构件，硬质阔叶树材的强度与硬度较大，胀缩变形及裂缝较显著，适于结合木结构构件的重要配件，如木键、木梢或木垫块等。水下结构应采用湿木材；水上结构以采用半干木料（含水量在18%～23%之间）为宜。处于水位变化或经常潮湿环境中的木材，则应进行防腐处理或选用耐久性较高的树种，如落叶松、栎木等。

7.4.2　人造板及改性木材

　　人造板是利用木材或含有一定量纤维的其他植物做原料，采用一般物理和化学方法加工制成的板材。它的种类很多，主要有纤维板、胶合板和刨花板等。改性木材，是将木材通过树脂的浸渍或高温高压处理的方法，以提高木材的性能，如木材层积塑料及压缩木等。

　　（1）纤维板。经过原料打碎、纤维分离（成为木浆）、成型加压、干燥处理等工序制成。因成型时不同温度和压力，纤维板有硬质和软质之分。在高温高压下成型得到，叫硬质纤维板。这时，细胞壁中木质素变为可塑体，把纤维胶结成为一个整体。软质纤维板，一般不经热压处理。

（2）胶合板。是将沿年轮切下的薄层木片用胶粘合压制而成的。木片层数应成奇数，一般为 3～13 层，胶合应使相邻木片的纤维互相垂直。所用胶料有耐水性差的动植物胶（如豆蛋白胶、酪素胶、血胶）和耐水性好的酚醛等合成树脂胶。

（3）刨花板。将原料经过打碎、筛选、哄干等程序，拌以胶料（动植物胶、合成树脂胶或无机胶凝材料如水泥、水玻璃等），压制而成的人造板。其中包括木丝板、木屑等品种。人造板与天然木材相比，性质已有显著改变，它的板面宽，表面平整光滑，内部均匀细致，便于加工，没有子节、虫眼和各向异性等缺点，具有不易翘曲、开裂等优点。硬质纤维板和胶合板的强度相当大，3mm 厚的就抵得上 12mm 厚的天然板材使用，经过加工处理，还具有防火、防水、防腐、防酸性等性能。硬质纤维板和胶合板主要用于房屋建筑、车船内装修等方面。软质纤维板具有不易导电、隔热、隔音、保温等性能，因此多用于电器绝缘或冷藏室剧场等修砌墙壁的材料。各类刨花板的用途亦很广。胶合板经过精细加工和特殊处理后，主要用于飞机、船舶的制造。

（4）木材层积塑料（层积木）。是一种质量很高的木制品。系将极薄的木片，经过氢氧化钠处理（也可以不经处理）。用合成树脂浸透，叠放起来加热加压而成。这种材料具有高的耐磨性，做成齿轮也经久耐用，可以代替硬质合金使用，如机器上的轴瓦。它的收缩膨胀已降低到最低限度，而且不会虫蛀，强度也显著提高，所以很适合于建筑结构的特殊部位，如水工结构中闸门滑道等。

（5）压缩木。压缩木是把木材直接进行高温高压，或先用 20％酚醛树脂的酒精溶液浸渍后，再进行高温高压处理而得到的改性木材。前者因具有吸湿而膨胀的特点，作为矿井下的锚杆，正是利用了这种性质，以代替矿柱。后者因吸湿性小可制作机器的轴瓦使用。

7.5　木材的环境特性

近年来越来越多的研究表明，作为一种天然材料，木材具有优异的环境性能，在树木的生长、木材的加工和使用过程中对环境具有非常友好的特性。木材向大气排放的 CO_2 的总量为负值。所以木材在生长过程中对生态环境而言，起着调节温度的作用。从成分上看，木材具有生物降解性，经加工使用后，其废弃物可通过生物过程进行降解，对环境无不良影响。另外，废旧木材还可作为二次资源，进行再循环利用。

下面简述木材的一些典型环境特性，如木材的再生性、固碳作用、调湿性，以及与人类有关的视觉特性和触觉特性等。

（1）再生性。与不可再生的矿产资源相比，木材的可再生性是矿产资源不可比拟的，符合人类社会可持续发展的战略构想。木材是一种最早的，最标准的环境材料。

（2）固碳作用。木材中占 50％的 C 元素主要来源于大气中的二氧化碳。早期的树木研究就已表明，二氧化碳浓度的增加对植物有"施肥效应"，这非常有利于生物圈对大气中二氧化碳的吸收。通过光合作用，每生长 1t 木材可吸收 1.47t 二氧化碳，产生 1.07t 氧气，这种固碳作用是其他材料所不能比拟的。对生物圈的生态平衡有着重要的作用。

（3）木材的调湿性。木材的调湿特性是指靠材料自身的吸湿或解吸作用，直接缓和环境的湿度变化，使湿度稳定在一定的范围之内。调湿性是木材的独特性能之一，也是其广泛作为室内装饰材料和家具材料的优点所在，对人体健康和物品保存提供了一种环境调节作用。

（4）木材的视觉特性。木材的视觉特性一般以木材的颜色、光泽、纹理、树节疤痕等来表示。木材给人以温暖厚重、沉静、素雅等感觉。纹理和节疤是天然形成的图案，给人以流畅、井然、轻松自如的感觉，充分体现了造型规律中变化与统一的协调。

（5）木材的触觉特性。当人体接触到某一物体时，这种物体的接触就会使人产生某种印象。一般常以冷暖感、软硬感、促滑感这三种感觉特性综合评定。与金属、玻璃、混凝土和石膏等材料相比，材料的冷暖感、软硬感、促滑感等感觉特性远远优于这些材料。

习　题

1. 试述木材的宏观构造和微观构造，并说明木材各向异性的原因。
2. 什么是木材的纤维饱和点、平衡含水率？在实际应用中有何意义？
3. 木材含水率的变化对木材哪些性质有影响？有什么样的影响？
4. 影响木材强度的因素有哪些？
5. 木材腐朽的原因有哪些？如何防止木材腐朽？
6. 木材的综合利用有何意义？

第8章 温室建筑材料

8.1 覆盖材料

温室建筑和其他建筑的主要不同之处，就是它的覆盖材料要采用透光性能很强的材料，以满足绿色植物生长发育进行光合作用所必需的光量、光质和光分布（时间和空间）的要求。而且，这些材料的透光性能、保温性能对温室室内的环境温度和能源消耗量又起着决定性的作用。另外，覆盖材料的强度、耐久性、热物理性能以及其他机械、光学性能和价格都应在设计中加以考虑。

广义来讲，温室的覆盖材料分为固定性的结构覆盖材料（又称单层覆盖材料）和暂时性的附加覆盖材料（又称二次覆盖材料）。固定性覆盖材料要承受风、雪等外荷载，它可分为玻璃和塑料两大类。暂时性的覆盖材料一般不承受外荷载，而仅做透光、遮光、保温或反射补光之用，它们包括：保温和保湿的塑料薄膜、合成纤维无纺布（不织布）、外部保温用的保温被、保温草帘、保温泡沫塑料帘；遮光用的寒冷纱、遮光网、无防布；反光用的反光塑料薄膜等。

温室覆盖材料选择要考虑的因素和步骤如图8.1所示。

8.1.1 玻璃

近几个世纪以来，玻璃一直是提供自然光照、保持作物生长适宜环境的主要覆盖材料。早期采用的玻璃是用金属圆筒法制成的薄玻璃，其厚度不均，而且容易破碎。后来发展到用吹制造的厚玻璃，由于略带浅绿色，有利于作物生长。到了1883年，平板玻璃的问世，才使大规模采用玻璃做温室的覆盖材料成为可能。

玻璃是由石英砂、纯碱、长石及石灰石等在1550~1600℃高温下熔融后，经拉制后压制成形的。如在玻璃中掺入某些金属氧化物、其他化合物或经过各种特殊加工工艺处理后，又可制成各种性能的特种玻璃。

玻璃的品种很多，按其化学成分的不同，可分为石英玻璃、钠钙玻璃、铝镁玻璃、钾玻璃、硼硅玻璃和铅玻璃等品种。

在建筑工程中，玻璃既是重要的透光材料，又是一种重要的装饰材料。它除了用来采光、透视、隔声、隔热外，还用于艺术装饰。我国生产的玻璃常用于建筑工程的有普通平板玻璃、钠化玻璃、磨光玻璃、吸热玻璃、双层或多层中空玻璃、磨砂玻璃、夹丝玻璃、浮法高级玻璃、特厚玻璃、饰面玻璃以及防爆、防弹玻璃等。

温室上用的玻璃主要要求它具有良好的透光性、保温性以及抗风、抗雪压、抗冲击等力学性能，其次是一些特殊用途温室要求的吸热、隔热性能、颜色以及安全性能等。

我国生产的窗用普通平板玻璃又称白片玻璃或净片玻璃，这种玻璃也是世界各国温室的最常用玻璃。我国生产的这种玻璃的厚度通常有2mm、3mm、5mm、6mm四种，此外

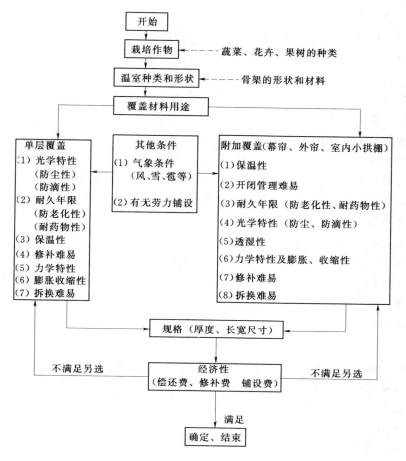

图 8.1 温室覆盖材料选择考虑因素与步骤

还有 8mm、10mm、12mm 厚的玻璃可订货加工。

这些产品目前的最大尺寸为 3000mm×2500mm×（5、6、8、10）mm，特殊要求尺寸在 3000mm×3000mm 以上者，可协商加工。

1. 玻璃的光学性能

玻璃透过光辐射波的范围为波长 300nm（1nm＝10^{-9}m）以上，而对 4000nm 以上的较大的波长辐射透过能力则很低。

普通玻璃能透过阳光辐射波的波长为 330～380nm 的紫外光的 80%～90%，而对 300nm 以下的紫外光则几乎不能透过，对可见光（380～780nm）的透过率大约在 90% 左右。透光率随玻璃厚度的增加而略有减少，吸热玻璃由于对波长为 700～2200nm 的高热量区间的部分可见光和红外光的吸收率较大，因而这部分辐射波的透过率只有 40%～70% 左右。

玻璃被太阳的辐射光照射后，部分透过玻璃进入室内；部分通过表面反射回大气；还有一部分被其吸收（特别是吸热玻璃）后，通过再辐射，部分进入温室，部分回到大气。

2. 玻璃的其他特性

在各种覆盖材料中，以玻璃的耐老化性、耐腐蚀性最好；防尘性能和排冷凝水滴的性能也优于其他材料；但对普通玻璃来讲，其抗冲击性能较差，破碎后易伤人，而且不好修补；此外，其比重较大，会给轻型结构的温室带来较大的负担；导热系数较大，因而不得不加大厚度和采用保温性能较好的中空玻璃，或加多层覆盖。

钢化玻璃通常是采用先加高温后迅速冷却的方式，使玻璃表面具有很薄一层的预压应力区，从而使其具有较高的抗弯、抗冲击的强度和耐温度急变能力。也有用化学处理方式来加强其抗弯和抗冲击的钢化玻璃。钢化玻璃破碎后，其碎片小且无锐角，因此在使用中较为安全，又称安全玻璃。但我国的钢化玻璃价格约为普通玻璃的 2 倍以上；钢化玻璃还有不易裁割的特点，在设计玻璃的尺寸时，要按厂家出厂产品规格选用，如用异型尺寸，应与厂家协商订货。

双层和多层中空玻璃是由尺寸相同的两片或多片玻璃同边框（玻璃条或橡皮带）焊结、胶结或熔结而成，并在玻璃之间留有一定距离（6～12mm），充以干燥空气。它具有优良的保温、隔热和隔声性能，3mm＋6mm＋3mm 中空玻璃的隔热性能相当于 180mm 厚砖砌墙。中空玻璃的价格等于玻璃价格加制作费用，在我国现有的生产经济技术条件下，制作费用高，约为单层玻璃价格的 6～7 倍。中空玻璃的透光率约为各层玻璃透光率的乘积。

吸热玻璃是在原料中掺入三氧化二铁、镍、钴、硒等金属氧化物或其他金属离子加工而成，一般呈蓝色、灰色或古铜色，总透光率略低于普通玻璃，但根据不同的厚度，可吸收透过玻璃的太阳辐射能的 20%～60%，具有良好的隔热性能。在我国，其价格比普通玻璃高 10%～45%。

3. 玻璃的力学性能及幅宽的计算

玻璃的抗静压性能好，其抗压强度约为 880～930MPa，但是其抗弯强度和抗冲击强度都比较低。在温室上采用大块的玻璃可以减少固定玻璃的密封条和边框，同时也可减少遮光面积和缝隙的热损失。但是，大块玻璃的抗风压、雪压等静压以及冰雹等冲击力的能力较小。因此，选择合适的玻璃尺寸，是玻璃温室结构设计的内容之一。

对普通平板玻璃，在风、雪荷载作用下，根据支承条件，可按下列公式确定玻璃长、宽和厚度。

（1）二边支承条件下，采用下式计算：

$$L \leqslant 3.535t \sqrt{[\sigma]/q} \tag{8.1}$$

式中　L——二边支承边框的距离，即玻璃的幅宽，cm；

　　　$[\sigma]$——玻璃的容许应力，MPa；

　　　t——玻璃厚度，mm；

　　　q——设计风压或雪压荷载，kN/m^2。

上式为一般受弯构件容许应力公式推导、换算而来，其 $[\sigma]$ 值建议采用：

雪载时 $[\sigma]_s=13MPa$；风载时 $[\sigma]_w=18MPa$。

（2）四边支承条件下，采用下式计算：

$$A \leqslant \frac{C}{kq}\left(t+\frac{t^2}{4}\right) \tag{8.2}$$

式中 A——玻璃最大容许面积，m^2；

C——与玻璃品种有关的强度系数（对普通玻璃 $C=0.8$，对磨光玻璃 $C=0.6$）；

k——与荷载有关的安全系数，按表 8.1 选用；

q——设计风压或雪压荷载，kN/m^2；

t——玻璃厚度，mm。

表 8.1　　　　　　　　风、雪荷载作用下玻璃破损率与安全系数 K 的关系

设计破损率	风载安全系数	雪载安全系数
0.5	10	1.39
0.01	2.0	2.77
0.003	2.3	3.19
0.001	2.5	3.46
0.0003	3.3	4.57

8.1.2　塑料

温室采用塑料做覆盖材料，虽然仅有 40 多年历史，但是现在其覆盖面积已远远超过玻璃。特别是在中国，近来玻璃温室发展很少，而塑料薄膜覆盖的温室则成倍地增加，这主要是由于塑料的单位面积价格比玻璃要低几倍至 10 倍左右，重量要轻十多倍，因而使骨架和整个温定的一次投资要大大降低。但是，对此问题在设计的时候应作全面的分析比较，因为玻璃的耐久年限比塑料要高得多；特别是塑料薄膜平均 1～2 年换一次，使用管理费用高而不便；还要考虑到用塑料作覆盖材料时的平均热阴值要小于玻璃。

用于温室覆盖的塑料可分为塑料薄膜和硬质塑料板两大类。中国常用的塑料薄膜有聚乙烯（PE）和聚氯乙烯（PVC）两种，外国还有聚醋酸乙烯薄膜（EVA）和聚酯薄膜（PET）；硬质塑料片和板包括：聚氯乙烯膜片、有机玻璃板（PMMA）、玻璃纤维增强聚酯板（聚酯玻璃钢 FRP）、玻璃纤维增强有机玻璃板（有机玻璃钢 FRA）以及聚碳酸酯板（PC）等，在我国除了一些引进的温室上采用外，硬质塑料尚未在温室覆盖材料上大面积推广使用。

8.1.2.1　塑料薄膜

用于地膜覆盖栽培的塑料薄膜厚度一般为 0.01～0.02mm；用于保温幕帘塑料薄膜厚度一般为 0.05mm，无纺布为 0.1～0.2mm；用于小拱棚的塑料薄膜厚度一般为 0.03～0.05mm；用于大棚和温室的薄膜厚度一般为 0.06～0.15mm，甚至更厚。

中国用于温室的塑料薄膜已制定了两个国家标准：《农业用聚乙烯吹塑薄膜》（GB 4455—2006）和《软聚氯乙烯压延薄膜和片材》（GB/T 3830—2008）。这两个国家标准对其规格及尺寸偏差、外观要求、物理机械性能、试验方法及验收规则等都作了详细规定。它们既是制造、设计应遵守的标准，又是产品质量鉴定的依据。表 8.2 将塑料薄膜的规格、外观力学性能、物理性能指标列出，可供参考。

表 8.2　　　　　　　　　　　**聚乙烯、聚氯乙烯薄膜特性**

品　　种 特性与标准	聚乙稀薄膜（PE）	聚氯乙烯薄膜（PVC）
厚度平均偏差/%	±10～±12	±10
外观	不允许有影响使用的气泡、条纹、穿孔、破裂、暴筋、褶皱等存在	色泽均匀，无死皱折，不应有穿孔和分散不良造成的色点，不应有 0.8mm 以上的黑点和杂质
纵、横向抗拉伸强度/MPa	≥14	≥16
纵、横向断裂伸长率/%	≥250	≥210
纵、横向直角撕裂强度/（kN/m）	≥55	≥40

　　一般来说，聚乙烯（PE）塑料薄膜对紫外线的透过能力较高，而聚氯乙烯（PVC）塑料薄膜对可见光区以及近红外光区的光线透过力高于 PE，因而其总透光率较高，对远红外区以及更长的辐射波，PE 的透过能力又超过 PVC，因而 PE 的保温性能要低于 PVC，但是综合评价这两种薄膜的总温室效应能力，还要考虑如吸尘性能、结露水平、耐老化能力，PE 膜吸尘性小于 PVC 膜，但耐老化能力低于 PVC 膜；PE 膜比重小，耐寒能力强，价格比较便宜，燃烧时产生的有毒气体少，易于黏结和修补，易于燃烧。对于薄膜的防尘、防滴和抗老化性能，是世界各国研究方向，而且，已经生产出离尘膜、无滴（防滴）膜、耐老化膜以及多功能膜等。

　　试验得出，薄膜的厚度对其透过的光质没有影响，而对其平均透光率和长波透射率稍有影响，因而薄膜的厚度主要根据其力学性能和耐久性能来确定。

　　1. 聚氯乙烯（PVC）塑料薄膜

　　它是在 PVC 树脂中加入增塑剂、稳定剂、功能性助剂和加工助剂，经压延成形，这种薄膜保温性、透光性、耐候性好，柔软，易造型，适于作为温室、大棚及中小拱棚的外覆盖材料。据全国农业技术推广服务中心对国内部分厂家生产的聚氯乙烯农膜试验结果调查表明，初始透光率为 65%～70%，由于增塑剂析出，4 个月后，透光率降至 58%～65%；保温性好，在 11 月中旬揭苫前测试棚内气温为 11.0～11.7℃，水滴能沿着膜下流，表现较好的流滴性，扣棚 160～170 天后逐渐失去流滴性，结露面积上升至 20%～30%，棚内有不同程度的雾气产生；耐候性好，可满足冬春茬日光温室黄瓜栽培的需求。其缺点是：薄膜重力密度大（1.3g/cm³），一定重量的膜覆盖面积较聚乙烯膜减少 1/3，成本增加；低温下变硬、脆化，高温下易软化、松弛；助剂析出后，膜面吸尘，影响透光；燃烧时会产生氯气，残膜不能做燃烧处理。

　　目前，中国生产的 PVC 膜主要如下：

　　（1）普通 PVC 膜。制膜过程中不加入耐老化助剂，使用期仅为 4～6 个月。

　　（2）PVC 防老化膜。在原料中加入耐老化助剂经压延成膜。使用期 8～10 个月，有良好的透光性、保温性和耐候性，是大棚、中小棚覆盖的主要材料，多用于春提前、秋延后栽培。

　　（3）PVC 无滴防老化膜（PVC 双防膜）。同时具有防老化和流滴的特性，透光性和保温性好，无滴性可持续 4～6 个月，安全使用寿命为 12～18 个月，应用较为广泛，是目前高效节能型日光温室首选的覆盖材料。

（4）PVC耐候无滴防尘膜。除具有耐候特性外，薄膜表面经处理，增塑剂析出减少，吸尘较轻，提高了透光率，对日光温室冬春栽培更为有利。

（5）PVC树脂。加入一定量的有色涂料可以生产各种不同颜色的棚膜。

2. 聚乙烯（PE）塑料薄膜

这种薄膜是聚乙烯树脂经挤出吹塑而成，质地轻（重力密度 $0.92g/cm^3$），柔软，透光性好，无毒。它是世界上用途最广、销量最大的一种塑料，其销量约占整个塑料市场总销量的80%。由于它的无毒特性，以及热黏结温度低的特性，大量用于食品包装行业。在中国，温室的覆盖材料绝大部分采用PE塑料薄膜。其缺点是：耐候性及保温性差，不易粘接。如果用作大棚薄膜，必须加入耐老化剂、无滴剂、保温剂等添加剂改性，才能适应生产需要。目前PE农用薄膜的主要原料是高压低密度聚乙烯（LDPE）和线性低密度聚乙烯（L-LDPE）。主要产品如下：

（1）普通PE棚膜。不添加耐老化等助剂直接用原料吹塑生产的"白膜"。目前大棚及中小拱棚应用量很大，一般在春、秋季扣棚，使用期仅4～6个月，只能种植一季作物，浪费能源，增加用工，生产上逐步被淘汰。

（2）PE防老化膜（长寿棚膜）。系在PE树脂中加入防老化助剂，如GW-540等，经吹塑成膜。这种棚膜厚0.08～0.12mm，使用期可达12～18个月，可进行2～3季作物栽培，不仅使用期延长、成本降低、节能，而且使产量与产值大幅度增加，是目前设施栽培中重点推广的。

（3）PE无滴防老化膜（双防农膜）。是在PE树脂中加入耐老化及流滴剂等功能性助剂，经吹塑或三层共挤的加工工艺路线生产的农膜。它同时具有流滴性、耐候性，透光性和保温性好，防雾滴效果可保持2～4个月，耐老化寿命可达12～18个月，是目前性能较全、使用广泛的农膜品种，不仅可用于温室及大、中、小棚，而且对节能型日光温室早春茬栽培也较为适用。

（4）PE保温棚膜。系在PE树脂中加入无机保温剂经吹塑成膜。这种覆盖材料，能阻止红外线向大气中辐射，可提高大棚保温效果1～2℃，在寒冷地区应用效果较好。

（5）PE多功能复合膜。系在农膜原料添加耐老化剂、流滴剂、保温剂等多种功能性助剂，通过三层共挤的工艺路线，生产出的棚膜。这种膜具有无滴、保温、耐候、长寿等多种功能，有的有阻隔紫外线的功能，使棚内紫外线透过减少；有的能抑制菌核病子囊盘和灰霉菌分孢子的形成，因而对防止茄子、黄瓜灰霉病有明显效果。使用期可达12～18个月。

3. 乙烯-醋酸乙烯共聚物（EVA）及聚乙烯乙醇（PVA）薄膜

这种膜是国外为了弥补PVC、PE两种薄膜的一些缺陷而生产的。EVA具有不易污染，透光性、耐候性及保温性强，冬不变硬、夏不粘连等特性，因此较适合高寒地区的温室采用。用EVA农膜覆盖可较其他农膜增产10%左右，可连续使用2年以上，老化前不变形，用后可方便回收，不易造成土壤或环境污染。目前欧美国家大量用EVA原料生产农用地膜，中国用其与PE原料一起通过三层共挤的工艺路线生产农膜，如外、中、内三层为PE/EVA/PE或PE/EVA/PE＋EVA复合成膜。PVA薄膜，质地柔软，对长波光的透过率低，因此其保温性能优于其他种类薄膜。此外，它还具有优于其他薄膜的较强的吸水性和透水汽性的特点，用于温室内可以抑制室内过高湿度和屋面内冷凝水滴的形成，对作物的生长和防止病害十分有利，但 EVA、PVA 两种薄膜价格较高，并未推广普及。

4. 调光性农膜

在 PE 树脂中加入稀土及其他功能性助剂制成，能对光线进行选择性透过，是充分利用太阳光能的新型覆盖材料。与其他棚膜相比，这种膜具有棚内增温保温效果好，作物生化效应强，对不同作物有早熟、高产、提高营养成分等功能，稀土还能吸收紫外线，可延长农膜的使用寿命。其主要产品如下：

（1）温反射膜。添加多种无机添料作光的散射剂，增加散射光，强化光合作用，增强早晚光照强度，减弱中午强光，使作物避免因强光高温带来的不利影响。

（2）光转换膜（转光膜）。添加稀土元素制膜，覆盖后可将紫外光转变成可见光，透光率增加，增温效果好，增强作物生化效应，作物生长快、早熟、高产，同时改进和提高产品品质。

（3）水稻育秧膜。能使覆盖环境下可见光增加，光质和光量适于农作物光合作用的需求。在南方多雨的不利条件下用其覆盖进行水稻育秧，增温效果好，稻苗发根好、生长快，增强幼苗生存性，提高干物质含量和秧苗素质，增强抗逆性，是防止烂秧的有效方法，秧苗移栽大田后比普通膜生长旺盛，可培养 4%～10%。是一种性能优越、用于水稻育秧的新材料。

（4）人参膜。添加高效自由基捕捉型光稳剂和绿色母料吹制的人参覆盖专用膜，适于人参生长，使用期（间断）4～5 年。

（5）叶类菜比光膜（韭菜膜）。薄膜内加入紫色母料及耐候、保温、无滴母料，经吹塑成膜。薄膜呈微蓝紫色，减少强光，提高温度，生长期提早，优质高产。适用于韭菜及多种绿色菜的栽培。

（6）镜面反光膜。在薄膜中间夹置铝箔、镀铝或树脂与铝粉母料共混吹膜，呈强反光性。镜面反光膜用于果园地面覆盖可使苹果、桃、葡萄提高着色指数，改进品质。在节能型日光温室内作为反光幕，可改善和提高中后部的光热条件，现已成为日光温室早熟高产栽培不可缺少的技术环节。具体方法是在栽培地的北侧或北墙上东西向垂直张挂 2m 高的反光膜，能使其前 3m 内的光照强度增加 10%～40%，昼夜增温 1～3℃，加速番茄转红，加快中后部作物生长，达到温室前后部均衡优质高产的效果。购置反光膜每 667m² 投资 200～300 元，可连续使用三茬作物，每茬可增值 700～1000 元。

8.1.2.2 硬质塑料膜片和板

硬质塑料膜片是指厚度在 0.10～0.20mm 不加可塑剂的聚氯乙烯（PVC）、聚乙烯（PE）等塑料薄片。厚度在 0.20mm 以上的塑料则称为硬质塑料板，现在常用的有 FRP、FRA 两种玻璃钢板和 MMA 有机玻璃钢板。

硬质塑料膜片用来覆盖温室，因为使用时间比薄膜长，可以减少每年都要换膜带来的不便。但是起初因为膜片未加耐老化处理，以及膜片固定不紧造成开裂、强度降低和风振噪声等问题，而未加推广。后来，不单解决了这些问题，而且还对其表面进行了表面活化剂和防尘剂处理，生产出性能优良的硬质塑料膜片，因此，在一些国家（如日本），其覆盖面积正在扩大。常用的硬质塑料膜片为 PVC 和 PE 两种，其对各种波长的分光透光率及光学特性，与 PVC、PE 薄膜相似，PE 膜片防灰尘能力比 PVC 膜片强，抗拉裂性能强，燃烧后产生的毒气少；而 PVC 膜外透光率较好，抗老化性强于 PE 膜片，价格略高，修补较难。

硬质塑料板可以做成平板和波形板两种塑料类型，因为波形板的抗弯强度较高，而常用于温室覆盖。支承波形板的间距，应取决于设计风、雪荷载的大小；波幅（波长、波高）大小；板厚等因素，再采用 1.5 左右的安全系数。经过耐老化处理的硬质塑料板的耐用年限均在 10 年以上；其比重轻，抗弯、抗冲击强度都较高，其散射光透光率高。其安装、修补都比玻璃容易。但是其耐老化性比玻璃要差。

玻璃纤维增强聚酯板（聚酯玻璃钢 FRP 板）是采用不饱和性聚酯塑料，以玻璃纤维作增强骨架制成的，其厚度一般为 0.7～1.0mm，其抗弯、抗冲击强度，居所有温室覆盖材料之首，导热系数只有玻璃的 1/5 左右，单位重量只有玻璃的 1/10～1/7，每块板可达 5～6m^2，这对减轻自重，降低温室的耗钢量和造价，减少框格的遮光面积，减少搭接缝隙，从而减少热量散失非常有利。

用于温室上的玻璃钢的耐老化性能是选用考虑的主要因素。因为玻璃钢直接曝晒于阳光下，紫外线使树脂氧化是造成老化的最主要原因；同时玻璃钢表面长期处于高温（50℃左右）、高湿（相对湿度 90%左右）的条件下；再加上风、雨的机械磨损和酸、碱、农药等化学介质的腐蚀，特别容易引起老化。玻璃钢老化现象的特征是：颜色变黄、发脆、表面发毛、龟裂、大量吸尘，表面树脂剥蚀，玻璃纤维外露、磨损；以至透光率下降至严重影响植物生长的 60%以下；同时强度降低，直至失去使用价值。当前世界各国采用的玻璃钢产品，按其耐久性及其相应的防止老化的措施可以分为以下三个等级：

（1）一般产品。对树脂和成形后的玻璃钢进行固化处理，同时对玻璃纤维表面进行化学处理以加固其同树脂的连接，这种产品使用寿命可达 3～4 年。

（2）加防护处理的产品。除一般产品采取的措施外，再在表面做一层 0.1～0.2mm 厚耐光、热及磨损的树脂保护层，使用寿命可达 7～10 年。

（3）特殊处理产品。在一般产品处理措施的基础上，再在其与大气接触的一面用热压法、特种黏结剂法、辐射接技法或等离子放电法等粘贴一层厚度为 0.02～0.03mm 的氟塑料保护层，使用寿命可达 15 年以上。

经过特殊处理的 FRP 玻璃钢板现已在一些国家生产和推广采用，在中国由于氟塑料膜的处理工艺和成本等问题，目前尚未在生产中推广使用。

玻璃纤维增强丙烯树脂板（有机玻璃钢 FRA 板）是以甲基丙烯酸甲酯为原料，加入玻璃纤维作增强骨架制成的。它的透光率为 90%，散射光透过率高，紫外线透过率高，保温性稍差，但耐老化性较好，耐用年限在 7～10 年；防尘性能较好，但易附着冷凝水滴，因此一般内表面需涂刷流滴剂处理，用于温室的 FRA 板最早在日本采用，常作成厚度为 0.7～0.8mm 的大、中、小波形板。

丙烯树脂板（PMMA），即有机玻璃板，其最大的特点是透光率居各类温室覆盖材料之首，而且在日光暴晒 10 年，其透光率仅下降 3%左右，紫外线透过能力强，因此抗老化性能较好。由于其热膨胀系数较高，在铆固或镶嵌时要注意留有足够的余地，以免引起变形或开裂；其硬度小、表面易于擦伤，在运输、安装和使用中要注意加以保护。

现已生产应用的有太阳板（玻璃纤维增强聚酯透光波纹板或平板）、阳光板等硬质塑料板。太阳板是以改性不饱和树脂为基材，并与多种形式的玻璃纤维复合增强而成的复合板。用太阳板构筑的全封闭型日光温室，保温性好，透光率高于一般玻璃，透光率高达85％～90％，且光线透过该板呈散射状分布于建筑物内，可模拟自然环境；导热系数低，可部分阻隔红外辐射；白天透过的光能在棚内贮存，夜间能阻止热量向外辐射，保温性极佳；和其他材料相比，太阳板温室平均温度提高5℃左右，节省能源20％以上。太阳板具有良好的强度和韧性，能抗风暴、冰雹的冲击，承受积雪的重压，具有农膜无法比拟的优越性。太阳板单位重量仅为玻璃的1/8～1/7，平板能卷成筒状，宽1～2m，长度任选，瓦楞板长1～6m，可与其他材料完美结合，作采光带。太阳板具有良好的防老化、抗氧化性能，工作温度范围在−40～130℃，使用寿命达10年以上，因此其使用经济性远远优于玻璃、塑料薄膜，是构建水产、畜禽、花卉温室、蔬菜大棚的理想材料。阳光板是一种瓦楞型的中空塑料板，有双层、三层、四层和五层等多种，阳光板可作为温室的覆盖保温材料，是一种高强度的工程塑料，不仅使用寿命长，其透光性、抗老化性、保温性、阻燃性、自洁性能均十分优越，可最大限度地降低温室内能量消耗，保温防结露，减少甚至可以免去冬季的加热。阳光板的使用寿命可达5～10年。"万通板"是一种瓦楞型双层中空塑料保温板，具有透光隔热、抗寒保温、防水防潮、防震防腐、经济耐用、容易加工等优点，是一种新型温室覆盖材料。

8.1.2.3　塑料类的附加覆盖材料（二次覆盖材料）

无纺布俗称不织布，是由聚酯（PET 或 PVA）长纤维加合成橡胶乳胶黏合，压制加工成的布状材料，厚度为0.1～0.2mm，也有在聚酯纤维中掺入约20％的维尼纶纤维制成的。其每根纤维的模截面有椭圆形和圆形两种，其中以椭圆形的在温室中使用效果较好。无纺布的透光率比透明塑料薄膜低，不如塑料薄膜柔软，但强度较高，不粘连。特别是它具有良好的吸水性、透气性和一定的保温性，将它用于温室的多层附加覆盖时，有防寒、隔热、防风、防虫、防尘等多种功能，使蔬菜增产并鲜嫩质优，可生产高档产品；用在小拱棚上可以防霜、遮光或保温，一般使用寿命约3～4年。将15～20g/m²重的无纺布用做覆盖栽培，可增产20％～30％。将40～50g/m²重的无纺布用作温室大棚内的双层保温幕，可提高室温1～3℃，降低湿度10％～15％。80～100g/m²重的无纺布可用做温室的外覆盖保温。

泡沫塑料因为其导热系数仅有0.035W/(m·K)，具有非常好的保温隔热性能，近来已被温室及各种塑料棚作为外部和室内的附加保温覆盖。实际使用时分为三种类型：聚乙烯泡沫单层、两层薄膜中间粘合一层泡沫塑料、两层塑料纺织网中夹一层泡沫塑料等。在这些覆盖材料中的泡沫塑料一般只有1～2mm厚。它们都具有一定的透光性，其透光率约在45％～70％左右；其重量轻，热阻值大，是一种性能良好的保温覆盖材料。泡沫塑料在中国目前还未见用于温室中，它有可能替代草帘用于温室外部覆盖保温。

8.1.2.4　寒冷纱与遮阳网

寒冷纱是以单丝聚酯纤维或单丝聚乙烯醇缩醛纤维等材料纺织成的覆盖材料。外貌类似民用塑料窗纱，颜色有白色、黑色、灰色、绿色等，纱孔有疏有密。根据颜色和孔的密度不同，其遮光率在 22％～60％之间。遮阳网是用聚乙烯绳纺织的网状覆盖材料。根据其网眼的疏密，遮光率在 35％～75％之间，个别可达 9％。寒冷纱和遮阳网主要用在夏季对不需要过强光照和过高温度的蔬菜、花卉、果树等遮挡过强的阳光。寒冷纱作温室覆盖材料可防止虫害和虫、鸟带来的病害，还可减少因大风对果树授粉带来的不利影响。

8.1.3　防寒保温外覆盖材料

1. 草帘和草苫

我国很久以前在设施栽培中就开始用草帘和草苫进行防寒保温。由于近年来设施栽培的飞速发展，面积急剧扩大，对草帘及草苫的需求量也急剧增加。我国南方多用草帘，保温效果可达 4～6℃。草苫是由稻草、谷草、蒲草等打成，要求将草捆紧勒实、结致密、牢固耐用，如宽 1.5m、长 5.5m 的稻草苫重量达 30kg 以上，否则难以达到理想的保温效果。草苫注意保管可使用 3 年，取材方便、制造简单、成本低廉，是目前日光温室或改良阳畦覆盖保温的首选材料。

2. 纸被

在寒冷的地区和季节，为进一步提高设施内的防寒保温效果，可在草苫上增盖纸被，纸被系由四层旧水泥袋或六层牛皮纸经缝制与草苫相同宽度的保温覆盖材料，其保温可达 6～7℃，纸被质轻，保温性好，造价较低，使用方便，但在冬春季节多雨雪地区，易受雨淋而损坏，如果在其外罩一层薄膜可延长使用寿命。

3. 棉被

用落花、旧棉絮及包装布缝制而成，其特点是质轻、蓄热保温性好，强于草苫和纸被，在高寒地区保温力可达 10℃以上。棉被造价较高，如果管好，可用 6～7 年，在冬春季节多雨雪地区不宜大面积应用。

4. 化纤保温毯和化纤保温被

在国外的设施栽培中，为提高冬春季节的保温防寒效果，在小拱棚上用腈纶绵、尼龙丝等化纤下脚料纺织成的"化纤保温毯"覆盖，保温效果好，耐久。国内开发出了一种日光温室的化纤保温被，其外层用耐候防水的尼龙布，内层是阻隔红外线的保温材料，中间夹置腈纶棉等化纤保温材料，缝制而成。它具有质轻、保温、耐候、防雨、易藏、使用简单等特点，可使用 6～7 年，用于温室、节能型日光温室可替代草苫等，是很有前途的新型防寒保温材料。

8.2　骨架材料

8.2.1　竹木骨架材料

竹木材料是一种比较经济的骨架材料，并且可以就地取材，但由于大棚在使用期间长期保持高温高湿，容易使其发霉腐烂，降低骨架结构的承载能力，缩短塑料大棚的使用寿命。立柱一般是水泥预制件，断面为 8cm×10cm 左右，顶端有凹槽，以便于安放拱杆。近十多年来，在国内除一些竹木材料丰富的林区外，纯竹木结构的加温温室和塑料大棚已很少新建，大多数地区已将其梁、柱改为钢筋混凝土或钢材，只是拱杆和有的纵向系梁还采用竹竿、毛竹片或木材。目前有些地区竹木结构塑料温室拱架已采用 C 型钢管，纵向系梁采用方木，拱圈采用毛竹片。

8.2.2 钢筋焊接骨架材料

这种骨架采用普通钢筋作材料，取材较为方便，制作也不复杂，只要保证焊接质量和构件的设计形状和尺寸，不需要太多的设备。但其耗钢量比较大，有的达 7.5kg/m² 左右，焊接点多，比较费工、费电。为防止钢筋生锈，常采用刷漆处理，也有采用电镀锌，但使用一段时间后锈蚀的骨架补刷漆很不方便，其耐久性受到很大影响。

8.2.3 薄壁镀锌钢管骨架材料

它是将壁厚 1.2～2.5mm、直径 20～32mm 的钢管采用热浸镀锌处理以防止锈蚀，由于其镀层较厚，并可内外壁两面镀锌，因此这种骨架材料的使用年限可达 8～10 年以上。这种骨架采用工厂化生产，可长途运输、就地拼装，运输、安装、拆迁都比较方便。拱架受力较合理，耗钢量在 3.75～4.50kg/m² 之间。用其建成的大棚，室内空间较大，操作、管理、耕作都很方便，但其造价较高。

8.2.4 钢筋-玻璃纤维增强混凝土骨架材料

这是一种掺适量抗碱玻璃纤维，并用硫铝酸盐早强型水泥制成的钢筋混凝土骨架材料。这种温室材料耗钢量少，约为 3.0kg/m² 以下。结构耐久性强，造价较低，但单件构件重，运输、施工安装困难；钢筋混凝土截面积大，结构遮光度大；另外，为增加混凝土抗拉强度而掺入的玻璃纤维对蔬菜、水果等植物产品的污染是否对人体有害，尚存在争论。

8.2.5 型钢骨架材料

温室的柱、梁、桁、檩、椽等结构构件常用型钢，如工字钢、槽钢、角钢、带钢、水煤气管等作为骨架材料，常采用刷漆防锈。其耗钢量大，采光、通风、保温等性能欠佳；骨架材料较重，施工、操作管理不便；油漆的防锈能力差，一旦锈蚀又不易补刷，因此其耐久性较差。

现在多采用以热浸镀锌冷弯薄壁型钢做骨架材料，这种型钢材料采用壁厚为 2～3mm 的热轧带钢冷弯成型。常用的冷弯型钢有冷弯槽钢、冷弯内卷边槽钢、冷弯方形焊接钢管及冷弯矩形焊接钢管，型钢在工厂加工成装配式构件后，进行热浸镀锌，出厂后运达现场拼装而成，构件连接常用螺栓连接方式，以避免破坏构件的镀锌层。这种温室的骨架材料重量较轻，而强度、刚度都能满足使用要求；热浸镀锌的耐锈蚀能力强，使用年限可达 15 年以上；由于采用工厂制造、装配式安装，可降低成本、保证质量。因此，现在世界各国的各类温室大都采用这种类型的骨架。

8.3 墙体材料

墙体是温室建筑中的承重和围护结构，要求它具有足够的强度、刚度和稳定性，以抵抗作用其上的荷载（竖向荷载、水平荷载和风荷载等），不至于发生倾斜或倒塌。同时，应具有良好的保温性能，以减少温室内部热量的损失。除此以外还应综合考虑取才方便、经济合理、耐用程度等因素，一般常采用的形式有土墙、砖墙和石墙。

8.3.1 土墙

利用土墙建筑温室为中国温室园艺发展历史中最古老的建筑方式，直到目前仍在生产中普遍采用。既经济又实用，特别是土坯的保温性能比砖墙、石墙都好。在农业生产中，多采用土打墙的方式建筑临时性土温室。春季用毕拆除，土地加以平整；夏季仍然可以种植蔬菜和其他农作物。

土墙一般用土坯砌成或用土夯实，外层用草泥抹平，一般高 1.6～1.8m，墙厚 80～120cm。国家农业技术推广总站试验数据表明，在墙体达到一定厚度后，保温效果并不明显增加。例如在山东地区土墙的厚度有 80～100cm 就足够。

8.3.2 砖墙

砖墙壁厚一般为 50cm，墙内层用 12cm 红砖，外层用 24cm 的红砖，中间夹层填充隔热材料，效果最好的是珍珠岩，其次是煤渣、锯末和玉米秸秆等，即使不填充保温材料，其保温效果也比同厚度的实心砖墙要好。

砖墙的优点是：耐压力强，砌筑容易，保温功能比石墙好。但砖墙内刷成白磁墙面时，高温高湿时间过久极易出现与砖墙脱离而剥落，同时灰墙面上极易附生青苔，影响清洁和美观，清洗较困难。

8.3.3 石墙

石墙是一种比较经济的墙体材料，取材方便，较易施工。石墙颜色比白灰墙面深，反光能力减弱，对培阴植物有利。

近几年来，国内一些科研单位研制生产了保温板复合构件，保温效果较好。一般用 24cm 厚的砖墙，外层附加一层 6cm 厚的保温板复合构件，保温效果可达到 80cm 厚的砖墙的保温效果。

舒乐舍板（SRC Panel）是一种从韩国引进生产的新型墙体材料，它是一种结构增强混凝土墙板。一般是由 50mm 厚的阻燃性聚苯乙烯泡沫板为板芯，两侧配以 $\phi 2$ 的冷拔钢丝网片（50mm 目），钢丝斜向交叉 45°焊接而成，其后在两侧各喷涂 30mm 厚的水泥砂浆即成墙体，其性价比优于其他各类墙体。它既有木结构的灵活性，又有混凝土结构的高强度和耐久性。具有承重、体轻、保温、隔热、隔音、抗震、防水、运输轻便、施工简单、节省能源、造价较低、综合效益高等特点。110mm 厚的舒乐舍板（板芯厚度 50mm）相当于 660mm 厚的砖墙，80mm 厚的保温型舒乐舍板相当于 940mm 厚的砖墙。

国内一些较先进的连栋温室和国外的温室，由于有加温装置，温室外围不使用墙体，而是使用复合透光材料。应用中空复层（二层、三层）透明有机板，双层固定充气、充胶、充粒（发泡聚苯乙烯颗粒）等技术增加围护结构的热阻。

习　题

1. 温室建筑材料的分类及其选择因素。
2. 骨架材料有哪些？其特点分别是什么？
3. 墙体材料的特性是什么？不同的墙体材料有何优缺点。

第9章 烧 土 制 品

烧土制品是以黏土为主要原料，经成型及焙烧所得的产品。

烧土制品在我国建筑上的应用历史悠久，如黏土砖、瓦在距今 2300 年前的战国就开始应用。作为建筑材料的烧土制品至今仍在建筑中占重要地位。以普通黏土砖为例，尽管出现许多新型墙体材料，但砖墙仍占很大的比重。这是因为黏土原料较普遍，制品具有较高的强度和耐久性，并有较好的装饰效果。

烧土制品按用途可分为：墙体材料（烧结普通砖、黏土空心砖）、屋面材料（瓦）、地面材料（地砖）、装饰材料（饰面陶瓷）及其他功用材料（卫生陶瓷、绝热砖、耐火砖及耐酸砖板）等。

9.1 烧土制品原料及生产简介

9.1.1 烧土制品原料

1. 黏土及其组成

黏土是一个混合物。不同地区的黏土，其所含成分略有差异，并不完全相同。泛泛地说，黏土的主要矿物成分是高岭石，约占总量的 $80\% \sim 90\%$，其次是水白云母和石英。还有少数以三水铝石为主要成分。黏土中二氧化硅（SiO_2）含量为 $43\% \sim 55\%$，三氧化二铁（Fe_2O_3）为 $1\% \sim 3.5\%$，三氧化二铝（Al_2O_3）为 $20\% \sim 25\%$，二氧化钛（TiO_2）为 $0.8\% \sim 1.2\%$。

黏土的主要组成矿物为黏土矿物。黏土矿物是具有层状结晶的含水铝硅酸盐（$xAl_2O_3 \cdot ySiO_2 \cdot zH_2O$），常见的黏土矿物有高岭石、蒙脱石、水云母等。黏土中除黏土矿物外，还有石英、长石、褐铁矿、黄铁矿以及一些碳酸盐、磷酸盐、硫酸盐类矿物等杂质。杂质直接影响制品的性质，例如细分散的褐铁和碳酸盐会降低黏土的耐火度；块状的碳酸钙焙烧后形成石灰杂质，遇水膨胀，制品胀裂而破坏。

黏土的颗粒组成直接影响黏土的可塑性。黏土类原料在外力作用下，形成任意形状而不破坏其整体性，在外力取消后仍能保持其变形后形态的性质，即可塑性。可塑性与黏土类原料固体颗粒吸水性、颗粒的比表面积和吸水量有关，表征可塑性的特征有塑性指数、塑性界限、液性界限。可塑性是黏土的重要性能，它决定了制品成型性能。黏土中含有不同粗细的颗粒，其中极细（尺寸小于 0.005mm）的片状颗粒，使黏土获得较高的可塑性。这类颗粒称为黏土物质，含量愈多，可塑性愈高。

2. 黏土焙烧时的变化

黏土焙烧后能成为石质材料，这是黏土极为重要的特性。

（1）黏土成为石质材料的过程。黏土在焙烧过程中发生一系列的变化，具体过程因黏土种类不同而有很大差别。一般的物理化学过程大致如下：焙烧初期，黏土中自由水逐渐蒸发，当温度达 110℃ 时，自由水完全排出，黏土失去可塑性。但这时如加水，黏土仍可恢复可塑性。温度升至 500～700℃ 时，有机物烧尽，黏土矿物及其他矿物结晶水脱出。这时，即使再加水，黏土也不可能恢复可塑性。随后，黏土矿物发生分解。继续加热至 1000℃ 以上时，已分解的黏土矿物将形成新的结晶硅酸盐矿物。新矿物的形成使焙烧后的黏土具有耐水性、强度和热稳定性（抵抗温度激变的本领）。与此同时，黏土中的易熔化合物形成一定数量的熔融体（液相），熔融体包裹未熔融颗粒，并填充颗粒之间的孔隙。由于上述两个原因（新矿物和液相的形成），焙烧后的黏土冷却后便转变成石质材料。随着熔融体数量的增加，焙烧后的黏土中开口孔隙率减小，吸水率降低，强度、耐水性和抗冻性提高。烧结普通砖及其多孔烧土制品的温度约为 950～1000℃。

（2）黏土的烧结性。烧结性是黏土的重要烧后物性特征。它决定着黏土在烧土制品生产中的适用性，作为选择烧成温度，确定烧成范围的主要参考性能指标。黏土在焙烧过程中变得密实，并转变为石质材料的性质称为黏土的烧结性。图 9.1 为焙烧温度与焙烧后黏土吸水率之间的关系曲线，由该图可以说明黏土的烧结性。随温度的升高，焙烧后的黏土吸水率减小，即烧结程度提高，一直达到 c 点。在温度 t_c 下，黏土出现过烧（膨胀和熔融）。t_c～t_A 的温度间隔称为黏土的烧结范围，t_A 为烧结开始温度。烧结范围与黏土组成有关，此范围愈宽，烧陪的制品愈不易变形，因而可获得烧结程度高的密实制品。生产普通黏土砖的易熔黏土（耐火度很低的黏土）烧结范围很窄，只有 50～100℃，耐火黏土的烧结范围高达 400℃。

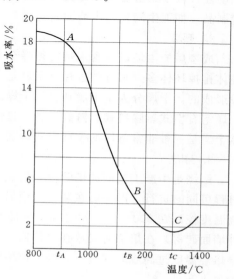

图 9.1 焙烧后黏土吸水率与焙烧温度的关系

9.1.2 烧土制品生产简介

烧土制品生产工艺的简、繁，因产品不同而异。

烧结普通砖、黏土空心砖的工艺过程为：原料调制→成型→干燥→焙烧→制品。

饰面烧土制品（饰面陶瓷）：原料调制→成型→干燥→上釉→焙烧→制品。也有的制品在成型、干燥后先焙烧（素烧），然后上釉再焙烧一次（釉烧）。也有的制品工艺流程是在成型，干燥后先第一次焙烧（素烧），然后上釉后再烧第二次（釉烧）。

1. 原料调制与成型

原料调制的目的是破坏黏土原料的天然结构，剔除有害杂质，粉碎大块原料，然后与其他原料及水拌和成均匀的、适合成型的坯料。根据制品的种类和原料性质，将坯料调成不同状态以供成型、坯料成型后通常称为生坯。

成型方法有以下三种：

（1）塑性法。用含水量为 15%～25% 的可塑性良好的坯料，要求原料配合得适当，而且还要求充分地混合，搅拌及湿化均匀，通过挤泥机挤出一定断面尺寸的泥条，切割后获得制品的形状。此法适合成型烧结普通砖及空心砖。

（2）半干压或干压法。用含水量低（半干压法成型为 8％～12％，干压法成型为 4％～6％）、可塑性差的坯料，在压力机上成型。由于生坯含水量小，有时可不经干燥直接进行焙烧，简化了工艺。外墙面砖、地砖多用此法成型。

（3）注浆法。用含水量高达 40％呈泥浆状态的坯料，注入石膏模型中，石膏吸收水分，坯料变干获得制品的形状。按注浆用泥浆的成分来说，与塑性法成型所用的坯泥没有多大的区别。同时并不要求注浆成型用的坯料具有更高的可塑性，甚至还可减少或完全不用塑性黏土，而相应地只增加高岭土的数量就行了。对注浆用泥浆的要求，应具有较好的流动性，较小的触变性，并具有有一定的滤水性和成坯速度。此法适合成型形状复杂或薄壁制品，如卫生陶瓷、内墙面砖等。

2. 干燥

成型后的生坯，其含水量必须降至 8％～10％方能入窑焙烧，因而要进行干燥。即湿坯体排掉坯体多余水分的过程。干燥是生产工艺的重要阶段，制品裂缝多半就是在这个阶段形成的。干燥分人工干燥和自然干燥。人工干燥是利用焙烧窑余热在室内干燥，常见的干燥室有室式、隧道式、链式三种；自然干燥也称为辐射传热，主要是在露天下阴干，自然干燥是一种非常落后的生产方式，受天气影响很大，缺点较多。

3. 焙烧

焙烧是生产工艺的关键阶段。焙烧是在连续作用（装窑、预热、焙烧、冷却、出窑等过程可同时进行，即一边在装窑，而另一边在出窑）的隧道窑或轮窑中进行。一般是将焙烧温度控制在 900～1100℃之间，使砖坯烧至部分熔融而烧结。有的制品（如内墙面砖、外墙面砖等）在焙烧时要放在匣体内，防止温度不均匀和窑内气体对制品外观的影响。如果焙烧温度过高或时间过长，则易产生过火产品。如果焙烧温度过低或时间不足，则易产生欠火产品。

4. 上釉

釉是覆盖在制品表面上的玻璃态薄层。在烧制好的毛坯上涂覆上一层玻璃质的釉层，可以起到保护和装饰作用，并能提高制品的强度和化学稳定性，并获得美观和清洁的效果。釉料是熔融温度低，易形成玻璃态的材料。通过掺加颜料可形成各种艳丽色彩。

9.2　烧结普通砖

我国很早（2000 多年前）就掌握了烧制黏土砖瓦的技术。普通砖一直是土木工程中应用最广泛的材料，以后虽然有混凝土材料的出现和发展，但由于黏土砖有其特有的优点，故至今仍然是我国主要的墙体材料之一。

国家标准《烧结普通砖》（GB 5101—2003）规定，凡以黏土、页岩、煤矸石和粉煤灰等为主要原料，经成型、焙烧而成的实心或孔洞率不大于 15％的砖，称为烧结普通砖。烧结普通砖按其主要原料分为黏土砖（N），页岩砖（Y），煤矸石砖（M）和粉煤灰砖（F）。

9.2.1 烧结普通砖的主要品种

依据国家标准（GB 5101—2003），烧结普通砖为矩形体，按技术指标分为优等品（A）、一等品（B）及合格品（C）三个质量等级，标准尺寸为 240mm×115mm×53mm，这样，4 个砖长、8 个砖宽、16 个砖厚，加上砂浆缝厚度 10mm，都恰好是 1m。1m³ 砖砌体需砖 512 块。

1. 普通黏土砖

普通黏土砖按成型方法不同可分为机制砖和手工砖，按颜色不同可分为红砖和青砖。生产普通黏土砖的原料为易熔黏土，从颗粒组分来看，以砂质黏土或砂土最为适宜。为了节约燃料，可将煤渣等可燃性工业废料掺入黏土原料中，用此法焙烧的砖称为内燃砖，我国各地砖厂普遍采用这种烧砖法。

普通黏土砖一般是用塑性法挤出成型。泥条的切割面（即砖的大面，是砌筑时的大面）比较粗糙，易与砂浆黏结。

普通黏土砖是在隧道窑中焙烧的，燃料燃烧完全，窑内为氧化气氛，黏土中铁的氧化物被氧化成高价铁 Fe_2O_3，致使砖呈淡红色。如在土窑焙烧，在焙烧最后阶段，将窑的排烟口关小，同时往窑内浇水，以减少窑内空气的供给，使窑内燃烧气氛为还原气氛，黏土中铁的化合物还原为低价铁 Fe_3O，FeO，这样烧成的砖为青灰色。青砖耐久性较高，但生产效率低，燃料耗量大。

普通黏土砖焙烧温度要适当，否则会出现欠火砖或过火砖。欠火砖是焙烧温度低，火候不足的砖，因烧成温度过低或时间过短，坯料未能达到烧结状态，颜色较浅，呈黄皮或黑心，敲击声哑，孔隙率很大，强度低，耐久性差；过火砖是焙烧温度过高地砖，因烧成温度过高使坯体坍流变形，颜色较深，有粘底等质量问题，过火制品敲击声脆（呈金属声），强度与耐久性均高，但导热系数较大，而且产品多弯曲变形。

普通黏土砖的其他质量要求：①经过 15 次冻融循环，砖的干燥重量损失不超过 2%，或裂纹长度不大于二等砖裂纹长度的规定者，为合格产品；②不允许有欠火砖、酥砖或螺旋纹砖；③砖的容重为 1600～1800kg/m³；④砖的积水率为 16%～20%。

2. 烧结煤矸石砖

煤矸石是采煤和洗煤时剔除的废石。煤矸石的化学和矿物组成波动很大，热值也有较大差别。适合烧砖的是热值较高的黏土质煤矸石。黄铁矿（FeS）是煤矸石的主要有害杂质，它会导致制品爆裂和起霜，所以硫的含量应限制在 1% 以下。

制砖时，煤矸石须经锤式粉碎机粉碎、滚筒筛或振动筛筛选加工成合格物料，再根据煤矸石的含碳量和可塑性进行配料。其余生产工艺与普通砖基本相同。用煤矸石烧砖，可以处理大量的工业废料和节约能源。

煤矸石砖，其耐压、抗折、耐酸以及耐碱性能都高于黏土砖；从建筑用砖的成本方面来看，砌墙及粉刷前不用浇水，可节省用水费及人工费，同时，由于硬度高，产品在运输中的损耗比黏土砖低。

3. 烧结粉煤灰砖

粉煤灰是发电厂排出的工业废料，主要成分与黏土相近，但其中含有部分未烧尽的煤。粉煤灰的可塑性差，难成型，一般要掺适量的黏土。粉煤灰烧结砖是在黏土原料中掺入30％以上的粉煤灰，经搅拌成型、干燥和焙烧而成的承重砌体材料。

粉煤灰砖具有与煤矸砖相同的社会效益和经济效益。粉煤灰烧结砖具有容重轻（比黏土实心砖轻10％～15％），强度和耐久性与黏土实心砖基本相同的优点，适于一般工业与民用建筑的承重及非承重墙体。

9.2.2 烧结普通砖的技术性质

1. 强度等级

烧结普通砖根据抗压强度分为五个等级，各强度等级的砖应符合表9.1的规定。

表 9.1　　　　　　　　　　烧结普通砖和烧结多孔砖的强度等级

强度等级	抗压强度平均值 $\overline{f}$/MPa，$\geqslant$	变异系数 $\delta \leqslant 0.21$，抗压强度标准值 f_k/MPa，$\geqslant$	变异系数 $\delta > 0.21$，单块最小抗压强度值 $f_{\min}$/MPa，$\geqslant$
MU30	30.0	22.0	25.0
MU25	25.0	18.0	22.0
MU20	20.0	14.0	16.0
MU15	15.0	10.0	12.0
MU10	10.0	6.5	7.5

2. 耐久性

为了确定砖的耐久性，需进行下列试验：

（1）抗冻试验。经水饱和的砖在－15℃下经15次冻融循环，重量损失和裂缝长度不超过规定，即认为抗冻性合格。在温暖地区（计算温度在－10℃以上）可以不考虑砖的抗冻性。

（2）泛霜试验。也称起霜，是砖在使用过程中的一种盐析现象。砖内过量的可溶盐受潮吸水而溶解，随水分蒸发而沉积于砖的表面，形成白色粉状附着物，影响建筑物的美观。如果溶盐为硫酸盐，当水分蒸发成晶体析出时，产生膨胀，使砖面剥落。经试验的砖不应出现起粉、掉屑和脱皮现象。

（3）石灰爆裂试验。是指砖的坯体中夹杂有石灰块，砖吸水后，由于石灰在砖体内吸水逐渐熟化而产生体积膨胀导致砖发生爆裂破坏的现象。石灰爆裂对砖砌体影响较大，轻者影响美观，重者将使砖砌体强度降低直至破坏。经试验后砖面上出现的爆裂点不应超过规定。

（4）吸水率试验。砖的吸水率说明孔隙率大小，也可反映砖的导热性、抗冻性和强度的大小。特等砖的吸水率不应大于25％，一等砖不大于27％，二等砖则不限。

通过上述试验后，按烧结普通砖国家标准（GB 5101—2003）的规定，对砖的耐久性作出评定。

3. 外观指标

砖的外观指标包括尺寸偏差、弯曲、缺棱、掉角、裂缝、混等率（指本等级产品中混入低于该等级的产品的百分数）等九项指标。

4. 抗风化性能

抗风化性能是指在干湿变化、温度变化、冻融变化等物理因素作用下，材料不破坏并长期保持原有性质的能力。砖的抗风化性能是烧结普通砖耐久性的重要标志之一，通常以抗冻性，吸水率及饱和系数等指标来判定砖的抗风化性能。国家标准（GB 5101—2003）规定，根据工程所处的省区，对砖的抗风化性能（吸水率，饱和系数及抗冻性）提出不同要求。

5. 质量等级

根据《烧结普通砖》（GB 5101—2003）的规定，强度、抗风化性及放射性物质合格的砖，根据尺寸偏差、外观质量、泛霜和石灰爆裂分为三个质量等级：优等品（A），一等品（B）和合格品（C）。

9.2.3 烧结普通砖的应用

烧结普通砖既有一定的强度，又有较好的隔热、隔声性能，冬季室内墙面不会出现结露现象，而且价格低廉。虽然不断出现各种新的墙体材料，但烧结砖在今后一段时间内，仍会作为一种主要材料用于砌筑工程中。

烧结普通砖是传统的墙体材料，可用于建筑维护结构，砌筑柱、拱、烟囱、窑身、沟道及基础等。可与轻骨料混凝土、加气混凝土、岩棉等隔热材料配套使用，砌成两面为砖、中间填以轻质材料的轻体墙。可在砌体中配置适当的钢筋或钢筋网成为配筋砌筑体，代替钢筋混凝土柱、过梁等。烧结普通砖在应用时，应充分发挥其强度、耐久性和隔热性能均较高的特点。用于砌筑墙体和烟囱最能发挥这些特点，而用于砌筑填充墙（非承重的墙体）和基础，上述特点就得不到充分地发挥了。

在应用时，必须认识到砖砌体（如砖墙、砖柱等）的强度不仅取决于砖的强度，而且受砂浆性质的影响。砖的吸水率大，在砌筑时吸收砂浆中的水分，如果砂浆保持水分的能力差，砂浆就不能正常硬化，导致砌体强度下降。为此，在砌筑时除了要合理配制砂浆外，还要使砖润湿。

用小块的烧结普通砖作为墙体材料，施工效率低，墙体自重大，亟待改革。墙体改革的技术方向，主要是发展轻质、高强、空心、大块的墙体材料，力求减轻建筑物自重和节约能源，并为实现施工技术现代化和提高劳动生产率创造条件。

随着现代城市建设发展的需要，烧结普通砖的尺寸以及颜色越来越多。所有产品利用材料本身特性高温焙烧，产生自然色调，无添加任何染色剂。由于其生产原料主要采用陶土和一些无机物，故不会产生放射性物质的问题。其抗压、抗折、耐寒、耐酸碱等均优于混凝土，还具有终生不暴皮、不褪色等优点。它是建筑高档别墅和装点豪华居民小区便道、现代广场及高酸碱环境等场所的最佳选择。

9.3 烧结空心砖

烧结空心砖简称多孔砖，是指以黏土、页岩、煤矸石或粉煤灰为主要原料，经焙烧而成的具有竖向孔洞（孔洞率不小于 25%，孔的尺寸小而数量多）的砖。目前生产的烧结空心砖主要是以黏土为原料的黏土空心砖。

黏土空心砖较普通黏土砖的容重及导热系数低，有较大的尺寸和较高的强度。采用黏土空心砖可减轻墙体重量的 1/4～1/3，提高工效 40%，降低造价 20%，而且改善了墙体的热工性能。生产空心砖要比普通砖节约黏土25%，节约燃料10%~20%。

生产黏土空心砖的原料与普通黏土砖基本相同，但对黏土的可塑性要求更高。生产工艺也与普通黏土砖相同，只是成型时在挤泥机出口装有孔芯头，使挤出的泥条具有要求的孔洞。

9.3.1 承重黏土空心砖

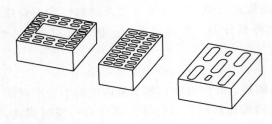

图 9.2 竖孔空心砖

承重黏土空心砖按砌筑时的孔洞方向，多为竖孔，很少是水平孔的。图9.2为竖孔承重空心砖。承重黏土空心砖按外观指标分为：一等、二等两个等级。

空心砖在-15℃下经15次冻融循环后，符合下列要求即认为抗冻性合格：任何一块试件不得出现明显分层、剥落等现象，强度不低于设计要求等级的相应指标。

我国目前生产的承重空心砖的孔洞率（孔洞和沟槽的体积与按外轮廓尺寸求得的体积之比的百分率）为18%~28%，容重为1350~1480kg/m³。为了防止砂浆过多地落入孔洞中，竖孔的尺寸一般均较小。水平孔承重空心砖，对原料及生产工艺要求较高。砖的孔洞率可达30%以上。

9.3.2 非承重空心砖

为水平孔空心砖（图9.3），孔洞率在40%以上，容重在800~1100kg/m³，具有较好的隔热性能，一般要求平行孔洞方向的抗压强度大于5MPa，垂直孔洞方向的抗压强度大于1.5MPa。常用规格有 200mm×90mm×300mm（三孔）、200mm×250mm×300mm（六孔）、200mm×200mm×500mm（九孔）等。非承重黏土空心砖一般用于内隔热墙和框架结构的填充墙。

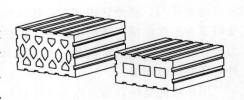

图 9.3 平孔空心砖

根据《烧结空心砖和空心砖块》（GB 13545—2003）的规定，按其抗压强度分为五个强度等级（表9.2）。

表 9.2 烧结空心砖的强度等级

强度等级	抗压强度平均值 $\bar{f}$/MPa，≥	变异系数 $\delta \leqslant 0.21$ 抗压强度标准值 f_k/MPa，≥	变异系数 $\delta > 0.21$ 单块最小抗压强度值 f_{min}/MPa，≥	密度等级范围/（kg/cm²）
MU10	10.0	7.0	8.0	
MU7.5	7.5	5.0	5.8	≤1100
MU5	5.0	3.5	4.0	
MU3.5	3.5	2.5	2.8	
MU2.5	2.5	1.6	1.8	≤800

对于强度、密度、抗风化性及放射性物质合格的空心砖及砌块，根据尺寸的偏差、外观质量、孔洞排列及其结构、泛霜、石灰爆裂及吸水率，分为优等品（A），一等品（B）和合格品（C）三个质量等级。

习　题

1. 烧结普通砖如何确定强度等级和质量等级？
2. 如何确定烧结多孔砖和烧结空心砖的质量等级？
3. 烧结多孔砖和烧结空心砖的各自特点和应用。
4. 烧结砖为什么要对泛霜和石灰爆裂情况进行测定？

第10章 防 水 材 料

10.1 概述

防水材料是指能防止雨水、地下水及其他水渗入建筑物或构筑物的一类功能性材料。在建筑、公路、桥梁、水利等土木工程中有着广泛应用，是土木工程不可缺少的材料之一。

土木工程防水分为防潮和防渗两个方面。防潮是应用防水材料对建筑物表面进行封闭，防止水流等液体渗入建筑物（构筑物）内部或由建筑物（构筑物）内部渗出；防渗是指水流等液体物质通过建筑物（构筑物）的缺陷（如蜂窝、麻面、狗洞）、裂缝及构件之间的接缝，渗漏到建筑物（构筑物）内部或由建筑物（构筑物）内部向外渗出的现象。

防水材料是建筑工程不可缺少的功能性材料，它对提高建筑构件的质量，保证建筑物发挥正常的工程效益起到重要的作用。防水材料按照采取措施和方法的不同，分为材料防水和构造防水。材料防水是指依靠建筑材料阻断水的通路，以达到防水的目的或增加抵抗渗漏的能力，如采用柔性防水材料（防水卷材、防水涂料）和刚性防水材料（防水混凝土、砂浆）等；构造防水则是采取合适的构造型式，阻断水的渗漏路径，达到防水的目的，如通过设置止水带和空腔构造等。

传统防水材料是以纸胎石油沥青油毡为代表，因其抗老化能力差、纸胎的延伸率低、易腐烂等缺陷，其产品逐渐退出市场；同时，油毡胎体表面沥青耐热性较差，当气温变化时，油毡与基底、油毡与油毡之间的接头容易出现开裂和剥离，形成水路连通等等缺陷存在。新型的防水材料，应用合成材料、复合材料等具有低温柔韧性、温度敏感性、和耐久性的材料为胎体，大量应用高聚物改性沥青材料来提高胎体的力学性能和抗老化性的防水材料，极大地提高了防水材料的物理性能和化学性能。

针对土木工程性质的要求，不同品种的防水材料具有不同的性能，要保证防水材料的物理性、力学性和耐久性，它们必须具备如下性能：

（1）耐候性。对自然环境中的光、冷、热、臭氧等具有一定的承受能力，冻融交替的环境下，在材料指标时间内不开裂、不起泡。

（2）抗渗性。具有抗渗透能力、耐酸和耐碱的性能。

（3）整体性。防水材料按性质可分为柔性和刚性两种。在热胀冷缩的作用下，柔性防水材料应具备一定适应基层变形的能力。刚性防水材料应能承受温度应力变化，与基层形成稳定的整体。

（4）强度。在一定荷载和变形条件下，能够保持一定的强度，保持防水材料不断裂。

（5）耐腐蚀性。防水材料有时会接触液体物质，包括水、矿物水、溶蚀性水、油类、化学溶剂等，因此防水材料必须具有一定的抗腐蚀能力。

10.2　防水材料的分类

　　现代科学技术和建筑事业的发展，使防水材料的品种、数量和性能发生了巨大的变化。20 世纪 80 年代后逐渐形成了以橡胶、树脂基防水材料和改性沥青系列为主，各种防水涂料为辅的防水体系。

　　防水材料按其特性可以分为柔性防水材料和刚性防水材料两类。柔性防水材料是指具有一定柔韧性和较大延伸率的防水材料，如防水卷材、防水涂料等它们构成柔性防水层；刚性防水材料是指采用较高强度和无延伸能力的防水材料，诸如防水混凝土、防水砂浆等，它们构成刚性防水层。通常建筑防水材料按外形和成分分类。

　　按外形划分如下：

　　（1）防水卷材。包括沥青防水卷材、高聚物改性沥青防水卷材和合成高分子防水卷材等。

　　（2）防水涂料。包括沥青基防水涂料、合成高分子防水涂料、水泥基防水涂料和高聚物水泥基防水涂料等。

　　（3）防水油膏。包括沥青嵌缝油膏、高聚物密封膏及定性密封条。

　　（4）刚性防水材料。包括防水混凝土、防水砂浆和瓦材等。

　　按成分分为：

　　（1）天然高分子材料。包括地沥青和焦油沥青。

　　（2）高聚物改性沥青材料。包括 APP 改性沥青油毡、SBS 改性沥青油毡、丁苯橡胶改性沥青油毡等。

　　（3）合成高分子防水材料。包括三元乙丙（EPDM）橡胶防水材料、聚氯乙烯（PVC）塑料防水材料和氯化聚氯乙烯（CPVC)-橡胶共混防水材料。

　　（4）无机材料。包括防水混凝土、防水砂浆和瓦材等。

10.3　防水卷材

　　防水卷材是指可卷曲成卷状的柔性防水材料。它是目前我国使用量最大的防水材料，也是土木工程防水材料中重要的品种之一，20 世纪 80 年代以前沥青防水材料是主流产品，20 世纪 80 年代后逐渐向橡胶、树脂基、改性沥青系列发展，形成了沥青防水卷材、高聚物改性沥青卷材和合成高分子防水卷材三大类型。

10.3.1　沥青基防水卷材

　　传统的沥青防水材料虽然在性能上存在一些缺陷，但是它的价格低廉、货源充足，结构致密、防水性能良好，对腐蚀性液体、气体抵抗力强，黏附性好、有塑性、适应基材的变形。随着对沥青基防水材料胎体的不断改进，目前它在工业、民用建筑、市政建筑、地下工程、道路桥梁、隧道涵洞、水工建筑和国防军事等领域得到广泛的应用。

10.3.1.1　沥青防水卷材

　　20 世纪 50—60 年代以来，我国防水材料一直以纸胎石油沥青油毡为代表。由于纸胎耐久性差，现在已基本上被淘汰。目前用纤维织物、纤维毡等改造的胎体和以高聚物改性的沥青卷材已成为沥青防水卷材的发展方向。

沥青防水卷材是以沥青为主要浸涂材料所制成的卷材，按其胎体可分为有胎卷材和无胎卷材。有胎卷材是一种用玻璃布、石棉布、棉麻织品、金属箔、塑料膜、厚纸等材料中的一种或数种复合作胎体，浸渍石油沥青，表面撒布粉状、粒状或片状防黏材料制成的卷材，也称作浸渍卷材。无胎卷材是将树脂、橡胶、石棉粉等混合到沥青材料中，经混炼、压延而成的防水材料，也称辊压卷材。

1. 石油沥青玻纤胎防水卷材

石油沥青玻纤胎防水卷材，也称作玻纤胎沥青防水卷材或玻纤胎油毡，属于弹性体沥青防水卷材之一。它采用玻璃纤维薄毡为胎体，浸涂石油沥青，并在表面涂撒矿物粉料或覆盖聚乙烯膜等隔离材料，制成可卷曲的片状防水材料。其中，隔离材料是指防止油毡包装时卷材各层彼此黏接而起到相互隔离的作用。

石油沥青玻纤胎防水卷材按其表面涂撒的材料不同，可分为膜面、粉面和砂面三个品种。按油毡中可溶物含量及其物理性能可分为合格品（C）、一等品（B）、优等品（A）。石油沥青玻纤胎防水卷材，按单位面积质量分为 15 号、25 号两个等级。15 号玻纤胎油毡适用于一般工业、民用建筑屋面的多层防水，也可作管道包扎。25 号适用于屋面、地下设施、水利工程的多层防水。玻纤胎油毡具有较高的抗拉强度，防渗漏性能好，可达到 A 级防水标准。该材料防老化、抗腐蚀性、耐候性强。经与改性沥青复合后，弹性、柔软性、抗震性都得到很大的提高。

2. 铝箔面沥青防水卷材

铝箔面沥青防水卷材，也称为铝箔面油毡。它采用玻纤毡为胎体，浸涂氧化石油沥青，表面用压纹铝箔粘面，其面撒布细颗粒矿物材料或覆盖聚乙烯膜而制成的防水材料。铝箔面油毡按物理性能可分为优等品（A）、一等品（B）、合格品（C），按单位面积质量，分为 30 号和 40 号（kg/m^2）两种等级。30 号铝箔面油毡，适用于外露屋面多层卷材防水工程的面层。40 号铝箔面油毡，即适用于外露屋面的单层防水，也适用于外露屋面的多层防水工程。沥青防水卷材的特点和应用范围见表 10.1。

表 10.1　　　　　　　　　　沥青防水卷材的特点和应用范围

卷材名称	特　　点	适　用　范　围
石油沥青纸胎卷材	资源丰富、价格低廉抗拉强度低、低温柔性差、温度敏感性大、使用年限较短等	三毡四油、二毡三油叠层铺设的屋面工程
石油沥青玻璃布油毡	抗拉强度较高、胎体不易腐烂、柔韧性好、耐久性比纸胎油毡高 1 倍多	用作纸胎油毡的增强附加层和突出部位的防水层
石油沥青玻纤油毡	耐腐蚀性和耐久性好，柔韧性、抗拉性优于纸胎油毡	常用于屋面和地下防水工程
石油沥青黄麻胎油毡	抗拉强度较高、耐水性好、但胎体材料易腐烂	常用作屋面增强附加层
石油沥青铝箔胎体油毡	防水性能好，隔热和隔水汽性能好，具有较好的柔韧性和较高的抗拉强度	与带孔玻纤油毡配合使用或单独使用，用于热反射屋面和隔汽层

10.3.1.2 高聚物改性沥青卷材

石油沥青本身不能满足土木工程对它的性能要求,在低温柔韧性、高温稳定性、抗老化性、黏附能力、耐疲劳性和构件变形的适应性等方面都存在缺陷。因此,常用一些高聚物、矿物填料对石油沥青进行改性,如 SBS 改性沥青、APP 改性沥青、PVC 改性沥青、再生胶改性沥青、橡塑改性沥青和铝箔橡塑改性沥青等。新型改性沥青防水卷材主要有弹性体 SBS 改性沥青卷材、塑性体 APP 改性沥青卷材、改性沥青聚乙烯胎卷材和自粘聚合物改性沥青防水卷材等。

1. 弹性体改性沥青防水卷材

弹性体改性沥青防水卷材是以聚酯毡或玻纤毡为胎体、苯乙烯-丁二烯-苯乙烯嵌段共聚物的热塑性弹性体(如 SBS)作改性剂的改性沥青浸渍胎基,两面涂以弹性体沥青涂盖层,上表面撒以细砂、矿物粒(片)或覆盖聚乙烯膜,下表面撒以细砂或覆盖聚乙烯膜所制成的一类防水卷材。SBS 防水卷材是弹性体改性沥青防水卷材中使用较广泛的一种,按胎基分为聚酯胎(PY)和玻纤胎(G)两类。按卷材表面覆盖材料可分为聚乙烯膜(PE)、细砂(S)与矿物粒(片)料(M)三种。按物理力学性能分为Ⅰ型和Ⅱ型。

SBS(苯乙烯-丁二烯-苯乙烯)高聚物属嵌段聚合物,采用特殊的聚合方法使丁二烯两头接上苯乙烯,不需硫化成型就可以获得弹性丰富的共聚物。所有改性沥青中,SBS 改性沥青的性能是目前最佳的。改性后防水卷材,既具有聚苯乙烯抗拉强度高、耐高温性好,又具备聚丁二烯弹性高、耐疲劳性和柔软性好的特性。SBS 卷材在常温下有弹性,在高温下有热塑性、低温柔性好,以及耐热性、耐水性和耐腐蚀性好的特性。其中聚酯毡的机械性能、耐水性和耐腐蚀性最优。玻纤毡价格低,但其强度较低、无延伸性。

SBS 改性沥青防水卷材适用于工业与民用建筑的屋面和地下防水、防潮工程,尤其适用于较低气温环境的建筑防水。

2. 塑性体改性沥青防水卷材

塑性体改性沥青防水卷材是以聚酯毡或玻纤毡为胎体,用沥青或热塑性弹性体(如无规聚丙烯 APP 或聚烯烃类聚合物 APAO、APO)做改性剂的改性沥青浸渍胎基,两面涂以塑性体沥青涂盖层,上表面撒以细砂、矿物粒(片)或覆盖聚乙烯膜,下表面撒以细砂或覆盖聚乙烯膜所制成的一类防水卷材。APP 防水卷材是塑性体改性沥青防水卷材中使用较广泛的一种,按胎基分为聚酯胎(PY)和玻纤胎(G)两类。按上表面材料分为聚乙烯膜(PE)、细砂(S)与矿物粒(片)料(M)三种。按物理力学性能分为Ⅰ型和Ⅱ型。

APP 卷材耐热性优异,耐水性、耐腐蚀性好,低温柔性较好(但不及 SBS 卷材)以及耐紫外线老化性能好,可在 130℃ 以下的温度下使用。其中聚酯毡的机械性能、耐水性和耐腐蚀性性能优良。玻纤毡的价格低,但强度较低无延伸性。

APP 卷材适用于工业与民用建筑的屋面和地下防水工程,以及道路、桥梁等建筑物的防水,尤其适用于紫外线较强烈及炎热地区的建筑屋面防水工程。玻纤增强聚酯卷材可用于机械固定单层防水,但须通过抗风荷载试验;玻纤防水卷材适用于多层防水中的底层防水。

3. 改性沥青聚乙烯胎防水卷材

改性沥青聚乙烯防水卷材是以高密聚乙烯膜为胎体，上下两面为改性沥青或自粘沥青，表面覆以隔离材料，经滚压、水冷、成型而制成的防水卷材。

改性沥青聚乙烯防水卷材按施工工艺不同分为热熔型（代号 T）和自黏型（代号 S）。热熔型按改性剂的不同分为氧化改性沥青防水卷材（代号 O）、丁苯橡胶改性氧化沥青防水卷材（代号 M）、高聚物改性沥青防水卷材（代号 P）和高聚物改性沥青耐穿刺防水卷材（代号 R）4 类。

改性沥青聚乙烯胎防水卷材具有防水、隔热、保温、装饰、耐老化、耐低温的多重功能，其抗拉强度高、延伸率大、施工方便、价格较低。适用于工业与民用建筑工程的地下室防水、屋面防水工程。

10.3.2　合成高分子防水卷材

合成高分子防水卷材是除沥青基防水卷材外，近年来大力发展的防水卷材。合成高分子防水卷材是以合成橡胶、合成树脂或者两者共混体为基料，加入适量的化学助剂、填充料等，经混炼、压延或挤出等而制成的防水卷材或片材。合成高分子防水卷材耐热性和低温柔韧性好，拉伸强度、抗撕裂强度高、断裂伸长率大，耐老化、耐腐蚀、耐候性好，适应冷施工。

合成高分子防水卷材品种很多，目前最具代表的有合成橡胶类三元乙丙橡胶防水卷材、聚氯乙烯防水卷材和氯化聚乙烯-橡胶共混防水卷材。

1. 三元乙丙橡胶防水卷材

三元乙丙（EPDM）橡胶防水卷材，是以乙烯、丙烯加上双环戊二烯（二聚环戊二烯）共聚而成的三元乙丙橡胶为主体，加入一定量的丁基橡胶、软化剂、补强剂、填充剂、促进剂和硫化剂等，经配料、密炼、拉片、过滤、压延或挤出成型、硫化等制成的防水卷材。

由于三元乙丙（EPDM）橡胶分子结构中的主链上没有双键，属于高度饱和的高分子材料不易受臭氧、紫外线和湿热的影响而发生化学反应或断链，因此，其耐老化性能优越，化学稳定性较好，同时抗拉强度高、耐酸碱腐蚀、延伸率大，能很好地适应基层的变形，具有较高的高温稳定性和较低的温度敏感性。通常用于防水要求较高、耐用年限较长的防水工程中。

2. 聚氯乙烯（PVC）防水卷材

聚氯乙烯（PVC）防水卷材是以聚氯乙烯树脂为主要原料，掺加填充料（如铝矾土）和适量的改性剂、增塑剂及其他助剂，经混炼、压延或挤出成型分卷包装的防水卷材。

PVC 防水卷材耐老化性能好（耐用年限 25 年以上）、拉伸强度高、柔性好、结构稳定、耐老化、使用年限较长，而且，耐腐蚀性、自熄性、耐细菌性好，适用于我国南北广大地区有防水要求较高的屋面、地下室、水库、游泳池、渠系等工程的防水及基层有局部开裂或收缩的建筑物的防水工程。

3. 氯化聚乙烯-橡胶共混防水卷材

它以氯化聚乙烯和合成橡胶共混物为主体，加入一定的稳定剂、软化剂、促进剂、硫化剂，经混炼、压延等工艺制得的防水材料。根据共混材料的不同分为 S 型和 N 型，以氯化聚乙烯与合成橡胶共混体制成的防水卷材为 S 型；以氯乙烯与合成橡胶和再生橡胶共混体制成的防水卷材为 N 型。

该防水卷材不但具有氯化聚乙烯特有的高强度、优异的耐臭氧、耐老化性能，还具备橡胶和塑料的高弹性、高延伸性和良好的低温柔性。从物理性能上看，氯化聚乙烯-橡胶共混防水卷材接近三元乙丙橡胶防水卷材的性能，最适应屋面单层外露防水。

10.4 防水涂料

防水涂料是以高分子材料为主体，在常温下呈无定型液态，经涂布在建筑物表面固化成具有相当厚度并有一定弹性的防水膜的物料总称。按照分散剂的不同可分为溶剂涂料、水乳型涂料两种。按主要成膜物质可以分为乳化沥青类防水涂料、改性沥青类防水涂料、合成高分子防水涂料和水泥基类防水涂料。

随着科技的发展，涂料产品不仅要求施工方便、成膜速度快、修补效果好，还须延长使用寿命、适应各种复杂工程的需求。防水涂料固化前呈黏稠状液态，不仅能在水平地面上施工，而且能在立面、阴角、阳角等复杂的表面施工。因此，特别适合各种复杂结构、不规则部位的防水，能形成无接缝的完整防水膜。防水涂料中，聚氨酯、橡胶和树脂基的涂料属高档涂料。氯丁橡胶改性沥青涂料及其他橡胶改性的沥青涂料属中档涂料。再生胶改性沥青涂料、石油沥青基防水涂料等属低档涂料。防水涂料的发展前景依赖于新型聚合物的推广和应用。

10.4.1 沥青基防水涂料

沥青基防水涂料是以沥青为基料，通过溶解或形成水分散体构成的防水涂料。沥青防水涂料除具有防水卷材的基本性能外，还具有施工简单、容易维修、适用于特殊建筑物的特点。

直接将未改性或改性的沥青溶于有机溶剂而配制的涂料，称为溶剂型沥青涂料。将石油沥青分散在水中，形成稳定的水分散体而构成的涂料，称为水乳型沥青防水涂料。

乳化沥青和高聚物改性沥青涂料，是目前土木工程中应用较广的两类防水涂料。

1. 乳化沥青防水涂料

乳化沥青是将沥青热融后，经机械剪切的作用，以细小的沥青微滴分散于含有乳化剂的水溶液中，形成水包油（O/W）型的沥青乳液，或者将微小的水滴稳定地分散在沥青中形成的油包水（W/O）型的沥青乳液。乳化剂带有亲油基与亲水基两相，在它的作用下降低了水和油的界面张力，使它能够吸附于沥青微滴和水滴相互排斥的界面上。当乳化剂以单分子状态溶于水中时，其亲油基的一端被水排斥，亲水基一端被水吸引。亲油基端为了成为稳定分子，它一方面把亲水基端留在水中，而自己伸向空气；另外让亲油基尽量靠拢，减少亲油基和水的接触面积。前者形成单分子膜，后者形成胶束。大量的胶束集聚形成球状胶束，球状胶束将亲油基完全包含在球体内，几乎与水脱离接触。这样，胶束外只剩下亲水基，使沥青与水形成互不相溶的两相。当乳化沥青涂料覆盖在基层上后，水在空气中蒸发，剩下的沥青胶团聚集在一起即形成防水层。

乳化沥青的黏度、储存的稳定性、破乳的速度和微粒大小分布等都是乳化沥青质量的重要指标，可以通过以下办法改善乳化沥青的性能。

（1）增加乳化沥青的黏度。通过增加沥青含量；改变水相的酸性或增加乳化剂；加大乳化过程中的流量和降低沥青的黏度等办法来增加乳化沥青的黏度。

（2）减少乳化沥青的黏度。通过减少沥青含量、改变乳化剂配方和降低流经乳化剂的流量来减少乳化沥青的黏度。

（3）加大乳化液的破乳率。乳化沥青的破乳是指沥青乳液的性质发生变化，沥青乳液从水相中分离出来，许多微小的沥青颗粒相互聚结，成为连续整体薄膜。破乳率的大小取决于矿物质的类型和微粒的大小分布。可采取增加沥青含量、改变水相的酸度和添加破乳剂等办法。

（4）改善乳化沥青的储存性。采取加入稀释剂、增加乳化液浓度、加入中和性盐类、选用微粒均匀的乳化液等办法来改善乳化沥青的储存稳定性。

（5）改变乳化微粒的分布状态。加入一定的酸、改变生产条件，如增加沥青含量、改变水相成分、提高生产温度等。

乳化沥青的储存期不能过长（不超过 3 个月），否则容易引起凝聚分层而变质。储存的温度不得低于零度，不宜在 −5℃ 以下施工以免水结冰而破坏防水层，也不宜在烈日下施工，因表面水分蒸发较快而成膜，膜内水分蒸发不出而产生气泡。此外，涂布的防水涂料即是防水层的主体，又是黏结剂，因而施工质量容易得到保证，维修也较为简单。乳化沥青主要用于防水等级较低的工业建筑与民用建筑屋面、混凝土地下室和卫生间防水、防潮；粘贴玻璃纤维毡作屋面防水层；拌制冷用沥青砂浆和沥青混凝土铺筑路面等。

2．高聚物改性沥青防水涂料

沥青是一种化学结构、物理性能相当复杂的建筑材料，为了达到工程的需求，必须对沥青内部结构进行改性来实现沥青物理性能的改善。改性沥青类防水涂料是以沥青为基料，用合成高分子聚合物进行改性，制成的水乳型或溶剂型的防水涂料。改性沥青类防水涂料在柔韧性、抗裂性、抗拉伸性能、耐高温性能、使用寿命等方面相比沥青基防水涂料得到了很大的改善。

改性沥青根据聚合物含量高低的不同分为两相：

（1）改性沥青中聚合物含量小于 4％ 的时候，沥青呈连续相。由于聚合物吸收了沥青中的油分，沥青相中的沥青质含量增加，从而使沥青的黏度和弹性增加。聚合物相的加强作用，提高了高温下沥青的力学性能；低温环境下，聚合物的劲度模量小于沥青的劲度模量，由此降低了沥青的低温脆性。

（2）当改性沥青中聚合物含量大于 10％ 时，沥青中的油分对聚合物有一定的塑化作用。

沥青中的重质部分分散在聚合物连续相中，这时体系反映出的性质基本是聚合物的性质。若是 4％～8％ 的中等量聚合物改性沥青，在体系中会形成沥青和聚合物两相交联的连续相，其性质往往随温度变化，产品性能不稳定。因此第一种状态，聚合物吸附沥青中的油分，经溶胀后形成连续网状结构，是最大限度发挥聚合物改性作用的关键。

例如采用 SBS 改性沥青时，其中的苯乙烯段被溶解抑制在沥青的棒状结构中，丁二烯链却缠绕在这种结构周围。由于 SBS 两端抑制在沥青中间，因此 SBS 对沥青结构的缠绕非常紧密。这种结构往往伴随着沥青与聚合物之间化学性质和物理性能的改变。

根据改性沥青高温稳定性、低温抗裂性和抗疲劳性的要求，聚合物改性剂主要分为两大类：热塑性弹性体和橡胶改性剂，如嵌段聚合物 SBS；热塑性树脂改性剂，如热塑性共聚物乙烯-乙酸乙烯（EVA）。常用的产品有氯丁橡胶沥青防水涂料、水乳型橡胶沥青防水涂料、APP 改性沥青防水涂料、SBS 改性沥青防水涂料等。此类防水涂料主要用于各级屋面和地下以及卫生间的防水。

10.4.2 其他品种防水涂料

我国 20 世纪 70 年代主要生产氯丁胶和橡胶改性沥青防水涂料，至 20 世纪 80 年代推出焦油聚氨酯防水涂料以来，各种高分子材料的防水涂料层出不穷。液态、粉末态、溶剂型、水乳型、反应型、纳米型、快速型、美术型等新产品不断在工程建设中亮相。

1. 聚氨酯防水涂料

聚氨酯防水涂料是一种化学反应型涂料，它由异氰酸酯基的聚氨酯预聚体和含有多羟基或氨基的固化剂，以及其他助剂按一定比例混合而成。按生产原料不同，一般分为聚醚型聚氨酯类产品和聚酯型聚氨酯类产品。前者耐水性优良，后者具有较高的机械强度和氧化稳定性。聚氨酯防水涂料多以双组分形式使用，我国目前有焦油系列双组分聚氨酯涂膜防水材料和非焦油系列双组分聚氨酯涂膜防水材料两类。

由于聚氨酯高分子结构的特性，使它具备优异的耐候、耐油、耐臭氧、不燃烧、抗撕裂、耐温（$-30\sim80℃$）、耐久等特性。聚氨酯防水涂料属于高档合成高分子防水涂料，它具有很多突出的优点：容易形成较厚的防水涂膜；能够在复杂的基层表面施工，其端头容易处理；整体性强，涂膜层无接缝；冷施工，操作安全；涂膜具有橡胶弹性，延伸性好，抗拉、抗撕裂强度高；防水年限可达 10 年以上等。聚氨酯防水涂料适用于各种地下、浴厕、厨房等的防水工程；污水池的防漏；地下管道的防水、防腐工程等。

2. 硅橡胶防水涂料

硅橡胶防水涂料是以硅橡胶乳液和其他高分子乳液配制成的复合乳液，再添加一定量的外加剂而制得的乳液型防水涂料。本品是以水为分散介质的水乳型涂料，失水后固体物质颗粒密度增大、集聚。在交联剂、催化剂的作用下进行交联反应，形成均匀、致密、弹性的橡胶连续膜。

硅橡胶防水涂料兼有涂膜防水和渗透防水的双重特性，适合于复杂构件表面的施工，无毒、无味、不燃、安全、冷施工、操作简单，可配制成各种颜色具有一定的装饰效果。硅橡胶防水涂料缺点主要有原材料价格高，成本大；要求基层有较好的平整度；固体含量较低，一次涂刷层较薄；气温低于 5℃ 不宜施工等。硅橡胶防水涂料适用于屋面、地下、输贮水构建物等的防水、防潮工程。

3. 水泥基渗透结晶型防水涂料

水泥基渗透结晶型防水涂料是由硅酸盐水泥、石英砂、特殊的活性物质及一些添加剂组成的无机粉末状防水材料（CCCW）。水泥基渗透结晶型防水涂料是一种刚性防水材料，与水作用后材料中含有硅酸盐活性化学离子，通过载体向混凝土内部渗透、扩散，与混凝土孔隙中的钙离子进行化学反应，形成不溶于水的硅酸钙结晶体填塞毛细孔道，使混凝土结构致密、防水。

这种防水涂料适用于地下工程、水池、水塔等混凝土结构工程的迎水面和背水面的防水处理，它为混凝土工程提供了可以信赖的防水材料和工艺。

10.5　防水密封材料

防水密封材料是指能承受位移而嵌入建筑接缝中的定型材料和无定型材料，以保证建筑物的水密性和气密性的密封材料。同时也起到防尘、隔气和隔声的作用。为了使建筑物或构筑物中各种构件的接缝能够形成连续体，并且具有不透水性、气密性，密封材料应具有良好的变性能力、压缩循环性能、耐候性能和耐水性。

防水密封材料可应用于建筑物门窗密封、嵌缝，混凝土、砖墙、桥梁、道路伸缩的嵌缝，给排水管道的对接密封，电器设备制造安装中的绝缘、密封，航天航空、交通运输器具、机械设备连接部位的密封和各种构件裂缝的修补密封等。

防水密封材料的基材主要有油基、橡胶、树脂、无机类等，其中橡胶、树脂等性能优异的高分子材料是防水密封材料的主体，故称为高分子防水密封材料。防水密封材料有膏状、液状和粉状等。

10.5.1　无定形防水密封材料

无定形密封材料是现场成形的密封材料，多数以橡胶、树脂、合成材料为基料制成，它填充于缝隙中起到密封作用。

1. 硅酮密封胶

硅酮密封胶是以聚硅氧烷为主要成分，加入适量硫化剂、硫化促进剂增强填充料和颜料组成的非定形密封材料，是一种可以在室温下固化或加热固化的液态橡胶。

硅酮密封胶按照其功能不同可分为耐候密封胶和结构密封胶。耐候密封胶是用于嵌缝的具有一定变形能力的低模数密封胶，主要用于铝合金、玻璃和石材等的嵌缝；结构密封胶主要用于玻璃幕墙中的玻璃与铝合金构件、玻璃与玻璃之间的黏结密封胶。

硅酮密封胶具有耐热、耐寒、绝缘、防水、防震、耐化学介质、耐臭氧、耐紫外线、耐老化、耐一些有机溶剂和稀酸，贮存性稳定，密封性能持久，硫化后的密封胶在−50～250℃范围内长期保持弹性。硅橡胶防水密封材料广泛适用于建筑工程的预制构件嵌缝密封、防水堵漏，汽车工业的填圈、阀盖、油盖，洗衣机、吸尘器、冰箱、电表的接缝密封，飞机油箱密封，电子元件、仪表防震、防潮、绝缘、隔热的填充材料。

2. 丙烯酸酯防水密封材料

丙烯酸酯防水密封材料是以丙烯酸酯类聚合物为主要成分的非定形密封材料。它所采用丙烯酸酯主要是聚丙烯酸酯橡胶和溶液型的丙烯酸酯。丙烯酸酯聚合物分子的主链是由饱和烃组成，并带有羧基，因而具有很强的耐热、耐油、耐光化学、耐氧降解的特性。丙烯酸酯橡胶最高使用温度180℃，间断或短时间使用温度可达200℃，150℃热空气中老化数年无明显变化。丙烯酸酯密封胶具有橡胶的弹性和柔软性，有良好的耐水、耐溶剂性等。由于冷流动性差，不能用于伸缩大的变形缝，嵌缝时要用热施工方法。乳液型聚丙烯酸酯密封胶的优点：通过水分蒸发或吸收而固化，固化时间快；含水量少，体积收缩小；柔软性、伸长率、复原性、耐水性、黏附性、耐候性优良；贮存稳定性好等。

溶剂型丙烯酸酯密封胶的主要特性有通过溶剂蒸发常温下固化，固化时间较长、同时体积收缩大、复原性较差；对各种基材的黏结力良好；使用年限可达 20 年；常温贮存稳定性 6 个月；施工时需加热到 50℃ 左右。丙烯酸酯防水密封材料适用于钢、铝、木门窗与墙体、玻璃间的接缝密封；以及刚性屋面、内外墙、管道、混凝土构件的接缝密封。

3. 聚硫建筑密封膏

聚硫建筑密封膏是由液态硫橡胶为主剂和金属氧化物等硫化剂反应，在常温下形成的弹性体密封胶，国产多为双组分产品。

聚硫建筑密封膏是一种饱和聚合物，不含有易引起老化的不饱和键，其硫化物在大气作用下具有优良的抗老化性。它与一般橡胶相似，在高温时易变软，低温时固结。适用于金属幕墙、预制混凝土、玻璃窗、游泳池、储水槽、地坪及构筑物接缝的防水处理和粘贴。

10.5.2 定形防水密封材料

定形防水密封材料一般可分为弹性和非弹性型，它们是具有一定形状和尺寸的密封材料。适用于建筑工程的各种接缝，如伸缩缝、沉降缝、施工缝、构件接缝、门窗框接缝和窗墙管接缝等。主要应用的品种有止水带、密封垫和密封条等。

定型密封材料按材料性能分作刚性和柔性，刚性定型密封材料多采用金属制成，柔性定型密封材料一般用天然橡胶、合成橡胶、塑料、合成材料等制成。柔性密封材料按密封机理，又可分为遇水膨胀型非定形密封材料和遇水非膨胀型定形密封材料。有的将密封腻子等称为定形密封产品，实际它最终是依据现场施工情况而成形，因而它仍属于非定形密封材料。建筑定形密封材料的要求具有良好的水密性、气密性和耐久性；具有良好的弹性、塑性和强度；有耐热、耐低温、耐腐蚀的性能；要求制作尺寸精度高，不致在构件振动、变形等过程中脆裂、脱落。

1. 聚氨酯建筑密封材料

橡胶本身是疏水结构物质，但其中的杂质、亲水性蛋白质、合成橡胶中的乳化剂等都是水溶性或亲水性物质。这种橡胶与水接触时，亲水性物质就会扩散到渗入橡胶中的水中溶解或膨胀，从而在橡胶内外形成渗透压差。这种渗透压差对于水向橡胶内部的渗透具有促进作用。根据这个原理，将具有高亲水性物质掺入橡胶中，只要它们不被水溶解抽出，大量的吸水能造成整个橡胶材料的体积膨胀，达到防渗漏的效果。聚氨酯遇水膨胀橡胶材料，主要以聚醚多元醇为原料制成的亲水性聚氨酯预聚体。当多元醇中亚乙基醚单元的含量超过 20% 时，即可制成具有吸水性的聚氨酯材料。聚氨酯材料中存在大量的极性链节容易旋转，采用适当的交联固化能产生较好的回弹性能。与水相遇后其链节和水能生成氢链，从而导致材料体积的膨胀。这种聚氨酯预聚体可以制成遇水膨胀的嵌缝腻子型防水材料，也可以通过与一定量橡胶混合，制成复合的遇水膨胀弹性体。国产 821AF 和 821BF 遇水膨胀密封材料，都属于这类产品。

2. 刚性防水材料

无定形刚性防水材料是指以水泥、砂、石为原料或掺入少量外加剂、高分子聚合物等材料，通过调整配合比、抑制或减小孔隙率、改变孔隙特征增加各材料之间的密实性等方法配置成具有一定抗渗能力的水泥砂浆和防水混凝土等防水材料。

按胶凝材料的不同分为硅酸盐类和膨胀水泥类。硅酸盐类是指以硅酸盐水泥为基料，加入有机或无机外加剂配置成的防水砂浆和防水混凝土，如聚合物混凝土和外加剂混凝土；膨胀水泥类是指胶凝材料采用膨胀水泥为主的特种水泥为基料配置的砂浆和混凝土。

　　定性刚性止水带也称金属止水带，它用钢、铜、铝、合金钢板等制成。钢止水带和铜止水带主要应用于水坝及大型构建物，金属防水材料采用焊接拼接，因此其焊拼缝质量是至关重要的。

　　金属防水材料在地下水的侵蚀下易产生腐蚀现象，因此对金属材料、焊条、焊剂的选择，对保护材料的方法都有相关的规定。

习　　题

1. 防水材料的分类有哪些？
2. 柔性防水材料主要有哪些品种？其适用范围如何？
3. 为满足防水功能的要求，防水卷材应有哪些技术要求？
4. 试述防水涂料的品种和特点。
5. 与传统的沥青基防水材料相比，合成高分子防水材料有何突出特点？
6. 密封材料有哪些种类？试述密封材料的特点。

第11章 沥青及沥青混合料

沥青是由极其复杂的高分子的碳氢化合物及其非金属的衍生物组成的混合物，在常温下为固态、半固态或黏稠状液态的褐色或黑褐色的有机胶凝材料。沥青材料属憎水性材料，具有不透水、不吸水的性能，因此，广泛用于土木工程中的防水、防潮和防渗等。同时，沥青还具有不导电，耐酸、碱、盐等侵蚀性液态和气态的腐蚀性，黏结性及抗冲击性良好等优点，同时还有一定的塑性，能适应基材的变形。因此，沥青作为胶凝材料，广泛应用于建筑、公路、桥梁和水利工程中。

11.1 石油沥青

沥青材料按在自然界中的获取方式不同可分为地沥青和焦油沥青两类。

地沥青是天然石油或石油精加工过程中得到的沥青材料，按其产源又可以分为天然沥青和石油沥青。天然沥青是指石油在自然条件下，经受地质作用而形成的沥青材料；石油沥青是指石油在精加工其他油品的过程中的剩余残留物或将残留物再进行加工得到的产物。

焦油沥青是各种有机物（如煤、泥炭、木材等）经干馏加工得到的焦油，经再加工焦油得到的产品，通常有煤沥青、页岩沥青和木沥青等。

目前，工程最为常用的是石油沥青，此外，还使用少量的煤沥青。

石油沥青是用石油原油作为原料，经过炼油厂常压蒸馏、减压蒸馏后，提取汽油、煤油、柴油、重柴油以及催化裂化原料、润滑油原料后得到的油渣，这些油渣属于低等级的慢凝液体沥青。为提高沥青的稠度，以慢凝液体沥青为原料，可以采用不同的工艺得到黏稠沥青，其生产工艺分为直馏沥青、氧化沥青和溶剂沥青。

有时为满足工程的需要，在黏稠沥青中掺加煤油或汽油等稀释油料，这种用快速挥发溶剂作稀释剂的沥青，称之为终凝液体沥青或快硬液体沥青。为得到不同稠度的液体沥青，也可采用硬沥青和软沥青以适当比例调配而得到，这种沥青称之为调和沥青。

11.1.1 石油沥青的组分与结构

11.1.1.1 石油沥青的组分

石油沥青是多种碳氢化合物及其非金属（氧、硫和氮）衍生物的混合物。它的组成元素主要有碳（80%～87%）、氢（10%～15%），其余非烃元素如氧、硫、氮等（<3%）。此外还有一些微量的金属元素如镍、钡、铁、锰、钙、镁和钠等。石油沥青的化学成分非常复杂，对其进行化学成分分析也十分困难，同时化学组成不能反应沥青的物理性质和化学性质的差异。因此从工程使用角度来讲，将沥青中化学成分和物理性质相近，并且具有共同特征的部分，划分为若干组，这些组即为沥青的组分。在沥青中，其技术性质与各组

分含量的多少有直接关系。我国现行《公路工程沥青基与沥青混合料试验规程》JTJ052—2000 中规定有三组分和四组分两种分析方法。而目前主要以三组分为研究方法进行分析。

1. 三组分分析法

三组分法将石油沥青分离为油分、树脂和地沥青质三个组分。该方法的原理是利用沥青不同组分对抽提溶剂的选择性溶解和对吸附剂的选择性吸附，所以也称为吸附溶解法。

（1）油分。油分为淡黄色至红褐色的油状液体，是沥青中分子量和密度最小的组分，密度介于 0.7～1g/cm³ 之间，平均分子量在 200～700 之间。其含量占沥青组分的 45%～60%。在 170℃ 较长时间加热时，油分可以挥发，油分能溶于石油醚、二硫化碳、三氯乙烯、四氯化碳、苯及丙酮等有机溶剂中，但不溶于酒精。油分赋予沥青以流动性，油分含量的多少直接影响到沥青的柔韧性、抗裂性及施工和易性。油分在一定条件下可以转化为树脂及地沥青质。

（2）树脂。树脂为黄色至黑褐色黏稠状半固体物质，密度和分子量比油分大，密度在 1.0～1.1g/cm³ 之间，平均分子量在 600～1000 之间。沥青树脂大部分为中性树脂。其含量占沥青组分的 15%～30%。中性树脂能溶于三氯甲烷、苯和汽油等有机溶剂，但在酒精和丙酮中溶解度极低，树脂赋予沥青以良好的塑性、可流动性和黏结性，其含量增加，沥青的黏聚性和延伸性也相应增加。此外，沥青中还含有少量的酸性树脂，即地沥青酸和地沥青酸酐。它易溶于酒精、氯仿，而难溶于石油醚和苯，而且沥青中的表面活性物质、酸性树脂的存在，可以提高沥青对碳酸盐类和硅酸盐类岩石的粘附性，并有利于石油沥青的乳化。

（3）地沥青质。地沥青质为深褐色至黑色的固态、无定形物质，密度和分子量比树脂大，密度大于 1.0g/cm³，平均分子量在 1000 以上，不溶于酒精、正戊烷，但溶于二硫化碳和三氯乙烯，染色力强，对光的敏感性强，感光后不能溶解。地沥青质决定了沥青的黏结力、黏度、温度稳定性。沥青的黏度和黏结力随地沥青质含量的增加而逐渐增强。

此外，石油沥青中还含有一定量的沥青碳、似碳物和石蜡等。

沥青碳和似碳物的存在降低了石油沥青的黏结力，而石蜡的存在对石油沥青的技术性质影响更大，主要表现在降低了石油沥青黏结性和塑性，提高石油沥青的温度敏感性。具体表现在：沥青中石蜡的存在，致使高温时会使沥青发软，导致沥青路面高温稳定性降低，出现车辙；低温时会使沥青路面变得硬脆，导致路面低温抗裂性降低，出现裂缝；在有水的情况下，会使沥青与石子之间的黏附性降低，产生石子剥离现象，造成路面破坏；更严重的是，石蜡的存在会使沥青路面抗滑力下降，影响道路行车安全。

2. 四组分分析法

我国现行的四组分分析法是将沥青分离为地沥青质、饱和分、芳香分和胶质。其性状见表 11.1。

表 11.1　　　　　　　　　石油沥青四组分分析法的各组成性状

性状	外观特性	平均容重	平均分子量	主要化学结构
饱和分	无色液体	0.89	625	烷烃、环烷烃
芳香分	黄色至红色液体	0.99	730	芳香烃、含 S 衍生物

性状	外观特性	平均容重	平均分子量	主要化学结构
胶质	棕色黏稠液体	1.09	970	多环结构、含 S、O、N 衍生物
地沥青质	深棕色至黑色固体	1.15	3400	缩合环结构、含 S、O、N 衍生物

研究表明，沥青的性质与各组分的含量比例有密切的关系，地沥青质含量高，则沥青的黏度较大，温度敏感性较低；饱和分含量增加，使沥青黏度降低，胶质含量增加时沥青的延度增加。

11.1.1.2　石油沥青的胶体结构

1. 胶体结构的形成

胶体理论认为，油分、树脂、地沥青质是石油沥青的三大主要组成，油分和树脂可以相互溶解，即可以浸润地沥青质，从而在地沥青质的超细颗粒表面形成树脂薄膜。因此石油沥青的结构是以地沥青质为核心，周围吸附部分树脂和油分，构成胶团，无数胶团分散在油分中形成胶体结构。在这个分散体系中，分散相为吸附部分树脂的地沥青质，分散介质为溶有部分树脂的油分。在沥青胶体内，从地沥青质到油分是渐变而没有明显界限的。

2. 胶体结构分类

石油沥青胶体结构可以分为以下三种类型：

（1）溶胶型结构。当沥青中油分和树脂较多时，胶团外膜较厚，胶团与胶团之间的吸引力很小，甚至没有吸引力，胶团可在分散介质黏度许可范围内相对运动较为自由，这种胶体结构的石油沥青，称之为溶胶型石油沥青。其特点是流动性和塑性较好，开裂后自行愈合能力较强，低温时变形能力较强。但温度稳定性较差，温度过高将发生流淌。

（2）凝胶型结构。当油分和树脂的含量较少时，胶团外膜较薄，胶团靠近聚集，相互之间的吸引力增大，形成空间网络结构，胶团之间相互移动比较困难，这种胶体结构的石油沥青称为凝胶型结构。凝胶型石油沥青的特点是弹性和黏性较高，温度敏感性较低，开裂后自行愈合能力较差。通常，深度氧化的沥青多属凝胶型结构。在工程应用性能中，虽具有较高的温度稳定性，但低温变形能力较差。

（3）溶胶-凝胶型结构。当沥青中地沥青质的含量在一定范围内（15%～25%）时，即当地沥青质的含量介于溶胶形结构和凝胶型结构之间，而胶团间靠的又近，胶团相互有一定的吸引力，形成一种介于溶胶形结构和凝胶型结构之间的结构，称为溶胶-凝胶型结构。溶胶-凝胶型结构的石油沥青的性质也介于溶胶型和凝胶型结构两者之间。这类沥青在高温时具有较高的高温稳定性，低温时又具有较低的温度敏感性，即高温时不易发生流淌现象，低温时又具有较好的变形能力。因此，溶胶-凝胶型结构的石油沥青是现代高级公路理想的路用沥青。

溶胶型、凝胶型、溶胶-凝胶型结构的石油沥青如图 11.1 所示。

11.1.2　石油沥青的技术性质

11.1.2.1　黏滞性

石油沥青的黏滞性是指沥青材料内部阻碍其相对运动的一种特性，它反映石油沥青在外力作用下的抵抗变形的能力，以黏度表示，是沥青性质的主要指标。沥青的黏滞性大小

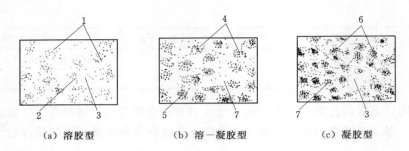

（a）溶胶型　　　　　　（b）溶—凝胶型　　　　　　（c）凝胶型

图 11.1　石油沥青胶体结构的类型示意

1—溶胶中的胶粒；2—质点颗粒；3—分散介质油分；4—吸附层；5—地沥青质；
6—凝胶颗粒；7—结合的分散介质油分

与组分及温度有关。当地沥青质含量较高，同时又有适量的树脂，而油分的含量较少时，其黏滞性较大；在一定温度范围内，当温度升高时，沥青的黏滞性随之降低，反之，当温度降低时，其黏滞性随之增大。

黏度有两种表示方法，绝对黏度和相对黏度。工程上常采用相对黏度指标来表示。沥青相对黏度主要采用标准黏度计和针入度仪来进行测定。

对于黏稠石油沥青的相对黏度采用针入度来表示，如图 11.2（a）所示。针入度是石油沥青抵抗剪切变形的能力。黏稠石油沥青的针入度是在规定的温度 25℃ 条件下以规定质量 100g 的标准试针，经历规定时间 5s 贯入试样的深度，以 1/10mm 为单位来表示，符号为 P（25℃，100g，5s）。针入度值越小，表明沥青的黏度越大。

对于液体石油沥青或较稀石油沥青的相对黏度，可用标准黏度计测定的标准黏度值表示。标准黏度是在规定温度（20℃、25℃、30℃ 或 60℃）、规定直径（3mm、5mm 或 10mm）的孔口流出 50mL 沥青所需要的时间（单位：s）来表示，如图 11.2（b）所示。常用符号 "$CtdT$" 表示，t 为试样温度，d 为孔口直径，T 为流出 50mL 沥青所需要的时间。

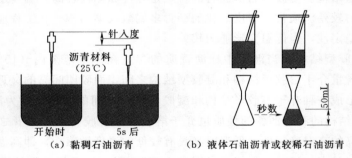

（a）黏稠石油沥青　　　　　（b）液体石油沥青或较稀石油沥青

图 11.2　针入度测定实验

11.1.2.2　塑性

沥青的塑性又称之为沥青的低温性能，包括沥青的低温延性与低温脆性，它们多通过沥青的低温延性试验和脆点试验来确定。

1. 延性

沥青的延性是指当其受到外力的拉伸作用时，所能承受的塑性变形的总能力，通常用延度作为延性指标来表示。

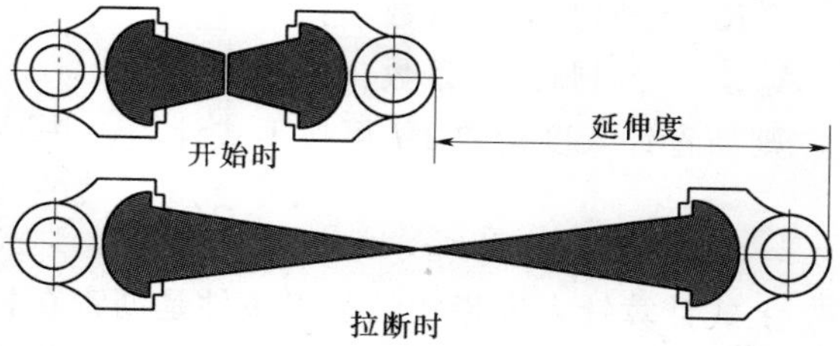

沥青的延度采用延度仪来测定。延度试验方法是将沥青试样制成"∞"形标准试件（最小截面积为1cm²），在规定的拉伸速度（5cm/min）和规定的温度（25℃、15℃、10℃或5℃）下拉断时的伸长长度（cm）。如图11.3所示。

图11.3　沥青延度实验

沥青的延度与其流变特性、胶体结构、化学组分存在密切关系。研究表明，当沥青化学组分不协调、沥青结构不单一，含蜡量增加时都会使沥青的延度相对降低。在常温下，延度值大的沥青不易产生裂缝或产生的裂缝自行愈合能力较强，并可减少摩擦时产生的噪声。因此，沥青的低温延度越大，沥青的抗裂性能越好，低温变形能力越强。

2. 脆性

沥青材料在低温下，受到瞬时荷载作用时，常表现为脆性破坏。通常采用弗拉斯脆点试验确定。其试验方法是将沥青试样0.4g放在一个标准的金属片上铺摊成薄层，此金属片置于有冷却设备的脆点仪内，摇动脆点仪曲柄，能使涂有沥青薄膜的金属片产生弯曲。随着冷却设备中制冷剂温度以1℃/min的速度降低，沥青薄层的温度随之降低，当降低至某一温度时，沥青薄膜在规定弯曲条件下产生脆断时的温度，即为沥青的脆点，即脆点是指沥青从黏弹性体转为弹脆体（玻璃态）过程中的某一规定状态的相应温度。该指标主要反映沥青的低温变形能力。

一般认为沥青脆点越低，其抗裂性能越好。因此，实际工程中，通常要求沥青要具有较高的软化点和较低的脆点。例如，脆性不好的沥青路面在夏季高温时容易发生流淌，表现为车辙；或在冬季温度较低时易发生脆断，表现为裂缝。

11. 1. 2. 3　温度敏感性

沥青是复杂的胶体结构，其胶体结构的物理力学特性随温度的变化而变化。主要表现为黏度，在温度不同时，表现为完全不同的性状（固体、黏稠状半固态或液体），这是沥青材料具有的特色而又重要的性质。当温度升高或降低时，黏度会产生明显的变化，这种如黏度等沥青的物理力学特性随温度变化的感应性称之为沥青的温度敏感性。

沥青的温度敏感性使其在高温下黏度显著降低，实现了沥青与矿物混合料均匀拌和以及沥青混合料的成型。

评价沥青温度敏感性的指标，常用的方法有针入度指数法（PI）、针入度-黏度指数法（PVN）和软化点试验。

1. 针入度指数

针入度指数是划分沥青等级的重要依据之一，针入度指数（PI）值愈大，表示沥青的温度敏感性愈低。根据大量试验结果，沥青针入度值的对数 $\lg P$ 与温度（T）之间的关系为

$$\lg P = K + A_{\lg pen} T \tag{11.1}$$

式中　T——不同试验温度，相应温度下的针入度为 P；

K——回归方程常数项；

$A_{\lg pen}$——回归方程系数。

则沥青针入度指数 PI 可按下式计算，并记为 $PI_{\lg pen}$：

$$PI_{\lg pen} = \frac{20 - 500A_{\lg pen}}{1 + 50A_{\lg pen}} \tag{11.2}$$

上式计算针入度指数的前提条件是沥青在软化点时的针入度为 800。针入度指数是根据一定温度变化范围内沥青性能随温度的变化计算出来的。因此，利用针入度指数来反映沥青性能随温度的变化规律更为准确。

针入度指数不仅可以用来评价沥青的温度敏感性，同时还可以用来判断沥青的胶体结构。当 $PI < -2$ 时，沥青属于溶胶结构，温度敏感性大；当 $PI > 2$ 时，沥青属于凝胶结构，温度敏感性低；温度介于其间的属于溶胶-凝胶型结构。

2. 软化点

沥青的软化点是反映沥青温度敏感性的重要指标。沥青是一种非晶质高分子混合物，没有确定的固化点和液化点，它由液态凝结为固态，或由固态熔化为液态时，通常用硬化点和滴落点来表示。沥青材料处于硬化点至滴落点之间的温度时，是一种黏滞流质状态，通常取固化点至滴落点温度间隔的 87.21% 作为软化点。

目前，沥青软化点采用球环测定法测定沥青的软化点。该法是将黏稠沥青试样注入 18.9mm 的铜环中，环上放置一个重 3.5g 的钢球，在规定的加热速度（5℃/min）下进行加热，沥青下坠 25.4mm 时的温度称为该试样沥青的软化点。软化点愈高表明沥青的耐热性能及高温稳定性愈好。因此，软化点既是反应沥青热稳定性的指标，也是黏度的一种度量。

11.1.2.4　黏附性

沥青的黏附性是指沥青与其他材料的界面黏结能力和抗剥落性能，是沥青材料的主要性能，沥青与矿质混合料的黏附性直接影响到沥青路面的使用质量和耐久性。沥青裹覆骨料后的抗剥落性不仅与沥青本身的性质有密切的关系，还与骨料性质有关。因为沥青中的活性组分，特别是沥青中的表面活性物质，如沥青酸和沥青酸酐等与碱性材料接触时，就会产生很强的物理、化学吸附作用。因此，沥青中表面活性物质含量的存在及数量与黏附性有重要关系；另一方面，矿质骨料的矿物组成、表面纹理、孔隙率、含尘量、表面积、吸收性能、含水量、形状和风化程度等对黏附性产生不同程度的影响。

评价沥青骨料粘附性的常用方法有水煮法和水浸法。我国现行试验规程（JTJ 052—2000T0）规定，沥青与粗骨料黏附性试验，根据沥青与混合料的最大粒径采取不同方法。大于 13.2mm 的采用水煮法，小于 13.2mm 的采用水浸法。水煮法是选取 13.2～19mm 形状接近正立方体的规则骨料 5 个，经沥青裹覆后，在蒸馏水中沸煮 3min，按沥青膜剥离的情况分为 5 个等级来评价沥青与骨料的黏附性。水浸法是选取 9.5～13.2mm 的骨料 100g 与 5.5g 沥青在规定的温度条件下拌和，配置成沥青-骨料混合料，冷却后浸入 80℃ 的蒸馏水中保持 30min，然后按剥落面积百分率来评定沥青与骨料的黏附性。

11.1.2.5　耐久性

沥青随时间产生不可逆的化学组成结构和物理力学性能变化的过程，称之为老化。而沥青作为建筑材料，应有较长的使用年限，因此要求沥青材料有较好的抗老化性能，即耐久性。

沥青的耐久性是指石油沥青在大气、热、阳光、潮湿等因素的长期综合作用下抵抗老化的性能，因此，又称之为大气稳定性。影响沥青耐久性的因素有大气（氧）、日照（光）、温度（热）、雨雪（水）、环境（氧化剂）以及交通荷载（应力）等，沥青的耐久性通常以蒸发损失和蒸发后针入度比来评定。其测定方法是：先测定沥青试样的重量及针入度，然后将试样置于加热损失试验专用的烘箱中，在160℃下蒸发5h，待冷却后再测定其重量和针入度。计算蒸发损失重量占原重量的百分数，称为蒸发损失；计算蒸发后针入度占原针入度的百分数，称为蒸发后针入度比。蒸发损失百分比越小或蒸发后针入度比越大，说明沥青的耐久性越好，老化越慢。

11.1.2.6 施工安全性

在满足以上性能的条件下，沥青的溶解度、闪点和燃点，也是评定沥青品质和施工安全的重要技术性质。

溶解度是指石油沥青在三氯乙烯、四氯化碳或苯中溶解的百分率，以表示石油沥青中有效物质的含量，即纯净程度。而不溶物质会降低沥青的性能，因此，把不溶物质视为有害物质而加以限制。

闪点是指加热沥青至挥发出可燃性气体与空气混合，在规定的条件下与火焰接触，初次闪火（蓝色闪光）时的沥青温度（℃）。

燃点（或称着火点），指加热沥青产生的气体和空气的混合物，与火焰接触能持续燃烧5s以上时，此时沥青的温度即为燃点（℃）。燃点温度比闪点温度高10℃。沥青组分多的沥青着火点相差较多，液体石油沥青由于轻质成分较多，闪点和燃点的温度相差较小。闪点和燃点的高低表明沥青引起火灾或爆炸的可能性的大小，它关系到运输、储存和加热等方面的安全。石油沥青在熬制时，一般温度为150～200℃，因此，通常控制沥青的闪点应大于230℃。但为安全起见，沥青加热时还应与火源隔离。

11.1.2.7 防水性

石油沥青是憎水材料，几乎完全不溶于水，而且本身构造致密，加之它与矿物材料表面有很好地黏结力，能紧密黏附于矿物材料表面，同时，它还具有一定的塑性，能适应材料或构件的变形，因此石油沥青具有良好的防水性，广泛用作土木工程的防潮和防水材料。

11.1.3 石油沥青的技术标准

石油沥青按用途分为建筑石油沥青、道路石油沥青和普通石油沥青3种。在土木工程中使用的主要是建筑石油沥青和道路石油沥青。

1. 建筑石油沥青

建筑石油沥青按针入度划分为牌号10、牌号30、牌号40，每个牌号的沥青还应保证相应的延度、软化点、溶解度、蒸发损失、蒸发后针入度比和闪点等。建筑石油沥青针入度小、软化点高，但延度较小。建筑石油沥青的技术要求列于表11.2中。

建筑石油沥青主要用于屋面及地下防水、沟槽防水和防腐、管道防腐蚀等工程，还可以用于制造油毡、油纸、防水涂料、沥青玛蹄脂等建筑材料。建筑沥青在使用时制成的沥

表 11.2　　　　　　　　　建筑石油沥青的技术标准（GB/T 494—2010）

项　目	质　量　标　准			试验方法
	10 牌号	30 牌号	40 牌号	
针入度（25℃，100g，5s)/(1/10mm)	10～25	26～35	36～50	GB/T 4509
针入度（46℃，100g，5s)/(1/10mm)	实测值	实测值	实测值	
针入度（0℃，200g，5s)/(1/10mm)，≥	3	6	6	
延度（25℃，5cm/min）/cm，≥	1.5	2.5	3.5	GB/T 4508
软化点（环球法）/℃，≥	95	75	60	GB/T 4507
溶解度（三聚乙烯）/%，≥	99.0			GB/T 11148
蒸发后质量变化（163℃，5h)/%，≤	1			GB/T 11964
蒸发后 25℃针入度比/%，≥	65			GB/T 4509
闪点（开口杯法）/℃，≥	260			GB/T 267

注　蒸发后 25℃针入度比为测定蒸发损失后样品的 25℃针入度与原 25℃针入度之比乘以 100 后，所得的百分比。

青胶膜较厚，增大了对温度的敏感性，同时沥青表面又是较强吸热体，一般同一地区的沥青屋面表面温度比当地最高气温高 25～30℃。为避免夏季高温流淌，用于屋面的沥青材料的软化点应比本地区屋面温度高 20℃以上。软化点偏低时，沥青在夏季高温易流淌；而软化点过高时，沥青在冬季易开裂。因此，石油沥青应根据气候条件、工程环境及技术要求选用。

2. 道路石油沥青

道路石油沥青技术标准见表 11.3。按国家标准《重交通道路石油沥青技术要求》（GB/T 15180—2010），重交通道路石油沥青分为 AH - 30、AH - 50、AH - 70、AH - 90、AH - 110 和 AH - 130 共 6 个牌号。

表 11.3　　　　　　　　　重交通石油沥青技术要求（GB/T 15180—2010）

项　目	质　量　指　标						试验方法
	AH - 130	AH - 110	AH - 90	AH - 70	AH - 50	AH - 30	
针入度（25℃，100g，5s)/(1/10mm)	120～140	100～120	80～100	60～80	40～60	20～40	GB/T 4509
延度（15℃)/cm，≥	100	100	100	100	80	报告	GB/T 4508
软化点/℃	38～51	40～53	45～58	44～57	45～58	50～65	GB/T 4507
溶解度/%，≥	99.0	99.0	99.0	99.0	99.0	99.0	GB/T 11148
闪点（开口杯法）/℃≥	230					260	GB/T 267
密度（25℃)/(kg/m²)	报告						GB/T 8928
蜡含量（质量分数）/%，≥	3.0	3.0	3.0	3.0	3.0	3.0	GB/T 0425
薄膜烘箱试验（163℃，5h)							GB/ 5304
质量变化/%，≤	1.3	1.2	1	0.8	0.6	0.5	GB/ 5304
针入度比/%，≥	45	48	50	55	58	60	GB/T 4509
延度（15℃)/cm，≥	100	50	40	30	报告	报告	GB/T 4508

道路沥青的牌号较多，选用时应根据地区气候条件、施工季节气温、路面类型、施工方法等按有关标准选用。道路石油沥青还可作为密封材料和黏结剂以及沥青涂料等。

3. 沥青的掺配

某一种的石油沥青往往不能满足工程技术的要求，因此需要不同牌号的沥青进行掺配。

在进行掺配时，为了不使掺配后的沥青胶体结构破坏，应选用表面张力相近和化学性质相似的沥青。试验证明同产源的沥青容易保证掺配后的沥青胶体结构的均匀性。所谓同产源是指同属石油沥青，或同属煤沥青。

两种沥青掺配的比例可用下式估算：

$$Q_1 = \frac{T_2 - T}{T_2 - T_1} \times 100 \tag{11.3}$$

$$Q_2 = 100 - Q_1 \tag{11.4}$$

式中　Q_1——较软沥青用量，%；

　　　Q_2——软硬沥青用量，%；

　　　T——掺配后沥青软化点，℃；

　　　T_1——较软沥青软化点，℃；

　　　T_2——较硬沥青软化点，℃。

根据估算的掺配比例和在其邻近的比例（5%～10%）进行试配（混合熬制均匀），测定掺配后沥青的软化点，然后绘制"掺配比-软化点"曲线，即可从曲线上确定所需要的掺配比例。同样地可采用针入度指标按上法进行估算及试配。

11.2　煤沥青

煤焦油是生产焦炭和煤气的副产物，它大部分用于化工，而小部分用于制作建筑防水材料和铺筑道路路面材料。

烟煤在密封设备中加热干馏，此时烟煤中挥发物质气化逸出，冷却后仍为气体的可作煤气，冷凝下来的液体除去氨及苯后，即为煤焦油，因为干馏温度不同，生产出来的煤焦油品质也不同。炼焦及制煤气时干馏温度约800～1300℃，这样得到的为高温煤焦油；当低温（600℃以下）干馏时，所得到的为低温煤焦油。高温煤焦油含碳较多、密度较大，含有多种芳香烃碳氢化合物，工程性质较好；低温煤焦油含碳较少，密度较小，含芳香族碳氢化合物少，主要含蜡族和环烷族及不饱和碳氢化合物，还含有较多的酚类，工程性质较差。故多用高温煤焦油制作焦油类建筑防水材料、煤沥青，或作为改性材料。

煤沥青是将煤焦油再进行蒸馏，蒸去水分和所有的轻油及部分中油、重油和蒽油后所得的残渣。各种油的分馏温度为在170℃以下时为轻油；170～270℃时为中油；270～300℃时为重油；300～360℃时为蒽油。有的残渣太硬还可加入蒽油调整其性质，使所生产的煤沥青便于使用。

11.2.1　煤沥青的化学成分

1. 元素组成

煤沥青主要是芳香族碳氢化合物及其氧、硫和碳的衍生物的混合物。其元素组成主要为 C、H、O、S 和 N。

2. 化学组分

按 E.J. 狄金松法，煤沥青可分离为油分、树脂 A、树脂 B、游离碳 C_1 和游离碳 C_2 等组分。

煤沥青中各组分的性质简述如下：

（1）游离碳。又称自由碳，是高分子有机化合物的固态碳质颗粒，不溶于苯。加热不熔，但高温分解。煤沥青的游离碳含量增加，可提高其黏度和温度稳定性。但随着游离碳含量的增加，低温脆性亦增加。

（2）树脂。树脂为环形含氧碳氢化合物。分为 A，硬树脂、类似石油沥青中的沥青质；B，软树脂，赤褐色黏塑性物，溶于氯仿，类似石油沥青中的树脂。

（3）油分。是液态碳氢化合物。

此外煤沥青的油分中还含有奈、蒽和酚等，奈和蒽能溶解于油分中，在含量较高或低温时能呈固态晶状析出，影响煤沥青的低温变形能力。酚为苯环中含羟物质，能溶于水，且易被氧化。煤沥青中酚、奈均为有害物质，对其含量必须加以限制。

11.2.2　煤沥青的技术性质

煤沥青与石油沥青相比，在技术性质上有下列差异：

（1）温度稳定性较低。因含可溶性树脂多，有固态或黏稠态转变为黏流态（或液态）的温度间隔较窄，夏天易软化流淌而冬天易脆裂。

（2）与矿质骨料的粘附性较好。在煤沥青组成中含有较多的极性物质，它赋予了煤沥青高的表面活性，因此煤沥青与矿质骨料具有较好的黏附性。

（3）大气稳定性较差。含挥发性成分和化学稳定性差的成分较多，在热、阳光和氧气等长期综合作用下煤沥青的组成变化较大，易硬脆。

（4）塑性差。含有较多的游离碳，容易变形而开裂。

（5）耐腐蚀性强。因含酚、蒽等有毒物质，防腐蚀能力极强，故适用于木材的防腐处理。又因酚易溶于水，故防水性不及石油沥青。

11.2.3　煤沥青与石油沥青简易鉴别

石油沥青与煤沥青掺混时，将发生成渣变质现象从而失去胶凝性，故不宜掺混使用。两者的简易鉴别方法见表 11.4。

表 11.4　　　　　　　　　　　　　　煤沥青与石油沥青简易鉴别方法

鉴别方法	石　油　沥　青	煤　沥　青
密度法	近似于 1.0g/cm^3	大于 1.10g/cm^3
锤击法	声哑，有弹性、韧性感	声脆，韧性差
燃烧法	烟为无色，基本无刺激性臭味	烟为黄色，有刺激性臭味
溶液比色法	用 30～50 倍汽油或煤油溶解后，将溶液滴于滤纸上，斑点呈棕色	溶解方法同左，斑点有两圈，内黑外棕

11.3 改性沥青

在土木工程中使用的沥青应具有一定的物理性质和黏附性。在低温条件下应有弹性和塑性；在高温条件下要有足够的强度和稳定性；在加工和使用条件下具有抗"老化"能力；还应与各种矿料和结构表面有较强的黏附力；以及对变形的适应性和耐疲劳性。通常，石油加工厂制备的沥青不一定能全面满足这些要求，为此，常用橡胶、树脂和矿物填料等改性。橡胶、树脂和矿物填料等通称为石油沥青的改性材料。

11.3.1 橡胶改性沥青

橡胶是沥青的重要改性材料。它和沥青有较好的混溶性，并能使沥青具有橡胶的很多优点，如高温变形性小，低温柔性好。由于橡胶的品种不同，掺入的方法也有所不同，各种橡胶沥青的性能也有差异。现将常用的几种分述如下。

1. 氯丁橡胶改性沥青

沥青中掺入氯丁橡胶后，可使其气密性、低温柔性、耐化学腐蚀性和耐气候性等得到改进。氯丁橡胶改性沥青的生产方法有溶剂法和水乳法。溶剂法是先将氯丁橡胶溶于一定的溶剂中形成溶液，然后掺入沥青中，混合均匀即成为氯丁橡胶改性沥青。水乳法是将橡胶和石油沥青分别制成乳液，再混合均匀即可使用。氯丁橡胶改性沥青可用于路面的稀浆封层、制作密封材料和涂料等。

2. 丁基橡胶改性沥青

丁基橡胶改性沥青的配制方法与氯丁橡胶沥青类似，而且较简单。将丁基橡胶碾切成小片，在搅拌条件下把小片加到100℃的溶剂中（不得超过110℃）制成浓溶液。同时将沥青加热脱水，熔化成液体状沥青。通常在100℃左右把两种液体按比例混合搅拌均匀进行浓缩15～20min，达到要求性能指标。丁基橡胶在混合物中的含量一般为2%～4%。同样也可以分别将丁基橡胶和沥青制备成乳液，然后再按比例把两种液混合即可。

3. SBS改性沥青

SBS是热塑性弹性体苯乙烯—丁二烯嵌段共聚物，它兼有橡胶和树脂的特性，常温具有橡胶的弹性，高温下又能像树脂那样熔融流动，成为可塑的材料。SBS改性沥青具良好的耐高温性、优异的低温柔性和耐疲劳性，SBS改性沥青具有以下特点：

（1）弹性好，延伸率大，延度可达2000%。

（2）低温柔性大大改善，冷脆点降至－400℃。

（3）热稳定性提高，耐热度达90～1000℃。

（4）耐气候性好。

SBS改性沥青是目前应用最成功和用量最大的一种改性沥青。3%～10%的SBS，主要用于制作防水卷材和铺筑高等级公路路面的材料。

11.3.2 树脂改性沥青

用树脂改性石油沥青，可以改进沥青的耐寒性、耐热性、黏结性和不透气性。由于石油沥青中含芳香性化合物很少，故树脂和石油沥青的相容性较差，而且可用的树脂品种也较少。常用的树脂有古马隆树脂、聚乙烯、乙烯-乙酸-乙烯共聚物（EVA），无规聚丙烯

（APP）等

1. 古马隆树脂改性沥青

古马隆树脂又名香豆桐树脂，呈黏稠液体或固体状，浅黄色至黑色，易溶于氯化烃、酯类、硝基苯等，为热塑性树脂。

将沥青加热熔化脱水，在 150～160℃情况下，把古马隆树脂放入熔化的沥青中，并不断搅拌，在把温度升至 185～190℃，保持一定时间，使之充分混合均匀，即得到古马隆树脂沥青。树脂约为 40％，此种沥青的黏度较大。

2. 聚乙烯树脂改性沥青

在沥青中掺入 5％～10％的低密度聚乙烯，采用胶体磨法或高速剪切法即可制得聚乙烯树脂改性沥青。聚乙烯树脂改性沥青的耐高温性和耐疲劳性有显著改善，低温柔性也有所改善。一般认为，聚乙烯树脂与多蜡沥青的相容性较好，对多蜡沥青的改性效果较好。

3. APP 改性沥青

APP 是聚丙烯的一种，根据甲基的不同排列，聚丙基分无规聚丙烯、等规聚丙烯和间规聚丙烯三种。APP 即无规聚丙烯，其甲基无规地分布在主链两侧。无规聚丙烯为黄白色塑料，无明显熔点，加热到 150℃后才开始变软。它在 250℃左右熔化，并可以与石油沥青均匀混合。APP 改性沥青与石油沥青相比，其软化点高、延度大、冷脆点降低、黏度增大，具有优异的耐热性和抗老化性，尤其适用于气温较高的地区，主要用于制造防水卷材。

11.3.3 橡胶和树脂改性沥青

橡胶和树脂同时用于改善沥青的性质，使沥青同时具有橡胶和树脂的特性。且树脂比橡胶便宜，橡胶和树脂又有较好的混溶性，故效果较好。橡胶、树脂和沥青在加热融熔状态下，沥青与高分子聚合物之间发生相互侵入和扩散，沥青分子填充在聚合物大分子的间隙内，同时聚合物分子的某些链节扩散进入沥青分子中，形成凝聚的网状混合结构，故可以得到较优良的性能。配制时，采用的原材料品种、配比和制作工艺不同，可以得到很多性能各异的产品。主要有卷材、片材，密封材料，防水涂料等。

11.3.4 矿物填料改性沥青

为了提高沥青的黏结能力和耐热性，降低沥青的温度敏感性，经常加入一定数量的矿物填料。

1. 矿物填料的品种

常用的矿物填料大多是粉状的和纤维状的，主要有滑石粉、石灰石粉、硅藻土和石棉等。

（1）滑石粉。主要化学成分是含水硅酸镁（$3MgO \cdot 4SiO_2 \cdot H_2O$），亲油性好（憎水），易被沥青润湿，可直接混入沥青中，以提高沥青的机械强度和抗老化性能，可用于具有耐酸、耐碱、耐热和绝缘性能的沥青制品中。

（2）石灰石粉。主要成分为碳酸钙，属亲水性的岩石，但其亲水程度比石英粉弱，而最重要的是石灰石粉与沥青有较强的物理吸附力和化学吸附力，故是较好的矿物填料。

（3）硅藻土。它是软质多孔而轻的材料，易磨成细粉，耐酸性强，是制作轻质、绝热、吸音的沥青制品的主要填料。膨胀珍珠岩粉有类似的作用，故也可作这类沥青制品的矿物填料。

（4）石棉绒或石棉粉。它的主要组成为钠、钙、镁，具有耐酸、耐碱和耐热性能，是热和电的不良导体，掺入后可提高沥青的抗拉强度和热稳定性。铁的硅酸盐，呈纤维状，富有弹性，内部有很多微孔，吸油（沥青）量大。

此外，白云石粉、磨细砂、粉煤灰、水泥、高岭土粉和白坐粉等也可作沥青的矿物填料。

2. 矿物填料的作用机理

沥青中掺入矿物填料后，能被沥青包裹形成稳定的混合物。一要沥青能润湿矿物填料；二要沥青与矿物填料之间具有较强的吸附力，并不为水所剥离。

一般具有共价键或分子键结合的矿物属憎水性即亲油性的，如滑石粉等，对沥青的亲和力大于对水的亲和力，故滑石粉颗粒表面所包裹的沥青即使在水中也不会被水所剥离。

另外，具有离子键结合的矿物如碳酸盐、硅酸盐等，属亲水性矿物，即有憎油性。但是，因沥青中含有酸性树脂，它是一种表面活性物质，能够与矿物颗粒表面产生较强的物理吸附作用。如石灰石粉颗粒表面上的钙离子和碳酸根离子，对树脂的活性基团有较大的吸附力，还能与沥青酸或环烷酸发生化学反应形成不溶于水的沥青酸钙或环烷酸钙，产生化学吸附力，故石灰石粉与沥青也可形成稳定的混合物。

从以上分析可知，由于沥青对矿物填料的润湿和吸附作用，沥青可能成单分子状排列在矿物颗粒（或纤维）表面，形成结合力牢固的沥青薄膜，有的将它称为结构沥青。结构沥青具有较高的黏性和耐热性等。因此，沥青中掺入的矿物填料的数量要适当，以形成恰当的结构沥青膜层。

11.4 沥青混合料

沥青混合料是矿质混合料与沥青结合料经拌制而成的具有黏弹塑性的混合料的总称，其中矿质混合料起骨架作用，沥青与矿粉（填料）起胶结和填充作用。其具有以下特点。

具有良好的力学性质和路用性能，铺筑的路面平整无接缝、解震、吸声、行车舒适。采用机械化施工，有利于质量控制。利于分期修建、维修和再生利用。但是沥青混合料存在高温稳定性和低温抗裂性不足的问题。

沥青混合料通常包括沥青混凝土混合料和沥青碎石混合料两类。按骨料粒径分为特粗式、粗粒式、中粒式、细粒式和砂粒式沥青混合料；按矿料级配分为密级配、半开级配、开级配和间断级配沥青混合料；按施工条件分为热拌热铺沥青混合料、热拌冷铺沥青混合料和冷拌冷铺沥青混合料。目前使用较广泛的是密级配沥青混合料（AC）和沥青玛蒂脂碎石混合料（SMA）。本节主要讨论沥青碎石混合料和沥青混凝土混合料。

11.4.1 沥青混合料的组成结构与强度

沥青混合料是将粗骨料、细骨料和矿粉经人工合理选择级配组成的矿质混合料与沥青经拌和而成的均匀混合料。

11. 4. 1. 1　沥青混合料

1. 密级配沥青混合料

按密实级配原理设计组成的各种粒径颗粒的矿料，与沥青结合料拌和而成，设计空隙率较小（对不同交通及气候情况、层位可作适当调整）的密实式沥青混凝土混合料（以AC 表示）和密实式沥青稳定碎石混合料（以 ATB 表示）。按关键性筛孔通过率的不同又可分为细型、粗型密级配沥青混合料等。粗骨料嵌挤作用较好的也称嵌挤密实型沥青混合料。

2. 胶浆

胶浆理论认为沥青混合料是一种分级空间网状胶凝结构的分散系。它是以粗骨料为分散相而分散在沥青砂浆介质中的一种粗分散系。同样，砂浆是以细骨料为分散相而分散在沥青胶浆介质中的一种细分散系。而胶浆又是以填料为分散相而分散在高稠度沥青介质中的一种微分散系。

这三级分散系以沥青胶浆最为重要，它有组成结构决定沥青混合料的高温稳定性和低温变形能力。通常比较集中于研究填料（矿粉）的矿物成分、填料的级配（以 0.080mm 为最大粒径）以及沥青与填料内表面的交互作用等因素对于混合料性能的影响等。其次矿物骨架也影响沥青混合料的性能，矿物骨架结构是指沥青混合料成分中矿物颗粒在空间的分布情况。由于矿物骨架本身承受大部分的内力，因此骨架应当由相当坚固的颗粒所组成，并且是密实的。沥青混合料的强度，在一定程度上也取决于内摩擦阻力的大小，而内摩擦阻力又取决于矿物颗粒的形状、大小及表面特性等。

综上所述，沥青混合料是由矿质骨架和沥青胶结物所构成的、具有空间网络结构的一种多相分散体系。沥青混合料的力学强度，主要由矿质颗粒之间的内摩擦阻力和嵌挤力，以及沥青胶结料及其与矿料之间的黏结力所构成。

11. 4. 1. 2　沥青混合料的组成结构

沥青混合料是由沥青、粗细骨料和矿粉按一定比例拌和而成的一种复合材料。按矿质骨架的结构状况，其组成结构分为以下三种类型。

1. 密实—悬浮结构

当采用连续密级配，矿质混合料与沥青组成的沥青混合料时，矿料由大到小形成连续级配的密实混合料，由于粗骨料的数量较少，细骨料的数量较多，较大颗粒被小一档颗粒挤开，使粗骨料以悬浮状态存在于细骨料之间 ［图 11. 4 （a）］，这种结构的沥青混合料虽然密实度和强度较高，但稳定性较差。其特点是较高的黏聚力，但内摩擦角比较小。

2. 骨架—空隙结构

当采用连续开级配，矿质混合料与沥青组成的沥青混合料时，粗骨料较多，彼此紧密相接，细骨料的数量较少，不足以充分填充空隙，形成骨架空隙结构 ［图 11. 4 （b）］。沥青碎石混合料多属此类型。这种结构的沥青混合料，粗骨架能充分形成骨架，骨架之间的嵌挤力和内摩擦阻力起重要作用；因此这种沥青混合料受沥青材料性质的变化影响较小，因而热稳定性较好，但沥青与矿料的黏结力较小、空隙率大、耐久性较差。其特点是较高的内摩擦角 φ，但黏聚力较低。

3. 密实—骨架结构

采用间断型级配矿质混合料与沥青组成的沥青混合料时，是综合以上两种结构之长的一种结构。它既有一定数量的粗骨料形成骨架，又根据粗骨料空隙的多少加入细骨料，形成较高的密实度 ［图 11.4 （c）］。这种结构的沥青混合料的密实度、强度和稳定性都较好，是一种较理想的结构类型。其特点是较高的黏聚力、较高的内摩擦角 φ。

 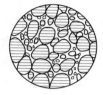 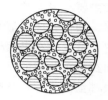

（a）密实—悬浮结构　　　　（b）骨架—空隙结构　　　　（c）密实—骨架结构

图 11.4　沥青混合料组成结构示意图

11.4.1.3　沥青混合料的强度形成原理

沥青混合料在路面结构中产生破坏的情况，主要是发生在高温时由于抗剪强度不足或塑性变形过剩而产生推挤等现象，以及低温时抗拉强度不足或变形能力较差而产生裂缝现象。目前沥青混合料强度和稳定性理论，主要是要求沥青混合料在高温时必须具有一定的抗剪强度和抵抗变形的能力。

为了防止沥青路面产生高温剪切破坏，我国柔性路面设计方法中，对沥青路面抗剪强度验算，要求在沥青路面面层破裂面上可能产生的应力 τ_a 应不大于沥青混合料的许用剪应力 τ_R，即

$$\tau_a \leqslant \tau_R \tag{11.5}$$

而沥青混合料的许用剪应力 τ_R 取决于沥青混合料的抗剪强度 τ，即

$$\tau_R = \frac{\tau}{k_2} \tag{11.6}$$

式中　k_2——系数（即沥青混合料许用应力与实际强度的比值）。

沥青混合料的抗剪强度 τ 可通过三轴试验方法应用莫尔-库仑包络线方程按式求得：

$$\tau = C + \sigma\tan\varphi \tag{11.7}$$

式中　τ——沥青混合料的抗剪强度，MPa；

σ——正应力，MPa；

C——沥青混合料的黏聚力，MPa；

φ——沥青混合料的内摩擦角，rad。

由式（11.7）可知，沥青混合料的抗剪强度主要取决于黏聚力 C 和内摩擦角 φ 两个参数。

沥青混合料的强度由两部分组成：矿料之间的嵌挤力与内摩擦阻力和沥青与矿料之间的黏聚力。

11.4.2　沥青混合料的技术性质和技术标准

沥青混合料作为沥青路面的面层材料，承受车辆行驶反复荷载和气候因素的作用，而胶凝材料沥青具有黏-弹-塑性的特点。因此，沥青混合料应具有抗高温变形、抗低温脆

裂、抗滑、耐久性等技术性质以及施工和易性。

1. 高温稳定性

沥青混合料的高温稳定性是指在高温条件下，沥青混合料承受多次重复荷载作用而不发生过大的累积塑性变形的能力。高温稳定性良好的沥青混合料在车轮引起的垂直力和水平力的综合作用下，能抵抗高温的作用，保持稳定而不产生车辙和波浪等破坏现象。其常见的损坏形式主要有以下几点：

（1）推移、拥包、搓板等类损坏主要是由于沥青路面在水平荷载作用下抗剪强度不足所引起的，它大量发生在表面处为贯入式、路拌等次高级沥青路面的交叉口和变坡路段。

（2）路面在行车荷载的反复作用下，会由于永久变形的累积而导致路表面出现车辙。车辙致使路表过的变形，影响了路面的平整度。轮迹处沥青层厚度减薄，削弱了面层及路面结构的整体强度，从而易于诱发其他病害。

（3）泛油是通过交通荷载作用，使沥青混合料内集料不断挤紧，空隙度减小，最终将沥青挤压到道路表面的现象。

我国《公路沥青路面施工技术规范》（JTG F40—2004）规定，采用马歇尔稳定度试验（包括稳定度、流值、马歇尔模数）来评价沥青混合料高温稳定性；对用于高速公路、一级公路和城市快速路等沥青路面的上面层和下面层的沥青混凝土混合料，在进行配合比设计时应通过车辙试验对抗车辙能力进行检验。

马歇尔稳定度试验通常测定的是马歇尔稳定度和流值，马歇尔稳定度是指标准尺寸试件在规定温度和荷载速度下，在马歇尔仪中的最大破坏荷载（kN）；流值是达到最大破坏荷重时的垂直变形（0.1mm）；马歇尔模数为稳定度除以流值的商，即

$$T = \frac{MS}{FL} \tag{11.8}$$

式中　T——马歇尔模数，kN/mm；

MS——稳定度，kN；

FL——流值，0.1mm。

2. 沥青混合料的低温抗裂性

低温抗裂性是指沥青混合料不出现脆裂、低温缩裂、温度疲劳等现象，以保证路面在冬季低温时不产生裂缝的性质。

低温开裂的主要原因是由于温度下降造成的体积收缩量超过了沥青混合料路面在此温度下的变形能力，导致路面收缩应力过大而产生收缩开裂。改善沥青混合料的低温抗裂性可采用含低温柔性高分子的改性沥青，增加沥青含量，或在沥青中掺加某些纤维，并选用良好的矿物混合料。

3. 沥青混合料的耐久性

耐久性是指沥青混合料在使用过程中抵抗环境不利因素（如空气中氧、水、紫外线等因素的作用）的抗老化能力，承受行车荷载反复作用的抗疲劳能力，以及抗水损害的水稳定性。水稳定性问题是因为水的侵蚀，沥青从骨料表面剥落，沥青混合料的黏结强度降低，最终造成沥青混合料松散、脱粒，形成大小不等的坑槽等水损害现象。

4. 沥青混合料的抗滑性

随着现代交通车速不断提高，对沥青路面的抗滑性提出了更高的要求。沥青路面的抗

滑性能与骨料的表面结构（粗糙度）、级配组成、沥青用量等因素有关。为保证抗滑性能，面层骨料应选用质地坚硬具有棱角的碎石，通常采用玄武岩。我国现行规范对抗滑层骨料提出磨光值、道路磨耗值和冲击值指标。采取适当增大骨料粒径、减少沥青用量及控制沥青的含蜡量等措施，均可提高路面的抗滑性。

5. 施工和易性

沥青混合料应具备良好的施工和易性，使混合料易于拌和、摊铺和碾压施工。影响施工和易性的因素很多，如气温、施工机械条件及混合料性质等。

从混合料的材料性质看，影响施工和易性的是混合料的级配和沥青用量。如粗、细骨料的颗粒大小相差过大，缺乏中间尺寸的颗粒，混合料容易分层层积；如细骨料太少，沥青层不容易均匀的留在粗颗粒表面；如细骨料过多，则使拌和困难。如沥青用量过少，或矿粉用量过多时，混合料容易出现疏松，不易压实；如沥青用量过多，或矿粉质量不好，则混合料容易黏结成块，不易摊铺。

11.5 沥青混合料配合比设计

沥青混合料配合比设计的主要任务是根据沥青混合料的技术要求，选择粗骨料、细骨料、矿粉和沥青材料，并确定各组成材料相互配合的最佳组成比例，使沥青混合料既满足技术要求，又符合经济原则。

11.5.1 沥青混合料组成材料的技术要求

沥青混合料的技术性质随组成材料的性质、组成配合的比例和混合料的制备工艺等的差异而改变。为了保证沥青混合料的技术性质，首先是正确选择符合质量要求的组成材料。沥青混合料中各组成材料的技术要求分述如下。

1. 沥青

拌制沥青混合料用沥青材料的技术性质，随气候条件、交通性质、沥青混合料的类型和施工条件等因素而异。通常较热的气候区，较繁重的交通，细粒或砂粒式的混合料则应采用稠度较高的沥青；反之，则采用稠度较低的沥青。在其他配料条件相同的情况下，较黏稠的沥青配制的混合料具有较高的力学强度和稳定性，但如稠度过高，则沥青混合料低温变形能力较差，沥青路面产生裂缝。反之，在其他配料条件相同的条件下，采用稠度较低的沥青，虽然配制的混合料在低温时具有较好的变形能力，但在夏季高温时往往稳定性不足而使路面产生推挤现象（表11.5）。

表 11.5　　　　　　　道路石油沥青的适用范围（JTG F40—2004）

沥青等级	适 用 范 围
A 级沥青	各个等级的公路，适用于任何场合和层次
B 级沥青	（1）高速公路、一级公路沥青下面层及以下的层，二级及二级以下公路的各个层次 （2）用作改性沥青、乳化沥青、改性乳化沥青、稀释沥青的基质沥青
C 级沥青	三级及三级以下公路的各个层次

对高速公路、一级公路，夏季温度高、高温持续时间长、重载交通、山区及丘陵区上

坡路段、服务区、停车场等行车速度慢的路段，尤其是汽车荷载剪应力大的层次，宜采用稠度大、60℃黏度大的沥青，也可提高高温气候分区的温度水平选用沥青等级；对冬季寒冷的地区或交通量小的公路、旅游公路宜选用稠度小、低温延度大的沥青；对温度日温差、年温差大的地区宜注意选用针入度指数大的沥青。当高温要求与低温要求发生矛盾时应优先考虑满足高温性能的要求。通常面层的上层宜用较稠的沥青，下层或连接层宜用较稀的沥青。

2. 粗骨料

沥青混合料用粗骨料，可以采用碎石、破碎砾石和矿渣等。但高速公路和一级公路不得使用筛选砾石和矿渣。沥青混合料用粗骨料应该洁净、干燥、表面粗糙、接近立方体、无风化、不含杂质。在力学性质方面，压碎值和磨耗率应符合相应道路等级的要求（表11.6）。

表 11.6   沥青混合料粗骨料质量技术标准 (JTG F40—2004)

指　　标	高速公路及一级公路		其他等级公路	试验方法
	表面层	其他层面		
石料压碎值/%，≤	26	28	30	T0316
磨耗损失/%，≤	28	30	35	T0317
相对表观密度/%，≤	2.6	2.50	2.45	T0304
吸水率/%，≤	2.0	3.0	3.0	T0304
坚固性/%，≤	12	12	—	T0314
针片状颗粒含量（混合料）/%，≤	15	18	20	T0312
其中粒径大于 9.5mm/%，≤	12	15	—	
其中粒径小于 9.5mm/%，≤	18	20	—	

注　1. 坚固性试验可根据需要进行。

2. 用于高速公路、一级公路时，多孔玄武岩的视密度可放宽至 2.45t/m³，吸水率可放宽至 3%，但必须得到建设单位的批准，且不得用于 SMA 路面。

3. 对 S14 即 3~5 规格的粗骨料，针片状颗粒含量可不予要求，<0.075mm 含量可放宽至 3%。

粗骨料的粒径规格应按表 11.7 的规定生产和使用。

表 11.7   沥青混合料粗骨料质量技术标准

规格名称	公称粒径/mm	通过下列筛孔（mm）的质量百分率/%												
		106	75	63	53	37.5	31.5	26.5	19.0	13.2	9.5	4.75	2.36	0.6
S1	40~75	100	90~100	—	—	0~15	—	0~5						
S2	40~60		100	90~100	—	0~15	—	0~5						
S3	30~60		100	90~100	—	—	0~15	—	0~5					
S4	25~50			100	90~100	—	—	0~15	—	0~5				
S5	20~40				100	90~100	—	—	0~15	—	0~5			
S6	15~30					100	90~100	—	—	0~15	—	0~5		
S7	10~30						100	90~100	—	—	0~15	0~5		

规格名称	公称粒径/mm	通过下列筛孔（mm）的质量百分率/%												
		106	75	63	53	37.5	31.5	26.5	19.0	13.2	9.5	4.75	2.36	0.6
S8	10~25						100	90~100	—	0~15	—	0~5		
S9	10~20							100	90~100	—	0~15	0~5		
S10	10~15								100	90~100	0~15	0~5		
S11	5~15								100	90~100	40~70	0~15	0~5	
S12	5~10									100	90~100	0~15	0~5	
S13	3~10									100	90~100	40~70	0~15	0~5
S14	3~5										100	90~100	0~15	0~3

对用于抗滑表层沥青混合料用的粗骨料，应该选用坚硬、耐磨、韧性好的碎石或破碎砾石，矿渣及软质骨料不得用于公路表层。高速公路、一级公路沥青路面的表面层（或磨耗层）的粗骨料的磨光值应符合《公路沥青路面施工技术规范》（JTG F40—2004）的要求。破碎砾石应采用粒径大于 50mm、含泥量不大于 1% 的砾石轧制，破碎砾石的破碎面应符合要求。

3. 细骨料

用于拌制沥青混合料的细骨料，可采用天然砂、人工砂或石屑。细骨料应洁净、干燥、无风化、不含杂质，并有适当的级配范围。对细骨料的技术要求见表 11.8。

表 11.8   **沥青混合料细骨料质量要求（JTG F40—2004）**

项　目	高速公路、一级公路	其他等级公路	试验方法
表观相对密度/(t/m³)，≤	2.5	2.45	T0328
坚固性（>0.3mm 部分）/%，≤	12	—	T0340
含泥量（>0.075mm 的含量）/%，≤	3	5	T0333
砂含量/%，≤	60	50	T0334
亚甲蓝值/(g/kg)，≤	25		T0346
棱角性（流动时间）/s，≤	30		T0345

注 坚固性试验可根据需要进行。

天然砂可采用河沙和海沙，通常宜采用粗、中砂，其规格应符合表 11.9 的规定，石屑是采石场破碎石料时通过 4.75mm 或 2.36mm 的筛下部分，其规格应符合表 11.10 的要求。

表 11.9   **沥青混合料天然砂规格（JTG F40—2004）**

筛孔尺寸/mm	通过各筛孔的质量百分数		
	粗　砂	中　砂	细　沙
9.5	100	100	100
4.75	90~100	90~100	90~100

筛孔尺寸/mm	通过各筛孔的质量百分数		
	粗　砂	中　砂	细　沙
2.36	65～90	75～90	85～100
1.18	35～65	50～90	75～100
0.6	15～30	30～60	60～84
0.3	5～20	8～30	15～45
0.15	0～10	0～10	0～10
0.075	0～5	0～5	0～5

表 11.10　　　　沥青混合料机制砂或石屑规格（JTG F40—2004）

规格	公称粒径/mm	水洗法通过筛孔的质量百分率/%							
		9.5	4.75	2.36	1.18	0.6	0.3	0.15	0.075
S15	0～5	100	90～100	60～90	40～75	20～55	7～40	2～20	0～10
S16	0～3		100	80～100	50～80	25～60	8～45	0～25	0～15

4. 矿粉

沥青混合料的矿粉必须采用石灰岩或岩浆岩中的强基性岩石等憎水性石料经磨细得到的矿粉，原石料中的泥土杂质应除净。矿粉应干燥、洁净，能自由地从矿粉仓流出。粉煤灰作为矿粉使用时，用量不得超过矿粉总量的 50%，粉煤灰的烧失量应小于 12%，与矿粉混合后的塑性指数应小于 4%，其余质量要求与矿粉相同。高速公路、一级公路的沥青面层不宜采用粉煤灰作矿粉。拌和机的粉尘可作为矿粉的一部分回收使用。但每盘用量不得超过矿粉料总量的 25%，掺有粉尘矿粉的塑性指数不得大于 4%；与矿粉混合后的塑性指数应小于 4%。

5. 纤维稳定剂

沥青混合料中掺加的纤维稳定剂宜选用木质素纤维、矿物纤维等，木质素纤维的质量应符合表 11.11 的技术要求。

表 11.11　　　　沥青混合料木质纤维素质量规格（JTG F40—2004）

项　目	指　标	试　验　方　法
纤维长度/mm，≤	6	水溶液用显微镜观测
灰粉含量/%	18±5	高温 590～600℃燃烧后测定残留物
pH 值	7.5±1.0	水溶液用 pH 值试纸或 pH 值计测定
吸油率/%	纤维质量的 5 倍	用煤油浸泡后放在筛上经震敲后称量
含水率（以质量计）/%，≤	5	105℃烘箱烘 2h 后冷却称量

11.5.2　沥青混合料配合比设计

沥青混合料配合比设计包括试验室配合比设计、生产配合比设计和试拌试铺配合比调整三个阶段。本节简单介绍一下试验室配合比设计。

试验室配合比设计可分为矿质混合料配合比组成设计和沥青最佳用量确定两部分。

1. 矿质混合料的配合比组成设计

根据沥青混合料使用的公路等级、路面类型、结构层次、气候条件及其他要求，选择沥青混合料的类型，并参照《公路沥青路面施工技术规范》推荐的级配作为沥青混合料的设计级配；测定矿料的密度、吸水率、筛分情况和沥青的密度；采用图解法或数解法求出已知级配的粗骨料、细骨料和矿料之间的比例关系。

2. 确定沥青最佳用量

采用马歇尔试验法来确定沥青最佳用量，按所设计的矿料配合比配出五组矿质混合料，每组按规范推荐或工程经验的沥青用量范围及规定的间隔 [(0.2%～0.5%)/0.5] 加入适量沥青，拌和均匀制成马歇尔试件。进行试验，测出试件的视密度、稳定度和流值等，并确定最佳沥青用量。

沥青混合料配合比设计的主要任务是根据沥青混合料的技术要求，选择粗骨料、细骨料、矿粉和沥青材料，并确定各组成材料相互配合的最佳组成比例，使沥青混合料既满足技术要求，又符合经济原则。

习　题

1. 从石油沥青的主要组分说明石油沥青三大指标与组分之间的相互关系？

2. 如何改善石油沥青的稠度、黏结力、变形、耐热性等性质？

3. 试述石油沥青的胶体结构，并据此说明石油沥青各组分的相对比例的变化对其性能的影响。

4. 石油沥青为什么会老化？如何延缓其老化？

5. 沥青混合料的组成结构有哪几种类型，它们的特点如何？

6. 何为沥青混合料？沥青混凝土混合料与沥青碎石混合料有什么区别？

7. 试述沥青混合料应具备的主要技术性能，并说明沥青混合料高温稳定性的评定方法。

第12章 建筑装饰材料

12.1 概述

12.1.1 定义

建筑装饰材料是指主体建筑完成之后，对建筑物的室内空间和室外环境进行功能和美化处理而形成不同装饰效果所需用的材料。建筑装饰材料是集材料、工艺、造型设计、美学于一身的材料，是建筑装饰工程的物质基础，建筑装饰的总体效果和建筑装饰功能的实现，都是通过建筑装饰材料及其室内配套产品的质感、图案、形体、功能体现出来的。

12.1.2 建筑装饰材料的作用

建筑装饰材料敷设在建筑物的表面，可美化建筑物与环境，保护建筑物，延长建筑物的使用寿命。另外，许多建筑装饰材科还兼具其他的功能，如防火、保温隔热、隔声、防潮等。主要体现在以下几个方面。

1. 美化建筑物与环境

材料的色彩、质感、表面线条的粗细和凸凹不平，对光线的吸收和反射程度的不同，会产生不同的感官效果。如通过巧妙地运用彩色玻璃幕墙、彩色涂料、彩釉砖等彩色装饰，可取得良好的视觉效果；又如在室内墙壁铺设色彩淡雅的壁纸，显得既朴素又美观。

2. 提高建筑物的耐久性

建筑物在使用过程中会受到各种因素的作用从而影响耐久性。在建筑物表面使用一些装饰材料后，将会在建筑物构件表面形成一层将空气中水分、酸碱性物质、灰尘及阳光等侵蚀性因素隔断的保护层，保护建筑基件，延长建筑物使用寿命。如石质类装饰材料具有高强度、高硬度、高耐磨性、高耐久性等特点，用其作为饰面材料，可大大提高建筑物的耐久性。

3. 改善建筑物的使用功能

许多建筑装饰材料在取得良好装饰效果的同时，还具有采光、防滑、防水、防火、隔音、保温隔热、防潮等功能，能够满足不同装饰部位的不同功能要求。如饰面防火板具有防火、防潮、耐磨、耐酸碱、耐冲击、易保养等优点，是办公家具、橱柜、卫生间隔断、实验室等饰面的良好用材。

12.1.3 建筑装饰材料的基本要求

为了使建筑装饰材料在工程中表达出综合效果，装饰材料需要满足以下几方面要求。

1. 颜色

材料的颜色是材料对光谱选择吸收的结果。主要取决于三个方面：材料的光谱反射、观看时射于材料上的光谱组成和观看者眼睛的光谱敏感性。色彩对建筑物装饰效果的影响，实质上是对人们生理视觉或心理反应的影响，装饰材料的色彩就是利用这种影响达到所期望的艺术效果。因此，对同一种装饰材料来说，不同的颜色，甚至同种颜色在深浅不同时也可以产生不同的艺术效果。颜色选择恰当、组合协调能创造出美好的工作、居住环境。

2. 光泽

光泽是材料表面对光线有方向性的反射的性质。光线照射到材料表面时，若反射光线无规则地分散向不同方向，称为漫反射；若光线的反射呈对称性反射从而使物体景象映射出来，称为镜面反射。镜面反射较强的材料，其光泽表现就较强烈。材料不同的光泽程度对于建筑物的外观具有不同的影响效果。

当建筑物外表所用的材料表面平滑光亮时，则表现为对光线的反射较强，其光泽度较高，使得建筑物给人以较为精致和令人注目的感觉。因此，有些材料往往加工成光滑的表面（如石材、陶瓷、玻璃、金属等），使其充分利用环境中的光线而产生某些所期望的效果。而在某些工程与环境中，材料表面粗糙无光泽时也会产生稳重、典雅或自然的效果（如混凝土、砌墙砖的表面）。

材料表面的光泽按《建筑饰面材料镜向光泽度测定方法》（GB/T 13891—2008）评定。

3. 透明性

透明性是材料对光线透射能力的表现。既能透光又能透视的材料称为透明体；只能透光而不能透视的材料称半透明体；既不透光也不透视的材料称为不透明体。在某些建筑工程中利用材料的透明性可以获得良好的外观效果。例如，透明玻璃幕墙及彩色塑料板被广泛用于建筑采光和装饰，可以给人以通透明亮、时代气息强烈之感，从而表现出材料透光性对建筑物装饰效果的改善。

4. 质感

质感是材料质地的感觉，主要是通过线条的粗细、凹凸不平程度等对光线吸收、反射强弱不同产生感观上的区别。它是材料的组织结构、花纹图案，颜色，光泽、透明性等给人的一种综合感觉。质感不同取决于饰面材料的性质，而且取决于施工方法，同种材料的不同施工方法也会产生不同的质地感觉。如花岗岩表面给人以坚硬的感觉，木纹表面给人以温暖和富于弹性的感觉，丝棉花纹给人以松软的感觉。

5. 表面组织和形状尺寸

表面组织是指材料表面可以被人的视觉所分辨的宏观组织形态，大多表现为天然形成或人工刻画的纹路。常见的表面组织形式有细腻或粗糙的、致密或疏松的、平滑或凹凸的等，还有带花纹、图案的。材料表面组织往往能够遮盖某些缺陷或弱点，产生与环境相协调的装饰效果，如天然石材表面所具有的层理条纹及木材纤维所呈现的花纹会给人以自然亲近的感觉。

材料的形状尺寸是指单块材料的表面尺寸与形状，可以有长方、正方、多角、卷曲等多种形式。表面尺寸与形状对人的视觉产生一定的引导和影响效果，如产生规则整齐、动态起伏、流畅自然、对称协调的感觉等。将材料加工成各种形状或不同尺寸的型材，可以满足不同建筑形体和线条的需要，构筑成风格各异的建筑造型，在满足使用功能要求的前提下充分体现材料对建筑物的美化效果。

6. 立体造型

对于预制的装饰花饰和雕塑制品，都具有一定的立体造型。

建筑装饰材料的基本要求除了颜色、光泽、透明性、质感、表面组织及形状尺寸、立体造型等美感方面外，还应根据不同的装饰目的和部位，要求具有一定的环保、强度、硬度、防火性、阻燃性、耐水性、抗冻性、耐污染性、耐腐蚀性等特性要求。为了加强对室内装饰装修材料污染的控制，保障人民群众的身体健康和人身安全，国家制定了《建筑材料放射性核素限量》（GB 6566—2010）以及关于室内装饰装修材料有害物质限量等 10 项国家标准。

12.1.4 建筑装饰材料的选用及分类

1. 建筑装饰材料的选用

选用装饰材料时，首先应从建筑物的使用要求出发，结合建筑物的造型、功能、用途、所处环境、材料的使用部位等综合考虑建筑材料的装饰性质及材料的其他性质，最大限度的表现出所选材料的装饰效果。除此以外，材料还应具有某些物理、化学和力学方面的基本性能，以提高建筑物的耐久性，降低维修费用。

对于室外装饰材料，也即外墙装饰材料，还应兼顾建筑物的美观并对建筑物起到一定的保护作用。外墙除承担荷载外，还要作为围护结构，起到遮风挡雨、保温隔热、隔声防水等目的。由于外墙因所处环境较复杂，直接受到风吹、日晒、雨淋、冻害的袭击，以及空气中的腐蚀性气体和微生物的作用，因此外墙装饰材料应选用能耐大气侵蚀、不易褪色、不易沾污、不泛霜的材料。

对于室内装饰材料，要妥善处理装饰效果和使用安全的矛盾。应优先选用环保型装饰材料和不燃烧或难燃烧等消防安全型材料，尽量避免选用在使用过程中会挥发有毒成分和燃烧时会产生大量浓烟或有毒气体的材料，努力创造一个美观、整洁、安全、适用的生活和工作环境。

2. 建筑装饰材料的分类

不同的装饰材料用途不同，性能也千差万别。因此，装饰材料的分类方法很多，常见的分类有以下几种：

（1）按材料的物质性分类。主要分为高分子材料（如塑料、有机涂料等）、非金属材料（如木材、玻璃、花岗岩、大理石、瓷砖、水泥等）、金属材料（如铝合金、不锈钢、铜制品等）、复合材料（如人造石、彩色涂层钢板、真石漆等）。

（2）按材料的使用部位分类。按材料的使用部位分类参见表 12.1。

表 12.1   **建筑装饰材料按使用部位分类**

分　类	部　　位	材　料　选　取
外墙装饰材料	包括外墙、阳台、雨篷等建筑物全部外露部位装饰所用材料	天然花岗岩、陶瓷制品、外墙涂料、金属装饰制品等
内墙装饰材料	包括内墙墙面、墙裙、踢脚线、隔断等内部构造所用装饰材料	壁纸、墙布、装饰织物、人造石材、木质装饰材料、内墙釉面砖、玻璃制品
地面装饰材料	指地面、楼面、楼梯等结构的全部装饰材料	地毯、地面涂料、天然石材、人造石材、陶瓷地砖、木地板等
顶棚装饰材料	指室内及顶棚装饰材料	石膏板、涂料、板材、铝合金吊顶板、有机玻璃板等

（3）按材料的商品形式分类。主要分为装饰水泥与混凝土、装饰石材、装饰陶瓷、装饰板材、装饰玻璃、织物、金属、油漆涂料、胶粘剂等。这种分类形式是最直观、最普遍，为大多数专业人士所接受的。

12.2 常用装饰材料

常用的装饰材料主要包括装饰混凝土、装饰石材、建筑装饰陶瓷与制品、建筑装饰玻璃、木材装饰制品、金属装饰材料、建筑装饰塑料、壁纸、建筑装饰涂料等。

12.2.1 装饰水泥与混凝土

1. 装饰水泥

装饰水泥是指起到装饰作用的水泥，如白色水泥和彩色水泥。它们主要是用于建筑装饰工程，可配制成彩色灰浆或制成各种白色和彩色的混凝土，如水磨石、斩假石等。白色和彩色的水泥与其他的天然的和人造的装饰材料相比，具有许多优点，例如，其价格较低廉，耐火性好，能使装饰工程机械化生产等。彩色水泥浆可用作建筑物内、外墙面粉刷及天棚、柱子的粉刷等。

2. 装饰混凝土

装饰混凝土是一种近年来流行在国外的绿色环保材料。它能在原本普通的新旧混凝土表层，通过色彩、色调、质感、款式、纹理、机理和不规则线条的创意设计，图案与颜色的有机组合，创造出各种天然大理石、花岗岩、砖、瓦、木地板等天然石材铺设效果，具有美观自然、色彩真实、质地坚固等特点。

12.2.2 装饰石材

建筑装饰石材是指在建筑上作为饰面材料的石材，具有可锯切、抛光等加工性能，包括天然装饰石材和人造装饰石材。

1. 天然装饰石材

天然装饰石材按其基本属性有天然大理石和天然花岗岩。

（1）天然大理石。天然大理石结构致密，吸水率小，硬度不大，易于加工，耐腐蚀，耐久性好，变形小，易于清洁。经过锯切磨光后的板材光洁细腻，花色可达上百种，装饰效果美不胜收。天然大理石的抗风化能力差。除个别品种，例如汉白玉，一般不宜用于室外装饰。此外，用大理石

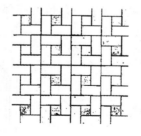

图 12.1 碎拼大理石

边角料可做成"碎拼大理石"墙面或地面，如图 12.1 所示。

（2）天然花岗岩。天然花岗岩结构致密，材质坚硬，抗压强度高，吸水率小，耐磨性、耐腐蚀性、抗冻性好，耐久性好。缺点主要有，硬度大，开采加工困难，造价高，因而主要用于高、中级建筑的室内外装饰，也可用于各种纪念碑，城市雕塑等。某些花岗岩含有微量的放射性元素，对人体有害。

2. 人造装饰石材

人造石材是以水泥或不饱和聚酯树脂为黏结剂，配以天然大理石或方解石、白云石、玻璃粉等无机物粉料，加以适量的阻燃剂、颜色等，经拌和、瓷铸、振动压缩、挤压等方法成型固化制成的。与天然石材相比，人造石具有色彩艳丽、光洁度高、颜色均匀，抗压耐磨、韧性好、结构致密、坚固耐用、比重轻、耐侵蚀风化、色差小、不褪色、放射性低等优点，具有资源综合利用的优势。常用的人造装饰石材有人造大理石、人造花岗岩、水磨石板材等。

聚酯型人造石与天然石材相比，表观密度小，强度高，装饰性好。可用作室内墙面、柱面、壁画等，也可用作卫生洁具等。

水磨石板材是以水泥为胶结材料，大理石渣为骨料，经成形、养护、研磨、抛光等工序制成的一种建筑装饰用人造石材。其以美观大方、强度高、坚固耐用、花色多、施工方便的优点得以广泛应用。可用于建筑物的地面、墙面、柱面、窗台、台面、楼梯踏步等处。

12.2.3　陶瓷

陶瓷是建筑中常用装饰材料之一，其生产和应用有着悠久的历史。在建筑技术发展和人民生活水平得到提高的今天，建筑陶瓷的生产更加科学化、现代化，品种、花色多样，性能也更加优良。陶瓷的表面装饰能够大大提高制品的外观效果，同时很多装饰手段对制品也有保护的作用，从而有效地把产品的实用性和艺术性有机地结合起来，使之成为一种能够广泛应用的优良产品。

常用的建筑装饰陶瓷制品主要有陶瓷砖、卫生陶瓷、建筑琉璃制品等，其中以陶瓷砖用量最大。

1. 陶瓷砖

陶瓷砖是由黏土和其他无机非金属原料，经成型、烧结等工艺生产的用于装饰与保护建筑物、构筑物的墙面和地面的薄板制品。分为有釉和无釉两种。釉面砖按形状可分为通用砖（正方形砖、长方形砖）和异型砖（配件砖），通用砖一般用于大面积墙面的铺贴，异型配件砖多用于墙面阴阳角和各收口部位的细部构造处理，如图 12.2、图 12.3 所示。

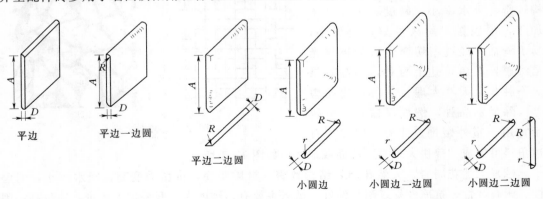

图 12.2　通用砖常用外形

（1）外墙面砖。外墙面砖主要用在建筑物的外墙表面，它是以耐火黏土为主要原料烧

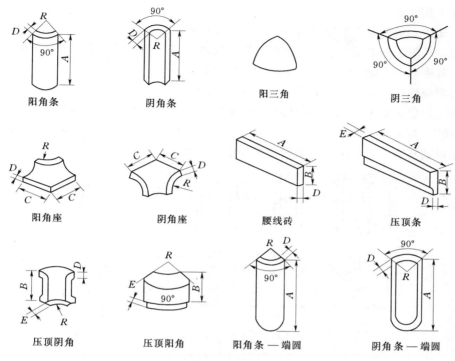

图 12.3 釉面砖异形配件砖

制而成的。外墙面砖有各种规格，常见的为长方形制品。砖正面可以制成平光、粗糙或有纹理的多中色彩的釉面，背面要压制成凸凹的图案，以便于砖和砂浆的粘贴。外墙面砖具有强度高，防潮，抗冻，易于清洗，釉面抗急冷急热等优点，即可达到一定的装饰效果也可以保护墙面，提高建筑物的耐久性。包括平面和浮雕砖、花色有素色和打点等，如图12.4 所示。

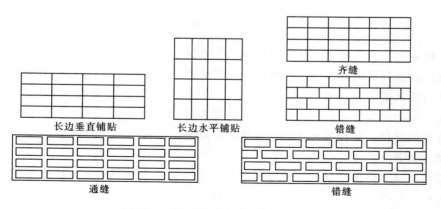

图 12.4 外墙贴面砖的几种铺贴方式

（2）内墙面砖。内墙面砖又称瓷砖或釉面砖，正面为白釉或彩釉。种类繁多，规格不一，内墙面砖耐湿，便于清洁，多用于厨房、浴室、卫生间、化验室等室内壁面。内墙面砖主要包括亮面和锆白无光等，防水、防污效果好，加上腰带砖，单花砖的搭配组合，会产生多种不凡的效果。

（3）地砖。地砖是主要铺地材料之一，一般用于室外平台台阶、地面及室内门厅、厨房、浴厕、平屋顶等的地坪，以及公共建筑的地面。它是以可塑性较大难熔黏土为原料烧制而成，其表面不上釉，多在坯料中加入矿物颜料以获得一定的颜色。

（4）陶瓷锦砖。陶瓷锦砖也称马赛克，是边长小于 50mm 的陶瓷砖板，一般俗称为块砖。它是用优质瓷土烧成，有带釉和不带釉的，多数不带釉。拼成织锦似的图案，故称"陶瓷锦砖"。马赛克一般分为陶瓷马赛克、玻璃马赛克、熔融玻璃马赛克、烧结玻璃马赛克、金星玻璃马赛克等。都可用来做墙面和地面装饰，如图 12.5 所示。

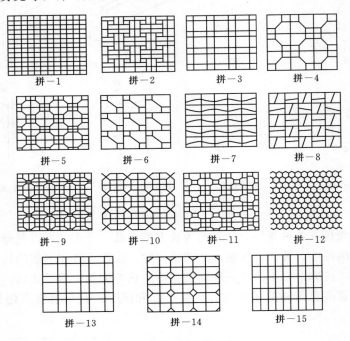

图 12.5　锦砖的拼花图案

（5）陶瓷制品。陶瓷制品是以难熔黏土为原料，经成型、素烧、表面涂以釉料后又经第二次烧制而得到的陶瓷制品。目前国内生产的有筒瓦、屋脊瓦、花窗、栏杆等，用以建造纪念性宫殿式房屋及园林中亭、台、楼、阁。陶瓷制品表面光滑、质地密实、造型古朴，富有传统的民族特色，具有使用、装饰等多种功能。它的生产和应用在我国的历史上占有很重要的地位，是我国独特的建筑艺术制品之一。

2. 琉璃制品

琉璃制品属于精陶制品，装饰效果富丽堂皇。它是以难溶黏土制坯成型后，经干燥、素烧、施釉、釉烧等工序制成，色釉艳丽多样。具有质细致密、表面光滑、不易污染、坚实耐用、造型古朴的特点。琉璃制品是我国陶瓷宝库中的珍品，主要应用于具有民族特色的建筑和纪念性建筑中。在古建筑中，琉璃制品的使用按照建筑形式和等级，有着严格的规定，在搭配、组装上也有极高的构造要求。如今，中国古代建筑的修复与保护越来越受到重视，同时也兴建了许多仿古建筑，因此琉璃制品的市场需求也在不断增大。

我国专门出台了《建筑琉璃制品》（JC/T 765—2006），对建筑琉璃制品的品种、规格、标记、允许偏差、外观质量等作出了较为详细的规定。

12.2.4 装饰玻璃

玻璃是以石英砂、纯碱、长石和石灰石等为主要原料，在1550～1600℃的高温下煅烧至熔融，经成形后急冷、固化而制成的透明非晶态无机物。是一种较为透明的固体物质，在熔融时形成连续网络结构，冷却过程中黏度逐渐增大并硬化而不结晶的硅酸盐类非金属材料。玻璃制品主要包括普通平板玻璃、磨砂玻璃、喷砂玻璃、压花玻璃、钢化玻璃、夹丝玻璃、中空玻璃、夹层玻璃、玻璃纸等。

12.2.4.1 平板玻璃

1. 普通平板玻璃

普通平板玻璃是指未经进一步加工的玻璃制品，又称白片玻璃、原片玻璃或净片玻璃。一般为钠钙硅酸盐类玻璃，透光度为85%～90%，是建筑装饰工程中产量最大，使用最多的一种玻璃。

普通平板玻璃按颜色属性分为无色透明平板玻璃和本体着色平板玻璃；按公称厚度分为2mm、3mm、4mm、5mm、6mm、8mm、9mm、10mm、12mm、15mm、19mm、22mm、25mm（mm在日常生活中也称为厘）。一般3mm玻璃主要用于画框表面；5～6mm玻璃，主要用于外墙窗户、门扇等小面积透光造型等等；7～9mm玻璃，主要用于室内屏风等较大面积但又有框架保护的造型之中。9～10mm玻璃，可用于室内大面积隔断、栏杆等装修项目。

2. 普通平板玻璃的加工制品

（1）磨砂玻璃。磨砂玻璃又称毛玻璃，它是在普通平板玻璃上面再磨砂加工而成，表面会形成均匀粗糙表面，只有透光性没有透视性。一般厚度多在9mm以下，以5mm、6mm厚度居多，被广泛应用于卫生间、浴室、办公室等的门窗、隔断材料。

（2）磨光玻璃。磨光玻璃又称镜面玻璃，是用普通平板玻璃经过机械磨光、抛光而成的透明玻璃。磨光后的玻璃表面平整光滑，两面平行，物象透过不变形，透光率大于84%，具有很好的光学性质，主要用于高级建筑门窗、橱窗或制镜。但这种玻璃生产复杂，造价较高。

（3）花纹玻璃。花纹玻璃是将玻璃按照预先设计好的图形运用雕刻、印刻或喷砂等五彩处理方法，在玻璃表面获得丰富的图案。一般有压花玻璃、刻花玻璃和喷花玻璃三种。

压花玻璃是采用压延方法制造的一种平板玻璃，透光率一般为60%～70%，规格在9～16mm。由于花纹的凹凸变化是光线产生不规则的折射和不完整透视，起到视线干扰和保护私密的作用。喷花玻璃是在平板玻璃表面铺贴花纹图案，并有选择的涂抹面层，经喷砂处理而成。刻花玻璃是由平板玻璃经涂漆、雕刻、研磨等制作而成。

12.2.4.2 安全玻璃

普通平板玻璃易碎，很容易对人体造成伤害。为减小玻璃脆性，提高其强度，通常对普通玻璃进行增强处理，与其他材料复合或采用特殊成分等方法加以改进，经过增强改进后的玻璃统称为安全玻璃。它们是经剧烈振动或撞击不破碎，即使破碎也不易伤人。安全玻璃具有良好的安全性，抗冲击性和抗穿透性，具有防盗、防爆、防冲击等功能。主要有钢化玻璃、夹丝玻璃、夹层玻璃或由钢化玻璃或夹层玻璃组合加工而成的其他玻璃制品，如安全中空玻璃等。

1. 钢化玻璃

它是普通平板玻璃经过再加工处理而成一种预应力玻璃。钢化玻璃相对于普通平板玻璃来说，具有两大特征：

（1）钢化玻璃强度是普通平板玻璃的数倍，抗拉度是后者的 3 倍以上，抗冲击是后者 5 倍以上。

（2）钢化玻璃不容易破碎，即使破碎也会以无锐角的颗粒形式碎裂，对人体伤害大大降低。

主要用于建筑物的门窗、幕墙、隔断、护栏、车、船等门窗、采光天棚等；用于玻璃幕墙可大大提高抗风压能力，防止热炸裂，并可增大单块玻璃的面积，减少支撑结构。

2. 夹丝玻璃

采用压延方法，将金属丝或金属网嵌于玻璃板内制成的一种具有抗冲击平板玻璃，受撞击时由于钢丝网与玻璃黏结成一体，玻璃碎片仍附着于钢丝网上而不至于飞溅伤人。故多采用于高层楼宇、震荡性强的厂房、地下采光窗以及其他要求安全、防震、防火的部位。

3. 夹层玻璃

夹层玻璃一般由两片普通平板玻璃（也可以是钢化玻璃或其他特殊玻璃）和玻璃之间的有机胶合层构成。夹层玻璃种常用的胶片有聚乙烯醇缩丁醛、乙烯-聚醋酸乙烯共聚物等，厚度为 0.2~0.8mm。当受到破坏时，碎片仍黏附在胶层上，避免了碎片飞溅对人体的伤害。多用于有安全要求的装修项目。夹层玻璃的层数有 2 层、3 层、5 层、7 层、9 层，建筑上常用的为 2~3 层，9 层一般子弹不易穿透，称为防弹玻璃。

12.2.5　壁纸织物

壁纸织物在装饰材料中属于成品材料，又称为软材料也称为壁纸，它是一种应用相当广泛的室内装饰材料。因为墙纸具有色彩多样、图案丰富、豪华气派、安全环保、施工方便、价格适宜等多种其他室内装饰材料所无法比拟的特点，故在欧美、东南亚、日本等发达国家和地区得到相当程度的普及。壁纸按其基材不同可分为纸质壁纸、胶面壁纸、壁布、金属类壁纸、天然材质类壁纸、防火壁纸、特殊效果壁纸等。

1. 纸质壁纸

在特殊耐热的纸上直接印花压纹的壁纸。特点：亚光、环保、自然、舒适、亲切。

2. 胶面壁纸

表面为 PVC 材质的壁纸。分纸底胶面壁纸和布底胶面壁纸；是目前使用最广泛的产品。特点：色彩多样、图案丰富、价格适宜、施工周期短、耐脏、耐擦洗。布底胶面壁纸分为十字布底和无纺布底两种。

3. 壁布

或称纺织壁纸，表面为纺织材料，也可以印花、压纹。特点：视觉舒适、触感柔和、吸音、透气、亲和性佳、典雅、高贵。

（1）纱线壁布。用不同式样的纱或线构成图案和色彩。

（2）织布类壁纸。有平织布面、提花布面和无纺布面。

（3）植绒壁布。将短纤维植入底纸，产生质感极佳的绒布效果。

4. 金属类壁纸

用铝帛制成的特殊壁纸，以金色、银色为主要色系。特点：防火、防水、华丽、高贵。

5. 天然材质类壁纸

用天然材质如草、木、藤、竹、叶材纺织而成。特点：亲切自然、休闲、舒适，环保。

6. 防火壁纸

用防火材质纺织而成，常用玻璃纤维或石棉纤维纺织而成。特点：防火性极佳，防水、防霉，常用于机场或公共建设。

7. 特殊效果壁纸

（1）荧光壁纸。在印墨中加有荧光剂，在夜间会发光，常用于娱乐空间。

（2）夜光壁纸。使用吸光印墨，白天吸收光能，在夜间发光，常用于儿童居室。

（3）防菌壁纸。经过防菌处理，可以防止霉菌滋长，适合用于医院、病房。

（4）吸音壁纸。使用吸音材质，可防止回音，适用于剧院、音乐厅、会议中心。

（5）防静电壁纸。用于特殊需要防静电场所，如实验室等。

12.2.6 金属装饰材料

金属装饰材料是金属元素或以金属元素为主构成的具有金属特性的装饰材料统称。金属材料具有独特的色泽，装饰效果庄重可减轻自重并经久耐用，因此，种类繁多的金属材料已成为人类社会发展的重要物质基础。现代常用的金属装饰材料包括有不锈钢、铝及铝合金、铜及铜合金等。

12.2.6.1 不锈钢

不锈钢是含铬（Cr）12％以上，具有耐腐蚀性能的铁基合金。不锈钢可分为不锈耐酸钢和不锈钢两种，能抵抗大气腐蚀的钢称不锈钢，而在一些化学介质（如酸类）中能抵抗腐蚀的钢为耐酸钢。用于装饰上的不锈钢主要是板材，不锈钢板是借助于不锈钢板的表面特征来达到装饰目的的，如表面的平滑性和光泽性等。还可通过表面着色处理，制得褐、蓝、黄、红、绿等各种彩色不锈钢，既保持了不锈钢原有的优异的耐蚀性能，又进一步提高了它的装饰效果。不锈钢制品主要有以下几种：不锈钢板、管材，彩色不锈钢板材等。

1. 不锈钢装饰制品

不锈钢装饰制品主要有板、管材、龙骨。应用在装饰工程中主要为板材，其厚度一般在 $0.6\sim2.0mm$ 之间，主要应用在墙柱面、扶手、栏杆等部位的装饰。不锈钢管材主要运用于制作不锈钢电动门、推拉门、栏杆、扶手、五金件等。不锈钢龙骨光洁、明亮，具有较强的抗风压能力和安全性，主要用于高层建筑的玻璃幕墙中。

2. 彩色不锈钢板材

彩色不锈钢是在不锈钢表面进行着色处理，使其成为褐、红、黄、绿、蓝等各种色彩的材料。常用的彩色不锈钢板有钛金板、蚀刻板、钛黑色镜面板等，不锈钢镀膜着色工艺的新技术让原本单调的不锈钢拥有绚丽多彩的装饰效果。尤其是彩色不锈钢钛金板装饰效果与黄金的外观相似，用于酒店会所等高档场所比较多。常用到板材厚度为 0.5～2.0mm 等，规格为 1219mm×2438mm、1219mm×3048mm 等；彩色不锈钢板的材料颜色可以通过加工厂家定制。

12.2.6.2　彩色涂层钢板

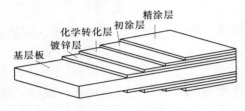

图 12.6　彩色涂层钢板的结构

彩色涂层钢板又称彩板或彩涂板，是以冷轧钢板、电镀锌钢板、热镀锌钢板或镀铝锌钢板为基板经过表面脱脂、磷化、络酸盐处理后，涂上有机涂料经烘烤而制成的产品。常见的有机涂料有聚氯乙烯、聚丙烯酸酯、环氧树脂等。彩色涂层钢板具有钢材强度高、易成型的性能，又兼有涂层材料耐腐蚀性强、装饰性好的特点，可长期保持鲜艳的颜色，并且具有良好的耐污染、耐高低温，绝缘性好，可切割、弯曲、钻孔、铆接、卷边等。常用于建筑物内外墙板、吊顶、屋面板等，还可用作防水渗透板、排气管、通风管道等，如图 12.6 所示。

12.2.6.3　铝及铝合金

1. 铝

是有色金属中的轻金属，密度为 2.7g/cm³，银白色。纯铝具有很好的塑性，可制成管、棒、板等。但铝的强度和硬度较低。铝的抛光表面对白光的反射率达 80% 以上，对紫外线、红外线也有较强的反射能力。铝还可以进行表面着色，从而获得具有良好的装饰效果。

2. 铝合金

是为了提高铝的实用价值，在铝中加入镁、锰、铜、锌、硅等元素而组成的铝合金装饰制品有：铝合金门窗、铝合金百叶窗帘、铝合金装饰板、铝箔、镁铝饰板、镁铝曲板、铝合金吊顶材料、铝合金栏杆、扶手、屏幕、格栅等。

（1）铝合金装饰板。铝合金装饰板属于现代较为流行的建筑装饰材料，具有重量轻、不燃烧、强度高、刚度好、防腐蚀等优点，适用于公共建筑的内外墙和柱面。主要有：铝合金花纹板、铝合金波纹板、铝合金压型板、铝塑复合板等。铝合金板材既具有有一定的装饰效果，也有能防火、防潮、耐腐蚀，拆卸下来后仍可重复使用。适用于建筑物墙面和屋面的装饰。

（2）铝箔。是指用纯铝或铝合金加工成 0.06～0.2mm 的薄片制品。铝箔有很好的防潮性能和绝热性能，所以铝箔以全新的多功能保温隔热材料和防潮材料广泛用于建筑业；如卷材铝箔可用作保温隔热窗帘，板材铝箔（如铝箔波形板、铝箔泡沫塑料板等）常用在室内，通过选择适当色调图案，可同时起很好装饰作用。

（3）铝合金门窗。铝合金门窗，是指采用铝合金挤压型材为框、扇料制作的门窗称为铝合金门窗，简称铝门窗。与普通木门窗、钢门窗相比，具有重量轻、密封性好、强度高、刚度大、长期使用维护费用低、便于工业化生产等优点，得到广泛应用，如图 12.7 所示。

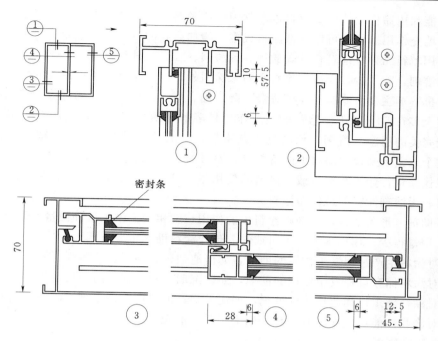

图 12.7　70 系列铝合金推拉窗结构组成

12.2.6.4　铜及铜合金

纯铜是紫红色的重金属，又称紫铜。铜和锌的合金称作黄铜。其颜色随含锌量的增加由黄红色变为淡黄色，其机械性能比纯铜高，价格比纯铜低，也不易锈蚀，易于加工制成各种建筑五金、建筑配件等。

铜和铜合金装饰制品有：铜板、黄铜薄壁管、黄铜板、铜管、铜棒、黄铜管等。它们可作柱面、墙面装饰，也可制作成栏杆、扶手等装饰配件。

12.2.7　建筑涂料

建筑涂料是指涂于物体表面能很好地黏结形成完整保护膜，同时具有防护、装饰、防锈、防腐、防水功能的物质。由于早期的涂料采用的主要原料是天然树脂和干性油、半干性油等，故称油漆。在对建筑物装饰和保护的多种途径中，采用涂料是最简便、经济和易于维护更新的一种方法。

12.2.7.1　涂料概述

1. 涂料的组成

（1）成膜物质。成膜物质是组成涂料的基础，它对涂料的性质起着决定作用。可作为涂料成膜物质的品种很多，主要可分为转化型和非转化型两大类。转化型涂料成膜物主要有干性油和半干性油，双组分的氨基树脂、聚氨酯树脂、醇酸树脂、热固型丙烯酸树脂、酚醛树脂等等。非转化型涂料成膜物主要有硝化棉、氯化橡胶、沥青、改性松香树脂、热塑型丙烯酸树脂、乙酸乙烯树脂等。

（2）颜填料。颜料可以使涂料呈现出丰富的颜色，使涂料具有一定的遮盖力，并且具有增强涂膜机械性能和耐久性的作用。颜料的品种很多，在配制涂料时应注意根据所要求的不同性能和用途仔细选用。填料也可称为体质颜料，特点是基本不具有遮盖力，在涂料中主要起填充作用。填料可以降低涂料成本，增加涂膜的厚度，增强涂膜的机械性能和耐久性。常用填料品种有滑石粉、碳酸钙、硫酸钡、二氧化硅等。

（3）溶剂。除了少数无溶剂涂料和粉末涂料外，溶剂是涂料不可缺少的组成部分。一般常用有机溶剂主要有脂肪烃、芳香烃、醇、酯、酮、卤代烃、萜烯等等。溶剂在涂料中所占比重大多在 50% 以上。溶剂的主要作用是溶解和稀释成膜物，使涂料在施工时易于形成比较完美的漆膜。溶剂在涂料施工结束后，一般都挥发至大气中，很少残留在漆膜里。从这个意义上来说，涂料中的溶剂既是对环境的极大污染，也是对资源的很大浪费。所以，现代涂料行业正在努力减少溶剂的使用量，开发出了高固体成分涂料、水性涂料、乳胶涂料、无溶剂涂料等环保型涂料。

（4）助剂。形象地说，助剂在涂料中的作用，就相当于维生素和微量元素对人体的作用一样。用量很少，作用很大，不可或缺。现代涂料助剂主要有四大类。

1）对涂料生产过程发生作用的助剂，如消泡剂、润湿剂、分散剂、乳化剂等；

2）对涂料储存过程发生作用的助剂，如防沉剂、稳定剂，防结皮剂等；

3）对涂料施工过程起作用的助剂，如流平剂、消泡剂、催干剂、防流挂剂等；

4）对涂膜性能产生作用的助剂，如增塑剂、消光剂、阻燃剂、防霉剂等。

2. 涂料的种类

建筑涂料品种很多，在《涂料产品分类和命名》（GB/T 2705—2003）中，涂料分类方法有两种：

（1）主要是以涂料产品的用途为主线，并辅以主要成膜物质的分类方法。将涂料产品划分为三个主要类别：建筑涂料、工业涂料和通用涂料及辅助材料。

（2）除建筑涂料外，主要以涂料产品的主要成膜物质为主线，并适当辅以产品主要用途的分类方法。将涂料产品划分为两个主要类别：建筑涂料、其他涂料及辅助材料。

在上述两种分类方法中，均将建筑涂料分为墙面涂料、防水涂料、地坪涂料和功能性建筑涂料。常用涂料分类见表 12.2。

表 12.2　　　　　　　　涂料分类方法（摘自 GB/T 2705—2003）

主 要 产 品 类 型			主 要 成 膜 物 类 型
建筑涂料	墙面涂料	合成树脂乳液内墙涂料、合成树脂乳液外墙涂料、溶剂型外墙涂料、其他墙面涂料	丙烯酸酯类及其改性共聚乳液、醋酸乙烯及其改性共聚乳液、聚氨酯等树脂、无机黏合剂
	防水涂料	溶剂型树脂防水涂料、聚合物乳业防水涂料、其他防水涂料	EVA、丙烯酸酯类乳液、聚氨酯、沥青、PVC 胶泥或油膏、聚丁二烯等树脂
	地坪涂料	水泥基等非木质地面用涂料	聚氨酯、环氧等树脂
	功能性建筑涂料	防火涂料、防霉（藻）涂料、保温隔热涂料、其他功能性建筑涂料	聚氨酯、环氧、丙烯酸酯类、乙烯类、氟碳等树脂

12.2.7.2 常用涂料

1. 清漆

又名凡立水，是由树脂为主要成膜物质再加上溶剂组成的涂料。由于涂料和涂膜都是透明的，因而也称透明涂料。涂在物体表面，干燥后形成光滑薄膜，形成具有保护、装饰和特殊性能的涂膜，并显出物面原有的花纹。清漆主要分油基清漆和树脂清漆两类，具有透明、光泽、成膜快、耐水性等特点，缺点是涂膜硬度不高，耐热性差，在紫外光的作用下易变黄等。漆可用于家具、地板、门窗及汽车等的涂装。也可加入颜料制成磁漆，或加入染料制成有色清漆。也用来制造磁漆和浸渍电器，也可用于固定素描画稿、水粉画稿等，起一定防氧化作用，能延长画稿的保存时间。

常用的清漆有酯胶清漆（用于涂饰木材面，也可作金属面罩光）、醇胶清漆（专用于木器表面装饰与保护涂层）、酚醛清漆（用于涂饰木器，也可涂于油性色漆上作罩光）、醇酸清漆（用于涂饰室内外金属、木材面及醇酸磁漆罩光）、硝基清漆（用于涂饰木材及金属面，也可作硝基外用磁漆罩光）、氟碳清漆（用于金属、木材、塑料、古文物、标志性建筑、仿金属外墙的罩面）。

2. 色漆

色漆是指在漆料中添加各种颜料及填料制成的涂料。能够赋予涂膜颜色，并阻挡光线透过，或增强涂膜的机械性能、化学性能，形成的涂膜能遮盖底材并具有保护、装饰或特殊技术性能。其中包括：调和漆（含填料多，装饰一般，多用于建筑门窗表面）、磁漆（在清漆中添加颜料，色彩鲜艳，广泛用作装饰面漆）、底漆（施与物体表面的第一层涂料）、防锈漆（具有防锈作用的底漆）等。

3. 乳胶漆

乳胶漆是将合成树脂乳液作为基料，以水为分散介质，加入颜料、填料（亦称体质颜料）和助剂，经一定工艺过程制成的涂料。乳胶漆是水性涂料，它们的漆膜性能比溶剂型涂料要好得多，占溶剂型涂料一半的有机溶剂在这里被水代替了，因此有机溶剂的毒性问题，基本上被乳胶漆彻底的解决了。是墙面装修处理的主流，也是极受欢迎的装修做法。

12.2.8 胶粘剂

胶粘剂是一种能将同质或异质物体表面连接在一起的溶剂，胶粘剂具有应力分布连续、重量轻、密封和工艺温度低等特点。胶接特别适用于不同材质、不同厚度、超薄规格和复杂构件的连接。胶接技术近代发展最快，应用行业极广，并对高新科学技术进步和人民日常生活改善有重大影响。因此，研究、开发和生产各类胶粘剂十分重要。胶粘剂品种繁多，组成不一，但通常都是一种混合料，由基料、固化剂、促进剂、填料、增塑剂、增韧剂、稀释剂和其他辅料配合而成。

（1）瓷砖、石材胶粘剂。AH-03大理石胶粘剂、TAM型通用瓷砖胶粘剂、TAG型瓷砖勾缝剂、TAS型高强度耐水瓷砖胶粘剂、SG-8407胶粘剂等。

（2）玻璃、有机玻璃胶粘剂。AE丙烯酸醋胶、聚乙烯醇缩丁醛胶粘剂、玻璃胶。

（3）塑料地板胶粘剂。聚醋酸乙烯类胶粘剂、合成橡胶类胶粘剂、聚氨酯类胶粘剂、环氧树脂类胶粘剂。

（4）壁纸、墙布胶粘剂。聚乙烯醇胶粘剂、801胶、粉末壁纸胶。

（5）管道胶粘剂。硬质 PVC 塑料管胶粘剂、ME 型热熔胶。

（6）竹木胶粘剂。尿醛树脂胶粘剂、酚醛树脂胶粘剂、白乳胶。

（7）多功能胶粘剂。4115 建筑胶粘剂、6202 建筑胶粘剂、SG791 建筑胶粘剂、Y－1 压敏胶、聚氯丁二烯胶粘剂等等。

习　题

1. 对装饰材料在外观上有哪些基本要求？

2. 如何选用装饰材料？

3. 在本章所列的装饰材料中，你认为哪些适宜用于外墙装饰？哪些适宜用于内墙装饰？并说明原因。

第13章 土木工程材料试验

土木工程材料试验是与生产实践密切联系的一门技术科学，也是土木工程课程的一个重要组成部分。在工程上检验材料质量、评定材料技术性能、改善材料性能、确定设计施工方案等都与材料的试验息息相关。作为工程技术人员，更应该了解和掌握土木工程材料试验，才能更好地评价材料的质量、合理经济地选择材料，避免不必要的浪费。另外，对于本科教学来说，它是与课堂理论教学相结合的一个重要实践性教学环节。通过材料试验，不仅让学生巩固所学的理论知识，激发对该学科兴趣，同时还可以让学生初步掌握各种主要建筑材料的检验技术与方法，了解仪器设备的性能与使用方法，开拓视野，并可加强学生对材料性能的感性认识，为将来从事专业工作打下牢固的基础。

另外，工程材料质量的优劣和是否达到技术要求，直接影响到建筑物的质量和安全，因此，工程材料试验在生产实践中具有重要的意义。

试验过程一般包括选取试样、确定试验方法、试验操作、处理试验数据、分析试验结果、填写试验报告（或表格）等过程。

学习土木工程材料试验应达到以下的目的和要求；掌握土木工程材料试验方法的基本原理；得到土木工程材料试验基本操作技能的训练，并获得处理试验数据、分析试验结果、编写试验报告的初步能力；培养严肃认真、实事求是的科学作风。同时，通过试验还可反馈验证和巩固所学的理论知识。

为顺利地进行试验，还要注意如下各点：

（1）试验前必须认真预习教材中有关的基本知识和理论，弄清试验目的、基本原理以及操作要求，准备好记录表格。

（2）要认真、细心地按试验内容和试验方法，准确地完成试验操作，并做出详细记录。不懂的要及时询问指导教师。

（3）在试验过程中，要爱护试验仪器设备，遵守试验室的各种规章制度，保持试验室内干净整洁。尤其要注意安全制度，严禁违规操作，杜绝损坏仪器设备和发生人身伤亡事故。

（4）应具有独立钻研精神，要仔细严密观察试验过程，注意发现问题和分析问题，以对试验结果做出正确结论。

（5）试验结束后，应将原始数据记录提交给指导教师检查。课后及时、独立完成试验报告。

13.1 工程材料基本性质试验

13.1.1 密度试验

材料的密度是指材料在绝对密实状态下单位体积的质量。主要用来计算材料的孔隙率和密实度。

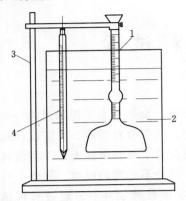

图 13.1　李氏比重瓶装置图
1—李氏比重瓶；2—玻璃容器；
3—铸铁支架；4—温度计

1．主要仪器设备

李氏比重瓶（图 13.1）、筛子（孔径 0.2mm 或 900 孔/cm²）、量筒、烘箱、干燥器、天平（称量 1kg；感量 0.01g）、恒温水槽、无水煤油、温度计、玻璃漏斗、滴管和小勺等。

2．试样制备

将试样研磨后，称取试样约 400g，用筛子筛分，除去筛余物，放在 105～110℃ 的烘箱中，烘至恒重，再放入干燥器中冷却至室温备用。

3．实验步骤

（1）在李氏瓶中注入无水煤油至突颈下部刻度线某一处，刻度数为 V_1（精确至 0.05cm³），将李氏瓶放在恒温（20℃）水槽中 30min。

（2）用天平称取 60～90g 试样 m_1（精确至 0.01g），用小勺和玻璃漏斗小心地将试样徐徐送入李氏瓶中，小勺内试样不宜太满，防止有试样黏附在瓶颈内部，还要防止在李氏瓶喉部发生堵塞情况，一直加试样到液面上升至接近 20mL 刻度为止。再称剩余的试样质量 m_2（精确至 0.01g）。计算出装入瓶内的试样质量 m（精确至 0.01g）。

（3）用瓶内的液体将黏附在瓶颈和瓶壁上的试样洗入瓶内液体中，反复摇动李氏瓶使液体中的气泡排出；记下第二次液面刻度 V_2（精确至 0.05cm³），根据前后两次液面读数，算出瓶内试样所占的绝对体积 $V=V_2-V_1$。

4．试验结果与数据处理

（1）按式（13.1）计算密度 ρ（精确至 0.01g/cm³）。

$$\rho=\frac{m_1-m_2}{V_2-V_1}=\frac{m}{V} \tag{13.1}$$

式中　m_1——备用试样的质量，g；

　　　m_2——剩余试样的质量，g；

　　　m——装入瓶中试样的质量，g；

　　　V_1——第一次液面刻度数，cm³；

　　　V_2——第二次液面刻度数，cm³；

　　　V——装入瓶中试样的绝对体积，cm³。

（2）材料的密度测试应以两个试样平行进行，以其结果的算术平均值作为最后测定结果，但两次试验结果之差不应超过 0.02g/cm³，否则应重新试验。

13.1.2　表观密度试验

表观密度是指材料在自然状态下，单位表观体积（包括材料的固体物质体积与内部封闭孔隙体积）的质量。

1．主要仪器设备

游标卡尺（精度 0.1mm）、天平（感量 0.1g）、容量瓶（500mL）、干燥器、烘箱、直尺、搪瓷盘等。

2. 试样制备

对几何形状规则的试样，放入（105±5）℃的烘箱中烘至恒重，并在干燥器内冷却至室温，分成大致相等的两份备用。

3. 实验步骤与结果

（1）用游标卡尺或直尺量出试件尺寸，并计算出体积 V_0（cm³）。当试件为正方体或平行六面体时，每边应在上、中、下 3 个位置分别测量，以 3 次所测得的算术平均值作为试件尺寸。当试件为圆柱体时，按两个互相垂直的方向测其直径，各方向上、中、下各测量 3 次，以 6 次数据的平均值作为试件的直径；再在互相垂直的两直径与圆周交界的 4 点上量其高度，取 4 次测量的平均值作为试件高度。

（2）用天平称出试样质量 m（g），按式（13.2）计算材料的表观密度 ρ_0（精确至 0.01g/cm³ 或 10kg/m³）。

$$\rho_0 = \frac{m}{V_0} \tag{13.2}$$

以 5 次试验结果的算术平均值作为测定值。

（3）对非规则几何形状的材料，如砂、石等其表观密度可用排液法测定。材料在非烘干状态下测定其表观密度时，须注明含水情况。

13.1.3 堆积密度试验

堆积密度是指散粒材料（如水泥、砂、碎石、卵石等）在堆积状态下（包含颗粒内部的孔隙及颗粒之间的空隙）单位体积的质量。

1. 主要仪器设备

天平（称量 10kg，感量 1g）、方孔筛（孔径为 4.75mm）、搪瓷浅盘、烘箱［能使温度控制在（105±5）℃］、干燥器、容积筒（容积为 1L）、标准漏斗（图 13.2）、钢尺、小铲、10mm 垫棒等。

2. 试样制备

将约 5kg 试样（砂子）放入搪瓷浅盘中，再放入（105±5）℃的烘箱中烘干至恒量，再放入干燥器中冷却至室温，筛除大于 4.75mm 的颗粒，分为大致相等的两份备用。

3. 实验步骤

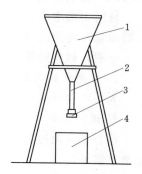

图 13.2 标准漏斗
与容积筒
1—漏斗；2—导管；
3—活动门；4—容积筒

（1）松散堆积密度的测定。首先，称量容积筒的质量 m_1（精确至 1g），然后取试样一份置于标准漏斗中，将漏斗下口置于容量筒中心上方 50mm 处（图 13.2），让试样自由落下，徐徐装入容量筒，当容量筒装满上部试样呈堆体，且容量筒四周充分溢满时，停止添加试样。然后用直尺沿筒口中心线向两边刮平，试验过程应防止触动容量筒，最后称出试样和容量筒总质量 m_2（精确至 1g）。

（2）紧密堆积密度。首先，称量容积筒的质量 m_1（精确至 1g）。取试样一份，分两次装入容积筒。用小铲将试样装完第一层后再装第二层。第一层约装 1/2 后，在容积筒底垫放直径为 10mm 的垫棒一根，在垫有橡胶板的台面上使其在垫棒左右交替颠击各 25 下，再装第二层，把垫着的垫棒绕其中心旋转 90°同法颠击。加料至试样超出瓶口，用钢尺沿瓶口中心线向两个相反方向左右刮平，称其总质量 m_2（精确至 1g）。

（3）容积筒容积的校正方法。以温度为（20±2)℃的饮用水装满容积筒，用玻璃板沿筒口滑移，使其紧贴水面。擦干容积筒外壁上的水分，称其质量 m_2'。单位以 g 计。

$$V_0' = \frac{(m_2' - m_1')}{\rho_w} \tag{13.3}$$

式中　V_0'——容积筒的容积，L；

　　　ρ_w——水的密度，kg/L；

　　　m_1'——容积筒与玻璃板的质量，kg；

　　　m_2'——容积筒与玻璃板及水的总质量，kg。

4. 试验结果与数据处理

堆积密度 ρ_0' 按式（13.4）计算

$$\rho_0' = \frac{(m_2 - m_1)}{V_0'} \tag{13.4}$$

式中　ρ_0'——试样的堆积密度，kg/m³；

　　　m_1——容积筒的质量，kg；

　　　m_2——容积筒和试样的总质量，kg；

　　　V_0'——容积筒的容积，m³。

分别以两次试验结果的算术平均值作为堆积密度测定的最终结果，精确至 10kg/m³。

13.1.4　吸水率试验

材料的吸水率是指材料在常温 [(20±2)℃]、常压下，试件最大的吸水量与材料干燥时的质量或体积的百分比。

一般，材料的孔隙率大于吸水率，因为水不能进入材料内部封闭的孔隙中。

1. 主要仪器设备

天平、台秤（称量 10kg，感量 10g）、游标卡尺、干燥器、水槽、烘箱等。

2. 试样制备

将黏土砖通过加工修整，放在 105～110℃的烘箱中，烘至恒量，再放入干燥器中冷却至室温备用。

3. 实验步骤

（1）称取试样质量 m(g)。

（2）将试样放入水槽中，试样之间应留 1～2cm 的间隔，试样底部应用玻璃棒垫起，避免与槽底直接接触。

（3）将水注入水槽中，使水面至试样高度的 1/3 处，24h 后加水至试样高度的 2/3处，再隔 24h 加入水至高出试样 1～2cm，再经 24h 后取出试样，这样逐次加水能使试样孔隙中的空气逐渐逸出。

（4）取出试样后，用拧干的湿毛巾轻轻抹去试样表面的水分，不可来回擦拭，然后称其质量，称量后仍放回水槽中浸水。

（5）以后每隔 1 昼夜用同样方法称取试样质量，直至试样浸水至恒定质量为止（1d

质量相差不超过 0.05g 时），此时称得的试样质量为 m_1。

4. 试验结果与数据处理

（1）按式（13.5）和式（13.6）计算质量吸水率 $W_质$ 及体积吸水率 $W_体$：

$$W_质 = \frac{m_1 - m}{m} \times 100\% \tag{13.5}$$

$$W_体 = \frac{V_1}{V_0} \times 100\% = \frac{m_1 - m}{m} \times \frac{\rho_0}{\rho_w} \times 100\% = W_质 \times \rho_0 \tag{13.6}$$

式中　V_1——材料吸水饱和时水的体积，cm^3；

$\quad\quad V_0$——干燥材料自然状态时的体积，cm^3；

$\quad\quad \rho_0$——材料的表观密度，g/cm^3；

$\quad\quad \rho_w$——水的密度，常温时 $\rho_w = 1g/cm^3$。

（2）吸水率试验测定用 3 个试样平行进行，最后取 3 个试样的吸水率计算的平均值作为最后结果。

13.2　水泥试验

13.2.1　水泥试验的一般规定

1. 取样方法及要求

一般以同一水泥厂、同一品种、同一强度等级、同期到达的水泥进行取样和编号，一般以不超过 100t 为一个取样单位。取样应具有代表性，可连续取，也可以 20 个以上不同部位分别抽取等质量的试样，且总质量不少于 12kg。

水泥试样应充分拌匀，在 0.9mm 方孔筛过筛，并记录筛余物情况。当试验水泥从取样至试验要保持 24h 以上时，应把它储存在基本装满和气密的容器里（容器应不与水泥起反应）。

试验用水应是洁净的淡水。

水泥试样、标准砂、试验仪器、拌和水、用具和试模等的温度与试验室温度保持一致。

2. 养护条件

试验室温度应保持在（20±2）℃，相对湿度不低于 50%；养护箱温度为（20±1）℃，相对湿度不低于 90%。养护池水温为（20±1）℃。

13.2.2　水泥细度试验

1. 试验依据及目的

本试验依据《水泥细度检验方法——筛析法》（GB 1345—2005）。水泥细度是水泥质量控制的指标之一。标准是采用 $80\mu m$ 的试验筛对水泥进行筛析试验，用筛网上所得筛拿物的质量占试样原始质量的百分数来表示水泥样品的细度。

2. 主要仪器设备

试验筛（由圆形筛框和筛网组成，筛网孔边长为 $80\mu m$），其结构尺寸见图 13.3；负压筛析仪（图 13.4）；水筛架和喷头：水筛架上筛座内径为 140mm；喷头直径 55mm，面上均匀分布 90 个孔，孔径 0.5～0.7mm（水筛架及喷头见图 13.5）；天平（最大称量为 200g，感量 0.05g）等。

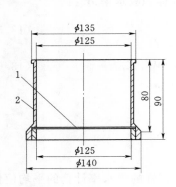

图 13.3　水筛（单位：mm）

1—筛网；2—筛框

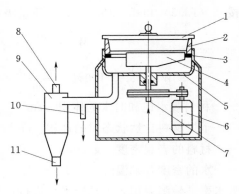

图 13.4　负压筛析仪示意图

1—有机玻璃盖；2—0.080mm 方孔筛；3—橡胶垫圈；4—喷气嘴；
5—壳体；6—微电机；7—压缩空气进口；8—抽气口（接负压泵）；
9—旋风收尘器；10—风门（调节负压）；11—细水泥出口

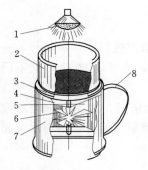

图 13.5　水筛法装置
系统图

1—喷头；2—标准筛；
3—旋转托架；4—集水
斗；5—出水口；6—叶
轮；7—外筒；8—把手

3. 试样制备

将用标准取样方法取出的水泥试样，取出约 200g 通过 0.9mm 方孔筛，盛在搪瓷盘中待用。

4. 实验步骤

（1）负压筛析法（图 13.4 所示装置）（GB 1345—1991）。

1）筛析试验前，应把负压筛放在筛座上，盖上筛盖。接通电源，检查负压筛析仪电路控制系统，调节负压至 4000～6000Pa 范围内。

2）称取水泥试样 25g，精确至 0.1g，置于洁净的负压筛中，盖上筛盖并放在筛座上。

3）启动负压筛析仪，连续筛析 2min，在此期间如有试样黏附于筛盖上，可轻轻敲击使试样落下。

4）筛毕，取下筛子，倒出筛余物，用天平称量筛余物的质量，精确至 0.1g。

5）当工作负压小于 4000Pa 时，应清理吸尘器内水泥，使负压恢复正常。

6）以两次筛余平均值作为试验筛分结果。若两次筛分的结果绝对误差大于 0.5％时（筛余值大于 5.0％时可以放宽至 1.0％），应重做一次试验，取两次相近结果的算术平均值作为试验最后结果。

（2）水筛法（图 13.5 所示装置）。

1）筛析试验前，检查水中应无泥沙，调整好水压及水压架的位置，使其能正常运转喷头，喷头安装高度距离筛网之间的距离为 35～75mm。

2) 称取试样 50g，小心的倒入洁净的水筛中，立即用洁净自来水冲洗至大部分细粉通过筛后，再将筛子置于水筛架上，用水压为 0.03～0.07MPa 的喷头连续冲洗 3min。

3) 筛毕，将筛余物冲到筛的一边，然后用少量水将其冲至蒸发皿中，等水泥颗粒全部沉淀后小心倒出清水。

4) 将蒸发皿和筛余物一同放入烘箱中，烘至恒重，并用天平称量筛余物，精确至 0.01g。

5. 结果计算及数据处理

水泥试样筛余百分数用下式计算：

$$F=\frac{R_s}{m_c}\times100\%$$ (13.7)

式中 F——水泥试样的筛余百分数，%；

      R_s——水泥筛余的质量，g；

      m_c——水泥试样的质量，g。

13.2.3 水泥标准稠度用水量测定

1. 试验依据及目的

本试验依据《水泥标准稠度用水量、凝结时间、安定性检验方法》（GB/T 1346—2011）。本试验是为了测定水泥凝结时间及安定性时制备标准稠度的水泥净浆确定水量。

2. 主要仪器设备

（1）标准法维卡仪（图 13.6），试模：采用圆模（图 13.7）；水泥净浆搅拌机（图 13.8）；搪瓷盘；天平；量筒；小刀；玻璃底板（150mm×150mm×5mm）等。

图 13.6   测定水泥标准稠度和凝结时间用的维卡仪

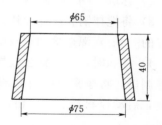

图 13.7   圆模（单位：mm）

（2）盛装水泥净浆的试模（图 13.7），其形状为截顶圆锥体，由足够硬度的、耐腐蚀的金属制成。试模为深（40±0.2）mm，顶内径为（65±0.5）mm，底内径为（75±0.5）mm 的截顶圆锥体。每只试模应配备一个边长或直径为 10cm 的、厚度为 3～5mm 的平板玻璃底板。

（3）水泥净浆搅拌机。NJ—160B 型符合 JC/T 729—2005 的要求，如图 13.8 所示。NJ—160B 型水泥净浆搅拌机主要结构由底座、立柱、减速箱、滑板、搅拌叶片、搅拌锅、双速电动机组成。

其工作原理是双速电动机轴由连接法兰与减速箱内蜗杆轴连接，经蜗轮轴副减速使蜗轮轴带动行星定位套同步旋转。固定在行星定位套上偏心位置的叶片轴带动叶片公转，固

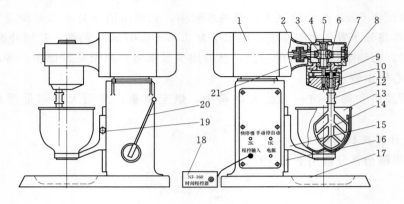

图 13.8　水泥浆搅拌机示意图

1—双速电机；2—连接法兰；3—蜗轮；4—轴承盖；5—蜗杆轴；6—蜗轮轴；7—轴承盖；
8—行星齿轮；9—内齿圈；10—行星定位套；11—叶片轴；12—调节螺母；13—搅拌
锅；14—搅拌叶片；15—滑板；16—立柱；17—底座；18—时间程控器；
19—定位螺钉；20—升降手柄；21—减速器

定在叶片轴上端的行星齿轮围绕固定的内齿圈完成自转运动，由双速电机经时间继电器控制自动完成一次慢转→停→快转的规定工作程序。

3. 实验步骤

(1) 标准法测定。

1) 试验前必须检查维卡仪金属棒应能自由滑动；当试杆降至接触玻璃板时，将指针应对准标尺零点；搅拌机应运转正常等。

2) 称取 500g 水泥，拌和水为洁净自来水，一般按经验确定。

3) 将搅拌锅和搅拌叶片先用湿布擦过，将拌和水倒入搅拌锅内，然后在 5~10s 内将称好的 500g 水泥全部加入水中，应防止水和水泥溅出。

4) 拌和时，先将锅放在搅拌机的锅座上，升至搅拌位置，旋紧定位螺钉，连接好时间控制器，将净浆搅拌机右侧的快→停→慢扭拨到"停"；手动→停→自动拨到"自动"一侧，启动控制器上的按钮，搅拌机将自动低速搅拌 120s，停 15s，接着高速搅拌 120s 停机。

5) 拌和结束后，立即将拌制好的水泥净浆，取适量装入已置于玻璃底板上的试模中，用宽约 25mm 的直边小刀插捣，轻轻振动数次，刮去多余的净浆，使净浆表面光滑；抹平后迅速将试模和底板移到维卡仪上，并将其中心定在标准稠度试杆下，降低试杆直至与水泥净浆表面接触，拧紧松紧螺丝 1~2s 后，突然放松，使标准稠度试杆垂直自由地沉入水泥净浆中。在试杆停止沉入或释放试杆 30s 时记录试杆距底板之间的距离，升起试杆后，立即擦净；整个操作应在搅拌后 1.5min 内完成，以试杆沉入净浆并距底板（6±1）mm 的水泥净浆为标准稠度净浆。此时的拌和水量为该水泥的标准稠度用水量（P），按水泥质量的百分比计。

(2) 代用法测定（不变用水量法）。

1) 试验前必须检查维卡仪器金属棒是否能自由滑动，当试锥接触锥模顶面时，指针应对准标尺零点，搅拌机应正常运转。

2）先用湿布擦干搅拌锅内侧和搅拌叶片。将 142.5mL 的拌和用水倒入搅拌锅内，然后在 5~10s 内小心将称好的 500g 水泥试样倒入搅拌锅内的水中，试验时应防止水及水泥溅出。

3）拌和时，将装有试样的锅放到搅拌机锅座上的搅拌位置，开动机器，慢速搅拌 120s，停拌 15s，接着快速搅拌 120s 后停机。

4）拌和完毕，立即将净浆一次装入锥模中（图 13.9），用宽约 25mm 的直边小刀在水泥浆体表面插捣并振动数次，刮去多余的净浆。抹平后，迅速放到测定仪试锥下面的固定位置上。将试锥降至净浆表面，拧紧螺丝 1~2s，指针对零，然后突然放松螺丝，让试锥垂直自由的沉入净浆中，到停止下沉或释放试锥 30s 时记录下沉深度 S(mm)，整个操作应在搅拌后 1.5min 内完成。

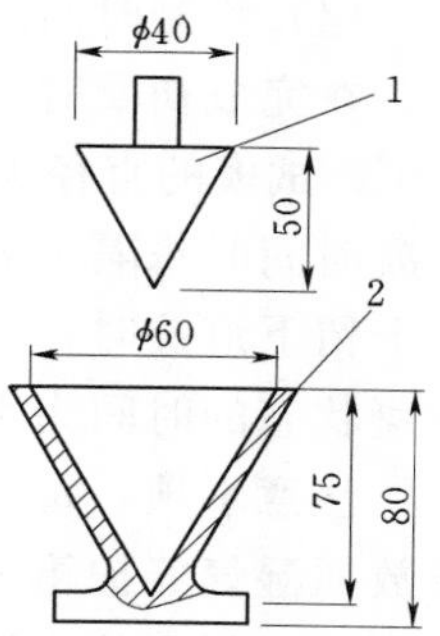

图 13.9　试锥和锥模
（单位：mm）
1—试锥；2—锥模

4. 试验结果与数据处理

（1）用标准法测定时，以试杆沉入净浆并距底板（6±1）mm 的水泥净浆为标准稠度净浆。其拌和水量为该水泥的标准稠度用水量，按水泥质量的百分比计。

$$P = (拌和用水量/水泥质量) \times 100\% \qquad (13.8)$$

如超出范围，须另称试样，调整水量，重做试验，直至达到杆沉入净浆并距底板（6±1）mm 时为止。

（2）用代用法测定时，若试锥下沉深度 S(mm) 超出（30±1）mm 范围内，则根据测得的下深 S(mm)，按以下经验式计算标准稠度用水量 P(%)：

$$P = 33.4 - 0.185S \qquad (13.9)$$

13.2.4　水泥净浆凝结时间检验

1. 试验依据及目的

本试验依据《水泥标准稠度用水量、凝结时间、安定性检验方法》（GB/T 1346—2011）。本试验是为了测定水泥加水后至开始凝结（初凝）以及凝结终了（终凝）所用的时间，用以评定水泥性能指标。

2. 主要仪器设备

测定仪与测定标准稠度用水量时所用的测定仪相同，标准法维卡仪（只是将试杆换成试针，见图 13.6），试模，湿气养护箱［温度控制在（20±1）℃，湿度不低于 90%］，玻璃板（150mm×150mm×5mm）。

3. 实验步骤

（1）以标准稠度用水量制成标准稠度净浆，将自水泥全部加入水中的时刻（t_1）记录下来。将标准稠度净浆一次装满试模，轻轻振动数次，刮去多余的净浆，使净浆表面光滑，然后立即放入湿气养护箱中。水泥全部加入水中的时间为凝结时刻的起始时间。

（2）测定前，将圆模内侧稍稍涂上一薄层机油，放在玻璃板上（其上也稍稍涂上一薄层机油），在滑动杆下端小心安装好初凝试针并调整测定仪试针，当试针接触玻璃板时，指针应对准标尺零点。

（3）初凝时间的测定：将试件在湿气养护箱中养护至加水后 30min 时进行第一次测定。测定时，从湿气养护箱中取出试模放到试针下，缓缓降低试针，使其与水泥净浆表面接触。拧紧松紧螺丝 1～2s 后，突然放松，使试针垂直自由地沉入水泥净浆，观察试针停止下沉或释放试针 30s 时指针的读数，临近初凝时，每隔 5min 测定一次。当试针沉至距底板（4±1）mm 时，为水泥达到初凝状态，将此时刻记为 t_2。因此，可将水泥全部加入水中至初凝状态的时间为水泥的初凝时间（min）。

（4）终凝时间的测定：为了准确观测试针沉入的状况，在终凝针上安装了一个环形附件。在完成初凝时间测定后，立即将试模连同浆体以平移的方式从玻璃板上取下，翻转180°，试模的直径大端向上，小端朝下放在玻璃板上，继续放入湿气养护箱中养护，临近终凝时间时每隔 15min 测定一次，当试针沉入试体 0.5mm 时，即环形附件开始不能在试体上留下痕迹时，即为水泥达到终凝状态，将此时刻记为 t_3。因此将水泥全部加入水中至终凝状态的时间为水泥的终凝时间（min）。

注意事项：每次测定不能让试针落入原针孔，每次测试完毕须将试针擦拭干净并将试模放回湿气养护箱内，在整个测试过程中试针贯入的位置至少要距圆模内壁 10mm，且整个测试过程要防止试模受振。

4. 试验结果与数据处理

（1）初凝时间 t 初＝t_2-t_1（min）。

（2）终凝时间 t 终＝t_3-t_1（min）。

13.2.5　水泥安定性检验

1. 试验依据及目的

本试验依据《水泥标准稠度用水量、凝结时间、安定性检验方法》（GB/T 1346—2011）。

本试验的目的是检验游离 CaO、MgO 或 SO_3 对水泥拌制的混凝土的危害，用以评价水泥的安定性。

水泥安定性检验，一般用沸煮法。沸煮法也分为两种：标准法（雷氏夹法）和代用法（试饼法）。当有争议时以标准法为准。标准法是观测由两个试针的相对位移所表示的水泥标准稠度净浆体积膨胀的程度，即水泥净浆在雷氏夹中沸煮后的膨胀值。代用法是观察水泥净浆试饼沸煮后的外形变化情况来检验水泥的体积安定性。

2. 主要仪器设备

（1）雷氏夹（图 13.10 和图 13.11）。

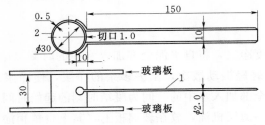

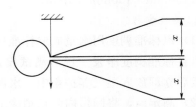

图 13.10　雷氏夹（单位：mm）　　　　图 13.11　雷氏夹受力示意图

1—指针；2—环模

（2）雷氏夹膨胀测定仪（图13.12）。雷氏夹膨胀测定仪标尺最小刻度为0.5mm。

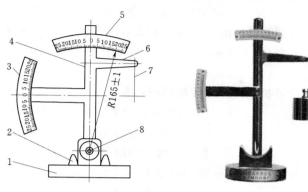

图13.12　雷氏夹膨胀测定仪
1—底座；2—模子座；3—测弹性标尺；4—立柱；5—测膨胀标尺；6—悬臂；7—悬丝；8—弹簧顶扭

（3）沸煮箱（图13.13）。其中篦板与箱底受热部位的距离不得小于20mm。

（4）玻璃板。每个雷氏夹需配备质量约75～80g的玻璃板两块。若采用试饼法（代用法）时，一个样品需准备两块约100mm×100mm×4mm的玻璃板。

水泥浆搅拌机：水泥浆搅拌机如图13.8所示。

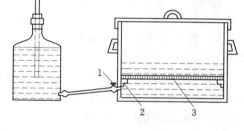

图13.13　沸煮箱
1—阀门；2—架子；3—篦板

3. 实验步骤

（1）标准法（雷氏夹法）。

1）每个雷氏夹应配备边长或直径约为80mm、厚度4～5mm 2个，一盖一垫，每组成型2个试件。先给雷氏夹和玻璃板上稍稍涂上一层机油。

2）将雷氏夹放在已准备好的玻璃板上，并立即将已拌和好的标准稠度净浆一次装满雷氏夹。装雷氏夹时一手扶持，另一手用宽约25mm的直切刀插捣3次左右，然后抹平，并盖上上面覆油的玻璃板，立刻将试件移至湿气养护箱内，养护（24±2）h。

3）去玻璃板后，取下试件，测量雷氏夹指针尖端间的距离A，精确到0.5mm，然后将试件放入水中篦板上，指针朝上，且试样之间互不交叉，在（30±5）min内加热至沸腾，并恒温保持（180±5）min。注意，在沸腾过程中，应保证水面高出试样30mm以上，以保证试件充分煮沸。

4）煮沸结束后，将水放出，打开箱盖，待箱内温度冷却到室温时，取出试件进行判别。用膨胀值测定仪测量试件指针尖端的距离C，精确至0.1mm。

5）计算雷氏夹的膨胀值，即为C与A之差。当两个试件煮沸后膨胀值的平均值不大于5.0mm时，即认为水泥安定性合格。当两个试件的值相差超过4mm时，应用相同试验材料重做一次试验，如果再如此，即为该水泥安定性不合格。

（2）代用法（试饼法）。

1）从拌好的标准稠度净浆中取约 150g，分成两等份，放在预先涂抹少许机油的玻璃板上，使其呈球形，随后轻轻振动玻璃板，水泥净浆便扩展成试饼状。

2）将试饼边缘用一湿布擦过的小刀向中心刮抹，并随刮抹将试饼略作转动，中间切忌添加净浆，做成直径为 70～80mm、中心厚约 10mm 的边缘渐薄、表面光滑的两个试饼。

3）将试饼放入湿气养护箱内，自成型时起，养护（24±2）h。

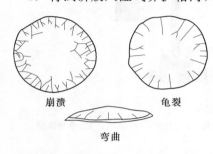

图 13.14　安定性不合格的试品

4）将已经养护好的试件从养护箱中取出，并去掉玻璃板，然后编号。检查试件是否有缺陷，如龟裂、翘曲、崩溃等（图 13.14）。若发现有上述缺陷，要检查原因，若无其他外因，则认为该试件为安定性不合格。若无缺陷，再进行沸煮试验。将试件放在煮沸箱内水中的篦板上，然后在（30±5）min 内加热至沸腾，并恒温保持（180±5）min。注意，在沸腾过程中，应保证水面高出试样 30mm 以上，以保证试件充分煮沸。另外，试验途中不需添补试验用水。

5）煮沸结束后，将水放出，打开箱盖，待箱内温度冷却到室温时，取出试件进行判别。

6）目测试饼没有裂缝，用钢直尺检查也没发现弯曲的试件为安定性合格试件，否则为不合格。当两个试件的试验结果发生矛盾时，认为该水泥的安定性不合格。

13.2.6　水泥胶砂强度检验

13.2.6.1　试验依据及目的

本试验依据《水泥胶砂强度检验方法（ISO 法）》（GB/T 17671—1999）。本试验目的是检验水泥各龄期强度，以确定一强度等级；或已知强度等级，检验强度是否满足原强度等级规定中各龄期强度的数值。

13.2.6.2　主要仪器设备

水泥胶砂搅拌机、水泥胶砂试体成型振实台、水泥胶砂试模、抗折试验机、金属直尺、抗压试验机、抗压夹具、量水器等。

主要仪器设备简介

（1）水泥胶砂搅拌机。应符合《水泥胶砂强度检验方法（ISO 法）》（GB/T 17671—1999）的要求（图 13.15）。

工作时搅拌叶片既绕自身轴线转动，又沿搅拌锅周边公转，运动轨道似行星式的水泥胶砂搅拌机。

（2）水泥胶砂试体成型振实台。应符合 GB/T 17671—1999 要求（图 13.16）。振实台应安装在高度约 400mm 的混凝土基座上。混凝土体积约为 0.25m³，重约 600kg。需防外部振动影响振实效果时，可在整个混凝土基座下放一层厚约 5mm 天然橡

图 13.15　水泥胶砂搅拌机

胶弹性衬垫。

（3）胶砂振动台。胶砂振动台如图 13.16 所示。台面面积为 360mm×360mm，台面装有卡住试模的卡具，振动台中的制动器能使电动机在停车后 5s 内停止转动。

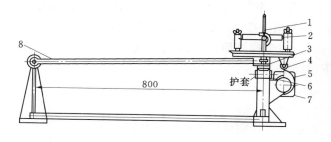

图 13.16　胶砂振动台

1—卡具；2—模套；3—突头；4—随动轮；5—凸轮；
6—止动器；7—同步电机；8—臂杆

图 13.17　水泥胶砂强度检验试模

（4）胶砂试模。胶砂试模为可拆装的三联模，由隔板、挡板、底板组成（图 13.17），组装后内壁各接触面应互相垂直。试模可同时成型三条为 40mm×40mm×160mm 的棱形试件，附有下料漏斗或播料器。

（5）抗压试验机。抗压试验机以 100～300kN 为宜，误差不得超过 2%。

（6）抗压夹具。抗压夹具由硬质钢材制成，加压板长为（40±0.1）mm，宽不小于 40mm，加压面必须磨平。

（7）抗折强度试验机。电动双杠杆抗折试验机如图 13.18 所示。抗折夹具的加荷与支撑圆柱直径均为（10±0.1）mm，两个支撑圆柱中心距为（100±0.2）mm。

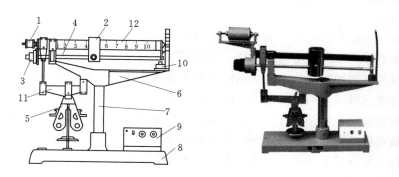

图 13.18　电动抗折试验机

1—平衡锤；2—游动砝码；3—电动机；4—传动丝杠；5—抗折夹具；6—机架；7—立柱；
8—底座；9—电器控制箱；10—启动开关；11—下杠杆；12—上杠杆

13.2.6.3　水泥胶砂试件制备

（1）水泥胶砂试验前，将试模擦净，模板四周与底座的接触面上应涂少许黄油，紧密装配，防止漏浆。内壁均匀刷一薄层机油。搅拌锅、叶片和下料漏斗等用湿抹布擦干净（若更换水泥品种时，必须用湿抹布擦干净）。

（2）胶砂试件成型所需要的材料为：水泥，（450±2）g；ISO 标准砂（1350±5）g；拌和水，（225±1）mL。其中，试验采用的灰砂比为 1∶3。

（3）胶砂搅拌时，先将水加入锅内，后加入水泥。把锅安放在固定架上，上升至规定位置。立即开动机器，低速搅拌 30s，在第二个 30s 开始的同时，均匀地将砂子加入。把机器转至高速再拌 30s。接着停拌 90s，在第一个 15s 内用橡皮刮具将叶片和锅壁上的胶砂刮至拌和锅中间，最后高速搅拌 60s。各个搅拌阶段，时间误差应在 ±1s 以内。停机后，将粘在叶片上的胶砂刮下，取下搅拌锅。

13.2.6.4　试样成型步骤

1. 用振实台成型

（1）胶砂制备好后应立即成型。待胶砂搅拌完成后，取下搅拌锅，用一个适当的勺子直接从搅拌锅里将胶砂分两层装入试模，装第一层时，每个槽里约放 300g 胶砂，用大播料器垂直架在模套顶部，沿每个模槽来回一次将料层播平，接着振实 60 次。再装第二层胶砂，用小播料器播平，再振实 60 次。

（2）振实完毕后，移开模套，从振实台上取下试模，用一金属直尺以近似 90° 的角度架在试模模顶的一端，沿试模长度方向，以横向锯割动作慢慢向另一端移动，一次刮去超过试模部分的胶砂，并用同一直尺在近乎水平的情况下将试体表面抹平整。

2. 用振动台成型

（1）将试模和下料漏斗卡紧在振动台的中心。胶砂制备后立即将拌好的胶砂均匀的装入下料漏斗内。启动振动台，胶砂通过漏斗流入试模的下料时间为 20～40s（下料时间以漏斗三格中的两格出现空洞时为准），振动（120±5）s 后停机。若下料时间大于 20～40s，可调整下料口尺寸或用小刀滑动胶砂以加速下料。

（2）振动结束后，从振动台取下试模，移去下料漏斗，将试模表面抹平整。

3. 试样养护

（1）将已成型好的试模放入标准养护箱内养护，湿空气的温度应保持在（20±1）℃，相对湿度应不低于 90%，养护 20～24h 之后脱模。

（2）将试件从养护箱中取出，脱模前用防水墨汁或颜色笔对试件进行编号，编号时应将每只试模 3 条试件编在两个龄期内，同时编上成型和测试日期。

（3）脱模时应防止损伤试件，硬化较慢的试件允许在 24h 脱模，应记录好脱模时间。

（4）将做好标记的试样立即水平或竖直放在（20±1）℃水中养护，水平放置时刮平面应朝上。试件之间应留有间隔，试体上表面的水深不得小于 5mm。

13.2.6.5　强度检验

试件的龄期是指从水泥加水搅拌开始至强度测定所经历的时间。不同的龄期对应有不同的强度测定时间：24h±15min、48h±30min、72h±45min、7d±2h、28d±8h。试样从养护箱或水中取出后，在强度试验前应用湿布覆盖。

1. 水泥抗折强度测试

（1）试验步骤。

1）试验前，先将抗折试验机夹具的表面擦拭干净，并调整杠杆处于平衡位置。

2）测定前，须擦去试样表面的水分和砂粒，消除夹具上圆柱表面黏着的杂物，将试样放入抗折夹具内，应使试件成型时的侧面与圆柱接触。

3）采用杠杆式抗折试验机时（图13.18），在试样放入之前，应先将游动砝码移至零刻度线，调整平衡砣使杠杆处于平衡状态。试样放入后，调整夹具，使杠杆在试件折断时尽可能接近平衡位置。

4）起动电机，丝杆转动带动游动砝码给试样加荷，加荷速度为（50±10）N/s。试样折断后从杠杆上可直接读出破坏荷载和抗折强度。

注意：试验时应保持两个半截棱柱体处于潮湿状态，直至抗压测试开始。

（2）试验结果处理。

1）抗折强度值，可在仪器的标尺上直接读出强度值。也可在标尺上读出破坏荷载值，按下式计算，精确至0.1MPa：

$$R_f = \frac{3F_f l}{2b^3} \tag{13.10}$$

式中　R_f——抗折强度，MPa，计算精确至0.1MPa；

　　　F_f——折断时施加于棱柱体中部的荷载，N；

　　　l——支撑圆柱中心距，mm；

　　　b——正方形试样的截面长度，均为40mm。

2）抗折强度测定结果应取3件试样的平均值并取整数，当3个试样强度值中有超过平均值的±10%，应予以剔除后再取平均值作为抗折强度试验结果。

2. 抗压强度测试

（1）试验步骤。

1）抗折试验后的3个试样共6个断块（保持潮湿状态）应立即进行抗压试验。抗压试验须用抗压夹具进行。试样受压面为规定为40mm×40mm。试验前应将试样的受压面与加压板间的砂粒或杂物等清理干净，试样的底面靠紧夹具定位销，并使夹具对准压力机压板中心。检验时以试样的侧面作为受压面。

2）抗压强度试验在整个加荷过程中以（2.4±0.2）kN/s的速率均匀地加荷直至破坏。记录破坏荷载F(kN)。

（2）试验结果处理。

1）抗压强度按下式计算，计算精确至0.1MPa：

$$R_c = \frac{F}{A} \tag{13.11}$$

式中　R_c——抗压强度，MPa；

　　　F——破坏荷载，N；

　　　A——受压面积，mm^2。

2）抗压强度以一组3个棱柱体上得到的6个抗压强度测定值的算术平均值作为试验结果。如果6个测定值中有1个超出该6个平均值的±10%，应剔除这个结果，剩下五个的平均数作为试验结果。如果一组试验中有2个以上（含2个）测定值超出该6个平均值的±10%，则此组结果视为作废。

13.3　砂石试验

13.3.1　砂的取样与缩分试验

1. 取样

骨料应按同产地同规格分批取样，每批总量不宜超过 400m³ 或 600t。

取样前先将取样部位表层除去，然后从料堆或车船上不同部位或深度抽取大致相等的砂 8 份或石子 15 份。砂、石部分单项式样的取量分别见表 13.1、表 13.2。

表 13.1　　　　　　　　　部分单项砂试验的最少取样量

试验项目	筛分析	表观密度	堆积密度
最少取样量/kg	4.4	2.6	5.0

表 13.2　　　　　　　　　部分单项石子试验的最少取样量

试验项目	不同最大粒径下的最少取样量/kg							
	9.5	16.0	19.0	26.5	31.5	37.5	63.0	75.0
筛分析	10	15	20	20	30	40	60	80
表观密度	8	8	8	8	12	16	24	24
堆积密度	40	40	40	40	80	80	120	120

2. 缩分

砂样缩分可采用分料器或人工四分法进行。四分法缩分的步骤为：将样品放在平整洁净的平板上，在潮湿状态下拌和均匀，摊成厚度约 20mm 的圆饼，然后在饼上划两条正交直径将其分成大致相等的 4 份，取其对角的两份按上述方法继续缩分，直至缩分后的样品数量略多于进行试验所需要量为至。试样缩分也可用缩分器进行。

石子缩分采用四分法进行，将样品倒在平整洁净的平板上，在自然状态下拌和均匀，做成对称堆砌体，然后用上述四分法将样品缩分至略多于试验所需量。

13.3.2　砂的筛分析试验

1. 试验依据及目的

图 13.19　摇筛机

本试验依据《建设用砂》（GB/T 14684—2011）。通过砂的筛分析试验，可以计算出砂的细度模数，以衡量砂的粗细程度及评定砂的颗粒级配。

2. 主要仪器设备

（1）方孔筛。孔径为 150μm，300μm，600μm，1.18mm，2.36mm，4.75mm，及 9.50mm 的筛各一只，并附有筛底和筛盖。

（2）天平。称量 1000g，感量 1g。

（3）摇筛机（图 13.19）。

（4）鼓风干燥箱。温度控制在（105±5）℃。

（5）搪瓷盘和毛刷等。

3. 实验步骤

（1）依据规范取样后，筛除大于 9.50mm 的颗粒，并将试样缩分至 1100g，放在鼓风干燥箱中于（105±5）℃下烘干至恒重，待冷却至室温后，并算出其筛余百分率，分为大致相等的两份备用。

（2）准确称取烘干试样 500g，置于按筛孔大小顺序排列的套筛的最后一只筛上。将套筛装在摇筛机内固定，摇筛 10min 左右，然后取出套筛，按筛孔大小顺序，在清洁的浅盘上逐个进行手筛，直至每分钟的筛余量不超过试样总量的 0.1% 时为止，通入的颗粒并入下一个筛中，按此顺序进行直至每个筛筛完为止。如无摇筛机，可人工手筛。

（3）称量各筛筛余量，精确至 1g，筛分后，每号筛的筛余量与筛底的筛余量之和同原试样质量之差不超过 1%。否则需重新试验。

4. 试验结果与数据处理

（1）分计筛余百分率。各号筛上的筛余量除以试样总量的百分率，精确至 0.1%。

（2）累计筛余百分率。该号筛上的筛余百分率加上该号筛以上的各筛筛余百分率之总和，精确至 0.1%。

（3）根据各筛的累计剩余百分率评定该试样的颗粒级配分布状况。

（4）按下式计算细度模数 μ_f（精确至 0.01）：

$$\mu_f = \frac{A_2 + A_3 + A_4 + A_5 + A_6 - 5A_1}{100 - A_1} \tag{13.12}$$

式中　A_1、A_2、A_3、A_4、A_5、A_6——4.75mm、2.36mm、1.18mm、0.60mm、0.30mm、0.15mm 的累计筛余百分率。

筛分试样应采取两个试样平行进行试验，并以其试验结果的算术平均值为测定值，精确至 0.01。如两次试验的细度模数之差超过 0.20 时，须重新试验。

13.3.3　砂的表观密度试验

1. 试验依据及目的

本试验依据《建设用砂》（GB/T 14684—2011）。本试验通过测定砂的表观密度来评价砂的质量。

2. 主要仪器设备

（1）天平。称量 1kg，感量 0.1g。

（2）容量瓶。500mL。

（3）鼓风干燥箱。温度控制在（105±5）℃。

（4）干燥器、搪瓷盘、滴管、毛刷、温度计等。

3. 实验步骤

（1）依据规定取样，将试样缩分至约 660g 在（105±5）℃干燥箱中烘干至恒重，并在干燥器中冷却至室温，分为大致相等的两份备用。实验室温度应在 15~25℃。

（2）称取烘干试样 300g（m_0），精确至 0.1g。装有半瓶冷开水的容量瓶中，摇转容量瓶使试样在水中充分搅动以排出气泡，塞紧瓶塞。

（3）静止 24h 后打开瓶塞，用滴管加水使水面与瓶颈刻度线 500mL 齐平，塞紧瓶塞，擦干瓶外水分，称其质量 m_1（g）精确至 1g。

（4）倒出瓶中的水和试样，洗净瓶内外，再注入与上项水温不超过 2℃（并在 15～25℃范围内）的冷开水至瓶颈刻度线，塞紧瓶塞，擦干瓶外水分，称其质量 m_2（g）精确至 1g。

4. 试验结果与数据处理

按下式计算砂的表观密度 ρ'（精确至小数点后 3 位）：

$$\rho' = \left(\frac{m_0}{m_0 + m_1 - m_2} - a_t \right) \rho_w \qquad (13.13)$$

式中　ρ'——表观密度，kg/m^3；

ρ_w——水的密度，$1000kg/m^3$；

m_0——烘干试样的质量，g；

m_1——试样、水及容量瓶的总质量，g；

m_2——水及容量瓶的总质量，g；

a_t——水温修正系数，见表 13.3。

表观密度以两次测定结果的平均值为试验结果，精确至 $10kg/m^3$，如果两次试验的结果误差大于 $20kg/m^3$，应重新取样进行试验。

表 13.3　　　　　　　　不同水温对砂的表观密度影响的修正系数 a_t

水温/℃	15	16	17	18	19	20	21	22	23	24	25
a_t	0.002	0.003	0.003	0.004	0.004	0.005	0.005	0.006	0.006	0.007	0.007

13.3.4　砂的堆积密度及空隙率试验

1. 试验依据及目的

本试验依据《建设用砂》（GB/T 14684—2011）。本试验通过测定砂的堆积密度和空隙率，为计算混凝土砂浆用量和砂浆中的水泥净用量提供依据。

2. 主要仪器设备

（1）天平。称量 10kg，感量 1g。

（2）容量筒。圆柱形金属制，内径 108mm，净高 109mm，壁厚 2mm，筒底厚约 5mm，容积（V_0）为 1L。

（3）方孔筛。孔径为 4.75mm 的筛一只。

（4）鼓风干燥箱。能使温度控制在（105±5）℃。

（5）垫棒。直径 10mm，长 500mm 的圆钢棒。

（6）烘箱、漏斗；料勺、直尺、搪瓷盘、毛刷等。

3. 实验步骤

（1）依据规定取样，缩分试样约 3L，在（105±5）℃的鼓风干燥箱中烘干至恒重，取出冷却至室温，用 4.75mm 孔径的筛子过筛，分成大致相等的两份备用。

（2）松散堆积密度。取试样一份，用漏斗或料勺将试样从容量筒中心上方 50mm 处徐徐倒入，让试样以自由落体落下，当容量筒上部试样呈堆体，且容量筒四周溢满时，即停止加料。然后用直尺沿筒口中心线向两边刮平（试验过程应防止触动容量筒），称出试样和容量筒总质量，精确至 1g。

（3）紧密堆积密度。取试样一份分两次装入容量筒。装完第一层后（约计稍高于1/2），在筒底垫放一根直径为 10mm 的圆钢，将筒按住，左右交替击地面各 25 下。然后装入第二层，第二层装满后用同样方法颠实（但筒底所垫钢筋棒的方向与第一层时的方向垂直）后，再加试样直至超过筒口，然后用直尺沿筒口中心线向两边刮平，称出试样和容量筒总质量，精确至 1g。

4. 试验结果与数据处理

（1）按式（13.14）计算砂的堆积密度 ρ'（精确至 $10kg/m^3$）：

$$\rho' = \frac{m_2 - m_1}{V_0}$$

（13.14）

式中　ρ'——砂的松散堆积密度或紧密堆积密度，kg/m^3；

m_2——容量筒和试样的总质量，g；

m_1——容量筒的质量，g；

V_0——容量筒的容积，L。

以两次试验结果的算术平均值作为测定值，精确至 $10kg/m^3$。

（2）按式（13.15）计算空隙率（精确至 1%）：

$$P_0 = \left(1 - \frac{\rho_1}{\rho_2}\right) \times 100\%$$

（13.15）

式中　P_0——空隙率，精确至 1%；

ρ_1——砂的松散或紧密堆积密度，kg/m^3；

ρ_2——砂的表观密度，kg/m^3。

13.3.5　碎石和卵石的颗粒级配试验

1. 试验依据及目的

本试验依据《建设用卵石、碎石》（GB/T 14685—2011）。本试验的目的是测定碎石或卵石的颗粒级配，为混凝土配合比设计提供依据。

2. 主要仪器设备

（1）方孔筛。孔径为 2.36mm、4.75mm、9.50mm、16.0mm、19.0mm、26.5mm、31.5mm、37.5mm、53.0mm、63.0mm、75.0mm 及 90.0mm 的筛各一只，并附有筛底和筛盖（筛框内径为 300mm）。

（2）天平。称量 10kg，感量 1g。

（3）鼓风干燥箱。能使温度控制在（105±5）℃。

（4）摇筛机。

（5）毛刷及搪瓷盘。

3. 实验步骤

（1）根据试样最大粒径按表规定的数量称取烘干试样一份，精确至 1g。

表 13.4　　　　　　石子筛分析试验所需试样的最小质量

最大粒径/mm	9.5	16.0	19.0	26.5	31.5	27.5	63.0	75.0
最小试样质量/kg	1.9	3.2	3.8	5.0	6.3	7.5	12.6	16.0

（2）根据最大粒径选择试验用筛，并按筛孔大小顺序过筛，直至每分钟通过量不超过试样总量的 0.1%。

（3）称取各筛的筛余质量，精确至 1g。分计筛余量和筛底剩余的总和与筛分前试样总量相比，其差不得超过 1%，否则重新试验。

4. 实验结果

（1）计算分计筛余百分率和累计剩余百分率（精确至 1%），计算方法同砂的筛分析。

（2）根据各筛的累计筛余百分率，评定试样的颗粒级配。

13.3.6　碎石和卵石的表观密度试验（广口瓶法）

1. 试验依据及目的

本试验依据《建设用卵石、碎石》（GB/T 14685—2011）。本试验的目的测试碎石和卵石的表观密度并为混凝土配合比设计提供依据。

2. 主要仪器设备

（1）天平。称量 2kg，感量 1g。

（2）广口瓶。1000mL，磨口，并带玻璃片（尺寸约 100mm×100mm）。

（3）方孔。孔径为 4.75mm 的筛一只。

（4）鼓风干燥箱。能使温度控制在 (105±5)℃。

（5）温度计、毛巾、搪瓷盘及刷子等。

3. 实验步骤

（1）依据规定取样，用四分法缩分至约大于表 13.5 规定的数量，风干后将样本筛去 4.75mm 以下的颗粒，洗涮干净后，分成大致相等的两份备用。

表 13.5　　　　　　　　　　　　　表观密度所需试样数量

最大粒径/mm	<26.5	31.5	37.5
最少试样质量/kg	2.0	3.0	4.0

（2）取一份试样浸水饱和后，然后装入广口瓶中。装试样时，广口瓶应倾斜一定角度。然后注满饮用水，用玻璃片覆盖瓶口，以上下左右摇晃的方法排出气泡。

（3）气泡排净后，向瓶中添加饮用水至水面凸出瓶口边缘，然后用玻璃板沿瓶口迅速滑行，使其紧贴瓶口水面。擦干瓶外水分，称取试样、水、瓶和玻璃片总质量 m_1(g)，精确至 1g。

（4）将试样倒入浅盘中，并将瓶洗净，重新注满饮用水，用玻璃片紧贴瓶口水面。擦干瓶外水分，称取其质量 m_2(g)，精确至 1g。

（5）将试样置于温度为 (105±5)℃ 干燥箱中烘干至恒重，然后取出置于带盖的容器中，冷却至室温后称取试样的质量 m_0(g)，精确至 1g。

4. 试验结果与数据处理

按式（13.16）计算石子的表观密度 ρ_1（精确至 $10kg/m^3$）：

$$\rho_1 = \left(\frac{m_0}{m_0 + m_2 - m_1} - a_t \right) \rho_w \tag{13.16}$$

式中　ρ_1——表观密度，kg/m^3；

m_0——烘干后试样的质量，g；

m_1——试样、水、瓶和玻璃片的总质量，g；

m_2——水、瓶和玻璃片的总质量，g；

ρ_w——水的密度，1000kg/m³；

a_t——水温修正系数，见表 13.3。

表观密度取两次试验结果的算术平均值，若两次试验结果之差大于 20kg/m³，应重新试验。对颗粒材质不均匀的试样，如两次试验结果之差超过 20kg/m³，可取 4 次试验结果的算术平均值。

13.3.7 碎石和卵石的堆积密度及空隙率

1. 试验依据及目的

本试验依据《建设用卵石、碎石》（GB/T 14685—2011）。本实验通过测定碎石和卵石的单位堆积体积的质量及空隙率，为混凝土配合比设计提供依据。

2. 主要仪器设备

（1）磅秤。称量 50kg，感量 50g。

（2）台秤。称量 10kg，感量 10g。

（3）容量筒。金属制，容积按石子最大粒径选用，见表 13.6。

（4）垫棒。直径 16mm，长 600mm 的圆钢棒。

（5）直尺、小铲等。

表 13.6 容量筒容积

石子最大粒径/mm	9.5, 16.0, 19.0, 26.5	31.5, 37.5	53.0, 63.0, 75.0
容量筒容积/L	10	15	20

3. 实验步骤

（1）规定取样，烘干或风干后，拌匀并把试样分为大致相等的两份备用。

（2）松散堆积密度。取试样一份，用小铲将试样从容量筒口中心上方 50mm 处徐徐倒入，让试样以自由落体落下，当容量筒上部试样呈堆体，且容量筒四周溢满时，即停止加料。除去凸出容量口表面的颗粒，并以合适的颗粒填入凹陷部分，使表面稍凸起部分和凹陷部分的体积大致相等（试验过程应防止触动容量筒），称出试样和容量筒总质量。

（3）紧密堆积密度。取试样一份分 3 次装入容量筒。装完第一层后，在筒底垫放一根直径为 16mm 的圆钢棒，将筒按住，左右交替颠击地面各 25 次，再装入第二层，第二层装满后用同样方法颠实（但筒底所垫钢筋棒的方向与第一层时的方向垂直），然后装入第三层，第三层装满后用同样方法颠实（但筒底所垫钢筋棒的方向与第一层时的方向平行）。试样装填完毕，再加试样直至超过筒口，用钢尺沿筒口边缘刮去高出的试样，并用适合的颗粒填平凹陷部分，使表面稍凸起部分与凹陷部分的体积大致相等。称取试样和容量筒的总质量，精确至 10g。

4. 试验结果与数据处理

（1）按式（13.17）计算碎石或卵石的松散或紧密堆积密度 ρ_2（精确至 10kg/m³）：

$$\rho_2 = \frac{m_2 - m_1}{V_0} \tag{13.17}$$

式中　ρ_2——碎石或卵石的松散堆积密度或紧密堆积密度，kg/m^3；

　　　　m_2——容量筒和试样的总质量，g；

　　　　m_1——容量筒的质量，g；

　　　　V_0——容量筒的容积，L。

（2）按式（13.17）计算空隙率（精确至1%）：

$$P_0 = \left(1 - \frac{\rho_1}{\rho_2}\right) \times 100\% \tag{13.18}$$

式中　P_0——碎石或卵石空隙率，精确至1%；

　　　　ρ_1——碎石或卵石的松散或紧密堆积密度，kg/m^3；

　　　　ρ_2——碎石或卵石的表观密度，kg/m^3。

堆积密度取两次试验结果的算术平均值，精确至$10kg/m^3$。空隙率取两次试验结果的算术平均值，精确至1%。

13.4　普通混凝土拌和物流动性试验

13.4.1　混凝土拌和物取样及试样制备

1. 取样方法

（1）混凝土拌和物试验用料应根据不同要求，从同一搅拌盘或同一车运送的混凝土中取出，或在试验室用机械或人工拌制。

（2）混凝土施工过程中进行混凝土试验时，其取样方法和原则应依照有关规范执行。

2. 一般规定

试验室温度应保持在（20±5）℃。拌制混凝土的原材料应符合技术要求，并与施工实际用料相同。在拌和前，材料的温度应与室温相同。水泥若有结块现象，应用0.9mm筛过筛，并记录筛余量。材料用量以质量计，称量的精确度：骨料为±1.0%，水、水泥、掺和料及外加剂为±0.5%。拌制混凝土所用的各种器具，如搅拌机、拌和铁板和铁铲、抹刀等，应预先用水润湿。

3. 主要仪器设备

（1）搅拌机。容量30～100L，转速为18～22r/min。

（2）拌和用搅铲、铁板（约1.5m×2m，厚3～5mm）、抹刀。

（3）磅秤（称量100kg，感量50g）、台称（称量10kg，感量5g）、量筒（200mL、1000mL）、容器等。

4. 拌和方法

（1）人工拌和法。

1）按所定配合比称取各种材料，以干燥状态为准。

2）将铁板和铁铲用湿布润湿后，将称好的砂料、水泥放在铁板上拌均匀，然后加入称好的粗骨料，再全部拌和均匀。

3）将拌和物拌和均匀后，堆成圆锥形，在中间做一凹坑，将称量好的水，倒一半左右在凹坑中，且勿使水流出，使拌其后均匀。再将材料堆成圆锥形做一凹坑，倒人剩余的水，继续拌和，每翻拌一次。用铁铲在拌和物面上压切一次，翻拌一般不少于 6 次。

4）拌和时动作应敏捷，拌和时间从加水时算起，应符合下列规定：拌和物体积为 30L 以下时，拌和 4～5min；拌和物体积为 30～50L 时，拌和 5～9min；拌和物体积超过 50L 时，拌和 9～12min。

5）拌好后，立即做坍落度测定或试件成型，从开始加水时算起，全部操作须在 30min 内完成。

（2）机械拌和法。

1）按所规定的配合比称取各种材料，以干燥状态为准。

2）预拌一次，即用按配合比的水泥、砂和水组成的砂浆及少量石子，在搅拌机中进行涮膛。然后倒出并刮去多余的砂浆，其目的是使水泥砂浆黏附满搅拌机的内壁，以免正式拌和时影响拌和物的配合比。

3）分别将称好的石、水泥、砂依次装入料斗，开动搅拌机徐徐将定量水加入，继续搅拌 2～3min。另外，一次拌和量不宜少于搅拌机容积的 20%。

4）将拌和物自搅拌机卸出，倾倒在拌板上，再经人工翻拌两次，使拌和物均匀一致后用做试验。从开始加水时算起，全部操作必须在 30min 内完成。

13.4.2 坍落度法测定新拌混凝土和易性试验

1. 试验依据及目的

本试验依据《普通混凝土拌合物性能试样方法标准》（GB/T 50080—2002）、《水工混凝土试验规程》（SL 352—2006）。本试验通过测定混凝土拌和物坍落度，来评定混凝土拌和物的流动性及和易性。本试验主要适用于骨料最大粒径不超过 40mm，坍落度不小于 10mm 的塑性混凝土拌和物。

2. 主要仪器设备

（1）混凝土搅拌机。

（2）坍落度筒（图 13.20）。筒内必须光滑，无凹凸部位。底面和顶面应互相平行并与锥体的轴线相垂直。在坍落筒外 2/3 高度处安有两个把手，下端焊有脚踏板。筒的内部尺寸为：底部直径为（200±2）mm；顶部直径为（100±2）mm；高度为（300±2）mm；筒壁厚度不小于 1.5mm。

（3）铁制捣棒（图 13.20）。直径 16mm，长 650mm，一端为弹头状。

（4）钢尺和直尺（500mm，最小刻度 1mm）。

图 13.20 坍落度筒及捣棒

（5）40mm 方孔筛、小方铲、抹刀、平头铁锨、2000mm×1000mm×3mm 铁板（拌和板）等。

3. 实验步骤

（1）用湿抹布擦拭坍落度筒及其他用具，把坍落度筒放在水平放置的铁板上，用双脚踏紧踏板，使坍落度筒在装料时保持位置固定。

（2）按规定用小方铲将混凝土拌和物分 3 层均匀地装入筒内，使每层捣实后所装高度约为坍落度筒筒高的 1/3 左右。每层用捣棒沿螺旋方向在截面上由外向中心均匀插捣 25 次。插捣筒边混凝土时，可将捣棒稍稍倾斜。插捣底层时，捣棒应贯穿整个深度。插捣第二层和顶层时，插捣深度应为插透本层，并且插入下面一层 10～20mm，浇灌顶层时，应将混凝土拌和物灌至高出坍落度筒口。顶层插捣结束后，刮去多余的混凝土拌和物并用抹刀抹平。

（3）清除坍落度筒外周围及底板上的混凝土拌和物；将坍落度筒垂直平稳地用双手缓缓提起，轻放于试样旁边。坍落度筒的提离过程应在 5～10s 内完成，从开始装料到提起坍落度筒的整个过程应不断地进行，并应在 150s 内完成。

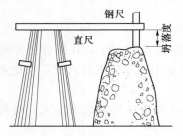

图 13.21　坍落度测定

（4）提起坍落度筒后，立即测量筒高于坍落后的混凝土拌和物最高点之间的高度差（图 13.21），以 mm 为单位（精确至 5mm），即为该混凝土拌和物的坍落度值。当测得拌和物的坍落度达不到要求，可保持水灰比不变，增加 5% 或 10% 的水泥和水；当坍落度过大时，可保持砂率不变，酌情增加砂和石子的用量；若黏聚性或保水性不好，则需适当调整砂率，适当增加砂用量。每次调整后尽快拌和均匀，重新进行坍落度测定。

4．试验结果与数据处理

（1）坍落度筒提离后，如试体发生崩坍或一边剪坏现象，则应重新取样进行测定。如第二次仍出现这种现象，则表示该拌和物和易性不好，应予记录备查。

（2）测定坍落度后，观察混凝土拌和物的黏聚性和保水性，并记入记录。

黏聚性的检测方法是用捣棒在已坍落的拌和物锥体侧面轻轻击打，如果锥体逐渐下沉，表示拌和物黏聚性良好；如果锥体倒坍，或部分崩裂或出现离析，即为黏聚性不好。

保水性以混凝土拌和物中稀浆析出的多少程度来衡量。保水性的检测方法是在插捣坍落度筒内混凝土时混凝土表面有稀浆泌出或者提起坍落度筒后有较多的稀浆从锥体底部析出，锥体部分的拌和物也因失浆而骨料外露，则表明拌和物保水性不好；如锥体底部无稀浆析出或有少许稀浆，则表明保水性良好。

当混凝土拌和物坍落度大于 220mm 时，用钢直尺测量混凝土扩展后最大直径和最小直径，若这两个直径之差小于 50mm，则用其算术平均值作为坍落度扩展值；否则，该次试验视为无效。

若发现粗骨料在中央堆积或边缘有水泥净浆析出，表示此混凝土拌和物抗离析性不好，应做好记录。

13.4.3　维勃稠度法检验混凝土拌和物的和易性

1．试验依据及目的

本试验依据《普通混凝土拌合物性能试样方法标准》（GB/T 50080—2002）、《水工混凝土试验规程》（SL 352—2006）。本试验通过测定干硬性混凝土拌和物的和易性，以评定混凝土拌和物的质量。维勃稠度法适用于骨料最大粒径不大于 40mm，维勃稠度在 5～30s

之间的混凝土拌和物和易性测定。

2. 主要仪器设备

维勃稠度仪（图 13.22）；秒表；其他用具与坍落度测试时基本相同。

3. 实验步骤

（1）将维勃稠度仪放置在坚实的水平地面上，用湿布把容器、坍落度筒、喂料斗内壁及其他用具润湿。

（2）将喂料斗提到坍落度筒上方扣紧，校正容器位置，使其中心与喂料斗中心重合，然后拧紧固定螺丝。

（3）把按规定拌好的混凝土拌和物用小铲分 3 层，经喂料斗均匀地装入坍落度筒内，装料及插捣的方法同坍落度测试。

（4）把喂料斗转离，用双手小心垂直地提起坍落度筒，此时应注意不使混凝土试体产生横向的扭动。

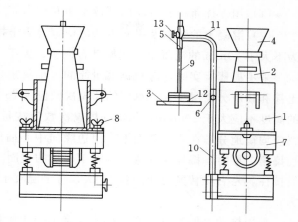

图 13.22　维勃稠度仪

1—容器；2—坍落度筒；3—透明圆盘；4—喂料斗；
5—套管；6—定位螺丝；7—振动台；8—固定螺丝；
9—测杆；10—支柱；11—旋转架；12—荷重
块；13—测杆螺丝

（5）把透明圆盘转到混凝土圆台体顶面，放松测杆螺丝，小心的降下圆盘，使其轻轻地接触到混凝土顶面，拧紧定位螺丝并检查测杆螺丝是否已完全放松。

（6）在开启振动台的同时，开始用秒表计时，当振动到透明圆盘的底部被水泥稀浆布满的瞬间停止计时，并关闭振动台电机开关。

（7）由秒表读出的时间（精确到 1s）即为该混凝土拌和物的维勃稠度值。

13.4.4　混凝土拌和物表观密度测试

1. 试验依据及目的

本试验依据《普通混凝土拌合物性能试样方法标准》（GB/T 50080—2002）、《水工混凝土试验规程》（SL 352—2006）。本试验测定混凝土拌和物捣实后的单位体积质量，用以核实混凝土配合比计算中的材料用量。

2. 主要仪器设备

（1）容量筒。容量筒是金属制成的圆筒，两旁装有把手。对骨料最大粒径不大于 40mm 的拌和物采用容积为 5L 的容量筒，其内径与筒高均为（186±2）mm，筒壁厚为 3mm；骨料最大粒径大于 40mm 时，容量筒的内径与筒高均应大于骨料最大粒径的 4 倍。容量筒上缘及内壁应光滑平整，顶面与底面应平行，并与圆柱体的中心竖直轴垂直。

（2）台秤（称量 50kg，感量 50g）。

（3）振动台。

（4）捣棒，直径 16mm，长 600mm 的圆钢棒，且端部打磨圆滑。

（5）直尺、刮刀等。

3. 实验步骤

（1）用湿抹布把容量筒内外擦干净并称出筒的质量 m_1，精确至 50g。

（2）混凝土的装料及捣实方法应依据混凝土拌和物的稠度而定。一般情况下，坍落度为不大于 70mm 的混凝土，用振动台振实；大于 70mm 时用捣棒捣实。

采用捣棒捣实时，应根据容量筒的大小决定分层与插捣次数。用 5L 容量筒时，混凝土拌和物应分 2 层装入，每层的插捣次数应为 25 次。用大于 5L 的容量筒时，每层混凝土的高度不应大于 100mm，每层的插捣次数应按每 $100cm^2$ 截面不小于 12 次计算。每次插捣应均衡地分布在每层截面上，由边缘向中心插捣。插捣底层时，捣棒应贯穿整个深度，插捣第二层时，捣棒应插透本层至下一层的表面。每一层捣完后，可把捣棒垫在筒底，将筒按住，左右交替颠击地面各 15 次，直至混凝土拌和物表面插捣孔消失并不见有大气泡为止。

采用振动台振实时，应一次将混凝土拌和物灌满到高出容量筒口。装料时允许捣棒稍加插捣，振动过程中，如混凝土沉落到低于筒口，则应随时添加混凝土，振动直至表面出浆为止。

（3）用刮刀齐筒口将多余的混凝土拌和物刮去，表面若有凹陷应予以填平。将容积筒外部擦干净，称出混凝土与容积筒的总质量 m_2，精确至 50g。

4. 试验结果与数据处理

混凝土拌和物表观密度按式（13.19）计算（精确至 $10kg/m^3$）：

$$\rho_c = \frac{m_2 - m_1}{V_0} \times 1000 \tag{13.19}$$

式中　ρ_c——混凝土拌和物表观密度，kg/m^3；

　　　m_1——容积筒的质量，kg；

　　　m_2——容积筒与试样的总质量，kg；

　　　V_0——容积筒的容积，L。

试验结果精确至 $10kg/m^3$。

13.5　普通混凝土拌和物强度试验

13.5.1　普通混凝土强度检测试件的成形与养护

1. 试验依据及目的

本试验依据《普通混凝土力学性能试验方法标准》（GB/T 50081—2002）。本试验为检验混凝土立方体抗压强度、抗劈裂强度，提供立方体混凝土试件。

2. 主要仪器设备

（1）混凝土试模。试模由铸铁或钢制成，应具有足够的刚度，并且拆装要方便。试模内表面应光滑整洁，其不平整度不大于试件边长的 0.05%。组装后各相邻面的不垂直度应不超过±0.5°，试模内尺寸为 150mm×150mm×150mm，如图 13.23 所示。

图 13.23 混凝土试模

图 13.24 混凝土振动台

（2）混凝土振动台。频率为（50±3）Hz，空载时振幅约为 0.5mm，如图 13.24 所示。

（3）捣棒。直径 16mm，长 600mm，一端为弹头状。

（4）混凝土标准养护室。标准养护室温度应控制在（20±2）℃，相对湿度大于 95%。在没有标准养护室时，试件可在水温为（20±2）℃的不流动的 Ca(OH)$_2$ 饱和溶液中养护，但须在报告中注明。

（5）小铁铲、平头铁锨、抹刀等。

3. 取样及试件制作的一般规定

（1）试验采用立方体试件，应以同一龄期至少 3 个同时制作、同样养护的混凝土试件为一组。

（2）每一组试件所用的拌和物根据不同要求应从同盘或同一车运送的混凝土中取出，或在试验室用人工或机械单独拌制。

（3）用以检验工程或预制构件质量的混凝土试件应尽可能与实际施工采用的方法相同。

（4）试件尺寸按粗骨料的最大粒径来确定（表 13.7）。

表 13.7　　　　不同骨料最大粒径选用的试件尺寸、插捣次数及强度换算系数

试件尺寸/mm	骨料最大粒径/mm	每层插捣次数/次	抗压强度换算系数
100×100×100	30	12	0.95
150×150×150	40	25	1
200×200×200	60	50	1.05

4. 实验步骤

（1）制作试件前，检查试模，拧紧试模的各个螺栓，擦净试模内壁并涂上一薄层矿物油或脱模剂。

（2）用小方铲将混凝土拌和物逐层装入试模内。

试件制作时，当混凝土拌和物坍落度小于 70mm 时，宜采用机械振捣（振动台成型），此时装料可一次装满试模，并稍有富余，装料时可用抹刀沿试模内稍许插捣。将试模固定在振动台上，开启振动台，振至试模表面的混凝土泛浆为止（一般振动时间为 30s），振动时应防止试模在振动台上乱跳动；然后刮去多余的混凝土拌和物，将试模表面的混凝土用抹刀抹平。

当混凝土拌和物坍落度大于 70mm 时，宜采用人工捣实，混凝土拌和物分 2 层装入模

内，每层装料厚度大致相等，插捣时用捣棒螺旋式从边缘向中心均匀进行插捣。插捣底层时，捣棒应达到试模底面，以防止插捣不彻底；插捣上层时，捣棒要贯穿下层 20～30mm。插捣时捣棒应保持垂直，不得倾斜。对于插捣次数，应视试件的截面而定，一般 $100cm^2$ 上不少于 12 次。插捣后应用橡皮锤轻轻敲击试模周围，直至捣棒留下的下陷部位消失为主。也可直接用抹刀抹平。

（3）试件成型后，在混凝土临近初凝时进行抹面，并沿试模口抹平。

（4）试件成型后，立即用不透水的薄膜覆盖表面，以防止水分蒸发，在（20±5）℃的室内静置 1～2d，然后拆模并编号。

（5）拆模后的试件应立即送入温度为（20±2）℃，湿度为 95％以上的标准养护室养护，试件应保持 10～20mm 的距离，注意避免用水直接冲淋试件。无标准养护室时，混凝土试件可在温度为（20±2）℃的不流动的 $Ca(OH)_2$ 饱和溶液中养护。

（6）从搅拌加水开始，标准养护龄期为 28d。到达试验龄期时，从养护室取出试件并擦拭干净，检查外观，测量试件尺寸。当试件有严重缺陷时，应废弃。

5. 试验结果与数据处理

将试件的成型日期、预拌强度等级、试件的灰水比、养护条件、龄期等因素记录在试验报告中。

13.5.2　混凝土立方体抗压强度检验

1. 试验依据及目的

本试验依据《普通混凝土力学性能试验方法标准》（GB/T 50081—2002）。本试验通过测定混凝土立方体抗压强度，以检验材料的质量，确定、校核混凝土配合比，供调整混凝土试验室配合比用，此外还应用于检验硬化后混凝土的强度性能，为控制施工工程质量提供依据。

图 13.25　液压式压力试验机

2. 主要仪器设备

（1）压力试验机如图 13.25 所示。试验机量程应能使试件的预期破坏荷载值大于全量程的 20％，也应小于全量程的 80％。与试件接触的压板尺寸应大于试件的承压面。其不平度要求每 100mm 不超过 0.02mm。

（2）钢直尺。量程 300mm，最小刻度 1mm。

3. 实验步骤

（1）准备以相关规定的方法所成型并标准养护至龄期的试件。

（2）试件从养护的地方取出后应立即进行试验，以免试件内部的温度、湿度等发生显著变化。

（3）试件在施压前应擦拭干净，测量尺寸并检查其外观。

（4）将试件放在试验机的下承压板正中，试件中心应与试验机下压板中心对准，试件的承压面应与成型时的顶面垂直。调整球座，使试件受压面接近水平位置。加荷应连续而均匀。混凝土强度等级小于 C30 时，其加荷速度为 0.3～0.5MPa/s；混凝土强度不小于

C30 且小于 C60 时，则 0.5～0.8MPa/s；混凝土强度等级不小于 C60 时，取 0.8～1.0MPa/s。

（5）当试件接近破坏而开始迅速变形时，停止调整试验机油门，直至试件破坏，然后记录破坏荷载 $P(N)$。

4. 试验结果与数据处理

（1）混凝土立方体试件抗压强度按式（13.20）计算（精确至 0.1MPa）：

$$f_{cu} = \frac{F}{A} \tag{13.20}$$

式中　f_{cu}——混凝土立方体试件抗压强度，MPa；

　　　　F——破坏荷载，N；

　　　　A——试件承压面积，mm^2。

（2）以 3 个试件测值的算术平均值作为该组试件的抗压强度值（精确至 0.1MPa）；3 个测定值中的最大值或最小值若有一个与中间值的差值超过中间值的 15% 时，则计算时舍弃最大值和最小值，取中间值作为该组试件的抗压强度值；如有最大值和最小值两个测值与中间值的差均超过中间值的 15%，则该组试件的试验结果视为无效。

（3）混凝土抗压强度是一般以 150mm×150mm×150mm 立方体试件的抗压强度为标准值，用其他尺寸试件测得的强度值均应乘以尺寸换算系数（表 13.7）。

13.5.3 混凝土立方体劈裂抗拉强度检验

1. 试验依据及目的

本试验依据《普通混凝土力学性能试验方法标准》（GB/T 50081—2002）。混凝土立方体劈裂抗拉强度检验是在试件的两个相对表面中心的平行线上施加均匀分布的压力，使在荷载所作用的竖向平面内产生均匀分布的拉伸应力，达到混凝土极限抗拉强度时，试件将被劈裂破坏，从而可以间接地测出混凝土的抗拉强度，用来评定混凝土的质量。

2. 主要仪器设备

（1）压力试验机（图 13.25）。

（2）垫条。为 3 层胶合板制成，宽 20mm，厚（4±1）mm，起均匀传递压力作用，不重复使用。长度应不小于立方体试件的长度。

（3）垫块。采用半径为 75mm 的钢制弧形的垫块，长度与试件相同，可使荷载沿一条直线施加于试件表面。

（4）支架。钢支架（图 13.26）混凝土劈裂抗拉试验装置）。

3. 实验步骤

（1）试件制作与养护前节已经叙述。

（2）试件从养护地取出后应及时进行试验。先将试件表面与上下承压面擦干净。

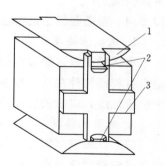

图 13.26　支架示意图
1—垫块；2—垫条；3—支架

（3）检查外观，测量尺寸（精确至 1mm），并在试件中部用铅笔画线定出劈裂面的位置，并计算出试件的劈裂面积 A。

（4）将试件放在试验机下压板的中心位置，劈裂承压面和劈裂面应与试件成型时的顶面垂直。

（5）在上、下压板与试件之间垫以圆弧形垫块及垫条各 1 条，垫块与垫条应与试件上、下面的中心线对准并与成型时的顶面垂直。宜把垫条及试件安装在定位架上使用（图 13.26）。

（6）开动试验机，当上压板与圆弧形垫块接近时，调整球座，使接触均衡。加荷应连续均匀，当混凝土强度等级大于 C30 时，加荷速度取 0.02～0.05MPa/s；当混凝土强度等级在 C30～C60 之间时，取 0.05～0.08MPa/s；当混凝土强度等级大于 C60 时，取 0.08～0.10MPa/s，至试件接近破坏时，应停止调整试验机油门，直至试件破坏，然后记录破坏荷载值。

4. 试验结果与数据处理

（1）混凝土立方体劈裂抗拉强度按式（13.21）计算（精确至 0.01MPa）：

$$f_{ts} = \frac{2F}{\pi a^2} = 0.637 \frac{F}{A} \tag{13.21}$$

式中　f_{ts}——混凝土抗拉强度，MPa；

　　　F——破坏荷载，N；

　　　a——试件受力面边长，mm；

　　　A——试件受力面面积，mm^2。

（2）以 3 个试件测值的算术平均值作为该组试件的抗压强度值（精确至 0.01MPa）；3 个测定值中的最大值或最小值若有 1 个与中间值的差值超过中间值的 15% 时，则计算时舍弃最大值和最小值，取中间值作为该组试件的抗压强度值；如有最大值和最小值两个测值与中间值的差均超过中间值的 15%，则该组试件的试验结果视为无效。当采用非标准试件测得的劈裂抗拉强度值时，100mm×100mm×100mm 试件应乘以换算系数 0.85，当混凝土强度等级不小于 C60 时，宜采用标准试件；使用非标准试件时，尺寸换算系数应由试验确定。

13.5.4　普通混凝土抗折强度检验

1. 试验依据及目的

本试验依据《普通混凝土力学性能试验方法标准》（GB/T 50081—2002）。抗折强度是指材料或构件在承受弯曲时，达到破坏前单位面积上的最大应力。本试验测定普通混凝土抗折强度，以检验其是否符合结构设计的要求。

2. 主要仪器设备

（1）试验机（图 13.25）。附带有能使 2 个相等、均匀、连续速度可控的荷载同时作用在试件跨度 3 分点处的抗折试验装置（图 13.27）。

（2）试件的支座和加荷头应采用直径为 20～40mm、长度不小于（$b+10$）mm 的硬钢圆柱，支座立脚点固定铰支，其他应为滚动支点。

（3）钢直尺。量程 300mm、最小刻度 1mm。

3. 实验步骤

（1）混凝土抗折试验的标准试件为 150mm×150mm×550mm 的棱柱体，试件成形、养护等与前节试验相同。若另有需要，允许采用 100mm×100mm×400mm 的棱柱体非标准试件。

（2）试件从养护地取出后，先检查，规定在长向中部 1/3 区段内不得有表面直径超过 5mm、深度超过 2mm 的孔洞，无缺陷后应立即进行试验，试件表面与上下承压面应擦干净。

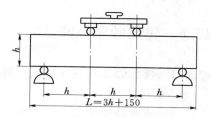

图 13.27　抗折试验装置
（单位：mm）

（3）按图 13.27 装置试件，安装尺寸偏差应不得大于±1mm。将试件在试验机的支座上放稳对准，试件的承压面应为试件成型时的侧面。

（4）开动试验机，当加压头与试件快接近时，调整加压头及支座，使支座及承压面与圆柱的接触面应平稳、均匀。

（5）施加荷载应保持均匀、连续。

当混凝土强度等级小于 C30 时，加荷速度取每秒 0.02～0.05MPa；当混凝土强度等级大于 C30 时，加荷速度取每秒钟 0.02～0.05MPa；当混凝土强度等级在 C30～C60 之间时，取每秒钟 0.05～0.08MPa；当混凝土强度等级大于 C60 时，取每秒钟 0.08～0.10MPa，至试件接近破坏时，应停止调整试验机油门，直至试件破坏，然后记录破坏荷载值。

4. 试验结果与数据处理

（1）若试件下边缘断裂位置处于两个集中荷载作用线之间，则试件的抗折强度 f_{cf}（MPa）按下式计算（精确至 0.1MPa）：

$$f_{cf} = \frac{Fl}{bh^2} \tag{13.22}$$

式中　f_{cf}——混凝土抗折强度，MPa；

F——试件破坏荷载，N；

l——支座间跨度，mm；

h——试件截面高度，mm；

b——试件截面宽度，mm。

（2）以 3 个试件测值的算术平均值作为该组试件的抗压强度值（精确至 0.1MPa）；3 个测定值中的最大值或最小值若有 1 个与中间值的差值超过中间值的 15% 时，则计算时舍弃最大值和最小值，取中间值作为该组试件的抗压强度值；如有最大值和最小值两个测值与中间值的差均超过中间值的 15%，则该组试件的试验结果视为无效。

（3）3 个试件中若有一个折断面位于两个集中荷载之外，则舍弃该试验结果，按另两个试件的试验结果计算。若这两个测值的差值不大于这两个测值的较小值的 15% 时，则该组试件的抗折强度值按这两个测值的平均值计算，否则该组试件的试验无效。若有两个试件的下边缘断裂位置位于两个集中荷载作用线之外，则该组试件试验视为无效。

（4）若试件尺寸为 100mm×100mm×400mm 的非标准试件时，其抗折强度值应乘以尺寸换算系数 0.85；当混凝土强度等级不小于 C60 时，宜采用标准试件；使用非标准试件时，尺寸换算系数应由试验确定。

13.6 建筑砂浆性能试验

13.6.1 建筑砂浆的取样及试样制备

1. 取样

(1) 建筑砂浆试验用料应从同一盘砂浆或同一车砂浆中取样。取样量应不少于试验所需量的 4 倍。

(2) 施工中取样进行砂浆试验时，其取样方法和原则应按相应的施工验收规范执行。一般在使用地点的砂浆槽、砂浆运送车或搅拌机出料口，至少从三个不同部位取样。现场取来的试样，试验前应人工搅拌均匀。

(3) 从取样完毕到开始进行各项性能试验不宜超过 15min。

2. 试样制备

(1) 在试验室制备砂浆拌和物时，所用材料应提前 24h 运入室内。拌和时试验室的温度应保持在 (20±5)℃。

注：需要模拟施工条件下所用的砂浆时，所用原材料的温度宜与施工现场保持一致。

(2) 试验所用原材料应与现场使用材料一致，砂应通过公称粒径 5mm 筛。

(3) 试验室拌制砂浆时，材料用量应以质量计。称量精度为水泥、外加剂、掺和料等为 ±0.5%，砂为 ±1%。

(4) 在试验室搅拌砂浆时应采用机械搅拌，搅拌机应符合《试验用砂浆搅拌机》(JG/T 3033) 的规定，搅拌的用量宜为搅拌机容量的 30%～70%，搅拌时间不应少于 120s。掺有掺和料和外加剂的砂浆，其搅拌时间不应少于 180s。

13.6.2 砂浆稠度试验

1. 试验依据及目的

本试验依据《建筑砂浆基本性能试验方法标准》(JGJ/T 70—2009)。本试验通过检验砂浆的流动性，其目的主要用于确定砂浆的配合比或施工过程中控制砂浆稠度，从而保证施工质量。

2. 主要仪器设备

(1) 砂浆稠度测定仪 (图 13.28)。由试锥、容器和支座三部分组成。试锥由钢材或铜材制成，试锥高度为 145mm，锥底直径为 75mm，试锥连同滑杆的重量应为 (300±2)g；盛载砂浆容器由钢板制成，筒高为 180mm，锥底内径为 150mm；支座分底座、支架及刻度显示三个部分，由铸铁、钢及其他金属制成。

(2) 金属捣棒 (直径为 10mm，长度为 350mm，一端磨圆为弹头状)。

(3) 拌和铁板 (约 1500mm×2000mm、厚度约 3mm)。

(4) 台秤 (称量 10kg、感量 5g)。

(5) 量筒 (100mL 带塞量筒) 及容量筒 (容积 2L，直径与高大致相等)，带盖。

图 13.28 砂浆稠度测定仪

(6) 拌和用铁铲、抹刀、秒表等。

3. 实验步骤

（1）先用少量润滑油轻擦滑杆，再将滑杆上多余的油用吸油纸擦净，使滑杆能自由滑动；再将盛砂浆的容器和试锥表面用湿抹布擦拭干净。

（2）将拌和好的砂浆一次装入圆锥筒内，装至筒口下约 10mm，用捣棒自容器中心向边缘插捣 25 次，随后轻轻地将容器摇动或敲击 5～6 下，使砂浆表面平整；然后轻轻移到测定仪下。

（3）拧松制动螺丝，向下移动滑杆，当试锥尖端与砂浆表面刚接触时，拧紧制动螺丝，使齿条侧杆下端刚接触滑杆上端，读出刻度盘上的读数（精确至 1mm）。

（4）拧松制动螺丝，同时计时间，10s 时立即拧紧螺丝，将齿条测杆下端接触滑杆上端，从刻度盘上读出下沉深度（精确至 1mm），二次读数的差值即为砂浆的稠度值。

（5）圆锥形容器内的砂浆只允许测定一次稠度，重复测定时，应重新进行取样后再进行测定。

施工工地上可采用简易测定砂浆稠度的方法，将单个圆锥体的尖端与砂浆表面相接触，然后放手让圆锥体自由沉入砂浆中，取出圆锥体用尺直接量出沉入的垂直深度（mm），即为砂浆的稠度。

4. 试验结果与数据处理

（1）取两次试验结果的算术平均值，精确至 1mm；

（2）如两次试验值之差大于 10mm，应重新取样测定。

13.6.3 砂浆分层度测试

1. 试验依据及目的

本试验依据《建筑砂浆基本性能试验方法标准》（JGJ/T 70—2009）。本试验通过检验砂浆分层度，衡量砂浆拌和物在运输、停放、使用过程中的离析、泌水等内部组分的稳定性，亦是衡量砂浆和易性的指标之一。

2. 主要仪器设备

（1）砂浆分层度筒（图 13.29）。内径为 150mm，上节高度为 200mm，下节带底净高 100mm，用金属板制成，上、下层连接处需加宽到 3～5mm，并设有橡胶热圈。

（2）砂浆稠度测定仪（图 13.28）。

（3）振动台。振幅（0.5±0.05）mm，频率（50±3）Hz。

（4）木锤。一端为弹头状的金属捣棒。

3. 实验步骤

（1）首先将砂浆拌和物按前节稠度试验方法测定稠度。

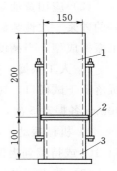

图 13.29 砂浆分层度筒（单位：mm）
1—无底圆筒；2—连接螺栓；3—有底圆筒

（2）将砂浆拌和物一次装入分层度筒内，待装满后，用木锤在容器周围距离大致相等的四个不同部位轻轻敲击 1～2 下，如砂浆沉落到低于筒口，则应随时添加，然后刮去多余的砂浆并用抹刀抹平。

（3）静置 30min 后，去掉上节 200mm 砂浆，剩余的 100mm 砂浆倒出放在拌和锅内拌 2min，再按前节稠度试验方法测其稠度。前后测得的稠度之差即为该砂浆的分层度值（精确到 mm）。

4. 试验结果与数据处理

（1）取两次试验结果的算术平均值作为该砂浆的分层度值。

（2）两次分层度试验值之差如大于 10mm，应重新取样测定。

13.6.4　砂浆立方体抗压强度试验

1. 试验依据及目的

本试验依据《建筑砂浆基本性能试验方法标准》（JGJ/T 70—2009）。测试砂浆的抗压强度是否达到设计要求。

2. 主要仪器设备

（1）试模。尺寸为 70.7mm×70.7mm×70.7mm 的带底试模，应具有足够的刚度并拆装方便。试模的内表面应机械加工，其不平度应为每 100mm 不超过 0.05mm，组装后各相邻面的不垂直度不应超过±0.5°。

（2）钢制捣棒。直径为 10mm，长为 350mm，端部应磨圆。

（3）压力试验机。精度为 1%，试件破坏荷载应不小于压力机量程的 20%，且不大于全量程的 80%。

（4）垫板。试验机上、下压板及试件之间可垫以钢垫板，垫板的尺寸应大于试件的承压面，其不平度应为每 100mm 不超过 0.02mm。

（5）振动台。空载中台面的垂直振幅应为 (0.5±0.05)mm，空载频率应为 (50±3)Hz，空载台面振幅均匀度不大于 10%，一次试验至少能固定（或用磁力吸盘）三个试模。

3. 试件制备及养护

（1）采用立方体试件，每组试件 3 个。

（2）应用黄油等密封材料涂抹试模的外接缝，试模内涂刷薄层机油或脱模剂，将拌制好的砂浆一次性装满砂浆试模，成型方法根据稠度而定。当稠度不小于 50mm 时采用人工振捣成型，当稠度小于 50mm 时采用振动台振实成型。

1）人工振捣：用捣棒均匀地由边缘向中心按螺旋方式插捣 25 次，插捣过程中如砂浆沉落低于试模口，应随时添加砂浆，可用油灰刀插捣数次，并用手将试模一边抬高 5～10mm 各振动 5 次，使砂浆高出试模顶面 6～8mm。

2）机械振动：将砂浆一次装满试模，放置到振动台上，振动时试模不得跳动，振动 5～10s 或持续到表面出浆为止，且不得过振。

（3）待表面水分稍干后，将高出试模部分的砂浆沿试模顶面刮去并抹平。

（4）试件制作后应在室温为 (20±5)℃ 的环境下静置 (24±2)h。当气温较低时，可适当延长时间，但不应超过两昼夜。

（5）对试件进行编号、拆模。试件拆模后应立即放入温度为 (20±2)℃、相对湿度为 90% 以上的标准养护室中养护。养护期间，试件彼此间隔不小于 10mm，混合砂浆试件上面应覆盖有防水膜。

4. 实验步骤

（1）试件从养护地点取出后应及时进行试验。试验前将试件表面擦拭干净，测量尺寸，并检查其外观。

（2）并据此计算试件的承压面积，如实测尺寸与公称尺寸之差不超过 1mm，可按公称尺寸进行计算。

（3）将试件安放在试验机的下压板（或下垫板）上，试件的承压面应与成型时的顶面垂直，试件中心应与试验机下压板（或下垫板）中心对准。

（4）开动试验机，当上压板与试件（或上垫板）接近时，调整球座，使接触面均衡受压。承压试验应连续而均匀地加荷，加荷速度应为 0.25～1.5kN/s（砂浆强度不大于5MPa 时，宜取下限；砂浆强度大于 5MPa 时，宜取上限），当试件接近破坏而开始迅速变形时，停止调整试验机油门，直至试件破坏，然后记录破坏荷载。

5. 试验结果与数据处理

（1）单个砂浆试块的抗压强度按式（13.23）计算（精确至 0.1MPa）：

$$f_{m,cu} = \frac{N_u}{A}$$

(13.23)

式中 $f_{m,cu}$——砂浆立方体试件的抗压强度，MPa；

N_u——试件破坏荷载，N；

A——试件承压面积，mm^2。

（2）以 3 个试件测值的算术平均值的 1.3 倍作为该组试件的砂浆立方体试件抗压强度平均值（精确至 0.1MPa）。当 3 个测值的最大值或最小值中如有 1 个与中间值的差值超过中间值的 15%时，则把最大值及最小值一并舍除，取中间值作为该组试件的抗压强度值；如有两个测值与中间值的差值均超过中间值的 15%时，则该组试件的试验结果视为无效。

13.7 砌墙砖试验

13.7.1 普通砌墙砖尺寸测量

1. 试验依据及目的

本试验依据《砌墙砖试验方法》（GB/T 2542—2012），本试验的目的是检测砖试样的几何尺寸是否符合标准。

2. 主要仪器设备

砖用卡尺（分度值为 0.5mm）（图 13.30）。

3. 测量方法

测量砖样的尺寸，一般长度和宽度应在砖的两个大面的中间处分别测量 2 个尺寸，高度应在砖的两个条面的中间处分别测量 2 个尺寸，当被测处缺损或凸出时，可在其旁边测量，但应选择不利的一侧进行测量，测量精度为 0.5mm。

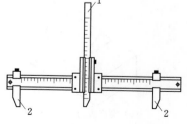

图 13.30 砖用卡尺
1—垂直尺；2—支脚

4. 试验结果与数据处理

每一方向尺寸以两个测量值的算术平均值表示。

13.7.2　外观质量检查

本试验依据《砌墙砖试验方法》(GB/T 2542—2012)，本试验的目的是用于检查砖外表的完好程度。

1. 主要仪器设备

砖用卡尺(分度值 0.5mm) 如图 13.30 所示，钢直尺(分度值 1mm)。

2. 实验步骤

(1) 缺损。缺棱掉角在砖上造成的破损程度，以破损部分对长、宽、高三个棱边的投影尺寸来度量，称为破坏尺寸，如图 13.31 所示。缺损造成的破坏面，是指缺损部分对条面、顶面(空心砖为条面、大面)的投影面积，如图 13.32 所示；空心砖内壁残缺及肋残缺尺寸，以长度方向的投影尺寸来度量(图中 l 为长度方向投影量；b 为宽度方向的投影量；d 为高度方向的投影量)。

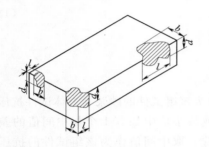

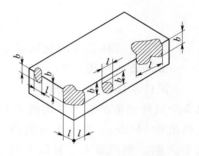

图 13.31　缺棱掉角破坏尺寸量法　　　图 13.32　缺损在条、顶面上造成破坏面量法

(2) 裂纹。裂纹分为长度方向、宽度方向和高度方向三种，以被测方向上的投影长度表示。如果裂纹从一个面延伸至其他面上时，则累计其延伸的投影长度；若多孔砖的孔洞与裂纹相通时，则将孔洞包括在裂纹内一并测量，如图 13.33、图 13.34 所示。裂纹长度以在三个方向上分别测得的最长裂纹作为测量结果。

(3) 弯曲。弯曲分别在大面和条面上测量，测量时将砖用卡尺的两支脚沿棱边两端放置，择其弯曲最大处将垂直尺推至砖面，如图 13.35 所示。但不应将因杂质或碰伤造成的凹陷计算在内。以弯曲测量中测得的较大者作为测量结果。

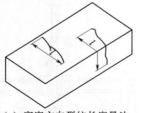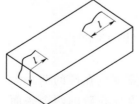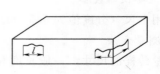

(a) 宽度方向裂纹长度量法　　(b) 长度方向裂纹长度量法　　(c) 水平方向裂纹长度量法

图 13.33　裂纹长度量法

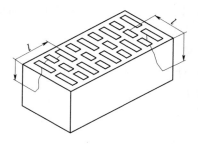

图 13.34 多孔砖裂纹通过孔洞时长度量法

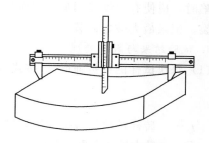

图 13.35 砖的弯曲量法

（4）砖杂质凸出高度量法。杂质在砖面上造成的凸出高度，以杂质距砖面的最大距离表示。测量时将专用卡尺的两支脚置于杂质凸出部分两侧的砖平面上，以垂直尺测量，如图 13.36 所示。

3. 试验结果与数据处理

本试验以 5 块砖作为一个样本，外观测量以 mm 为单位，不足 1mm 者均按 1mm 计。以试验测得的较大值作为测量结果。

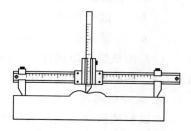

图 13.36 杂质凸出高度量法

13.7.3 砖的抗折强度测试

1. 试验依据及目的

本试验依据《砌墙砖试验方法》（GB/T 2542—2012），本试验的目的是通过测定砖的抗折、抗压强度，评定砖的强度等级。

2. 主要仪器设备

（1）材料试验机。试验机的示值相对误差不大于±1%，其下加压板应为球铰支座，预期最大破坏荷载应在量程的 20%～80% 之间。

（2）抗折夹具。抗折试验的加荷形式为三点加荷，其上压辊和下支辊的曲率半径为 15mm，下支辊应有一个为铰接固定。

（3）钢直尺。分度值不应大于 1mm。

（4）抗压试件制备平台。其表面必须平整水平，可用金属或其他材料制作。

（5）锯砖机、水平尺（规格为 250～350mm）、抹刀、玻璃板（边长为 160mm，厚 3～5mm）等。

3. 实验步骤

（1）取砖试样 10 块，放在温度为（20±5）℃的水中浸泡 24h 后取出，用湿布拭去其表面水分进行抗折强度试验。

（2）按尺寸测量的规定，测量试样的宽度和高度尺寸各 2 个。分别取其算术平均值（精确至 1mm）。

（3）调整抗折夹具下支辊的跨距为砖规格长度减去 40mm。但规格长度为 190mm 的砖样其跨距为 160mm。

（4）将试样大面平放在下支辊上，试样两端面与下支辊的距离应相同。当试样有裂纹或凹陷时，应使有裂纹或凹陷的大面朝下放置，以 50～150N/s 的速度均匀加荷，直至试样断裂，记录最大破坏荷载 P。

4. 试验结果与数据处理

(1) 每块试样的抗折强度 f_c 按式（13.24）计算（精确至 0.1MPa）：

$$f_c = \frac{3PL}{2bh^2} \tag{13.24}$$

式中　f_c——砖样试块的抗折强度，MPa；

　　　P——最大破坏荷载，N；

　　　L——跨距，mm；

　　　b——试样宽度，mm；

　　　h——试样高度，mm。

(2) 测试结果以试样抗折强度的算术平均值和单块最小值表示（精确至 0.1MPa）。

13.7.4　砖的抗压强度测试

1. 试验依据及目的

本试验依据《砌墙砖试验方法》（GB/T 2542—2012）及《烧结普通砖》（GB 5101—2003）。本试验通过测定砖的抗压强度来评定砖的强度等级。

2. 主要仪器设备

(1) 材料试验机。试验机的示值相对误差不超过 ±1%，其上、下加压板至少应有一个球铰支座，预期最大破坏荷载应在量程的 20%～80% 之间。

(2) 钢直尺。分度值不应大于 1mm。

(3) 振动台、制样模具、搅拌机。

(4) 锯砖机等。

3. 试样制备

试样数量为 10 块。

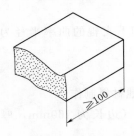

图 13.37　半截砖长度示意图

(1) 一次成型制作。一次成型制样适用于采用样品中间部位切割，交错叠加灌浆制成强度试验试样的方式。

1) 将试样锯成两个半截砖，两个半截砖用于叠合部分的长度不得小于 100mm，如图 13.37 所示。如果不足 100mm，应另取备用试样补足。

2) 将已切割开的半截砖放入室温的净水中浸 20～30min 后取出，在铁丝网架上滴水 20～30min，以断口相反方向装入制样模具中。用插板控制两个半砖间距不应大于 5mm，砖大面与模具间距不应大于 3mm，见图 13.38 的成型试件。砖断面、顶面与模具间垫以橡胶垫或其他密封材料，模具内表面涂油或脱膜剂，制样模具及插板如图 13.39 所示。

3) 将净浆材料按照配制要求，置于搅拌机中搅拌均匀。

4) 将装好试样的模具置于振动台上，加入适量搅拌均匀的净浆材料，振动时间为 0.5～1min，停止振动，静置至净浆材料达到初凝时间（约 15～19min）后拆模。

(2) 二次成型制作。二次成型制样适用于采用整块样品上下表面灌浆制成强度试验试

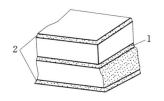

图 13.38　砖的抗压试件

1—5mm 厚浆层；2—3mm 厚浆层

图 13.39　一次成型制样模具及插板

样的方式。

1）将整块试样放入室温的净水中浸 20～30min 后取出，在铁丝网架上滴水 20～30min，依照净浆材料配制要求，置于搅拌机中搅拌均匀。

2）在模具内表面涂油或脱膜剂，加入适量搅拌均匀的净浆材料，将整块试样一个承压面与净浆接触，装入制样模具中，承压面找平层厚度不应大于 3mm。接通振动台电源，振动 0.5～1min，停止振动，静置至净浆材料初凝（约 15～19min）后拆模。按同样方法完成整块试样另一承压面的找平。二次成型制样模具如图 13.40 所示。

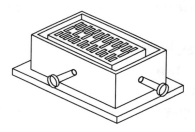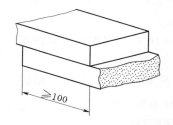

图 13.40　二次成型制样模具　　　图 13.41　半截砖叠合示意图

（3）非成型制样模具。非成型制样适用于试样无需进行表面找平处理制样的方式。

1）将试样锯成两个半截砖，两个半截砖用于叠合部分的长度不得小于 100mm。如果不足 100mm，应另取备用试样补足。

2）两半截砖切断口相反叠放，叠合部分不得小于 100mm，如图 13.41 所示，即为抗压强度试样。

注意：试件养护的时候，一次成型制样、二次成型制样在不低于 10℃的不通风室内养护 4h 即可；非成型制样不需要养护，试样在气干状态下直接进行试验。

4. 实验步骤

（1）首先，测量每个试件连接面或受压面的长、宽尺寸各两个，分别取其平均值（精确至 1mm）。

（2）将试件平放在加压板的中央，垂直于受压面加荷，加荷过程应均匀平稳，不得发生冲击或振动，加荷速度以 2～6kN/s 为宜，直至试件破坏为止，在试验报告册中记录最大破坏荷载 P。

5. 试验结果与数据处理

（1）结果计算。每块试样的抗压强度 f_p 按式（13.25）计算（精确至 0.1MPa）：

$$f_p = \frac{P}{LB} \tag{13.25}$$

式中　f_p——砖样试件的抗压强度，MPa；

　　　P——最大破坏荷载，N；

　　　L——试件受压面的长度，mm；

　　　B——试件受压面的宽度，mm。

（2）结果评定。试验后抗折和抗压按以下两式分别计算出强度变异系数、标准差 s：

$$\delta = \frac{s}{\overline{f}} \tag{13.26}$$

$$s = \sqrt{\frac{1}{9}\sum_{i=1}^{10}(f_i - \overline{f})^2} \tag{13.27}$$

式中　δ——砖强度变异系数，精确至 0.01；

　　　s——10 块试样的抗压强度标准差，MPa，精确至 0.01；

　　　$\overline{f}$——10 块试样的抗压强度平均值，MPa，精确至 0.01；

　　　f_i——单块试样抗压强度测定值，MPa，精确至 0.01。

1）当变异系数 $\delta \leqslant 0.21$ 时，依表 13.8 中砖的抗压强度平均值 $\overline{f}$、强度标准值 f_k 评定砖的强度等级。

样本量 $n = 10$ 时的强度标准值按式（13.28）计算：

$$f_k = \overline{f} - 1.8s \tag{13.28}$$

式中　f_k——强度标准值，MPa，精确至 0.1。

2）当变异系数 $\delta > 0.21$ 时，依表 13.8 中抗压强度平均值 $\overline{f}$、单块最小抗压强度值 f_{min} 评定砖的强度等级。

表 13.8　　　　　　　　　　烧结普通砖强度等级　　　　　　　　　　单位：MPa

强度等级	抗压强度平均值 $\overline{f}$，$\geqslant$	变异系数 $\delta \leqslant 0.21$	变异系数 $\delta > 0.21$
		强度标准值 f_k，$\geqslant$	单块最小抗压强度值 f_{min}，$\geqslant$
MU30	30.0	22.0	25.0
MU25	25.0	18.0	20.0
MU20	20.0	14.0	16.0
MU15	15.0	10.0	12.0
MU10	10.0	6.5	7.5

13.8　钢筋试验

13.8.1　钢筋试验一般规定

（1）钢筋混凝土用热轧钢筋，钢筋应按批进行检查与验收，每批钢材应由同一个牌号、同一炉罐号、同一规格、同一交货状态、同一厂别、同一进场时间为一验收批，且每批的总量不超过 60t。

（2）钢筋应有出厂质量证明书或试验报告单。验收时应抽样做拉伸试验和冷弯试验，来评价其机械性能。钢筋在使用中若有脆断、焊接性能不良或力学性能显著不正常时，还应进行化学成分分析等其他专项试验。验收时包括尺寸、表面及质量偏差等检验项目。

（3）钢筋拉伸及冷弯试验的试件不允许进行车削加工，试验应在温度为（20±10)℃的条件下进行，否则应在报告中说明。

（4）验收取样时，自每批钢筋中任取两根截取做拉伸试样，再任取两根截取做冷弯试样。在拉伸试验的试件中，若有一根试件的屈服点、拉伸强度和伸长率三项指标中有一个达不到标准中的规定值，或冷弯试验中有一根试件不符合标准要求，则在同一批钢筋中再抽取双倍数量的试样进行该不合格项目的复检，复检结果中只要有一个指标不合格，则该试验项目判定不合格，整批钢筋不得交货。

（5）拉伸和冷弯试件的长度 L 和 L_w，分别按下式计算后截取。

拉伸试件：
$$L = L_0 + 2h + 2h_1$$

冷弯试件：
$$L_w = 5a + 150$$

式中　L、L_w——拉伸试件和冷弯试件的长度，mm；

L_0——拉伸试件的标距，mm，取 $L_0 = 5a$ 或者 $L_0 = 10a$；

h、h_1——夹具长度和预留长度，mm，$h_1 = (0.5 \sim 1)a$；

a——钢筋的公称直径，mm。

13.8.2　钢筋拉伸试验

1. 试验依据及目的

本试验依据《金属材料室温拉伸试验方法》（GB/T 228—2002）。本试验通过测定低碳钢的屈服强度、抗拉强度与伸长率等技术性能指标，确定钢筋应力与应变关系曲线，评定钢筋的强度等级。

2. 主要仪器设备

（1）万能材料试验机。其测力示值误差不大于 1%。试验达到最大负荷时，最好使指针停留在度盘的第三象限内，或者数显破坏荷载在量程的 50%~75% 之间。

（2）钢筋打点机，如图 13.42 所示。

（3）游标卡尺（精度为 0.1mm）。

图 13.42　钢筋打点机

3. 试样制备

（1）抗拉试验用钢筋试样不进行车削加工。

（2）在试件表面，可以用两个或一系列等分小冲点或细画线标出试件原始标距，且标记不应影响试样断裂，测量标距长度为 L_0（$L_0 = 10a$ 或 $L_0 = 5a$）（精确至 0.1mm），如图 13.43 所示。

4. 试验步骤

（1）试验一般在室温 10~35℃ 范围内进行，对温度要求严格的试验，试验温度应为（23±5）℃；应使用楔形夹头、螺纹夹头、套环夹头等合适的夹具夹持试样。

（2）调整试验机测力度盘的指针，使其对准零点，拨动副指针并使之与主指针重合。

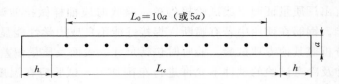

图 13.43　钢筋拉伸试样

a—试样原始直径；L_0—标距长度；h—夹头长度

在试验机右侧的试验记录辊上夹好坐标纸及铅笔等记录设施。若有计算机记录的，则应连接好计算机并开启记录程序。

（3）将试件固定在试验机夹具内。开动试验机进行拉伸。屈服前，应力速度增加为 10MPa/s，并保持试验机控制器固定在这一速率位置上，直至该性能测出为止。测定抗拉强度时，平行长度的应变速率不大于 $0.5L_c/min$。

（4）钢筋在拉伸试验时，要认真观测，读取测力度盘指针首次回转前指示的恒定力或首次回转时指示的最小力，即为所求的屈服点荷载 F_s(N)。将此时的主指针所指度盘数记录在试验报告中。继续拉伸，直至将钢筋拉断。当主指针回转时，副指针所指的恒定荷载即为所求的最大荷载 F_b(N)，由测力度盘读出副指针所指度盘数记录在试验报告中。

（5）将已拉断试样的两段在断裂处对齐，尽量使其轴线位于一条直线上。如拉断处由于各种原因形成缝隙，则此缝隙应计入试样拉断后的标距部分长度内。待确保试样断裂部分适当接触后测量试样断后标距 L_1(mm)，要求精确到 0.1mm。L_1 的测定方法通常有以下两种：

1）直接法：如拉断处到邻近的标距点的距离大于 $L_0/3$ 时，可用卡尺直接测量出标距长度 L_1；

2）移位法：如拉断处到最邻近的标距端点的距离小于或等于 $L_0/3$ 时，可按下述移位法确定 L_1：在长段上，从拉断处 O 取基本等于短段格数，得 B 点，接着取等于长段所余格数〔偶数，图 13.44（a）〕的一半，得 C 点；或者取所余格数〔奇数，图 13.44（b）〕加 1 或减 1 的一半，得 C 及 C_1 点。移位后的 L_1 分别为 $L_{AO}+L_{OB}+2L_{BC}$ 或者 $L_{AO}+L_{OB}+L_{BC}+L_{BC1}$。

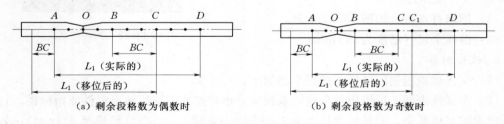

（a）剩余段格数为偶数时　　　　　　　（b）剩余段格数为奇数时

图 13.44　用移位法计算标距

测量断后标距的量值其最小刻度应不大于 0.1mm。

5. 试验结果与数据处理

（1）钢筋的屈服点强度 σ_s 和抗拉强度 σ_b 可按式（13.29）计算：

$$\sigma_s=F_s/A;\sigma_b=F_b/A \tag{13.29}$$

式中　σ_s、σ_b——钢筋的屈服点强度和抗拉强度，MPa；

　　　　F_s、F_b——钢筋的屈服点荷载和最大荷载，N；

　　　　A——试件的公称横截面面积，mm²。

当 σ_s、$\sigma_b > 1000$MPa 时，应计算至 10MPa，按"四舍六入五单双法"修约。σ_s、σ_b 为 200～1000MPa 时，计算至 5MPa，按"二五进位法"修约。σ_s、$\sigma_b < 200$MPa 时，计算至 1MPa。小数点数字按"四舍六入五单双法"处理。

（2）伸长率 δ_s 或 δ_b 按式（13.30）计算（精确至 1%）：

$$\delta_s、\delta_b = \frac{L_1 - L_0}{L_0} \times 100\% \tag{13.30}$$

式中　δ_s、δ_b——$L_0 = 10d$ 和 $L_0 = 5d$ 时的伸长率，精确至 1%；

　　　　L_0——原标距长度 $10d(5d)$，mm；

　　　　L_1——试样拉断后直接量出或按移位法确定的标距部分长度，mm。

13.8.3　钢筋冷弯试验

1. 试验依据及目的

本试验依据《金属材料弯曲试验方法》（GB/T 232—2010）。本试验通过测定钢筋在冷加工时承受规定弯曲程度的弯曲变形能力，并显示其缺陷，进而评定钢筋质量是否合格。

2. 主要仪器设备

压力机或万能材料试验机，并附有两支辊，支辊间距离可以调节；还应附有不同直径的弯心，弯心直径按有关标准规定。本试验采用支辊弯曲，装置示意如图 13.45 所示。

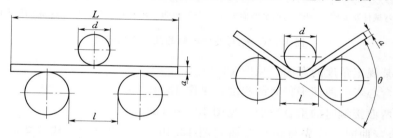

图 13.45　支辊式弯曲装置示意图

3. 试样制备

（1）试样的弯曲外表面不得有划痕。

（2）试样加工时，应去除剪切或火焰切割等形成的影响区域。

（3）当钢筋直径小于 30mm 时，不需加工，直接试验。若钢筋直径为 30～50mm 时，加工成横截面内切圆直径不小于 25mm 的原试样。直径或多边形横截面内切圆直径大于 50mm 的产品，应将其加工成横截面内切圆直径不小于 25mm 的试样。加工时，应保留一侧的原表面；试验时，原表面应位于弯曲的外侧。

（4）试件可在常温下用普通方法截取，但不得进行车削加工。若必须采用有弯曲之试件时，应用均匀压力使其压平。

（5）弯曲试件长度根据试样直径和弯曲装置而定。

4. 实验步骤

(1) 试验前测量试件尺寸是否合格，试样长度可按式 (13.31) 确定：

$$L = 5a + 150 \tag{13.31}$$

(2) 根据钢筋的级别，确定弯心直径，弯曲角度，调整两支辊之间的距离。两支辊间的距离可按式 (13.32) 确定：

$$l = (d + 3a) \pm 0.5a \tag{13.32}$$

式中　d——弯心直径，mm；

　　　a——钢筋公称直径，mm。

距离 l 在试验期间应保持不变 (图 13.45)。

(3) 试样按照规定的弯心直径和弯曲角度进行弯曲，试验过程中应平稳地对试件施加压力。在作用力下的弯曲程度可以分为三种类型 (图 13.46)，测试时应按有关标准中的规定分别选用。

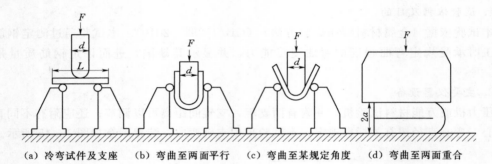

(a) 冷弯试件及支座　(b) 弯曲至两面平行　(c) 弯曲至某规定角度　(d) 弯曲至两面重合

图 13.46　钢材冷弯试验的几种弯曲程度

1) 达到某规定角度的弯曲，见图 13.46 (c)。

2) 绕着弯心弯到两面平行时的程度，见图 13.46 (b)。

3) 弯到两面接触时的重合弯曲，见图 13.46 (d)。

(4) 重合弯曲时，应先将试样弯曲到图 13.46 (b) 的形状 (建议弯心直径 $d = a$)。然后在两平行面间继续以平稳的压力弯曲到两面重合。两压板平行面的长度或直径，应不小于试样重叠后的长度。

注意：冷弯试验的试验温度必须符合有关标准规定。整个测试过程应在 $10 \sim 35℃$ 或控制条件 $(23 \pm 5)℃$ 下进行。

5. 试验结果与数据处理

(1) 依照有关规定，检查试样弯曲处的外表面及侧面，如无裂缝、断裂或起层等现象，即认为试样冷弯性能合格。

(2) 做冷弯试验的两根试样中，如有一根试样不合格，即为冷弯试验不合格。应再取双倍数量的试样重做冷弯试验。在第二次冷弯试验中，如仍有一根试样不合格，则该批钢筋即为不合格品。

(3) 将上述所测得的数据进行分析试样属于哪级钢筋，是否达到要求标准。

13.9 石油沥青试验

13.9.1 石油沥青的针入度检验

1. 试验依据及目的

本试验依据《沥青针入度测定法》（GB/T 4509—2010）。本试验通过测定石油沥青的针入度指标，了解沥青的黏结度，并作为评定石油沥青牌号的依据。

2. 主要仪器设备

（1）针入度计。如图 13.47（a）所示，凡允许针连杆在无明显摩擦下垂直运动，并且能穿入深度准确至 0.1mm 的仪器均可应用。针连杆质量应为（47.5±0.05）g，针和针连杆组合件总质量应为（50±0.05）g。针入度计附带（50±0.05）g 和（100±0.05）g 砝码各一个。仪器设有放置平底玻璃皿的平台，并有可调水平的机构，针连杆应与平台相垂直。仪器设有针连杆制动按钮，按下按钮后针连杆可自由下落。针连杆易于装卸，以便检查其重量。仪器还设有可自由转动与调节距离的悬臂，其端部有一面小镜子或聚光灯泡，借以观察针尖与试样表面的接触情况。

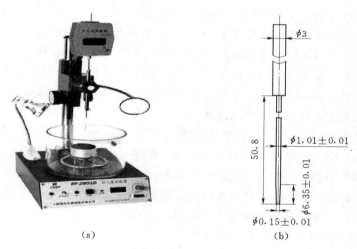

（a）　　　　　　　（b）

图 13.47　沥青针入度仪及标准针

（2）标准针。应由硬化回火的不锈钢制造，钢号为 440—C 或等同的材料，洛氏硬度为 54～60，针长约 50mm，长针长约 60mm，所有针的直径为 1.00～1.02mm。针的一端应磨成 8.7°～9.7°的锥形。锥形应与针体同轴，圆锥表面和针体表面交界线的轴向最大偏差不大于 0.2mm，切平的圆锥端直径应在 0.14～0.16mm 之间，与针轴所成角度不超过 2°。切平的圆锥面的周边应锋利没有毛刺。圆锥表面粗糙度的算术平均值应为 0.2～0.3μm，针应装在一个黄铜或不锈钢的金属箍中。金属箍的直径为（3.20±0.05）mm，长度为（38±1）mm，应牢固地装在箍里。针尖及针的任何其余部分均不得偏离箍轴 1mm 以上。针箍及其附件总质量为（2.50±0.05）g。可以在针箍的一端打孔或将其边缘磨平，以控制质量。每个针箍上打印单独的标志号码。标准针如图 13.47（b）所示。

（3）试样皿。圆柱形平底，由金属制成。所检测石油沥青针入度小于 40 时，用内径 33～55mm、深 8～16mm 的小试样皿；针入度小于 200 时，用内径为 55mm、深 35mm 的小试样皿；针入度在 200～350 时，用内径 55～70mm、深 45～70mm 的大试样皿；针入度大于 350～500 时，用内径 55mm、深 70mm 的特殊试样皿。

（4）恒温水浴。容量不少于 10L，能保持温度在试验温度下控制在 ±0.1℃ 范围内的水浴。水浴中距水底部 50mm 处有一个带孔的支架，这一支架离水面不少于 100mm。如果针入度测定时在水浴中进行，支架应足够支撑针入度仪。在低温下测定针入度时，水浴中使用盐水。

（5）平底玻璃皿。容量不少于 350mL，深度要没过最大的试样皿。内设一个不锈钢三腿支架，能使试样皿稳定。

（6）秒表。刻度不大于 0.1s，60s 间隔内的准确度应达到 ±0.1s 的任何秒表均可使用。

（7）温度计。液体玻璃温度计，刻度范围 −8～55℃，分度值为 0.1℃，温度计应定期按液体玻璃温度计检验方法进行校正。

3．试样制备

（1）小心加热样品，应不断搅拌以防止局部过热，加热到使样品能够易于流动。加热时焦油沥青的加热温度不超过软化点的 60℃，石油沥青不超过软化点的 90℃。加热时间在保证样品充分流动的基础上尽量少。加热、搅拌过程中应避免试样中进入气泡。

（2）将试样倒入预先选好的试样皿中，试样深度应至少是预计锥入深度 120%。如果试样皿的直径小于 65mm，而预期针入度高于 200，每个实验条件都要倒三个样品。如果样品足够，浇注的样品要达到试样皿边缘。

（3）将试样皿松松地盖住以防灰尘落入。在 15～30℃ 的室温下，小的试样皿（φ33mm×16mm）中的样品冷却 45min～1.5h，中等试样皿（φ55mm×35mm）中的样品冷却 1～1.5h；较大的试样皿中的样品冷却 1.5～2.0h。

（4）冷却结束后将试样皿和平底玻璃皿一起放入测试温度下的水浴中，水面应没过试样表面 10mm 以上。在规定的试验温度下恒温，小试样皿恒温 45min～1.5h，中等试样皿恒温 1～1.5h，更大试样皿恒温 1.5～2.0h。

4．实验步骤

（1）调节针入度仪的水平，检查针连杆和导轨，确保上面没有水和其他物质。如果预测针入度超过 350 应选择长针，否则用标准针。先用合适的溶剂将针擦干净，再用干净的布擦干，然后将针插入针连杆中固定。按试验条件选择合适的砝码并放好砝码。

（2）如果测试时针入度仪是在水浴中，则直接将试样皿放在浸在水中的支架上，使试样完全浸在水中；如果实验时针入度仪不在水浴中，将已恒温到试验温度的试样皿放在平底玻璃皿中的三角支架上，用与水浴相同温度的水完全覆盖样品，将平底玻璃皿放置在针入度仪的平台上。

（3）慢慢放下针连杆，使针尖刚刚接触到试样的表面，必要时用放置在合适位置的光源观察针头位置使针尖与水中针头的投影刚刚接触为止。轻轻拉下活杆，使其与针连杆顶端相接触，调节针入度仪上的表盘读数归零。

（4）在规定时间内快速释放针连杆，同时启动秒表，使标准针自由下落，穿入沥青试样中，到规定时间使标准针停止移动。

（5）拉下活杆，再使其与针连杆顶端相接触，此时表盘指针的读数即为试样的针入度，或自动方式停止锥入，通过数据显示设备直接读出锥入深度数值，得到针入度，精确至 0.1mm。

（6）同一试样至少重复测定三次。每一试验点的距离和试验点与试样皿边缘的距离都不得小于 10mm。每次试验前都应将试样和平底玻璃皿放入恒温水浴中，每次测定都要用干净的标准针。当针入度小于 200 时可将针取下用合适的溶剂擦净后继续使用。当针入度超过 200 时，每个试样皿中扎一针，三个试样皿得到三个数据。或者每个试样至少用三根针，每次试验用的针留在试样中，直到三根针扎完时再将针从试样中全部取出。但是这样测得的针入度的最高值和最低值之差，不得超过表 13.9 中的规定。

5. 试验结果与数据处理

（1）取三次测试所得针入度值的算术平均值，取至整数后作为最终测定结果。三次测定值相差不应大于表 13.9 所列规定，否则应重做试验。

表 13.9　针入度测定最大差值

针入度	0～49	50～149	150～249	250～350
最大差值	2	4	6	10

（2）关于测定结果重复性与再现性的要求，详见表 13.10。若差值超过表中要求，试验应重做。

表 13.10　针入度测定值的要求

试样针入度（25℃）	重　复　性	再　现　性
小于 50	不超过 2 单位	不超过 4 单位
50 及大于 50	不超过平均值的 4%	不能超过平均值的 8%

13.9.2　石油沥青的延度检验

1. 试验依据及目的

本试验依据《沥青延度测定法》（GB/T 4508—2010）。本试验通过测定石油沥青的延度，了解沥青的延性，以评定石油沥青的牌号。石油沥青的延度是用规定的试样，在一定温度下以一定速度拉伸至断裂时的长度，非经特殊说明，试验温度为（25±0.5）℃，延伸速度为每分钟（5±0.25)cm。

2. 主要仪器设备

（1）延度仪。该仪器能将试样浸没于水中带标尺的长方形容器，内部装有移动速度为（5±0.5）cm/min 的拉伸滑板。开动仪器时应无明显的振动（图 13.48）。

（2）水浴。容量至少为 10L，

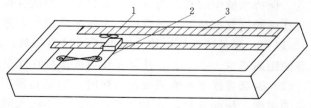

图 13.48　沥青延伸度仪
1—指针；2—滑板；3—标尺

且能够保持试验温度变化不大于 0.1℃的玻璃或金属器皿，试样浸入水中深度不得小于 10cm，水浴中设置带孔搁架以支撑试件，搁架距水浴底部不得小于 5cm。

（3）瓷皿或金属皿。溶沥青用。

（4）温度计。测量范围为 0～100℃，分度 0.1℃和 0.5℃各一支。

（5）隔离剂。由两份甘油和一份滑石粉调制而成，以质量计。

（6）支撑板。黄铜板，一面应磨光至表面粗糙度为 $R_a 6.3$。

（7）模具。由两个弧形端模和两个侧模组成其材质为黄铜，其形状尺寸如图 13.49 所示。

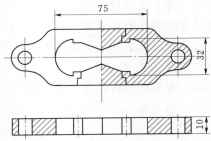

图 13.49　沥青延度仪试模

3. 试样制备

（1）将模具组装在支撑板上，将隔离剂涂在支撑板表面及侧模表面，以防沥青粘在模具上。板上的模具要水平放好，以便模具的底部能够充分与板接触。

（2）小心加热样品，以防局部过热，直至样品容易倾倒，石油沥青加热温度不超过预计石油沥青软化点 90℃，样品的加热时间应在保证其品质及流动性的基础上尽量短。将溶化后的样品充分搅拌后小心的倒入试模中，在倒样时尽量使其呈细流状，自模的一端到另一端往返倒入，使试样略高出模具，将试件在空气中冷却 30～40min，然后放在规定温度的水浴中保持 30min 中后取出，用热的直刀或铲将高出模具多余的沥青刮去，使试样与模具齐平。

（3）将模具、支撑板和试件一起放入水浴中，并在试验温度下保持 85～95min，然后从板上取下试件，拆下侧模，进行拉伸试验。

4. 实验步骤

（1）检查延度仪滑板的拉伸速度是否符合要求，然后移动滑板使其指针正对着标尺的零点。保持水槽中的水温为（25±0.1）℃。将试样移至延度仪水槽中，将模具两端的孔分别套在试验仪器的柱上，然后以一定的速度拉伸，直至试件被拉断。拉伸速度允许误差在 ±5％以内，测量试件从拉伸到断裂所经过的距离，以 cm 表示。试验时，试件距水面和水底的距离不少于 2.5cm，并且要使温度保持在规定温度 ±0.5℃的范围内。

（2）若沥青浮于水面或沉在水底时，则试验属于不正常。应使用乙醇或氯化钠溶液调整水的密度，使沥青材料既不浮于水面，又不沉入槽底。

（3）正常的试验应将试样拉成锥形、线形或柱形，直至在断裂时实际横截面面积接近于零或一均匀断面。若 3 次试验得不到正常结果，则报告在此条件下延度无法测定。

5. 试验结果与数据处理

(1) 若 3 个试件测定值在其平均值的±5%范围内，取平行测定的三个结果的算术平均值作为沥青试样延度的测定结果。若三次测定值不在其平均值的±5%范围内，但其中有两个值在±5%以内时，则应去除最低测定值，取这两个测试值的平均值作为测定结果。

(2) 同一操作者在同一实验室使用同一台仪器在不同时间对同一样品进行试样的结果不超过平均值的 10%。不同操作者在不同实验室用同类型对同一样品进行试验的结果不超过平均值的 20%。

13.9.3 石油沥青的软化点检验

1. 试验依据及目的

本试验依据《沥青软化点测定法》（GB/T 4507—2014）。软化点测定时是将规定质量的钢球，放在装有沥青试样的铜环中心，在规定的加热速度和环境下，试样软化后包裹钢球坠落达一定高度时的温度，即为软化点。本试验通过测定石油沥青的软化点，来确定沥青的耐热性。

2. 主要仪器设备

(1) 沥青软化点测定仪（图 13.50）。

1) 钢球：两只直径为 9.5mm 的钢球，每只质量为 (3.50±0.05)g。

2) 环：用黄铜制成的锥环或肩环。

3) 钢球定位器：用黄铜制成，能使钢球定位于试样中央。

4) 支撑板：扁平光滑的黄铜板或瓷砖，其尺寸约为 50mm×75mm。

(2) 浴槽。可以加热的玻璃容器，其内径不小于 85mm，离加热底部的深度不小于 120mm。

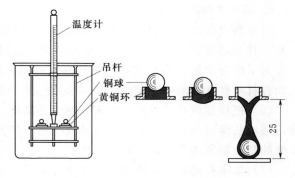

(a) 环球仪装置图   (b) 沥青软化过程示意图

图 13.50   沥青软化点测定仪（环球仪）（单位：mm）

(3) 环支撑架和组装。一只铜支撑架用于支撑两个水平位置的环，支撑架上的肩环的底部距离下支撑板的上表面为 25mm，下支撑板的下表面距离浴槽底部为 (16±3)mm。

(4) 小刀。切沥青用。

(5) 温度计。即测温范围在 30～180℃、最小分度值为 0.5℃的全浸式温度计。该温度计不允许其他温度计代替，可使用满足相同精度、数据显示最小温度和误差要求的其他测温设备代替。

(6) 材料。

1) 加热介质：新煮沸过的蒸馏水、甘油。

2) 隔离剂：以重量计，两份甘油和一份滑石粉调制而成，此隔离剂适合 30～157℃的沥青材料。

3. 试样制备

(1) 样品的加热时间一般在不影响样品性质和在保证样品充分流动的基础上尽量短。

石油沥青、改性沥青、天然沥青以及乳化沥青残留物加热温度不应超过预计沥青软化点温度（110℃）。煤焦油沥青样品加热温度不应超过煤焦油沥青预计软化点温度（55℃）。

（2）如果样品为按有关规定得到的乳化沥青残留物或高聚物改性乳化沥青残留物时，可将其热残留物搅拌均匀后直接注入试模中。如果重复试验，不能重新加热样品，应另取干净的容器用新鲜样品制备试样。

（3）若估计软化点在 120～157℃之间，应将黄铜环与支撑板预热至 80～100℃，然后将铜环放到涂有隔离剂的支撑板上，否则会出现沥青试样因降温从铜环中完全脱落的现象。

（4）向每个环中倒入略过量的沥青试样，让试件在室温下至少冷却 30min。对于在室温下较软的样品，应将试件在低于预计软化点 10℃以上的环境中冷却 30min。从开始倒试样时起至完成试验的时间不得超过 2h。

（5）当试样冷却后，用稍加热的小刀干净地刮去多余的沥青，使得每一个圆片饱满且和环的顶部齐平。

4．实验步骤

（1）新煮沸过的蒸馏水适于软化点为 30～80℃的沥青，起始加热介质温度应为（5±1）℃。甘油适于软化点为 80～157℃的沥青，起始加热介质的温度应为（30±1）℃。

为了进行仲裁，所有软化点低于 80℃的沥青应在水浴中测定，而软化点在 80～157℃的沥青材料在甘油浴中测定。仲裁时采用标准中规定的相应的温度计。

（2）把仪器放在通风橱内并配置两个样品环、钢球定位器，并将温度计插入合适的位置，浴槽装满加热介质，并使各仪器处于适当位置。用镊子将钢球置于浴槽底部，使其同支架的其他部位达到相同的起始温度。

（3）如果有必要，将浴槽置于冰水中，或小心加热并维持适当的起始浴温达 15min，并使仪器处于适当位置，注意不要污染浴液。

（4）再次用镊子从浴槽底部将钢球夹住并置于定位器中。

（5）从浴槽底部加热使温度以恒定的速率 5℃/min 上升。为防止通风的影响有必要时可用保护装置，试验期间不能取加热速率的平均值，但在 3min 后，升温速度应达到（5±0.5）℃/min，若温度上升速率超过此限定范围，则此次试验失败。

（6）当包着沥青的钢球触及下支撑板时，分别记录温度计所显示的温度，该温度即为试样的软化点。无需对温度计的浸没部分进行校正。取两个温度的平均值作为沥青材料的软化点。当软化点在 30～157℃时，如果两个温度的差值超过 1℃，则重新试验。

5．试验结果与数据处理

（1）因为软化点的测定是条件性的试验方法，对于给定的沥青试样，当软化点略高于 80℃时，水浴中测定的软化点低于甘油浴中测定的软化点。

（2）软化点高于 80℃时，从水浴变成甘油浴时的变化是不连续的。在甘油浴中所报告的沥青软化点最低可能为 84.5℃，而煤焦油沥青的软化点最低可能为 82℃。当甘油浴中软化点低于这些值时，应转变为水浴中的软化点为 80℃或更低，并在报告中注明。

（3）将甘油浴软化点转化为水浴软化点时，石油沥青的校正值为 -4.5℃，对煤焦油沥青的为 -2.0℃。采用此校正值只能粗略地表示出软化点的高低，欲得到准确的软化点应在水浴中重复试验。

（4）无论在任何情况下，如果甘油浴中所测得的石油沥青软化点的平均值为 80.0℃ 或更低，煤焦油沥青软化点的平均值为 77.5℃ 或更低，则应在水浴中重复试验。

（5）将水浴中略高于 80℃ 的软化点转化成甘油浴中的软化点时，石油沥青的校正值 为 4.5℃，煤焦油沥青的校正值为 2.0℃。采用此校正值只能粗略地表示出软化点的高低， 欲得到准确的软化点应在甘油浴中重复试验。

（6）如果水浴中两次测定温度的平均值为 85.0℃ 或更高，则应在甘油浴中重复试验。

（7）取平行测定的两个结果的算术平均值作为测定结果，精确至 0.1℃。

13.10 沥青混合料试验

13.10.1 沥青混合料试件制作方法（击实法）

1. 试验依据及目的

本试验依据《公路工程沥青及沥青混合料试验规程》（JTG E20—2011）中的有关规 定进行。本试验按设计的配合比和现场原材料，制作沥青混合料试件。

标准击实法适用于马歇尔试验、间接抗拉试验等所使用的 $\phi 101.6mm \times 63.5mm$ 圆柱 体试件的成型。

2. 主要仪器设备

（1）标准击实仪。由击实锤、$\phi 98.5$ 平圆形压实头及带手柄的导向棒组成。

（2）标准击实台。

（3）试验室用沥青混合料拌和机。

（4）脱模器。

（5）试模。圆柱形金属筒、底座和套筒。

（6）烘箱。装有温度调节器的大、中型各一台。

（7）天平或电子秤。用于称量矿料的，感量不大于 0.5g；用于称量沥青的感量不大 于 0.1g。

（8）沥青运动黏度测定设备。毛细管黏度计、赛波特重油黏度计或布洛克菲德黏 度计。

（9）插刀或大螺丝刀。

（10）温度计。分度为 1℃。

（11）其他。电炉或煤气炉、沥青熔化锅、标准筛、滤纸、拌和铲、胶布、卡尺、秒 表、粉笔和棉纱等。

3. 实验前准备

（1）确定制作沥青混合料试件的拌和与压实温度。

1）按规程测定沥青的黏度，绘制黏温曲线。

2）当缺乏沥青黏度测定条件时，试件的拌和与压实温度可按表 13.11 选用，并根据 沥青品种和等级作适当调整。针入度小、稠度大的沥青则取高限，针入度大、稠度小的沥 青则取低限，一般取中值。对改性沥青，应根据改性剂的品种和用量，适当提高混合料的拌和温度和压实温度，对大部分聚合物改性沥青，需要在基质沥青的基础上提高 15～30℃。另外，若掺加纤维时，还需再提高 10℃左右。

表 13.11　　　　　　　　　　　沥青混合料拌和与压实温度参考表

沥青混合料种类	拌和温度/℃	压实温度/℃
石油沥青	130～160	120～150
煤沥青	90～120	80～110
改性沥青	160～175	140～170

3）常温沥青混合料的拌和及压实在常温下进行。

（2）将各种规格的矿料置于（105±5）℃的烘箱中烘干至恒重（一般不少于 4～6h）。根据需要，粗集料可先用水冲洗干净后烘干，也可将粗细集料过筛后用水冲洗再烘干备用。

（3）分别测定不同粒径规格粗、细集料及填料（矿粉）的表现密度，按《沥青密度与相对密度试验》（T 0603—2011）测定沥青的密度。

（4）将烘干分组的粗细集料，按每个试件设计级配要求称其质量，在一金属盘中混合均匀，矿粉单独加热，置烘箱中预热至沥青拌和温度以上约 15℃（采用石油沥青通常为 163℃；采用改性沥青时通常需 180℃）备用。但进行配合比设计时应对每个试件分别备料。

（5）将采集的沥青试样，用恒温烘箱或油浴、电热套熔化加热至规定的沥青混合料拌和温度备用，但不得超过 175℃。

（6）用沾有少许黄油的棉纱擦净试模，套筒及击实座等置于 100℃左右烘箱中加热 1h 备用。常温沥青混合料用试模不加热。

4．沥青混合料的拌制和试件成型

（1）沥青混合料的拌制。

1）沥青混合料拌和机预热至拌和温度以上 10℃左右备用。

2）将每个试件预热的粗集料置于拌和机中，用小铲子适当混合，然后再加入需要数量的已加热至拌和温度的沥青，开动拌和机一边搅拌一边将拌和叶片插入混合料中拌和 1～1.5min，然后暂停拌和，加入单独加热的矿粉，继续拌和至均匀为止，并使沥青混合料保持在要求的拌和温度范围内。总拌和时间为 3min。

（2）试件成型。

5．试验步骤

（1）将拌好的沥青混合料，均匀称取一个试件所需的用量（约 1200g）。当已知沥青混合料的密度时，可根据试件的标准尺寸计算并乘以换算系数 1.03 得到要求的混合料数量。当一次拌和几个试件时，宜将其倒入经预热的金属盘中，用小铲适当拌和均匀分成几份，分别取用。在试件制作过程中，为防止混合料温度下降，应连盘放在烘箱中保温。

（2）从烘箱中取出预热的试模及套筒，用沾有少许黄油的棉纱擦拭套筒、底座及击实锤底面，将试模装在底座上，垫一张圆形的吸油性的纸，按四分法从四个方向用小铲将混合料铲入试模中，用插刀或大螺丝刀沿周边插捣 15 次，中间 10 次。插捣后将沥青混合料表面整平成凸圆弧面。

（3）插入温度计，至混合料中心附近，检查混合料温度。

（4）待混合料温度符合要求的压实温度后，将试模连同底座一起放在击实台上固定，在装好的混合料上面垫一张圆形的吸油性纸，再将装有击实锤及导向棒的压实头插入试模中，然后开启电动机或人工将击实锤从 457mm 的高度自由落下击实规定的次数（75 次、50 次或 35 次）。

（5）试件击实一面后，取下套筒，将试模掉头，装上套筒，然后以同样的方法和次数击实另一面。

（6）试件击实结束后，应立即用镊子取掉上、下圆纸，用卡尺量取试件离试模上口的高度并由此计算试件高度，如高度不符合要求，试件应作废，并调整试件的混合料数量以保证高度符合（63.5±1.3)mm 的要求。

（7）卸去套筒和底座，将装有试件的试模横向放置冷却至室温后（不少于 12h），置脱模机上脱出试件。将试件仔细置于干燥洁净的平面上，供试验用。

13.10.2　沥青混合料马歇尔稳定度试验

1. 试验依据及目的

本试验依据《公路工程沥青及沥青混合料试验规程》（JTG E20—2011）中的有关规定进行。通过标准马歇尔稳定度试验和浸水马歇尔稳定度试验，来进行沥青混合料的配合比设计或沥青路面施工质量检验。标准马歇尔稳定度试验主要用于沥青混合料的配合比设计及沥青路面施工质量检验。浸水马歇尔稳定度试验主要是检验沥青混合料受水损害时抵抗剥落的能力。

2. 主要仪器设备

（1）马歇尔试验仪。马歇尔试验仪示意图如图 13.51 所示。依据国家标准《沥青混合料马歇尔试验仪》（GB/T 11823）。对于高速公路和一级公路的沥青混凝料宜采用自动马歇尔试验仪，计算机或 X - Y 记录仪记录的荷载-位移曲线，并具有自动测定荷载与试件垂直变形的传感器、位移计，能自动显示或打印试验结果，对 $\phi63.5mm$ 标准马歇尔试件，试验仪最大荷载不小于 25kN，读数准确度为 100N，加载速度应能保持在 5～50mm/min。钢球直径 16mm，上下压头曲率半径 50.8mm。当采用 $\phi152.4$ 的标准马歇尔试件时，试验仪最大荷载不小于 50kN，读数准确度为 100N。上下压头曲率内径（152.4±0.2) mm，上下压头间距（19.05±0.1)mm。

图 13.51　马歇尔
试验仪

（2）恒温水槽。控温准确为 1℃，深度不小于 150mm。

（3）真空饱和容器。包括真空泵及真空干燥器。

（4）天平。感量不大于 0.1g。

（5）温度计。分度为 1℃。

（6）其他。烘箱、卡尺、棉纱、黄油。

3. 试样制备

(1) 标准马歇尔尺寸应符合直径 $\phi(101.6\pm0.2)$mm、高 (63.5 ± 1.3)mm 的要求。一组试件的数量应不少于 4 个，并符合有关规定。

(2) 用卡尺测量试件中部的直径，用马歇尔试件高度测定器或用卡尺在十字对称的 4 个方向量测离试件边缘 10mm 处的高度，准确至 0.1mm，并以其平均值作为试件的高度。如试件高度不符合 (63.5 ± 1.3)mm 的要求或两侧高度差大于 2mm 时，此试件视为作废。

(3) 按规定的方法测定试件的密度、空隙率、沥青体积百分率、沥青饱和度、矿料间隙率等物理指标。

(4) 将恒温水槽调节至要求的试验温度，对黏稠石油沥青或烘箱养护过的乳化沥青混合料为 (60 ± 1)℃，对煤沥青混合料为 (33.8 ± 1)℃，对空气养生的乳化沥青或液体沥青混合料为 (25 ± 1)℃。

4. 实验步骤

(1) 标准马歇尔试验方法。

1) 将制备好的马歇尔试件置于已达规定温度的恒温水槽中保温，保温时间为 30～40min。试件之间应有一定的间隔，底下应垫起，距离容器底部应不小于 5cm。

2) 将马歇尔试验仪的上下压头放入水槽或烘箱中达到同样温度。将上下压头从水槽或烘箱中取出并将内面擦拭干净。为使上下压头能自由滑动，可在下压头的导棒上涂少量黄油。再将试件取出置于下压头上，盖上上压头，然后安装在加载设备上。

3) 在上压头的球座上放妥钢球，并对准荷载测定装置的压头。

4) 当采用自动马歇尔试验仪时，将自动马歇尔试验仪的压力传感器、位移传感器与计算机或 X-Y 记录仪正确连接，调整好适宜的放大比例。调整好计算机程序或将 X-Y 记录仪的记录笔对准原点。

5) 当采用压力环和流值计时，将流值计安装在导棒上，使导向套管轻轻地压住上压头，同时将流值计读数调零。调整压力环中百分表，对准零。

6) 启动加载设备，使试件承受荷载，加载速度为 (50 ± 5)mm/min。

7) 当试验荷载达到最大值的瞬间，取下流值计，同时读取压力环中百分表读数及流值计的流值读数。

8) 从恒温水槽中取出试件直至测出最大荷载值的时间，不允许超过 30s。

(2) 浸水马歇尔试验方法。浸水马歇尔试验方法与标准马歇尔试验方法的不同之处在于，试件在已达规定温度恒温水槽中保温时间为 48h，其余均与标准马歇尔试验方法相同。

(3) 真空饱水马歇尔试验方法。试件先放入真空干燥器中，关闭进水胶管，开动真空泵，使干燥器的真空度达 98.3kPa（730mmHg）以上，维持 15min，然后打开进水胶管，靠负压进入冷水流使试件全部浸入水中，浸水 15min 后恢复常压，取出试件再放入已达规定温度的恒温水槽中保温 48h，其余均标准马歇尔试验方法相同。

5. 试验结果与数据处理

(1) 试件的稳定度及流值。

1) 当采用自动马歇尔试验仪时，将计算机采集的数据绘制成压力和试件变形曲线，或由 X-Y 记录仪自动记录的荷载-变形曲线，在切线方向延长曲线与横坐标轴相交于 0_1，将 0_1 作为修正原点，从 0_1 起量取相应于荷载最大值时的变形作为流值 FL，以 mm 计，准确至 0.1mm。最大荷载即为稳定度 MS，以 kN 计，准确至 0.01kN。

2）采用压力环和流值计测定时，根据压力环标定曲线，将压力环中百分表的读数换算为荷载值，或者由荷载测定装置读取的最大值，即为试样的稳定度 MS，以 kN 计，精确至 0.011kN。由流值计及位移传感器测定装置读取的试件垂直变形，即为试件的流值 FL，以 mm 计，准确至 0.1mm。

（2）试件的马歇尔模数按式（13.33）计算：

$$T = \frac{MS}{FL} \tag{13.33}$$

式中　T——试件的马歇尔模数，kN/min；

MS——试件的稳定度，kN；

FL——试件的流值，mm。

（3）试件的浸水残留稳定度按式（13.34）计算：

$$MS_0 = \frac{MS_1}{MS} \times 100 \tag{13.34}$$

式中　MS_0——试件的浸水残留稳定度，%；

MS_1——试件浸水 48h 后的稳定度，kN；

MS——试件的稳定度，kN。

（4）试件的真空饱水残留稳定度按式（13.35）计算：

$$MS_0' = \frac{MS_2}{MS} \times 100 \tag{13.35}$$

式中　MS_0'——试件的真空饱水残留稳定度，%；

MS_2——试件真空饱水后浸水 48h 后的稳定度，kN；

MS——试件的稳定度，kN。

参 考 文 献

[1] 董事尔，段翔．土木工程材料 [M]．北京：中国水利水电出版社，2013.

[2] 龚爱民．建筑材料 [M]．郑州：黄河水利出版社，2013.

[3] 刘娟红，梁文泉．土木工程材料 [M]．北京：机械工业出版社，2013.

[4] 张志国，曾光廷．土木工程材料 [M]．武汉：武汉大学出版社，2013.

[5] 黄政宇．土木工程材料 [M]．北京：高等教育出版社，2013.

[6] 黄双华，陈伟．土木工程材料 [M]．西安：西安交通大学出版社，2013.

[7] 逄鲁峰．土木工程材料 [M]．北京：中国电力出版社，2012.

[8] 彭小芹．土木工程材料 [M]．重庆：重庆大学出版社，2012.

[9] 邓德华．土木工程材料 [M]．北京：中国铁道出版社，2012.

[10] 霍洪媛，赵红玲．土木工程材料 [M]．北京：中国水利水电出版社，2012.

[11] 余丽武．土木工程材料 [M]．南京：东南大学出版社，2011.

[12] 邢振贤．土木工程材料 [M]．北京：中国建材工业出版社，2011.

[13] 焦宝祥．土木工程材料 [M]．北京：高等教育出版社，2011.

[14] 黄政宇．土木工程材料 [M]．北京：高等教育出版社，2011.

[15] 周爱军，张玫．土木工程材料 [M]．北京：机械工业出版社，2011.

[16] 胡云林，蔡行来，白刊江．人造石与复合板 [M]．郑州：黄河水利出版社，2010.

[17] 刘新佳．建筑工程材料手册 [M]．北京：化学工业出版社，2010.

[18] 宋少民，孙凌．土木工程材料 [M]．武汉：武汉理工大学出版社，2010.

[19] 梅杨，夏文杰，于全发．建筑材料与检测 [M]．北京：北京大学出版社，2010.

[20] 戴枝荣，张远明．工程材料 [M]．北京：高等教育出版社，2010.

[21] 尚建丽．土木工程材料 [M]．北京：中国建材工业出版社，2010.

[22] 白宪臣．土木工程材料实验 [M]．北京：中国建筑工业出版社，2010.

[23] 范文昭．建筑材料 [M]．北京：中国建筑工业出版社，2010.

[24] 王宝民，潘国峰．道路建筑材料 [M]．北京：中国建材工业出版社，2010.

[25] 牛季收．土木工程材料 [M]．郑州：黄河水利出版社，2010.

[26] 蔡丽朋．建筑材料 [M]．2 版．北京：化学工业出版社，2010.

[27] 施惠生．材料概论 [M]．上海：同济大学出版社，2009.

[28] 李亚杰，方坤河．建筑材料 [M]．6 版．北京：中国水利水电出版社，2009.

[29] 焦宝祥．土木工程材料 [M]．北京：高等教育出版社，2009.

[30] 刘斌，许汉明．土木工程材料 [M]．武汉：武汉理工大学出版社，2009.

[31] 霍曼琳．建筑材料学 [M]．重庆：重庆大学出版社，2009.

[32] 张海梅，成维．建筑材料 [M]．北京：科学出版社，2009.

[33] 张爱勤，曹晓岩．土木工程材料 [M]．北京：机械工业出版社，2009.

[34] 王春阳，斐锐．土木工程材料 [M]．北京：北京大学出版社，2009.

[35] 夏燕．土木工程材料 [M]．武汉：武汉大学出版社，2009.

[36] 王秀花．建筑材料 [M]．北京：机械工业出版社，2009.

[37] 张爱琴，朱霞．土木工程材料 [M]．北京：人民交通出版社，2008.

[38] 陈宝璠．土木工程材料 [M]．北京：中国建筑工业出版社，2008.

[39] 阎培渝，杨静．建筑材料 [M]．北京：中国水利水电出版社，2008．

[40] 张正雄，姚佳良．土木工程材料 [M]．北京：人民交通出版社，2008．

[41] 苏达根．土木工程材料 [M]．北京：高等教育出版社，2008．

[42] 张正雄，姚佳良．土木工程材料 [M]．北京：人民交通出版社，2008．

[43] 朋改非．土木工程材料 [M]．武汉：华中科技大学出版社，2008．

[44] 林祖宏．建筑材料 [M]．北京：北京大学出版社，2008．

[45] 张利．土木工程材料 [M]．北京：煤炭工业出版社，2007．

[46] 魏鸿汉．建筑材料 [M]．2版．北京：中国建筑工业出版社，2007．

[47] 吴芳．新编土木工程材料教程 [M]．北京：中国建筑工业出版社，2007．

[48] 张粉芹，赵志曼．建筑装饰材料 [M]．重庆：重庆大学出版社，2007．

[49] 沈春林．商品砂浆 [M]．北京：中国标准出版社，2007．

[50] 徐友辉．建筑材料教与学 [M]．成都：西南交通大学出版社，2007．

[51] 柯国军．土木工程材料 [M]．北京：北京大学出版社．2006．

[52] 阎培渝，索玛亚吉．土木工程材料 [M]．北京：高等教育出版社，2006．

[53] 符芳．土木工程材料 [M]．南京：东南大学出版社，2006．

[54] 张光碧．建筑材料 [M]．北京：中国电力出版社，2006．

[55] 柯国军．土木工程材料 [M]．北京：北京大学出版社，2006．

[56] 宋少民，孙凌．土木工程材料 [M]．武汉：武汉理工大学出版社，2006．

[57] 高琼英．建筑材料 [M]．武汉：武汉理工大学出版社，2006．

[58] 严捍东．新型建筑材料教程 [M]．北京：中国建筑工业出版社，2005．

[59] 黄政宇，吴慧敏主编．土木工程材料 [M]．北京：中国建筑工业出版社，2005．

[60] 师昌绪，李恒德，周廉．材料科学与工程手册 [M]．北京：化学工业出版社，2004．

[61] 李立寒，张南鹭．道路建筑材料 [M]．北京：人民交通出版社，2004．

[62] 葛新亚．建筑装饰材料 [M]．武汉：武汉理工大学出版社，2004．

[63] 阎西康，赵方冉，优景富，等．土木工程材料 [M]．天津：天津大学出版社，2004．

[64] 向才旺．建筑装饰材料 [M]．北京：中国建筑工业出版社，2004．

[65] 赵方冉．土木工程材料 [M]．上海：同济大学出版社，2004．

[66] 杨静．建筑材料 [M]．北京：中国水利水电出版社，2004．

[67] 严家仉．道路建筑材料 [M]．北京：人民交通出版社，2004．

[68] 周士琼．土木工程材料 [M]．北京：中国铁道出版社，2004．

[69] 苏达根．土木工程材料 [M]．北京：高等教育出版社，2003．

[70] 陈志源，李启令．土木工程材料 [M]．武汉：武汉理工大学出版社，2003．

[71] 吴科如，张雄．土木工程材料 [M]．上海：同济大学出版社，2003．

[72] 沈春林，苏立荣，李芳．建筑防水涂料 [M]．北京：化学工业出版社，2003．

[73] 沈春林，苏立荣，李芳，等．建筑防水密封材料 [M]．北京：化学工业出版社，2003．

[74] 湖南大学，天津大学，同济大学，等．土木工程材料 [M]．北京：中国建筑工北出版社，2002．

[75] 黄晓明，吴少鹏，赵永利．沥青及沥青混合料 [M]．南京：东南大学出版社，2002．

[76] 彭小芹．土木工程材料 [M]．重庆：重庆大学出版社，2002．

[77] 湖南大学等四院校．土木工程材料 [M]．北京：中国建筑工业出版社，2002．

[78] 高俊刚，李源勋．高分子材料 [M]．北京：化学工业出版社，2002．

[79] 饶厚曾，黄智敏，唐星华．建筑用胶黏剂 [M]．北京：化学工业出版社，2002．

[80] 符芳．建筑材料 [M]．2版．南京：东南大学出版社，2001．

[81] 黄晓明，潘钢华，赵永利．土木工程材料 [M]．南京：东南大学出版社，2001．

[82] 刘顺祥．土木工程材料 [M]．北京：中国建材工业出版社，2001．

［83］ 陈雅福. 土木工程材料［M］. 广州：华南理工大学出版社，2001.

［84］ 王福川. 土木工程材料［M］. 北京：中国建材工业出版社，2001.

［85］ 严家伋. 道路建筑材料［M］. 3 版. 北京：人民交通出版社，1999.

［86］ 邢振贤，霍洪媛，盖占方. 建筑材料［M］. 北京：中国物资出版社，1999.

［87］ 薄遵彦. 建筑材料［M］. 北京：中国环境科学出版社，1997.

［88］ 王国欣. 建筑材料［M］. 北京：水利电力出版社，1985.

［89］ 武汉水利电力学院. 建筑材料［M］. 北京：水利出版社，1981.

［90］ 中华人民共和国建设部. GB/T 700—2006 碳素结构钢［S］. 北京：中国标准出版社，2006.

［91］ 中国国家标准化管理委员会. GB 1591—2008 低合金高强度结构钢［S］. 北京：中国标准出版社，2008.

［92］ 中国国家标准化管理委员会. GB 1499.1—2008 钢筋混凝土用钢 第 1 部分 热轧光圆钢筋［S］. 北京：中国标准出版社，2008.

［93］ 中国国家标准化管理委员会. GB 1499.2—2008 钢筋混凝土用钢 第 2 部分 热轧光圆钢筋［S］. 北京：中国标准出版社，2006.

［94］ 中国国家标准化管理委员会. GB 13788—2008 冷轧带肋钢筋［S］. 北京：中国标准出版社，2008.

［95］ 中华人民共和国交通部. JTG F30—2003 公路水泥混凝土路面施工技术规范［S］. 北京：人民交通出版社，2003.

［96］ 中华人民共和国交通部. JTG F40—2004 公路沥青路面施工技术规范［S］. 北京：人民交通出版社，2004.

［97］ 中华人民共和国交通部. JTJ 052—2000 公路工程沥青及沥青混合料试验规程［S］. 北京：人民交通出版社，2000.

［98］ 中华人民共和国交通部. JTG D40—2002 公路水泥混凝土路面设计规范［S］. 北京：人民交通出版社，2003.

［99］ 中华人民共和国交通部. JTG D50—2006 公路沥青路面设计规范［S］. 北京：人民交通出版社，2006.

［100］ 中国国家标准化管理委员会. GB 175—2007 通用硅酸盐水泥［S］. 北京：中国标准出版社，2008.

［101］ 中国国家标准化管理委员会. GB 201—2000 铝酸盐水泥［S］. 北京：中国标准出版社，2000.

［102］ 中华人民共和国工业和信息化部. JC/T 437—2010 自应力铁铝酸盐水泥［S］. 北京：中国建材工业出版社，2011.

［103］ 中华人民共和国建设部. GB/T 2015—2005 白色硅酸盐水泥［S］. 北京：中国标准出版社，2005.

［104］ 中国国家标准化管理委员会. GB 200—2003 中热硅酸盐水泥、低热硅酸盐水泥、低热矿渣硅酸盐水泥［S］. 北京：中国标准出版社，2004.

［105］ 中国国家标准化管理委员会. GB 13693—2005 道路硅酸盐水泥［S］. 北京：中国标准出版社，2005.

［106］ 中华人民共和国住房和城乡建设部. JGJ/T 98—2010 砌筑砂浆配合比设计规程［S］. 北京：中国建筑工业出版社，2011.

［107］ 中华人民共和国住房和城乡建设部. JGJ 63—2006 混凝土用水标准［S］. 北京：中国建筑工业出版社，2006.

［108］ 中国国家标准化管理委员会. GB 50203—2011 砌体结构工程施工质量验收规范［S］. 北京：中国建筑工业出版社，2012.

［109］ 中华人民共和国住房和城乡建设部. JGJ/T 220—2010 抹灰砂浆技术规程［S］. 北京：中国 建筑

工业出版社，2011.

[110] 中华人民共和国住房和城乡建设部．JGJ/T 98—2010 砌筑砂浆配合比设计规程［S］．北京：中国建筑工业出版社．2011.

[111] 中华人民共和国交通部．JTG F40—2004 公路沥青路面施工技术规范［S］．北京：人民交通出版社，2004.

[112] 中华人民共和国住房和城乡建设部．JGJ 52—2006 普通混凝土用砂、石质量及检验方法标准［S］．北京：中国建筑工业出版社，2006.

[113] 中国国家标准化管理委员会．GB 1596—2005 用于水泥和混凝土中的粉煤灰［S］．北京：中国标准出版社，2005.

[114] 中华人民共和国住房和城乡建设部．JGJ/T 112—97 天然沸石粉在混凝土与砂浆中应用技术规程［S］．北京：中国建筑工业出版社，1997.

[115] 中华人民共和国住房和城乡建设部．JGJ 63—2006 混凝土用水标准［S］．北京：中国建筑工业出版社，2006.

[116] 中华人民共和国住房和城乡建设部．JGJ/T 98—2010 砌筑砂浆配合比设计规程［S］．北京：中国建筑工业出版社，2010.

[117] 中华人民共和国建设部．GB/T 5224—2003 预应力混凝土用钢绞线［S］．北京：中国标准出版社，2003.

[118] 中国国家标准化管理委员会．GB 1345—2005 水泥细度检验方法—筛析法［S］．北京：中国标准出版社，2005.

[119] 中华人民共和国建设部．GB/T 1346—2011 水泥标准稠度用水量、凝结时间、安定性检验方法［S］．北京：中国标准出版社，2011.

[120] 中华人民共和国建设部．GB/T 17671—1999 水泥胶砂强度检验方法（ISO 法）［S］．北京：中国标准出版社，1999.

[121] 中华人民共和国建设部．GB/T 14684—2011 建设用砂［S］．北京：中国标准出版社，2011.

[122] 中华人民共和国建设部．GB/T 14685—2011 建设用卵石、碎石［S］．北京：中国标准出版社，2011.

[123] 中华人民共和国建设部．GB/T 50080—2002 普通混凝土拌合物性能试样方法标准［S］．北京：中国标准出版社，2011.

[124] 中华人民共和国水利部．SL 352—2006 水工混凝土试验规程［S］．北京：中华人民共和国水利部，2006.

[125] 中华人民共和国建设部．GB/T 50081—2002 普通混凝土力学性能试验方法标准［S］．北京：中国标准出版社，2002.

[126] 中华人民共和国住房和城乡建设部．JGJ/T 70—2009 建筑砂浆基本性能试验方法标准［S］．北京：中国建筑工业出版社，2009.

[127] 中华人民共和国建设部．GB/T 2542—2012 砌墙砖试验方法［S］．北京：中国标准出版社，2012.

[128] 中华人民共和国建设部．GB/T 228—2002 金属材料室温拉伸试验方法［S］．北京：中国标准出版社，2002.

[129] 中华人民共和国建设部．GB/T 232—2010 金属材料弯曲试验方法［S］．北京：中国标准出版社，2010.

[130] 中华人民共和国建设部．GB/T 4509—2010 沥青针入度测定法［S］．北京：中国标准出版社，2010.

[131] 中华人民共和国建设部．GB/T 4508—2010 沥青延度测定法［S］．北京：中国标准出版社，2010.

[132] 中华人民共和国建设部 . GB/T 4507—2014 沥青软化点测定法 [S]. 北京：中国标准出版社，2014.

[133] 中华人民共和国交通部 . JTG E20—2011 公路工程沥青及沥青混合料试验规程 [S]. 北京：人民交通出版社，2011.

[134] 中华人民共和国国家质量监督检验检疫总局/中国国家标准化管理委员会 . GB/T 494—2010 建筑石油沥青 [S]. 北京：中国标准出版社，2011.